高等职业教育
土建类专业系列教材

BIM建模基础

（第2版）

BIM JIANMO JICHU

主　编　栗新然　　王仪萍

副主编　李莹雪　　赵永清　　朱瑜林

参　编　熊　贝　　彭　闯　　刘　璐　　赵月苑　　苏盛韬

武黎明　　郭　琪　　郭亚琴　　潘　鹏　　高新毅

重庆大学出版社

内容提要

本书根据 BIM 技术的新发展要求和最新 BIM 规范进行编写。全书以 Revit 中文版为操作平台,以实际项目为例,全面系统地介绍了使用 Revit 进行建模设计的方法和技巧。全书共分为 13 个项目,主要内容有 Revit 基本操作;标高、轴网、梁、柱、基础、墙体、门、窗、幕墙、楼梯、栏杆扶手、楼板、坡道、屋顶、场地与表现、房间、明细表的创建;模型导出以及族和概念体量的介绍。

本书适合作为高等职业教育本科、职业教育专科土建类相关专业 BIM 课程的教材,也可作为建筑相关从业人员、"1+X"培训及新职业培训、BIM 爱好者的学习及参考用书。

图书在版编目(CIP)数据

BIM 建模基础 / 栗新然,王仪萍主编. -- 2 版. --
重庆:重庆大学出版社,2023.8
高等职业教育土建类专业系列教材
ISBN 978-7-5689-3169-4

Ⅰ.①B…　Ⅱ.①栗…②王…　Ⅲ.①建筑设计—计算
机辅助设计—应用软件—高等职业教育—教材　Ⅳ.
①TU201.4

中国国家版本馆 CIP 数据核字(2023)第 150827 号

BIM 建模基础
(第 2 版)

主　编　栗新然　王仪萍
副主编　李莹雪　赵永清　朱瑜林
策划编辑:林青山
责任编辑:陈　力　　版式设计:林青山
责任校对:王　倩　　责任印制:赵　晟

＊

重庆大学出版社出版发行
出版人:陈晓阳
社址:重庆市沙坪坝区大学城西路 21 号
邮编:401331
电话:(023)88617190　88617185(中小学)
传真:(023)88617186　88617166
网址:http://www.cqup.com.cn
邮箱:fxk@ cqup.com.cn(营销中心)
全国新华书店经销
中雅(重庆)彩色印刷有限公司印刷

＊

开本:787mm×1092mm　1/16　印张:18.5　字数:452 千
2022 年 8 月第 1 版　2023 年 8 月第 2 版　2023 年 8 月第 3 次印刷
印数:2 101—5 000
ISBN 978-7-5689-3169-4　定价:49.00 元

前　言

（第 2 版）

本书以实际项目为例进行编写，立足于 BIM 实际操作能力的培养，教材中的案例来源于实际工程，坚持理论和实践结合的原则，并以实际建模操作流程为载体，以完成具体的工作任务为目标。本教材结合党的二十大精神进行了修订，落实立德树人的根本任务，注重培养学生的敬业精神和责任心，诚信、豁达，能遵守职业道德规范；学会利用 Revit 创建建筑模型，同时掌握其在实际工程中的应用，达到培养学生独立思考、解决工程实际问题的能力。

第 2 版教材是根据各使用院校的反馈意见及编者自己的使用情况，并通过深入企业调研、反复沟通后进行了修订的。新版教材采用项目式编写，用任务驱动的方式进行建筑模型的创建，配套开发了微课、模型等数字资源，并增加了"项目引入""学习目标""学习重难点""学习建议""知识拓展""学习笔记""课后测试"和"知识链接"等内容。全书共分为 13 个项目，具体任务包括：Revit 概述，项目创建准备，创建标高和轴网，创建柱、梁、基础，创建墙体，创建门、窗、幕墙，创建楼梯、栏杆扶手，创建楼板、屋顶、坡道，场地与建筑表现，创建房间、明细表及图纸，模型导出与打印，参数化族，概念体量等。

本书由重庆建筑科技职业学院栗新然、王仪萍担任主编，宁夏建筑职业技术学院赵永清、重庆正诚标研工程检测有限公司李莹雪、朱瑜林担任副主编，重庆地质矿产研究院郭琪、重庆工商职业学院武黎明等经验丰富的 BIM 教学和科研团队成员参与了本书的编写工作。具体编写分工为：重庆正诚标研工程检测有限公司李莹雪负责编写项目 1，重庆建筑科技职业学院王仪萍负责编写项目 2 和项目 3，重庆建筑科技职业学院栗新然负责编写项目 4 和项目 13，重庆正诚标研工程检测有限公司朱瑜林负责编写项目 5，重庆建筑科技职业学院熊贝负责编写项目 6，重庆建筑科技职业学院赵月苑负责编写项目 7，重庆地质矿产研究院郭琪和宁夏建筑职业技术学院潘鹏责编写项目 8、重庆建筑科技职业学院郭亚琴和重庆工商职业学院武黎明负责编写项目 9，重庆建筑科技职业学院彭闯负责编写项目 10，重庆建筑科技职业学院刘璐负责编写项目 11，重庆建筑科技职业学院苏盛韬和高新毅负责编写项目 12。全书由重庆建筑科技职业学院栗新然和王仪萍、重庆正诚标研工程检测有限公司李莹雪负责校对及统稿。

在编写本书过程中，借鉴和参考了大量文献资料，在此对原作者表示衷心的感谢！

由于编者水平有限，书中难免存在疏漏之处，敬请广大读者批评指正。

编　者

2023 年 5 月

目录
CONTENTS

项目 1 Revit 概述

【项目引入】

目前 BIM 技术已在许多建设单位、施工单位、设计单位的工作过程中开始使用,国家也发布了许多相关政策用于推动 BIM 技术的应用。毫无疑问,BIM 技术的应用是建筑行业发展的必然趋势,而作为 BIM 技术应用的基础——BIM 信息模型,将直接影响 BIM 在应用过程中的价值。

Revit 是目前主要的、应用较为广泛的 BIM 建模软件之一,其操作简单、功能强大,可以为设计和施工提供灵活的解决方案。

【本项目内容结构】

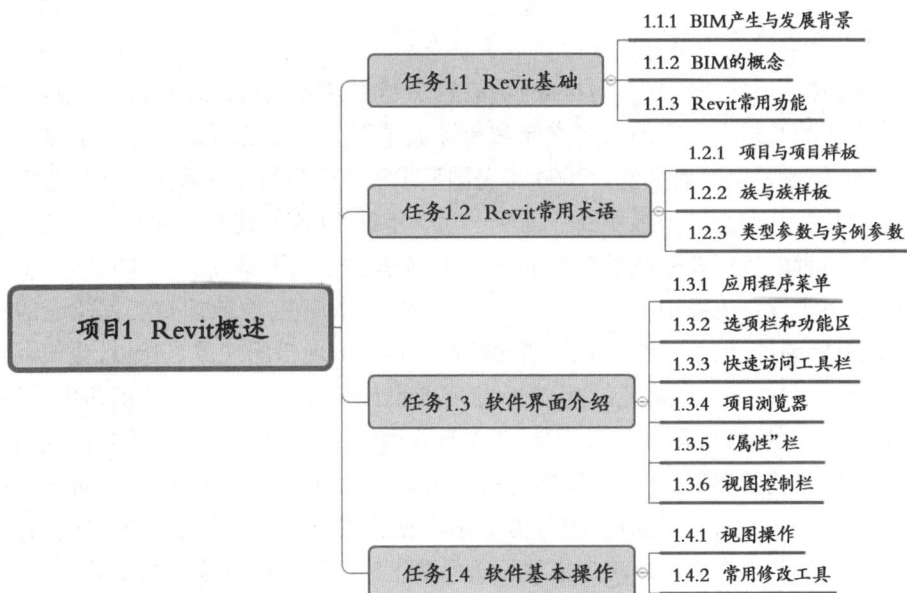

```
                                          ┌─ 1.1.1  BIM产生与发展背景
                         ┌─ 任务1.1  Revit基础 ─┼─ 1.1.2  BIM的概念
                         │                └─ 1.1.3  Revit常用功能
                         │
                         │                    ┌─ 1.2.1  项目与项目样板
                         ├─ 任务1.2  Revit常用术语 ─┼─ 1.2.2  族与族样板
                         │                    └─ 1.2.3  类型参数与实例参数
                         │
                         │                    ┌─ 1.3.1  应用程序菜单
                         │                    ├─ 1.3.2  选项栏和功能区
  项目1  Revit概述 ────────┤                    ├─ 1.3.3  快速访问工具栏
                         ├─ 任务1.3  软件界面介绍 ─┼─ 1.3.4  项目浏览器
                         │                    ├─ 1.3.5  "属性"栏
                         │                    └─ 1.3.6  视图控制栏
                         │
                         └─ 任务1.4  软件基本操作 ─┬─ 1.4.1  视图操作
                                              └─ 1.4.2  常用修改工具
```

【学习目标】

知识目标:熟悉 BIM 技术的特点、Revit 软件操作界面的内容;理解项目、项目样板、族、族样板、类型参数与实例参数的区别;熟练使用 Revit 软件导航栏和修改工具。

技能目标:能讲述 BIM 技术的应用特点;能说出 Revit 软件操作界面的内容;能够区分项目、项目样板、族、族样板、类型参数与实例参数;能够使用 Revit 软件进行基本操作。

素质目标:文化自信,爱国情怀;科学严谨细心的职业态度;团结协作、乐于助人的职业精神;极强的敬业精神和责任心,诚信、豁达,能遵守职业道德规范的要求,提高学生认识问题、分析问题和解决问题的能力,培养学生精益求精的大国工匠精神。

【学习重、难点】

重点：Revit 软件界面及基本操作。

难点：区分项目、项目样板、族、族样板、类型参数与实例参数。

【学习建议】

1.本项目对 BIM 的含义及特点做一般了解，着重学习 Revit 软件基本操作及常用术语。

2.学习中可以借助微课及网上各种学习资源，掌握软件基本操作及相关操作技巧。

3.单元后的测试题，可在学习完本项目后进行练习，从而巩固基本知识。

任务 1.1　Revit 基础

1.1.1　BIM 产生与发展背景

1)建筑行业生产效率低

随着各类建筑工程规模的不断扩大、功能越来越多样化、项目参与方也日益增多，使得跨领域、跨专业的参与方之间的信息交流和传递成了至关重要的因素。但是很多国家建筑业普遍存在的问题是生产效率低。2004 年美国斯坦福大学进行了一项关于美国建筑行业生产率的调查研究，其调查结果显示：将 1964—2003 年近 40 年间建筑行业与非农业的生产效率进行对比，后者的生产效率几乎提高了一倍，而前者的效率不升反降，下降了近 20%。

首先，在整个设计流程中，各专业间的信息系统相对孤立，设计师对工程建设的理解及表达形式也有所差异，信息在专业间传递的过程中容易出现错漏现象。所以，建筑、结构、机电等专业的碰撞和冲突在所难免。其次，每个专业设计师都是从自身专业的角度出发，加之 CAD 二维图纸的局限性等原因，导致图纸错误查找困难，并且在找出错误后各专业间的信息交流困难，沟通协调效率低下，仍然不能保证彻底地解决问题。同时，这种传递方式极有可能导致后期施工的错误，一旦如此，设计方必须根据施工方反映的问题再度修改图纸，这无疑会增加工作量，甚至在多次返工后依然无法保证工程的设计以及施工的质量。

综上所述，建筑行业生产效率低下的主要原因是：一是在建筑整个全生命周期阶段中，从策划到设计，从设计到施工，再从施工到后期运营，整个链条的参与方之间的信息不能有效地传递，各种生产环节之间缺乏有效的协同工作，资源浪费严重；二是重复工作不断，特别是项目初期建筑、结构、机电设计之间的反复修改工作，造成生产成本上升。这也是目前全球土木建筑业存在的两个亟待解决的问题。

2)信息技术的发展

自计算机与其他通信设备的出现与普及后，整个社会对信息技术的依赖程度逐步提高，信息量、信息的传播速度、信息的处理能力以及信息的应用程度飞速发展，信息时代已经来临。信息化、自动化与制造技术的相互渗透使得新的知识与科学技术很快就应用于生产实际中。

3) BIM 技术的发展

基于建筑行业在长达数十年间不断涌现出的诸如碰撞冲突、屡次返工、进度质量不达标等顽固问题,造成了大量人力、物力损失,也导致建筑业生产效率长期处于较低水平,建筑从业者们痛定思痛后也在不断发掘解决这一系列问题的有效措施。

新兴的 BIM 技术,贯穿工程项目的设计、建造、运营与管理等生命周期阶段,即是一种螺旋式智能化的设计过程。同时,BIM 技术所需要的各类软件,可以为建筑各阶段的不同专业搭建三维协同可视化平台,为上述问题的解决提供一条新途径。BIM 信息模型中除了集成建筑、结构、暖通、机电等专业的详细信息外,还包含了建筑材料、场地、机械设备、人员乃至天气等诸多信息,具有可视化、协调性、模拟性、优化性以及可出图性的特点。可以对工程进行参数化建模,施工前三维技术交底,以三维模型代替传统二维图纸,并根据现场情况进行施工模拟,及时发现各类碰撞冲突以及不合理的工序问题,可以极大地减小工程损失,提高工作效率。

当建筑行业相关信息的载体从传统二维图纸变为三维 BIM 信息模型时,工程中各阶段、各专业的信息就从独立、非结构化的零散数据转换为可以重复利用、在各参与方中传递的结构化信息。2010 年英国标准协会(British Standards Institution, BS)的一篇报告指出了二维 CAD 图纸与 BIM 模型传递信息的差异,其中便提到了 CAD 二维图纸是由几何图块作为图形构成的基础骨架,而这些几何数据并不能被设计流程的上下游重复利用。三维 BIM 信息模型将各专业间独立的信息整合归一,使之结构化,在可视化的协同设计平台上,参与者们在项目的各个阶段重复利用着各类信息,使效率得到了极大提高。

上述两种建筑信息载体也经历了各自的发展历程:20 世纪 60 年代人们从手工绘图中解放出来,甩掉了沉重的绘图板,转换为以 CAD 为主的绘图方式。如今,人们正逐步从二维 CAD 绘图转换为三维可视化 BIM。人们认为 CAD 技术的出现是建筑业的第一次革命,而 BIM 模型为一种包含建筑全生命周期中各阶段信息的载体,实现了建筑从二维到三维的跨越。因此,BIM 也被称为建筑业的第二次革命,它的出现与发展必然推动三维全生命周期设计取代传统二维设计及施工进程,拉开建筑业信息化发展的新序幕。

1.1.2　BIM 的概念

BIM 是建筑信息模型(Building Information Modeling)或者建筑信息管理(Building Information Management)的简称,是一个建设项目物理和功能特性的数字表达,是以建筑工程项目的各项相关信息数据作为基础,建立起的三维建筑模型,通过数字信息仿真模拟建筑物所有的真实信息。BIM 也是一个共享的知识资源库,是一个分享有关这个建筑物的信息,为该建筑物从建设到拆除的全生命周期中的所有决策提供可靠依据的过程;在项目的不同阶段,不同利益相关方通过在 BIM 中插入、提取、更新和修改信息,以支持和反映其各自职责的协同作业。BIM 具有可视化、协调性、模拟性、优化性、可出图性、一体化性、参数化性和信息完备性 8 个特点,具体如下所述。

BIM概念及特点

1) 可视化

可视化即"所见即所得"的形式,对于建筑行业来说,可视化的真正运用在建筑业的作用是非常大的,因为设计给出的施工图纸,只是各个构件信息在图纸上采用线条绘制的表达,但其真正的构造形式就需要建筑业参与人员去自行想象了。对于一般简单的东西来说,这种想象是可行的,但是近些年建筑业的建筑形式各异,复杂造型在不断地推出,那么这种光靠人脑去想象的东西就难免出现误差。BIM 提供了可视化的思路,可让人们将以往的线条式构件形成三维的立体实物图形展示在人们面前。同时,建筑设计有效果图的要求,这种效果图通常是分包给专业的效果图制作团队,以线条式信息制作出来的,并不是通过构件的信息自动生成的,缺少了同构件之间的互动性和反馈性,而 BIM 提供的是一种能够同构件之间形成互动性和反馈性的可视效果图。在 BIM 建筑信息模型中,由于整个过程都是可视化的,所以可视化的结果不仅可以用来进行效果图展示及报表的生成,更重要的是,项目设计、建造、运营过程中的沟通、讨论、决策都可以在可视化状态下进行。

2)协调性

协调是建筑业中的重点,无论是施工单位还是业主及设计单位,都在做协调及互相配合的工作。一旦项目实施过程中出现问题,为了解决问题,业主便需要将各有关方组织起来召开协调会议,找问题发生的原因以及解决办法,然后给出变更,做出相应补救措施。那么是否能够在施工前提前进行协调解决这些问题?在设计时,往往由于各专业设计师之间的沟通不到位,而容易出现各种专业之间的碰撞问题,例如,暖通等专业中的管道在进行布置时,由于施工图纸是各自绘制在自己的施工图纸上的,施工过程中,在敷设管线时发现此处有结构设计的梁等构件阻碍着管线的布置,这就是施工中常常遇到的碰撞问题,类似这样的碰撞问题的协调解决就只能在问题出现之后再进行解决吗? BIM 的协调性服务可以帮助处理这类问题。也就是说,BIM 建筑信息模型可在建筑物建造前期对各专业的碰撞问题进行协调,生成协调数据并提出来。当然,BIM 的协调作用也并不是只能解决各专业间的碰撞问题,它还可以解决如电梯井布置与其他设计布置及净空要求的协调、防火分区与其他设计布置的协调、地下排水布置与其他设计布置的协调等。

3)模拟性

BIM 的模拟性并不仅是只能模拟设计出的建筑物模型,它还可以模拟不能在真实世界中进行操作的事物。在设计阶段,BIM 可以对设计上需要进行模拟的一些情况进行模拟实验,例如节能模拟、紧急疏散模拟、日照模拟、热能传导模拟等;在招投标和施工阶段可以进行 4D 模拟(三维模型加项目的发展时间),也就是根据施工的组织设计模拟实际施工,从而来确定合理的施工方案以指导施工;同时还可以进行 5D 模拟(基于 4D 模型的造价控制),从而来实现成本控制;后期运营阶段可以进行日常紧急情况处理方式的模拟,例如地震人员逃生模拟及消防人员疏散模拟等。

4)优化性

建筑工程的整个设计、施工、运营过程就是一个不断优化的过程,当然,优化和 BIM 也不存在实质性的必然联系,但在 BIM 的基础上可以做更好的优化。项目的优化主要受 3 样事物制约:信息、复杂程度和时间。没有准确的信息就做不出合理的优化结果,BIM 模型不仅提供了建筑物实际存在的信息(包括几何信息、物理信息、规则信息),还提供了建筑物变化以后的实际存在。复杂程度高到一定程度,参与人员本身的能力无法掌握所有的信息,必须借助一定的科学技术和设备的帮助。现代建筑物的复杂程度大多超过参与人员本身的能力极限,BIM 及与其配套的各种优化工具提供了对复杂项目进行优化的可能。基于 BIM 的优化可以做下述工作:

(1)项目方案优化

把项目设计和投资回报分析结合起来,设计变化对投资回报的影响可以实时计算出来;业主对设计方案的选择不会主要停留在对形状的评价上,而更多地是使业主知道哪种项目设计方案更有利于自身的需求。

(2)特殊项目的设计优化

在裙楼、幕墙、屋顶、大空间等处到处都可以看到异型设计,这些内容虽然看起来占整个建筑的比例不大,但是占投资和工作量的比例和前者相比却要大得多,而且通常也是施工难度比较大和施工问题比较多的地方,对这些内容的设计施工方案进行优化,可以带来显著的工期和造价改进。

5)可出图性

BIM 并不是为了出大家日常可见的由建筑设计院所出的建筑设计图纸,以及一些构件加工的图纸,而是通过对建筑物进行可视化展示、协调、模拟、优化后,帮助业主出如下图纸:

①综合管线图(经过碰撞检查和设计修改,消除了相应错误后)。

②综合结构预留洞图(预埋套管图)。

③碰撞检查后,出错报告和建议改进方案。

6)一体化性

一体化指的是 BIM 技术可进行从设计到施工及运营贯穿工程项目的全生命周期的一体化管理。

在设计阶段,BIM 使建筑、结构、给排水、空调、电气等各个专业基于同一个模型进行工作,将整个设计整合到一个共享的建筑信息模型中,结构与设备、设备与设备间的冲突会直观地显现出来,促进设计施工的一体化过程;在施工阶段,BIM 可以同步提供有关建筑质量、进度以及成本的信息。利用 BIM 可以实现整个施工周期的可视化模拟与可视化管理;在运营管理阶段,可以提高收益和成本管理水平,为开发商销售招商和业主购房提供极大便利。

7)参数化性

参数化建模指的是通过参数(变量)而不是数字建立和分析模型,简单地改变模型中的参数值就能建立和分析新的模型。

BIM 的参数化设计分为两个部分,即"参数化图元"和"参数化修改引擎"。

①"参数化图元"指的是 BIM 中的图元是以构件的形式出现,这些构件之间的不同,是通过参数的调整反映出来的,参数保存了图元作为数字化建筑构件的所有信息。

②"参数化修改引擎"指的是参数更改技术使用户对建筑设计或文档部分作的任何改动,都可以自动地在其他相关联的部分反映出来。

参数化设计的本质是在可变参数的作用下,系统能够自动维护所有的不变参数。

8)信息完备性

信息完备性体现在 BIM 技术是可对工程对象进行 3D 几何信息和拓扑关系的描述以及

完整的工程信息描述,如对象名称、结构类型、建筑材料、工程性能等设计信息;施工工序、进度、成本、质量以及人力、机械、材料资源等施工信息;工程安全性能、材料耐久性能等维护信息;对象之间的工程逻辑关系等。

1.1.3 Revit 常用功能

1) 协同设计

Revit 能创建建筑、结构、机电专业的模型,以及参数化族与概念体量为一些复杂的设计提供解决方案;同时,不同专业的工程师可通过链接或工作集的方式,协同完成项目的设计工作。

2) 出图及构件提取

Revit 可基于创建的三维模型快速生成平面图、立面图、剖面图及详图,其所生成的图纸与模型是统一的整体,一处修改处处更新,减少了图纸的错漏问题;同时软件提供了明细表统计功能,快速统计构件的明细表,可以统计包括面积、体积、数量以及与其他构件相关的参数。

3) 可视化展示

模型不仅能导出二维的图纸,还可以创建渲染的效果图、轴测图、分析图等,对于复杂节点还可以创建三维的节点详图,并能以静态视图或动态漫游的形式准确地展示设计效果。

4) 碰撞检查

Revit 可对模型中的构件进行碰撞检查,发现图纸中的碰撞问题,为深化设计提供参考依据。

任务 1.2 Revit 常用术语

1.2.1 项目与项目样板

项目就是实际建模项目,它可以是一栋楼、一条隧道、一座大桥等,也可以是一个暖通系统、给排水系统或者机电系统;Revit 中建立的项目文件包含所有的工程信息,同时也包含一个工程所有的图元信息,是一个工程文件。项目需要基于项目样板进行创建,其文件格式为.rvt。

项目样板是一个模板,在这个样板里已经设置了一些参数,载入了一些族,比如载入了一些符号线、标注符号等族,是一个具有共性项目样板文件;保存设置好的项目样板可应用在日后的项目上,无须重复设置参数,其文件格式为.rte。

1.2.2　族与族样板

Revit 族是某一类别中图元的类,是根据参数(属性)集的共用、使用上的相同和图形表示的相似来对图元进行分组的。一个族中不同图元的部分或全部属性可能有不同的值,但属性的设置是相同的。Revit 中的所有图元都是基于族的。"族"是 Revit 中使用的一个功能强大的概念,有助于用户更轻松地管理和修改数据。每个族图元能够定义多种类型,根据族创建者的设计,每种类型可以具有不同的尺寸、形状、材质设置或其他参数变量。使用 Revit 的一个优点是不必学习复杂的编程语言便能够创建自己的构件族。使用族编辑器,整个族创建过程在预定义的样板中执行,可以根据用户需要在族中加入各种参数,如距离、材质、可见性等。可以使用族编辑器创建现实生活中的建筑构件和图形/注释构件,族的文件格式为.rfa。

族样板是创建族的初始文件,当需要族时可找到对应的族样板,里面已设置好对应的参数;族样板一般在安装软件时自动下载到安装目录下,其格式为.rft。

1.2.3　类型参数与实例参数

实例参数是每个放置在项目中实际图元的参数。以窗为例,选中一个图元,其"属性"栏如图 1.1 所示,"属性"栏即是这个窗的实例属性,如果用户更改其中的参数,只是这个窗变化,其他的窗不会变化。比如把底高度改为 1 500,如图1.2 所示,另一个窗不会跟着改变。实例参数只会改变当前图元。

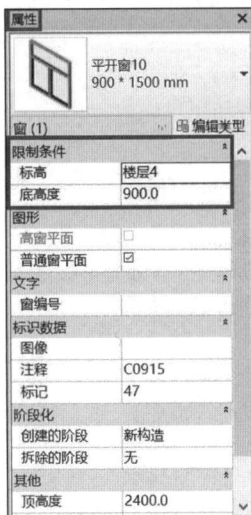

图 1.1　属性栏

图 1.2　实例属性

类型参数是调整这一类构件的参数。例如,单击"编辑类型"可修改类型参数(图 1.3),更改高度为 1 500 mm,宽度为 1 800 mm(图 1.4),两个窗都跟着调整。

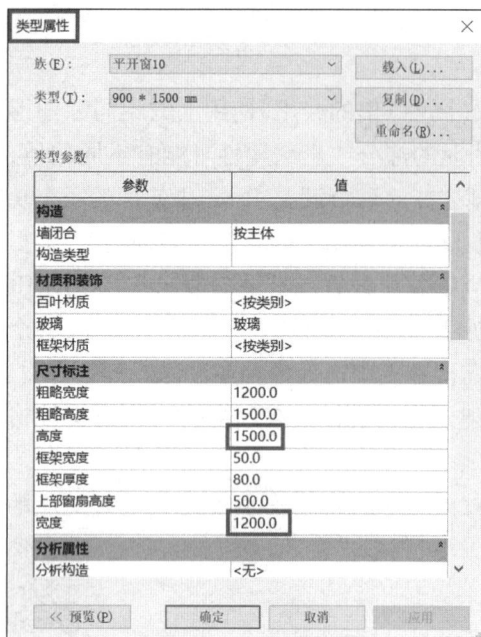

图 1.3　类型参数

图 1.4　更改类型参数

任务 1.3 软件界面介绍

Revit软件
界面介绍

1.3.1　应用程序菜单

Revit 文件菜单就是 Revit 2016 的应用程序菜单,如图 1.5 所示。

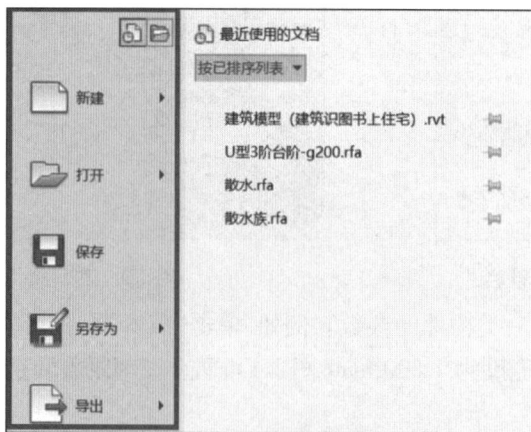

图 1.5　应用程序菜单

1.3.2　选项栏和功能区

选项栏和功能区是建模的基本工具,包含建模的全部功能命令,包括"建筑""结构""系统""插入""注释""分析""体量和场地""协作""视图""管理""修改"等选项。

"建筑"选项中有构建建筑模型所需的大部分工具,如墙、门、窗、楼板、屋顶等,如图 1.6 所示。

图 1.6　"建筑"选项

"插入"选项是用于添加和管理次级项目的工具,可将外部数据例如 Revit 文件、CAD 图纸等载入项目,该选项中的命令有"链接 Revit""链接 CAD""载入族"等,如图 1.7 所示。

图 1.7　"插入"选项

"注释"选项是用于将二维信息添加到设计中的工具,如"尺寸标注""文字""详图""标记"等,如图 1.8 所示。

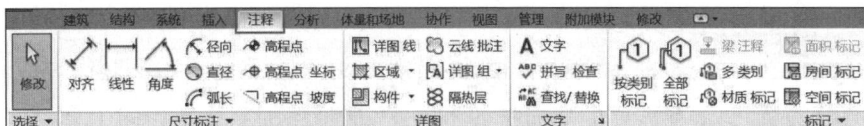

图 1.8　"注释"选项

"修改"选项是用于编辑现有图元、数据和系统的工具,如构件的"剪贴板""复制""粘贴""阵列""移动"等工具,如图 1.9 所示。

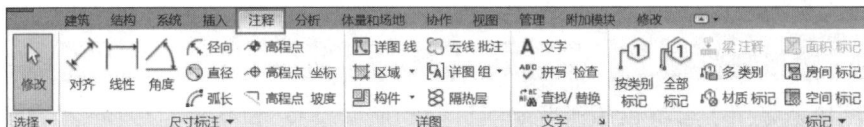

图 1.9　"修改"选项

"体量和场地"选项是用于建模和修改概念体量族和场地图元的工具,包括"概念体量""面模型""场地建模"等,如图 1.10 所示。

图 1.10　"体量和场地"选项

"协作"选项是用于与内部和外部项目团队成员协作的工具,包括"管理协作""同步"

"管理模型"等,如图 1.11 所示。

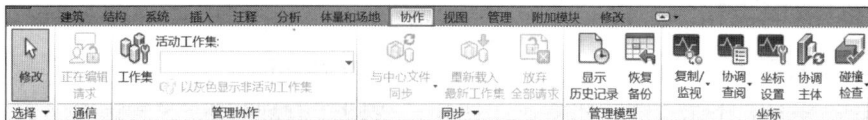

图 1.11 "协作"选项

"视图"选项是用于管理和修改当前视图以及切换视图的工具,包括"图形""演示视图""创建""图纸组合"等选项,如图 1.12 所示。

图 1.12 "视图"选项

"管理"选项中包括"项目位置""设计选项""管理项目"等选项,如图 1.13 所示。

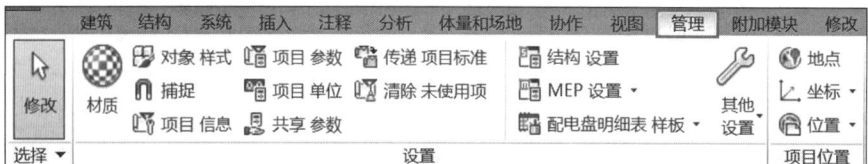

图 1.13 "管理"选项

1.3.3 快速访问工具栏

快速访问工具栏是显示用于对文件保存、撤销、粗细线切换等命令的选项。快速访问工具栏可以自行设置,只要在需要的功能按钮上右击,选择添加到快速访问工具栏即可,如图 1.14 所示。

图 1.14 快速访问工具栏

1.3.4 项目浏览器

项目浏览器是用于组织和管理当前项目中的所有信息,包括项目中所有"视图""明细表/数量明细表/数量""图纸""族""组""Revit 链接"等项目资源。Revit 按逻辑层次关系组织这些项目资源,方便用户管理。

单击"项目浏览器"右上角的"关闭"按钮,可以关闭项目浏览器面板。项目浏览器关闭后,在"视图"选项卡下,单击工具面板上的"用户界面"按钮,在弹出的用户界面下拉菜单中勾选"项目浏览器"选框,即可重新显示"项目浏览器"。

在"项目浏览器"面板的标题栏上按住鼠标左键不放,移动鼠标指针至屏幕适当位置并松开鼠标,可拖动该面板至新位置。当"项目浏览器"面板靠近屏幕边界时,会自动吸附于边界位置。用户可以根据自己的操作习惯定义适合自己的项目浏览器位置,如图 1.15所示。

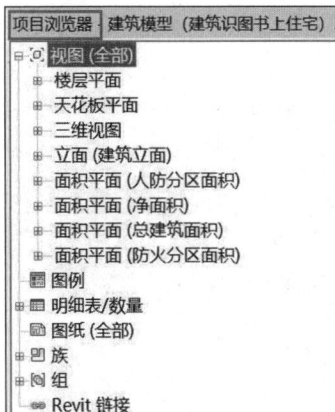

图 1.15　项目浏览器

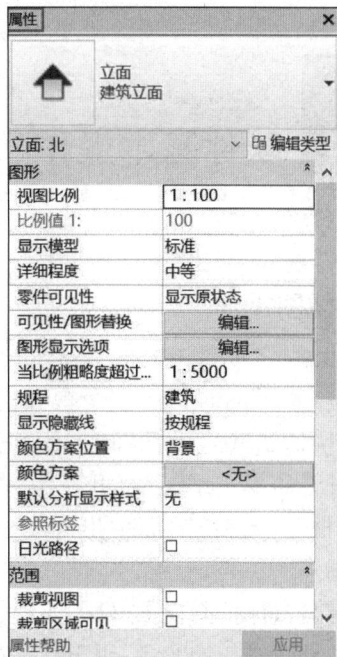

图 1.16　"属性"栏

1.3.5　"属性"栏

"属性"栏位于绘图区域的左侧或右侧,与"项目浏览器"一样,可以调整其位置,若"属性"栏关闭同样可以在 Revit 的工具栏"视图"下"用户界面"中调出"属性"栏。可从"属性"栏对选择对象的各种信息进行查看和修改,功能十分强大,可通过快捷键"Ctrl+1"快速打开和关闭"属性"栏,如图 1.16 所示。

1.3.6　视图控制栏

视图控制栏可用来调整视图的属性,包括比例、详细程度、视觉样式、打开/关闭日光路径、打开/关闭阴影、显示/隐藏渲染对话框(仅当绘图区域显示三维视图时才可用)等工具,如图 1.17 所示。

1 : 100

图 1.17　视图控制栏

Revit软件
基本操作

任务 1.4 软件基本操作

1.4.1 视图操作

"视图"可通过"项目浏览器"进行快速切换；同一个界面可用快捷键"WT"同时打开多个视图；在平面中查看三维视图，可在快速访问栏中选择"三维视图"的" 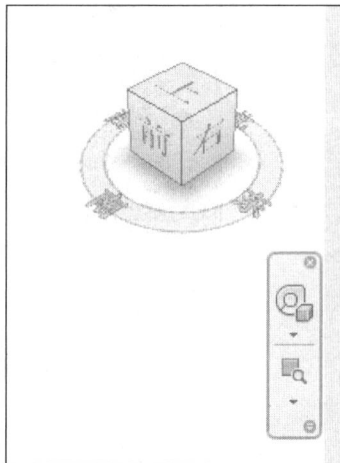 "按钮即可。若想查看局部三维，需打开三维，然后通过"属性"中勾选"剖面框"，当三维界面中出现线框时，拖曳控制点调整剖切范围。

除了用键盘鼠标控制视图，软件还提供了如图 1.18 所示的工具——导航栏与导航盘，用于动态观察。

1.4.2 常用修改工具

"修改"选项卡中常用的工具有"复制""粘贴""阵列""移动"等，如图 1.19 所示。当选择某一构件时会弹出相关的修改命令，用于对特定图元进行修改，如选择墙体会自动弹出"修改│墙>编辑轮廓"选项，如图 1.20 所示。

图 1.18　导航栏与导航盘

图 1.19　修改工具

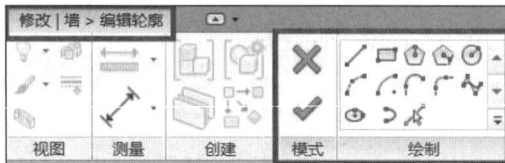

图 1.20　修改│墙>编辑轮廓

【知识拓展】

BIM 与 CAD 的区别

BIM 即建筑信息模型，是来形容那些以三维图形为主、物件导向、建筑学有关的计算机辅助设计。BIM 技术是一种应用于工程设计、建造、管理的数据化工具，通过对建筑的数据化、信息化模型整合，在项目策划、运行和维护的全生命周期过程中进行共享和传递，使工程技术人员对各种建筑信息作出正确理解和高效应对，为设计团队以及包括建筑、运营单位在内的各方建设主体提供协同工作的基础，在提高生产效率、节约成本和缩短工期方面发挥重要作用。

CAD 即计算机辅助设计，是利用计算机及其图形设备帮助设计人员进行设计工作。在设计中通常要用计算机对不同方案进行大量的计算、分析和比较，以决定最优方案；各种设计信息，不论是数字的、文字的或图形的，都能存放在计算机的内存或外存中，并能快速检索;设计人员通常用草图开始设计,将草图变为工作图的繁重工作可以交给计算机完成;由计算机自动产生的设计结果,可以快速作出图形,使设计人员及时对设计作出判断和修改;利用计算机可以进行与图形的编辑、放大、缩小、平移、复制和旋转等有关的图形数据加工工作。

【想一想】

BIM 技术有哪些特点? 如何区分 Revit 软件中项目、项目样板、族、族样板?

Revit 软件中类型参数与实例参数有什么不同?

【学习笔记】

_____

_____

_____

_____

_____

_____

_____

_____

_____

_____

【关键词】

BIM　项目　项目样板　族　族样板　实例参数　类型参数

【测试】

一、单项选择题

1.Revit 中同一个界面同时打开多个视图的快捷键是( )。

　　A.WT　　　　　　B.WA　　　　　　　C.WC　　　　　　　D.WD

2.Revit 中打开或关闭"属性"栏快捷键是( )。

　　A.Ctrl+1　　　　B.Ctrl+2　　　　　C.Ctrl+3　　　　　D.Ctrl+4

3.多专业协同、模型检测,是一个多专业协同检查的过程,也可以称为( )。

　　A.模型整合　　　B.碰撞检查　　　　C.深化设计　　　　D.成本分析

4.Revit 中项目样板的格式是( )。

　　A.RFT　　　　　B.RFA　　　　　　　C.RVT　　　　　　　D.RTE

5.Revit 项目族的格式是( )。

　　A.RFT　　　　　B.RFA　　　　　　　C.RVT　　　　　　　D.RTE

二、多项选择题

1.BIM 技术的特性包括( )。

　　A.可视化　　　　B.可协调性　　　　C.可模拟性　　　　D.可出图性

2.Revit 鼠标有些常用的操作,以下正确的有(　　　　　)。

    A.放大缩小:滚轮　　　　　　　　　　B.缩放匹配:双击鼠标中键

    C.平移:按住鼠标左键　　　　　　　　D.窗口切换:Shift+Tab

    E.三维旋转:Shift+鼠标中键

三、判断题

1.Revit 的任何单一图元都由某一特定族产生。　　　　　　　　　　　　　　(　　)

2.IFC 是国际通用的 BIM 模型交互标准。　　　　　　　　　　　　　　　　(　　)

项目 2　项目创建准备

【项目引入】

　　项目 1 介绍了 Revit 的基础知识、常用术语、软件界面及基本的操作等内容,从本项目开始,将以图 2.1 所示某职工住宅项目为例,按照建筑师常用的设计流程,从绘制标高和轴网开始,到模型导出和打印出图结束,详细讲解住宅楼项目设计的全过程,以便让初学者能够用最短的时间全面掌握用 Revit Architecture 和 Structure 2016 完成住宅楼项目土建建模的方法。

　　本项目主要讲解住宅楼项目创建的准备工作,包括熟悉住宅楼项目任务、建模依据、创建项目等内容。

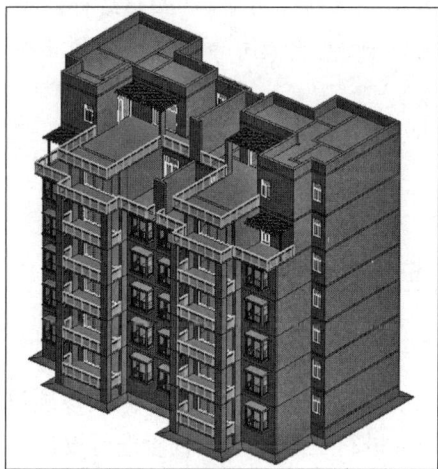

图 2.1　某职工住宅项目

【本项目内容结构】

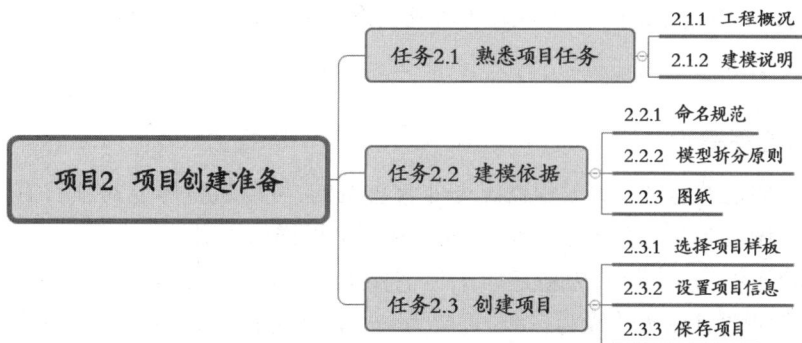

项目 2　项目创建准备
- 任务 2.1　熟悉项目任务
  - 2.1.1　工程概况
  - 2.1.2　建模说明
- 任务 2.2　建模依据
  - 2.2.1　命名规范
  - 2.2.2　模型拆分原则
  - 2.2.3　图纸
- 任务 2.3　创建项目
  - 2.3.1　选择项目样板
  - 2.3.2　设置项目信息
  - 2.3.3　保存项目

15

【学习目标】

知识目标:熟悉项目任务、建模依据的内容;理解如何选择项目样板,掌握 Revit 设置项目信息,掌握如何保存项目。

技能目标:能讲述 Revit 软件导入 CAD 和链接 CAD 的应用特点;能说出不同项目不同专业选择的项目样板;能够根据项目内容设置项目信息。

素质目标:制度自信,理论自信;科学思维方法,追求真理、探索未知、科技报国;积极的心理品质,自信自爱,坚韧乐观。

【学习重、难点】

重点:项目样板的选择与储存位置。

难点:区分 Revit 软件导入 CAD 和链接 CAD。

【学习建议】

1.本项目对建模依据做一般了解,着重学习 Revit 软件如何选择项目样板、设置项目信息,导入 CAD 和链接 CAD。

2.学习中可以借助微课及网上各种学习资源,掌握软件的保存设置。

3.单元后的测试题与项目实训,应在学习中对应进度逐步练习,通过做练习加以巩固基本知识。

任务 2.1 熟悉项目任务

在使用 Revit 进行建模之前,应先熟悉项目任务,判断该项目是直接用 Revit 进行建筑和结构设计,还是根据现有的图纸进行三维建模。直接进行设计对建筑师要求较高,需要从以前的二维设计模式转变成三维直接设计出图,对于设计师来说,一旦掌握这种直接三维设计的方法,会比二维的设计图更加直观和便利。以前设计师是把想象的三维建筑物变成二维的图纸展示出来,使用人员根据图纸再想象三维建筑物。根据现有的二维图纸进行三维建模,实际上比直接三维建模多了两个步骤,即从三维到二维,再由二维到三维。目前对大多数建模师来说,主要任务是把二维的图纸建成三维的模型。下面主要讲解把二维图纸建成三维模型的方法。

2.1.1 工程概况

了解和掌握建模建筑物的工程概况是非常重要的,可以从整体上对项目有所了解。有些材质和施工做法会在工程概况里说明,而不在图纸里详细说明。

本工程位于××市××学校,为新建职工住宅楼工程。建筑工程等级为二级,耐久年限为二级、50 年,工程设计耐火等级为二级,每层为一个防火分区。屋面防水等级为二级。本工程项目为地上七层,建筑高度 22.250 m。

2.1.2　建模说明

本工程建模内容为建筑和结构的三维模型,包括梁、柱、基础、墙体、门窗、幕墙、楼梯、栏杆扶手、楼板、坡道、屋顶、场地与建筑表现、创建房间、明细表、图纸以及模型导出。本书不涉及 MEP。

任务 2.2　建模依据

三维建模主要有以下几个依据。

①建设单位或设计单位提供的通过审查的有效图纸等数据。

②有关建模专业和建模精度的要求。

③国家规范和标准图集。

④现场实际材料、设备采购情况。

⑤设计变更的数据。

⑥其他特定要求。

建筑工程信息模型精细度是用来描述一个 BIM 模型构件单元从最低级的近似概念化的程度发展到最高级的演示级精度的步骤。《建筑工程设计信息模型交付标准》将建筑工程信息模型精细度分为 5 个等级(LOD100、LOD200、LOD300、LOD400、LOD500),并对每一个等级的精细度做了具体的规定,具体等级如下所述。

模型的细致程度定义如下所述。

(1)LOD100

等同于概念设计,此阶段的模型通常为表现建筑整体类型分析的建筑体量,分析包括体积,建筑朝向,每平方米造价等。如建筑专业的墙,表示出模型实体尺寸、形状、位置和颜色等几何信息,给排水专业的管道,表示管道类型、管径以及主要标高等几何信息,类似阀门、末端等构件则不表示。

(2)LOD200

等同于方案设计或扩初设计,此阶段的模型包含普遍性系统,包括大致的数量、大小、形状、位置及方向。LOD200 模型通常用于系统分析以及一般性表现目的。如建筑专业的墙,表示出其材质信息,含粗略面层划分等技术信息,给排水专业的管道表示出支管标高等几何信息。

(3)LOD300

模型单元等同于传统施工图和深化施工图层次。此模型已经能很好地用于成本估算以及施工协调,包括碰撞检查、施工进度计划以及可视化。LOD300 模型应当包括业主在 BIM 提交标准里规定的构件属性和参数等信息。如建筑专业的墙,表示出详细面层信息、材质以及节点详图等技术信息,给排水专业的管道表示出保温层,管道流速、流量等几何和参数信息。

（4）LOD400

此阶段的模型被认为可以用于模型单元的加工和安装。此模型更多地被专门的承包商和制造商用于加工和制造项目的构件，包括水电暖系统。如暖通专业的管件表示材料和材质信息、技术参数等、产品信息（供应商、产品合格证、生产厂家、生产日期、价格）等技术信息。

（5）LOD500

最终阶段的模型表现出项目竣工的情形。模型将作为中心数据库整合到建筑运营和维护系统中去。LOD500 模型将包含业主 BIM 提交说明里制订的完整构件参数和属性。如电气专业的末端表示使用年限、保修年限、维保频率、维保单位等维护信息。

2.2.1　命名规范

建筑工程设计信息模型中信息量巨大，若缺乏科学的分类以及一致的编码要求，将会极大地降低信息交换的准确性和效率。因此，建筑工程设计信息模型应根据使用需求，提供足够的分类和编码信息，以保障信息沟通的有效性和流畅性。

《建筑工程设计信息模型交付标准》对建筑工程设计信息模型及其交付文件的命名作如下规定。

①文件的命名应包含项目、分区或系统、专业、类型、标高和补充的描述信息，用连字符"-"隔开，示例：项目代码-分区/系统-专业代码-类型-标高-描述。

②文件的命名宜使用汉字、拼音或英文字符、数字和连字符的组合。

③在同一项目中，应使用统一的文件命名格式，且始终保持不变。

建筑工程对象和各类参数的命名应符合《建筑工程设计信息模型分类和编码标准》的规定。在建筑工程设计信息模型全寿命周期内，同一对象和参数的命名应保持前后一致，制订多个关键字段，以便后续的查询和统计。例如，墙的命名规则中可包括类型名称、类型、材质总厚度等字段，还可以包括内外层面厚度、结构层厚度、描述等字段。

如位于 2 层标高至 3 层标高之间，内墙在图纸中的编号为 NQ1，厚度为 200 mm 的填充墙内墙可以命名为 2F-NQ-NQ1-200-M15。其中 2F 为所在区域，NO 为族编码，NO1 为图纸中的编号，200 为墙的厚度，M15 为材料强度的描述。

其他各个构件均可以采用这种模式命名。例如：

①剪力墙 2F-Q-Q1-200-C40。

②柱子 2F-Z-KZ1-300 * 500-C40。

③梁 2F-L-KL1（2）-400 * 500-C35。

④板 2F-B-B1-250-C30。

⑤基础底板 DB-600-C40。

⑥外墙\内墙 2F-WQINQ1-300-M20。

⑦构造柱 2F-Z-GZ1-300 * 300-C25。

以上列出的均为建议命名规则，可根据具体图纸构件表命名，不过要求建筑专业和结构专业间统一、清晰，为后期算量造价等分析作准备，也要便于观察构件类别名称、楼层、标高、标准尺寸、材质等属性。

本项目可以按照图纸上的标注进行命名,这样可以让二维图纸和三维模型一一对应,在施工过程中图纸不仅方便修改,还能方便材料统计,利用 Revit 导出的材料清单能和现场实际的清单对应,从而对实际的施工起到真正的指导作用。

2.2.2 模型拆分原则

由于在实际大型项目中 BIM 模型很大,不可能一个模型完成所有的专业建模,所以就必须依靠协同,而实现协同就需要将模型按一定的规则进行拆分,再分别进行模型的建立。协同设计通常有两种工作模式:"工作集"和"模型链接",或者两种方式混合。这两种方式各有优缺点,但最根本的区别是:"工作集"可以多人在同一个中心文件平台上工作,都可以看到对方的设计模型;而"模型链接"是独享模型,在设计的过程中不能在同一个平台上进行项目的交流。

"工作集"和"模型链接"两种协同工作模式的比较见表 2.1。

表 2.1 "工作集"和"模型链接"两种协同工作模式的比较

内　容	工作集	模型链接
项目文件	一个中心文件,多个本地文件	主文件与一个或多个文件链接
同步	双向、同步更新	单向同步
项目其他成员构件	通过借用后编辑	不可以
工作模板文件	同一模板	可采用不同模型
性能	大模型时速度慢,对硬件要求高	大模型时速度相对较快
稳定性	目前版本在跨专业协同时不稳定	稳定
权限管理	需要完善的工作机制	简单
适用于	专业内部协同,单体内部协同	专业之间协同,各单体之间协同

虽然"工作集"是理想的设计方式,但由于"工作集"在软件实现上比较复杂,而"模型链接"相对成熟、性能稳定,尤其是大型模型在协同工作时性能表现优异,特别是在软件的操作响应上。

实际项目中究竟选择"工作集"模式进行协同,还是选择"模型链接"方式进行协同呢?作者根据实际项目经验,总结如下几条基本原则。

①单个模型文件建议不要太大。

②项目专业之间采用链接模型的方式进行协同设计。

③项目同专业采用工作集的方式进行协同设计。

④项目模型的工作分配最好由一个人整体规划并进行拆分,同时拆分模型最好是在夜晚或者周末进行,以免耽误工作。

建筑和结构专业可根据实际情况按建筑分区、按子项、按施工缝、按楼层拆分。

结构专业部分主要为结构柱、各种类型梁(过梁、连梁、圈梁等)、结构楼板、筏板基础、剪力墙、集水坑、桩、承台、地梁、条形基础、挑檐、台阶、墙饰条(踢脚、墙裙等替代性构件)、柱帽、基脚、桩帽以及其他承载力的混凝土构件。

建筑专业部分主要为建筑柱、构造柱、建筑内隔墙、幕墙、各种楼板栏杆、坡道、门、窗、楼板建筑面层(天棚、楼地面等内装饰层面部分)、吊顶、专业人防设备以及其他装饰性构件和场地构件等。

由于本住宅楼较简单,只建模建筑和结构部分,建模过程中暂不拆分。

2.2.3 图纸

施工图纸基础版本需统一,即在整个建模过程中不同专业要协调统一,同时使用同一版本图纸,可以是纸质图纸,也可以是.dwg、.t3 等格式的电子版图纸。建模时,位置、尺寸、材料等都可由纸质图纸进行查询。如果是电子版图纸,可以通过导入 CAD 文件的方式,直接在导入图纸的基础上进行快速建模。CAD 文件导入 Revit 时,使用"插入"选项下的"链接 CAD"或"导入 CAD"两个指令都可以,如图 2.2 所示。

图 2.2 导入 CAD 和链接 CAD

任务 2.3 创建项目

本节以某职工住宅项目为例(图 2.3),简要介绍建模流程及如何利用 Revit 实现 BIM 模型。

在 Revit 中,基本设计流程是选择项目样板,创建空白项目,确定项目标高、轴网,创建柱、梁、基础,创建墙体、门窗、幕墙、楼板、坡道、楼梯、栏杆扶手、屋顶等,为项目创建场地、地坪及其他构件,完成模型后,再根据模型生成指定视图,并对视图进行细节调整,为视图添加尺寸标注和其他注释信息,将视图布置于图纸中并打印,对模型进行渲染,与其他分析、设计软件进行交互。

Revit 软件安装完成以后,双击桌面图标"🏠",打开 Revit 2016,或选择 Windows 开始菜单→所有程序→Autodesk→Revit 2016 命令,或者直接按快捷键"Ctrl+N"。启动后的起始界面如图 2.4 所示。

创建项目有下述几种方式。

①如图 2.5 所示,选择"文件"菜单,选择新建按钮,然后单击项目按钮,即弹出如图 2.6 所示的"新建项目"窗口。

②单击起始界面中的"新建"按钮,弹出如图 2.6 所示的"新建项目"窗口。

③直接用图 2.6 中椭圆框中的样板文件创建项目。

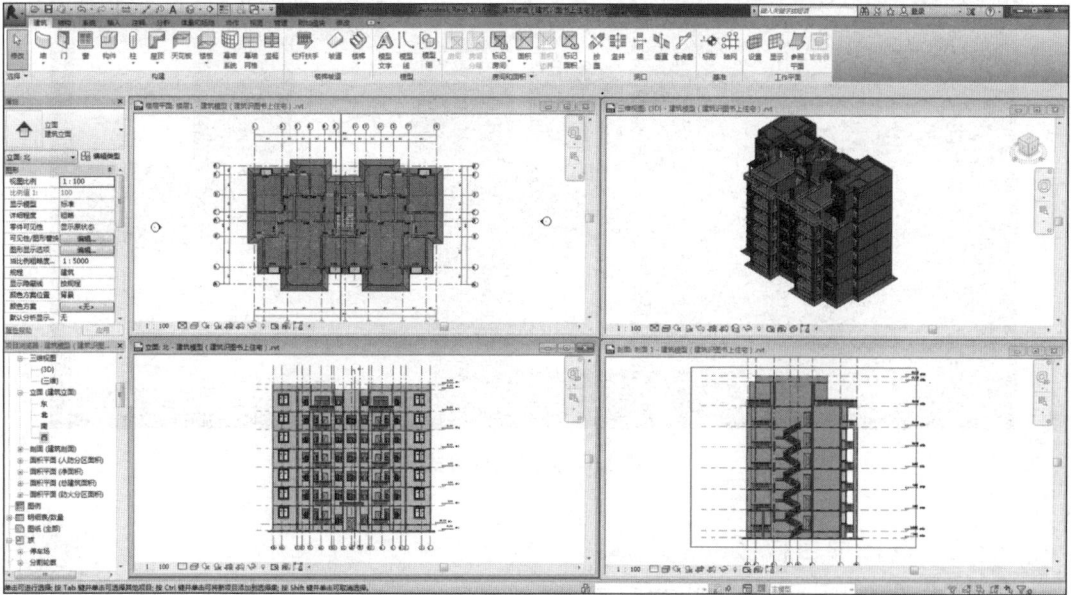

图 2.3　某职工住宅项目平立剖面图

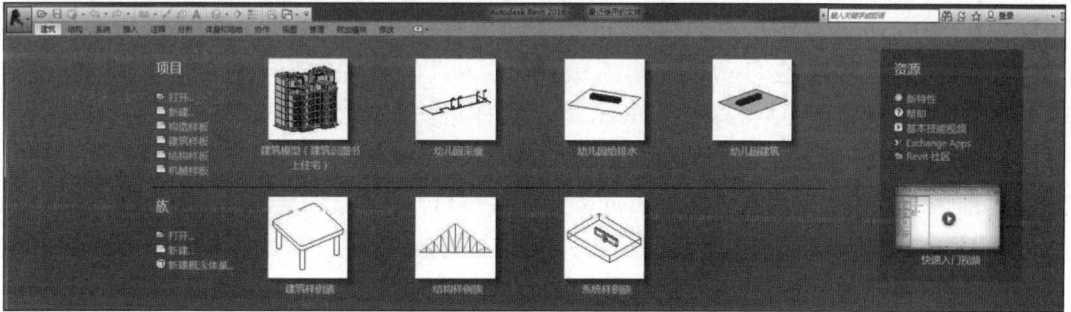

图 2.4　Revit 2016 起始界面

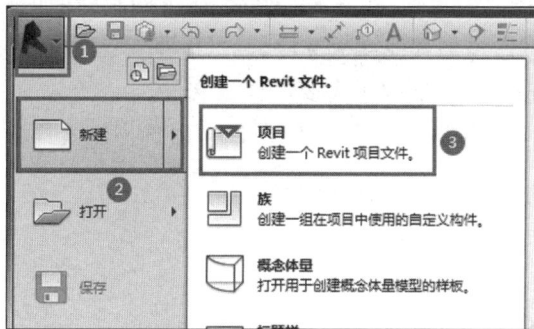

图 2.5　通过菜单创建项目

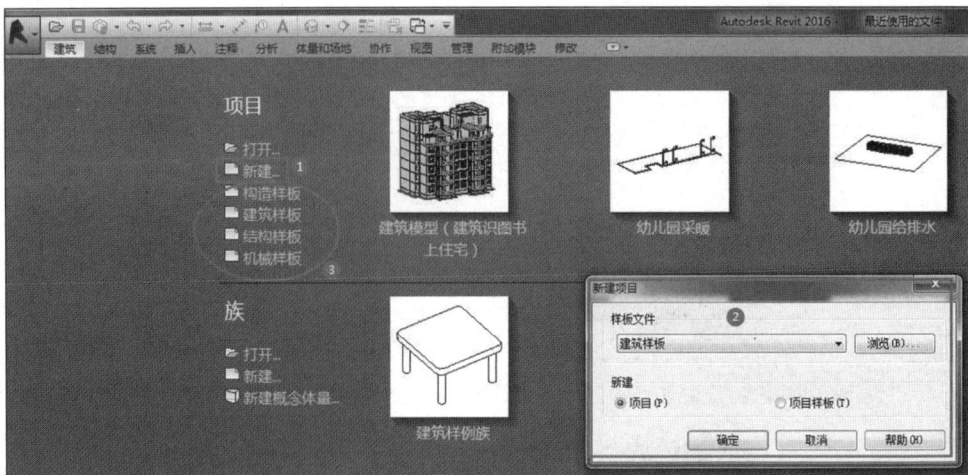

图 2.6　创建项目方式

2.3.1　选择项目样板

在 Revit 中,所有的设计模型、视图及信息都被存储在一个后缀名为".rvt"的 Revit 项目文件中。项目文件包括设计所需的全部信息,如建筑的三维模型、平立剖面及节点视图、各种明细表、施工图图纸以及其他相关信息。Revit 会自动关联项目中所有的设计信息。

新建项目时,Revit 会自动以一个后缀名为".rte"的文件作为项目的初始条件,这个".rte"格式的文件称为"项目样板",Revit 的项目样板功能相当于 AutoCAD 的".dwt"文件。项目样板定义了新建项目中默认的初始参数,例如,项目默认的度量单位、楼层数量的设置、层高信息、线型设置、显示设置等。Revit 允许用户自定义自己的样板文件,并保存为新的".rte"文件。在 Revit 中,一个合适的项目样板是基础,可以减少后期在项目中的设置和调整,提高项目设计的效率。

Revit 默认设置构造样板、建筑样板、结构样板以及机械样板(图 2.6)。

它们分别对应不同专业的建模所需要的预定义设置。项目样板的存储位置可以在"文件"→"选项"→"文件位置"中找到,如图 2.7 所示,通过椭圆框中的按钮可以调整各个样板的先后顺序,通过"✚"按钮添加其他样板文件,也可以将自己制作的项目样板放到这里方便以后使用。通过"▭"按钮可以删除不需要的样板文件。

本次住宅楼项目建模为建筑和结构专业,所以可以选择建筑样板或结构样板进行建模。新建项目如图 2.8 所示,该新建项目基于建筑样板文件。

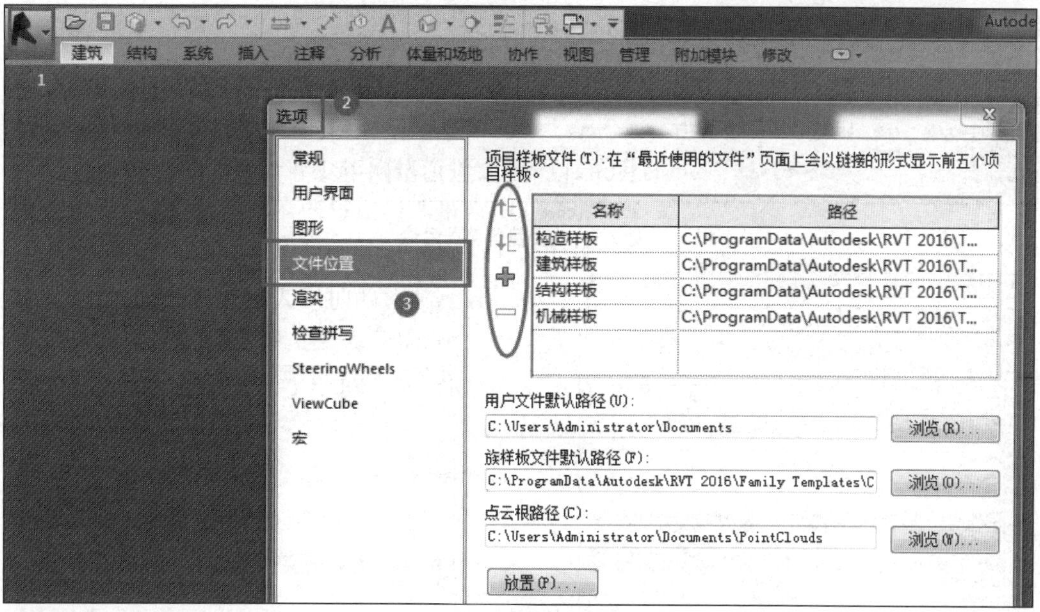

图 2.7　项目样板的存储位置

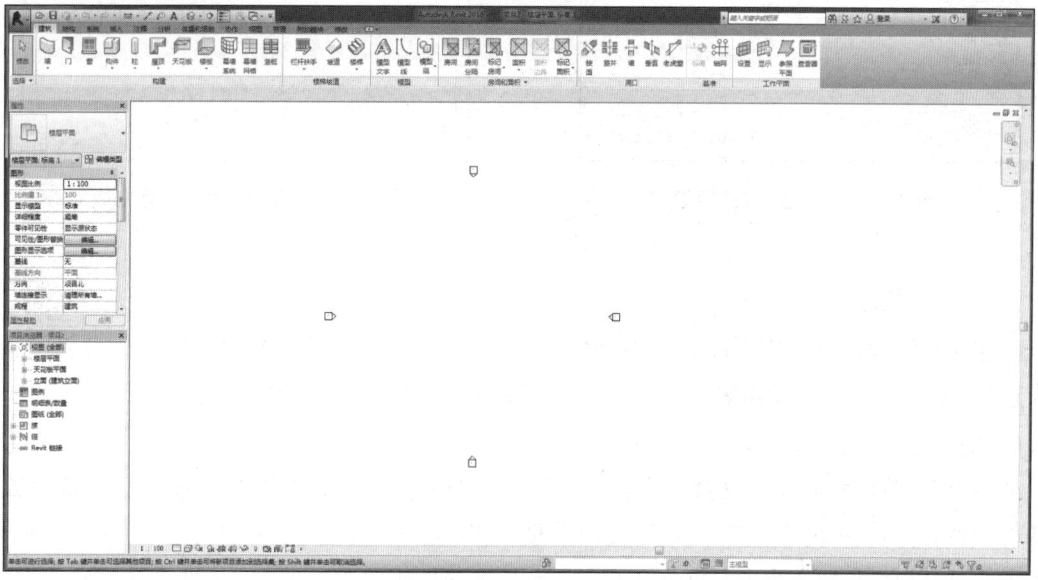

图 2.8　新建项目初始界面

2.3.2　设置项目信息

Revit 在信息管理方面的功能也非常不错。项目信息设置方法如下。

①在 Revit 中选中"管理"选项卡。

②选择"项目信息"命令(图 2.9)。

③弹出"项目信息"窗口(图 2.10)。

④在参数后面的"值"这列输入信息,单击"确定"按钮。输入后的结果如图 2.11 所示。

设置项目信息

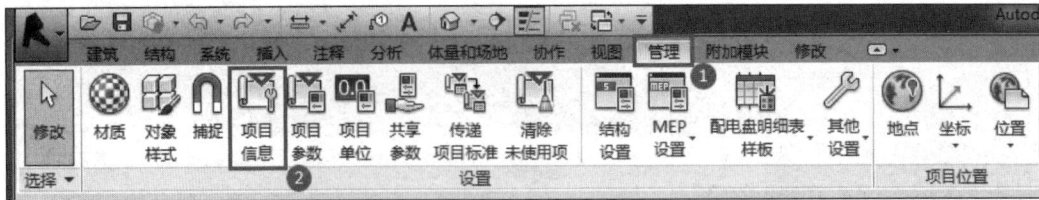

图 2.9 "项目信息"命令

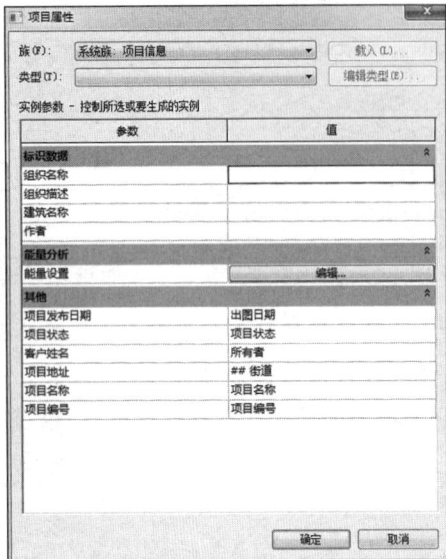

图 2.10 "项目信息"设置

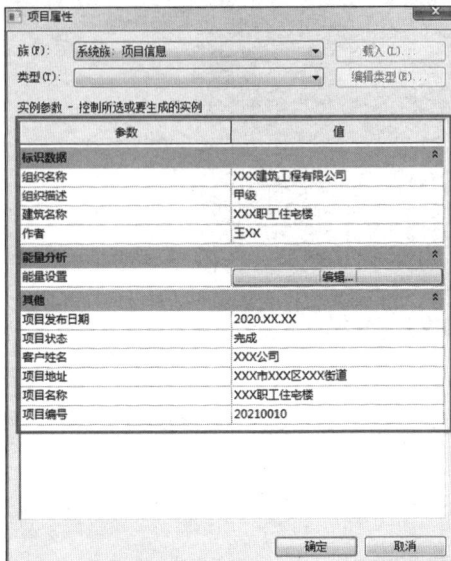

图 2.11 "项目信息"设置完成

2.3.3 保存项目

在模型创建的过程中要注意文件的保存,单击快速访问工具栏中的 🖫 按钮,或选择"文件"菜单,再单击 🖫 按钮。或者直接用快捷键"Ctrl+S"出现保存的窗口后,输入文件名,单击"保存"按钮即可。

在保存文件时,除了主文件会保存外,还会出现相应的备份文件,如果按项目默认设置,备份数量会保持在 20 个左右。如果备份数量太多,会占用空间,也会在选择项目文件时干扰视线,可以在图 2.12 所示对话框中单击"选项"按钮,减少备份数量,一般建议最大备份数为 5 个。

Revit 可以设置保存间隔提醒,如图 2.13 所示。选择"文件"菜单,选择"选项"命令,"常规"选项中设置"保存提醒间隔",建议设置最短时间为"15 分钟"。如果是协同建模,也可以设置"与中心文件同步"提醒间隔。

【知识拓展】

Revit 导入 CAD 和链接 CAD 的区别

链接 CAD 有点类似于 Office 软件中的超链接功能,如果链接,那么一定要有 CAD 原文件,而当用户复制出去时,CAD 的原文件也一定要一起复制过去,否则 Revit 中的 CAD 文件就会丢失。

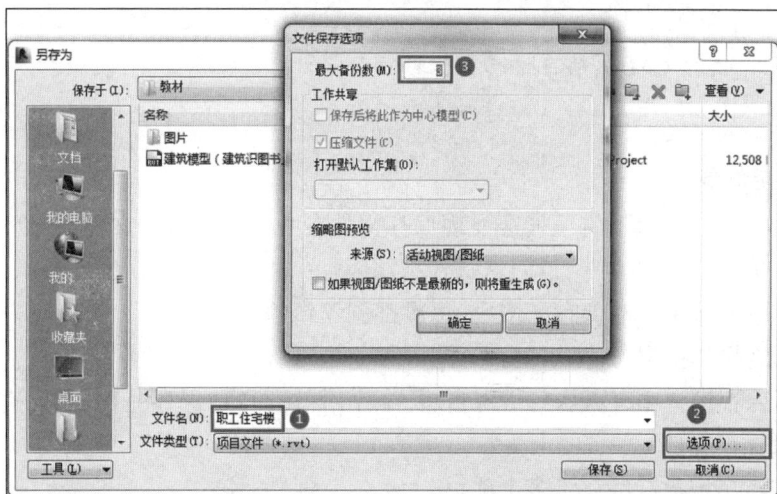

图 2.12　保存设置

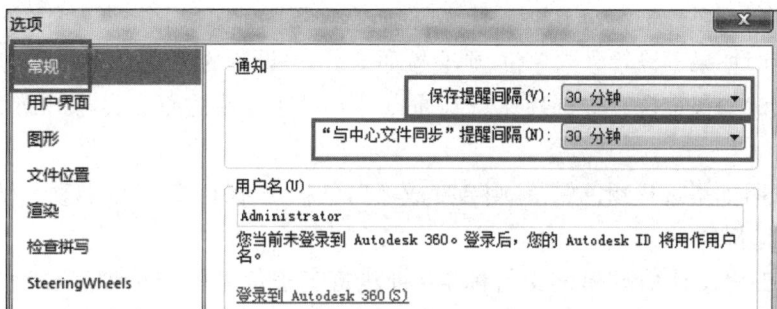

图 2.13　保存提醒时间设置

导入 CAD 就是将 CAD 文件与 Revit 文件捆绑在一起,两者合二为一,并非像链接 CAD 一样是捆绑的功能。相应地,原导入的 CAD 无论作何更改,都不会对 Revit 文件中的 CAD 有一点影响,因为它已经成为 Revit 项目的一部分,与外部 CAD 文件不存在联系。但是用导入 Revit 这一功能,会增加原有 Revit 文件的内存。

【想一想】

如何修改项目样板的存储位置？如何设置默认的 Revit 软件保存的时间和备份的数量？

【学习笔记】

【关键词】

导入 CAD　链接 CAD　项目信息　保存项目

【测试】

一、单项选择题

1.使用 Revit 软件建模,有可能会发现保存文件夹中保存了多个文件,分别以项目名称+001,002,...一直命名到 020 等,请问这是什么原因?(　　　)

　A.过程中操作者主动保存了多次,每次都创建新的名称

　B.操作者操作错误

　C.软件保存设置中有默认备份数量,每半小时就会自动保存一次,因此有很多默认的备份保存文件

　D.操作者忘记自己保存了多个项目

2.关于 Revit 中导入 CAD 文件的说法正确的是(　　　)。

　A.导入时如果勾选"仅当前视图",则在所有视图中都可以看到该 CAD 文件

　B.导入时如果不设置导入单位,则会按照 CAD 中设置的单位进行导入

　C.导入时如果定位方式选择原点到原点,则 CAD 文件的原点会与 Revit 文件的中心重合

　D.导入时如果选择颜色保留,则会变成黑白色彩,不保存 CAD 中的颜色设置

二、多项选择题

1.《建筑工程设计信息模型交付标准》将建筑工程信息模型精细度分为(　　　　　)等级。

　A.LOD100　　　　　B.LOD200　　　　　　C.LOD300

　D.LOD400　　　　　E.LOD500

2.模型精细度 Level of Details 包含的信息(　　　　　)的指标。

　A.全面性　　　　　B.细致程度　　　　　C.准确性

　D.可交换性　　　　E.保持时效性

三、判断题

1.Revit 中项目信息在系统选项卡下面的项目参数中设置。　　　　　　　　(　　　)

2.在 Revit 中导入 CAD 时最好勾选"仅当前视图",这样就不会在每个视图上都可以看到 CAD 文件。　　　　　　　　(　　　)

项目 3 创建标高和轴网

【项目引入】

在 Revit 软件中,标高和轴网属于基准图元,主要是为绘制三维模型提供平面位置参照和高度位置参照,在构建模型时可起到至关重要的定位作用,因此,在创建住宅楼项目前,首先需要根据住宅楼项目图纸创建标高和轴网。

本项目将讲解住宅楼项目的定位设置方式,主要包括项目位置的确定、项目基准点、各楼层的高度、轴网位置确定等内容。

【本项目内容结构】

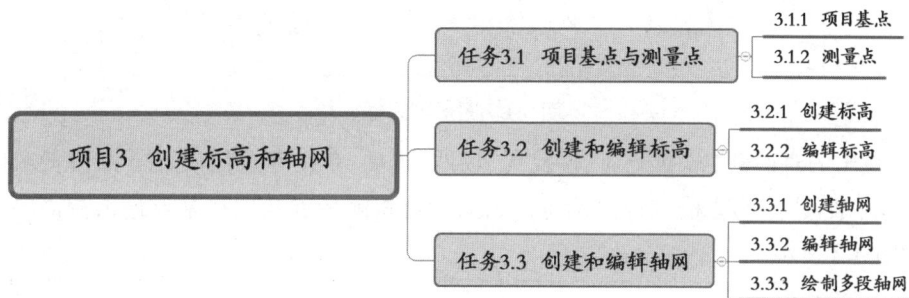

```
                                    ┌─ 任务3.1 项目基点与测量点 ─┬─ 3.1.1 项目基点
                                    │                          └─ 3.1.2 测量点
                                    │
项目3 创建标高和轴网 ────────────────┼─ 任务3.2 创建和编辑标高 ─┬─ 3.2.1 创建标高
                                    │                          └─ 3.2.2 编辑标高
                                    │                          ┌─ 3.3.1 创建轴网
                                    └─ 任务3.3 创建和编辑轴网 ─┼─ 3.3.2 编辑轴网
                                                               └─ 3.3.3 绘制多段轴网
```

【学习目标】

知识目标:了解项目基点和测量点的内容;理解先创建标高后创建轴网的意义,掌握创建和编辑标高、创建和编辑轴网。

技能目标:能讲述创建标高、轴网的作用;能根据项目图纸创建标高和轴网,并对标高和轴网进行编辑。

素质目标:自尊自律,文明礼貌,诚信友善,宽和待人;爱岗敬业,奉献精神,职业道德,团队意识和互助精神;主动作为,履职尽责,明辨是非,规则意识,法制意识。

【学习重、难点】

重点:标高、轴网的创建。

难点:编辑轴网、多段线绘制轴网。

【学习建议】

1.本项目对项目基点和测量点做一般了解,着重学习 Revit 软件是如何创建和编辑标高,如何创建和编辑轴网的。

2.学习中可以借助微课及网上各种学习资源,掌握软件中标高、轴网的创建。

3.单元后的测试题与项目实训,应在学习中对应进度逐步练习,通过做练习加以巩固基本知识。

任务 3.1 项目基点与测量点

在 Revit 项目中,每个项目都有项目基点⊗和测量点△,但是在软件默认的楼层平面中,测量点和项目基点一般都不可见,只有在场地平面中才可见,可以通过调整图形可见性,让项目基点与测量点在楼层平面中显示出来。

①新建一个项目,项目切换至楼层平面,使用快捷键"VV",或在"视图"选项卡"图形"面板中选择"可见性/图形",弹出"可见性/图形替换"对话框,如图 3.1 所示。

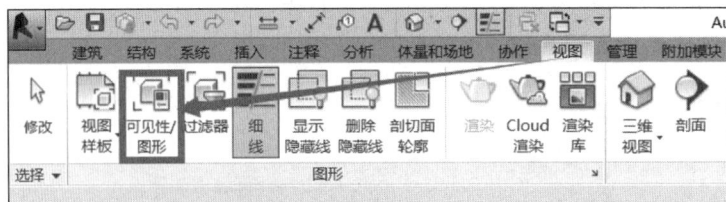

图 3.1 图形可见性

②在弹出的对话框"模型类别"栏找到"场地"选项,单击⊞按钮展开下拉列表,勾选"测量点""项目基点"前的方框,单击"确定"按钮,即可将测量点和项目基点显示在楼层平面视图中,如图 3.2 所示。

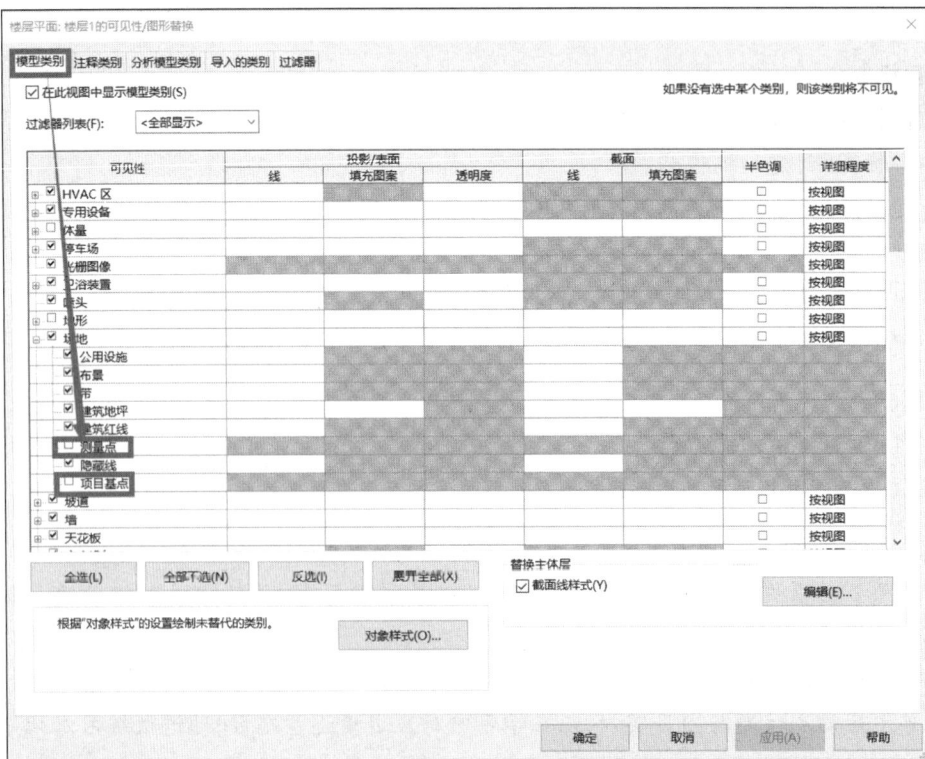

图 3.2 设置测量点与基点的可见性

在默认情况下,测量点和项目基点重合,并位于视图的中心,如图 3.3 所示。

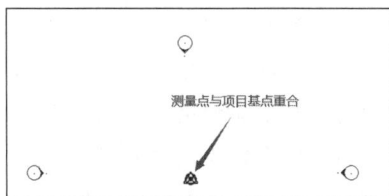

图 3.3　测量点与项目基点

3.1.1　项目基点

在 Revit 中,项目基点不仅定义了项目坐标系的原点(0,0,0),还可用于在场地中确定建筑的位置,并在构造期间定位建筑的设计图元。当基点显示为(裁剪)时创建的所有图元都会随基点的移动而移动。

将鼠标放置在两点的中心位置,通过键盘上的"Tab"键选中测量点,在视图控制栏单击按钮,选择隐藏图元(图 3.4),视图中将只剩下项目基点。

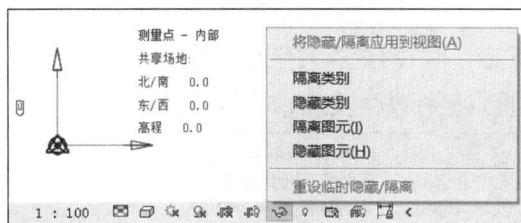

图 3.4　隐藏测量点

【小技巧】

在 Revit 中,同一位置有多个图元时,在被激活的当前视图下,将鼠标移动到图元位置,重复按"Tab"键,直至所需图元高亮为蓝色,此时单击,可准确快速地选中目标图元。

选择项目基点,单击图中的任意数值,可修改相应的坐标,在项目基点中,主要包括"北/南""东/西""高程"以及"到正北的角度"设置。除了单击相应数值修改外,还可在属性栏进行修改,如图 3.5 所示。

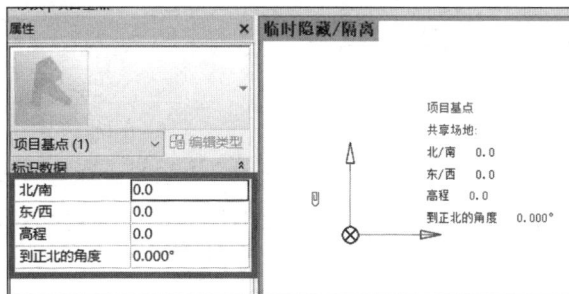

图 3.5　设置基点位置

3.1.2　测量点

测量点代表现实世界中的已知点,例如大地测量标记。测量点用于在其他坐标系(如在土木工程应用程序中使用的坐标系)中正确确定建筑几何图形的方向。

当测量点显示为裁剪状态🔘时,测量点的数值将不能修改,属性栏为灰色,如图 3.6 所示;移动测量点,测量点坐标保持不变,项目基点坐标会发生相应变化。

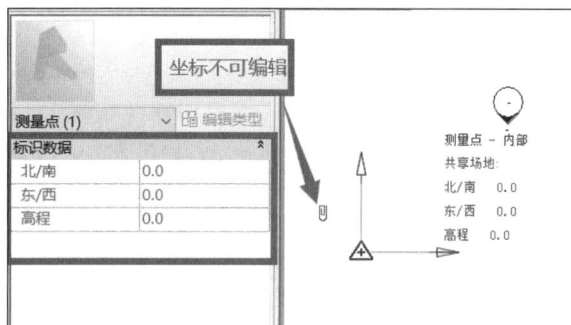

图 3.6　裁剪状态

当测量点为非裁剪状态🔘时,测量点的坐标值变为可编辑状态,移动测量点,项目基点的坐标不发生变化,而测量点坐标发生变化,如图 3.7 所示。

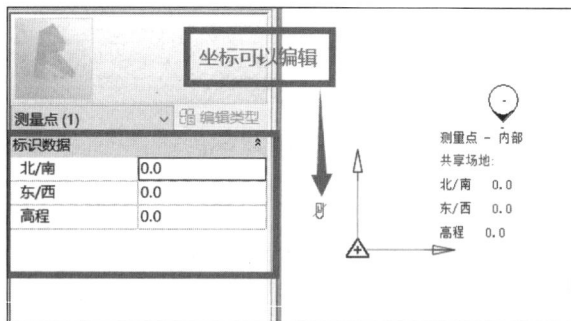

图 3.7　非裁剪状态

任务 3.2　创建和编辑标高

创建和编辑标高

标高是建筑物立面高度的定位参照,在 Revit 中,楼层平面均基于标高生成,换句话说,如果没有标高,就没有楼层平面,删除标高后与之对应的楼层平面也将会被删除。

3.2.1　创建标高

标高创建命令只有在立面和剖面视图中才能使用,因此在正式开始项目设计前,必须事先打开一个立面视图。首先,打开第 2 章创建的建筑项目,切换至任意立面视图,可以看到视图中已经创建了"标高1""标高2"两个默认标高,在楼层平面中也默认创建了相应的视图,如图3.8所示,接下来可创建项目标高。

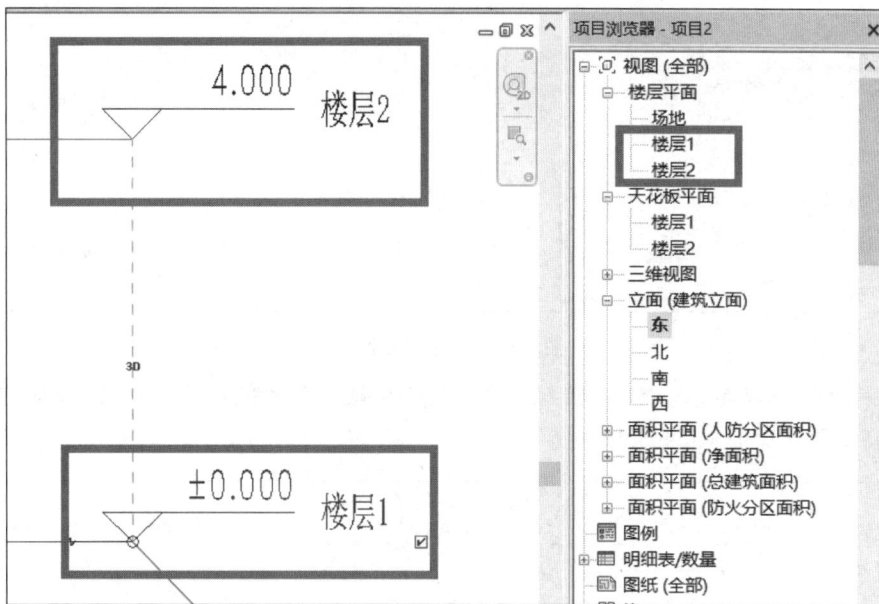

图3.8 默认标高

标高创建命令在"建筑"选项卡"基准"面板,如图3.9所示,单击"标高"将弹出标高创建的工具条,并在属性栏显示标高的属性;Revit提供两种创建标高的工具:绘制标高∕和拾取线创建标高∕,如图3.10所示的椭圆标记处。

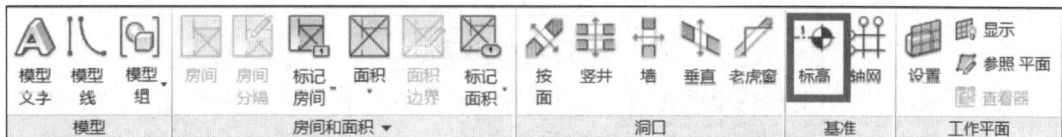

图3.9 标高创建命令

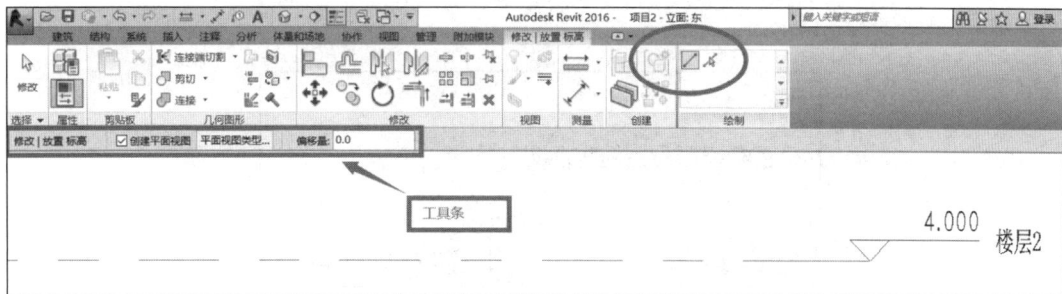

图3.10 绘制标高的两种方式

1)绘制标高

首先讲解通过∕工具来创建标高,在"修改︱放置标高"选项卡"绘制"面板中单击∕按钮,确定属性栏显示的标高类型为"上标头",将鼠标光标捕捉到标高1另一端正上方,输入"3000",按"Enter"键,即可确定标高的第一点,如图3.11所示。

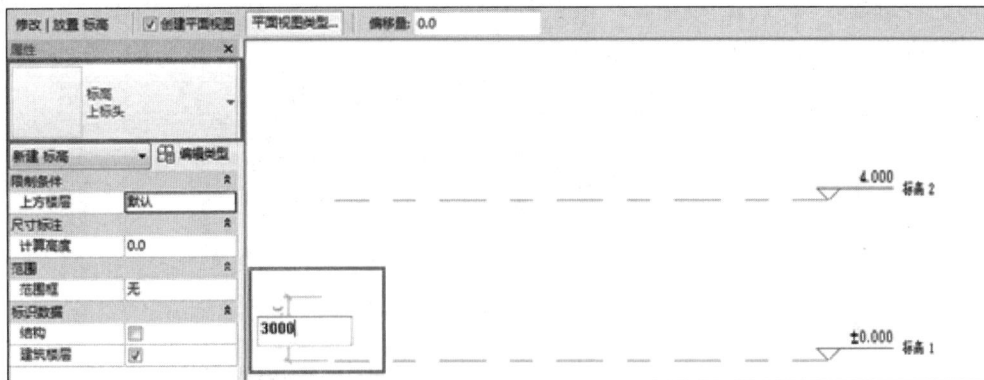

图 3.11　确定标高起点

将鼠标指针移动至另一侧,单击与标高 1 另一个端点对齐的位置,可确定标高的另一个端点,标高 3 创建完成,如图 3.12 所示。

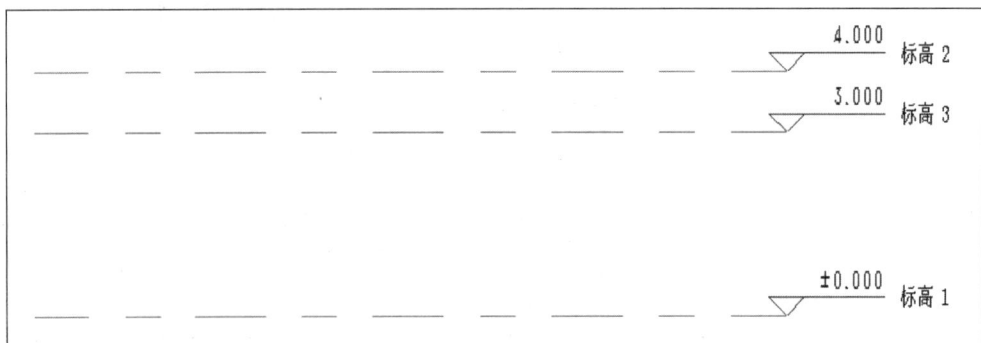

图 3.12　标高 3 创建完成

选择"标高 3",单击标高端点处的"标高 3",可对标高的名称进行修改,在这里修改名称为"F2",单击空白位置,弹出"是否希望重命名相应视图?"窗口,如图 3.13 所示,单击"是"按钮,可以看到,标高的名称已修改为"F2",同时视图名称也发生了相应的更改,如图 3.14 所示。

图 3.13　重命名视图

Revit 在设计时具有联动性,也可通过修改视图名称来修改标高名称。方法是在楼层平面中将光标移动至"标高 1",右击,弹出对话框,选择"重命名",对视图名称进行修改(图 3.15)。在弹出的视图命名窗口修改名称为"F1",单击"确定"按钮(图 3.16)。在"是否希望重命名应用标题和视图?"窗口中单击"是"按钮,标高的名称和视图的名称均会修为"F1"(图 3.17)。

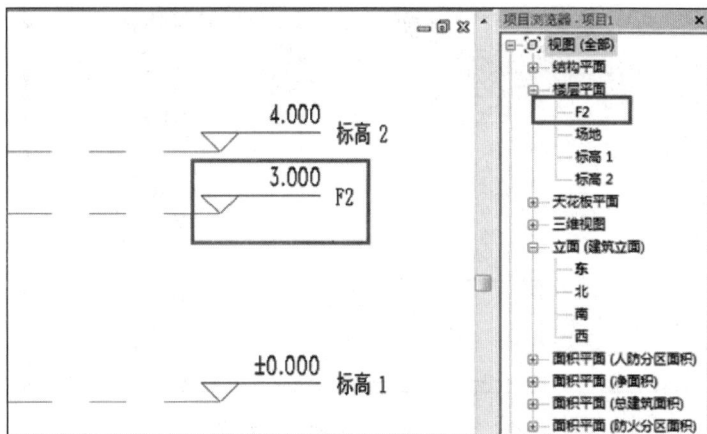

图 3.14　标高与视图命名完成

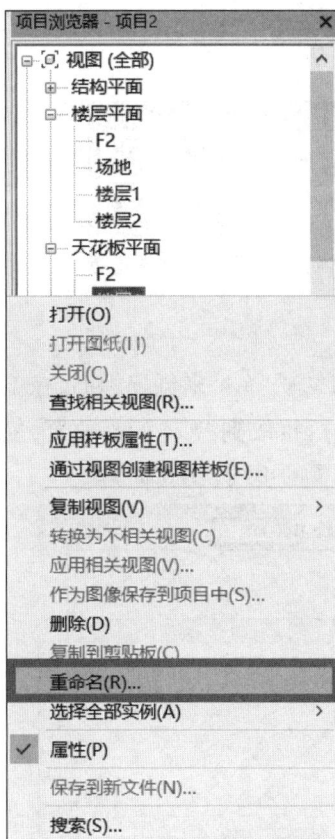

图 3.15　重命名视图 F1

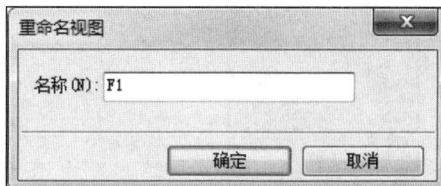

图 3.16　视图重命名

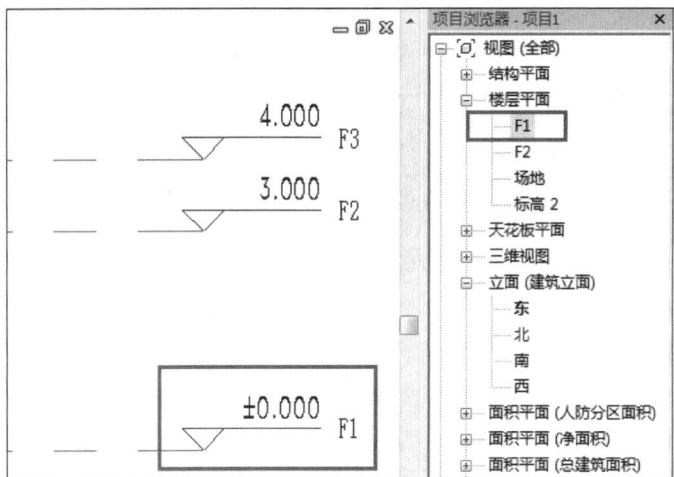

图 3.17　标高 F1 视图重命名完成

2）拾取标高

除了绘制标高,还可以通过拾取线 ▲ 来创建标高。拾取之前,首先删除"标高 2"。选择
"标高 2",在"修改 | 标高"选项卡的"修改"面板中单击 ✖ 按钮,"标高 2"和相应的视图均会
被删除(图 3.18)。

图 3.18　删除标高

接下来在"建筑"选项卡的"基准"面板中单击"标高",选择 ▲ 来创建标高,在工具条中
勾选"创建平面视图",同时输入偏移量"3000"(图 3.19);拾取到"F2"标高位置,鼠标指针
放在离"F2"上部偏离"3000"的位置,将弹出新建标高位置的虚线(图 3.20)。

图 3.19　修改偏移量

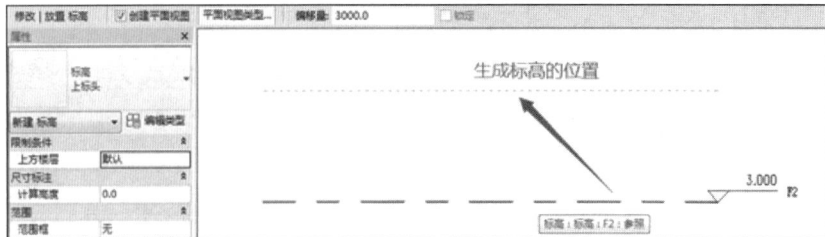

图 3.20　新建标高位置虚线

单击即可创建距离"F2"为"3000mm"的"F3",同时生成"F3"相应的楼层平面视图(图
3.21)。

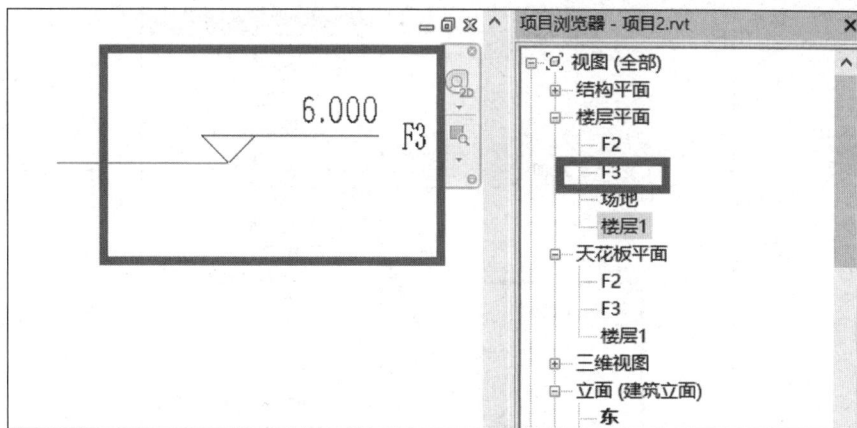

图 3.21　拾取线生成标高 F3

3)通过修改工具创建标高

在"修改"选项卡中,可以通过复制🖉和阵列🔡工具来创建标高。对于非标准层,楼层高度不全相同,可以选择🖉创建标高;而对于标准层,楼层高度完全相同,可以通过🔡来创建标高。

首先选中标高,在"修改|标高"选项卡的"修改"面板中单击按钮🖉,在工具条中勾选"多个",拾取到"F3"位置,单击指定复制的起点,上下移动鼠标指针,可显示复制的距离和角度(图 3.22)。

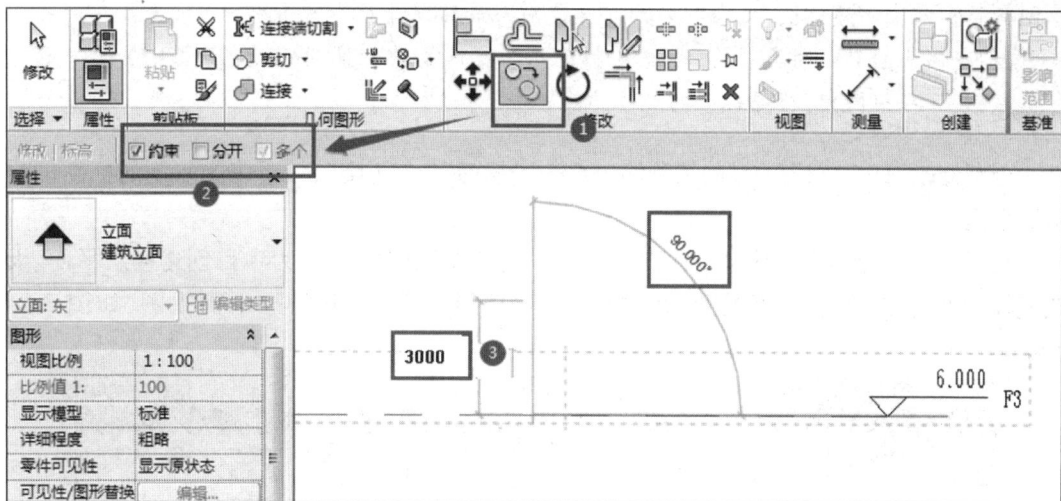

图 3.22　复制创建标高

勾选约束后,复制标高的角度将会锁定为 90°,输入标高的间距(层高)并按"Enter"键就可以创建新的标高,通过这种方法依次创建层高为"3000""3000""3000""3000""3450""800"的标高"F4""F5""F6""F7""F8""F9",如图 3.23 所示。在计算机立面视图中可以看到绘制和拾取创建标高"F2""F3"标头为浅蓝色,复制创建的标高"F4""F5""F6""F7"等标头为黑色,同时,复制创建的标高在楼层平面中没有自动创建相应楼层视图,如图 3.23 所示。

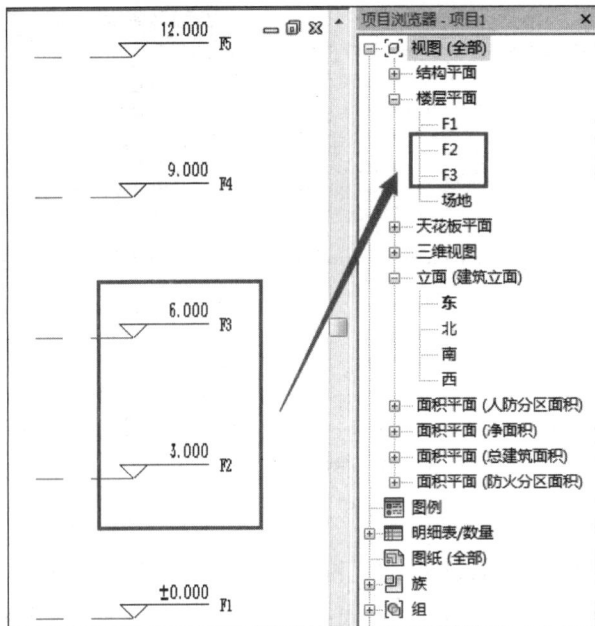

图 3.23　复制创建标高完成

【提示】

　　绘制标高和复制标高都是建立新标高的有效方法。两者之间的区别在于:通过绘制标高的方法新建标高时,会默认同时建立对应的楼层平面和天花板平面,并且在视图中,标高标头的颜色为浅蓝色;通过复制标高的方法新建标高时,不会建立对应的平面视图,并且在视图中,标高标头的颜色为黑色。

　　分别修改"F7""F8""F9"的名称为"F6+1""屋面""女儿墙",接下来为复制的标高创建楼层平面。

　　在"视图"选项卡的"创建"面板中单击"平面视图"按钮,可以为项目创建楼层平面、天花板投影平面、结构平面等视图,在这里选择"楼层平面"创建楼层平面视图,如图 3.24 所示。

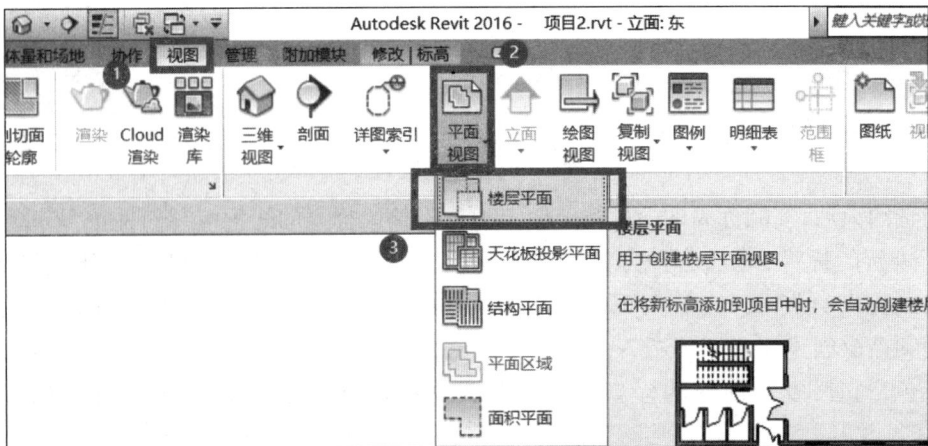

图 3.24　创建楼层平面

在弹出的"新建楼层平面"对话框中选择所有未创建楼层平面的标高,单击"确定"按钮,即可创建相应的楼层平面视图,如图 3.25 所示。

创建完成后,"项目浏览器"中将出现新创建的视图列表,并且自动切换至最后一个楼层平面视图,如图 3.26 所示。

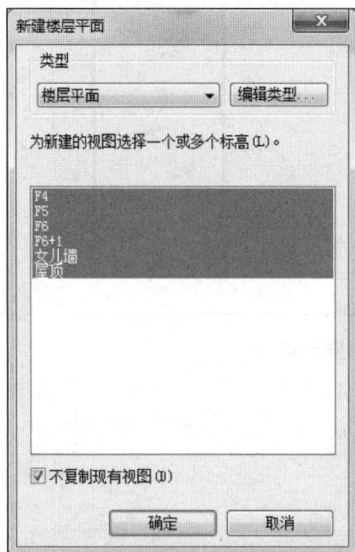

图 3.25　新建楼层平面

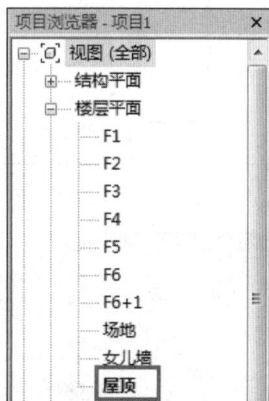

图 3.26　切换至女儿墙

阵列创建标高与复制创建标高的方法相似,在创建时需要注意阵列的方式:"第二个""最后一个"以及是否"成组并关联",如图 3.27 所示。

图 3.27　阵列工具条

选择"第一个",输入项目数为"8",指定起点和终点,则会以起点和终点的间距为阵列间距新建 8 个标高。

选择"最后一个",输入项目数为"8",指定起点和终点,则会在起点和终点之间均布置 8 个新的标高。

如果勾选"成组并关联",阵列的标高会自动创建成为一个模型组。一个标高修改,其余标高发生联动修改,一般在创建标高时不勾选"成组并关联"。

按照前面讲解的方法创建高程为"−1.000"的基顶标高,保存项目,完成标高的创建。

3.2.2　编辑标高

前面创建完成了标高,接下来讲解对标高的编辑。标高编辑主要包括标头、线样式、标高 2D/3D 的修改等内容。

1)标头的修改

前面创建的标高只有一端有标高,如图 3.28 所示。选中任意"上标头"标高,在"属性"栏中单击"编辑类型",在弹出的"类型属性"对话框中勾选"端点 1 处的默认符号",如图 3.29所示。

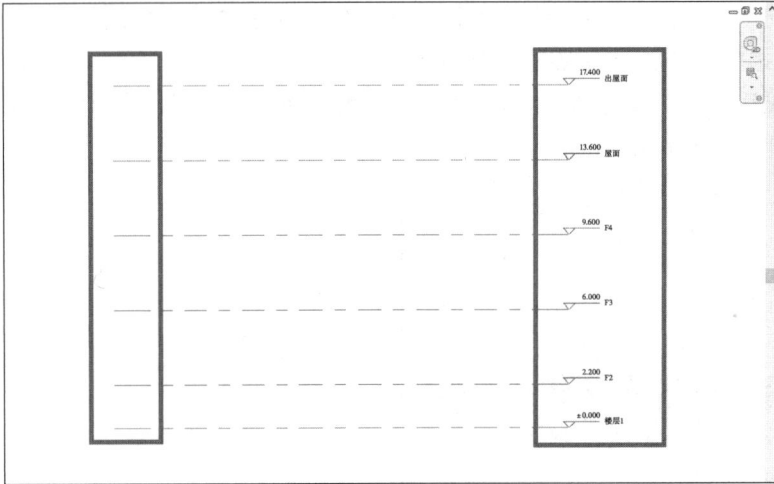

图 3.28　一端显示标头

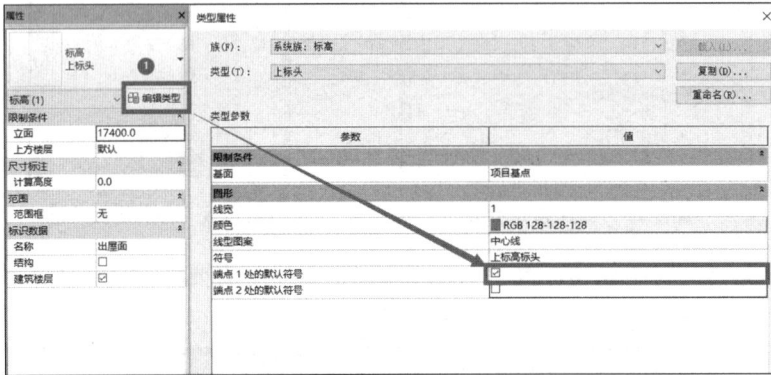

图 3.29　标头类型编辑

单击"确定"按钮,所有的"上标头"都变为两端显示标头,而标高 F1(±0.000)仍为一端标头,如图 3.30 所示。

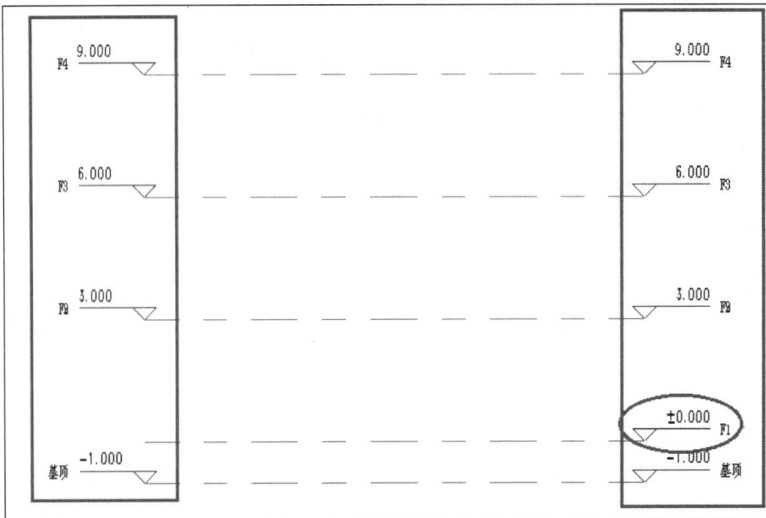

图 3.30　两端显示标头

选中"F1",可以通过上述"编辑类型"的方法修改,也可以通过勾选"显示编号""隐藏编号"控制标头的可见性,如图 3.31 所示。

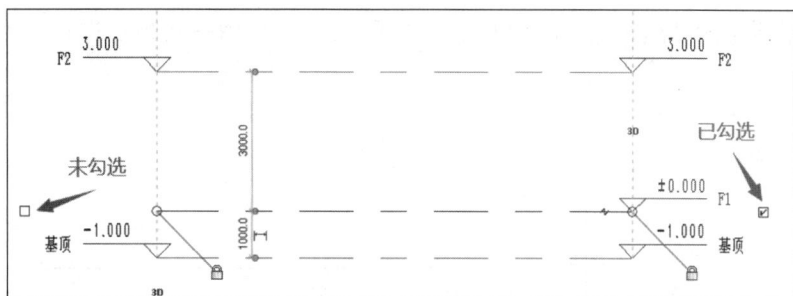

图 3.31　标头的显示与隐藏

【提示】
　　勾选"类型属性"对话框中的"端点 2 处的默认符号"选项,所有该类型标高的实例都将显示端点 2 处的标头符号。选择标高后,清除或勾选"隐藏符号"仅影响当前所选择标高标头符号的隐藏或显示。

选中"F2",拖曳标头端点的圆圈,可移动与之对齐的所有标高,同时当前显示为 3D 模式,在所有的立面图中,标头位置都会发生改变,如图 3.32 所示。

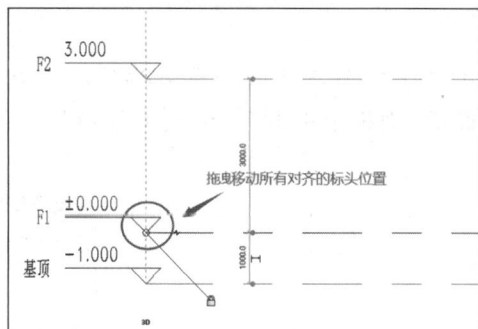

图 3.32　整体改变标头位置

如果只移动其中一个标头的位置,需要选中标高,单击标头上方的 按钮将标头与其他标头解锁,然后进行拖动。在所有的视图中,只有当前标高的标头位置发生移动,如图 3.33 所示。

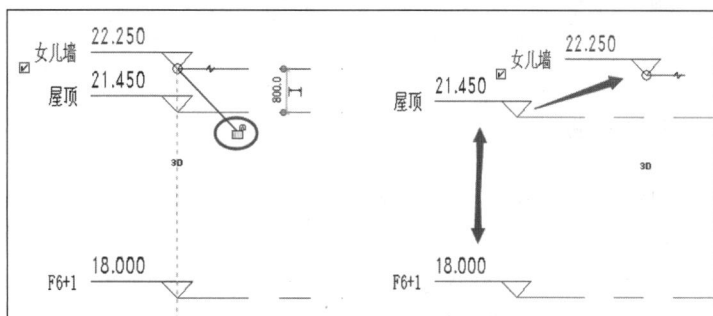

图 3.33　移动一个标头

如果只需要在当前视图中移动某一标头的位置,需要将标头设置为**2D**模式进行修改,单击标头上方的**3D**按钮,仔细拖曳修改标头位置,如图 3.34 所示。

另外在标头比较密集的位置,为避免标头重合,可以采用 ⤙ 将标点进行折断移动,如图 3.35 所示。

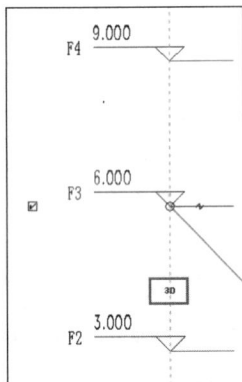

图 3.34　切换标头模式

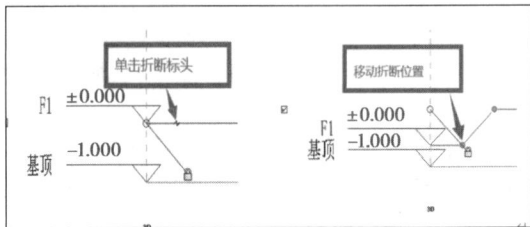

图 3.35　标头折断

软件中默认提供了"上标头""下标头""正负零标高"3 种类型的标头。选中"标高",通过"属性"栏下拉列表,可以修改标高的类型为"下标头",如图 3.36 所示。

2) 标高样式修改

标高样式主要为标高的线样式,包括线宽、线型、线颜色。首先新建线型。

在"管理"选项卡的"设置"面板中单击"其他设置"按钮,在下拉列表中选择"线型图案",如图 3.37 所示。

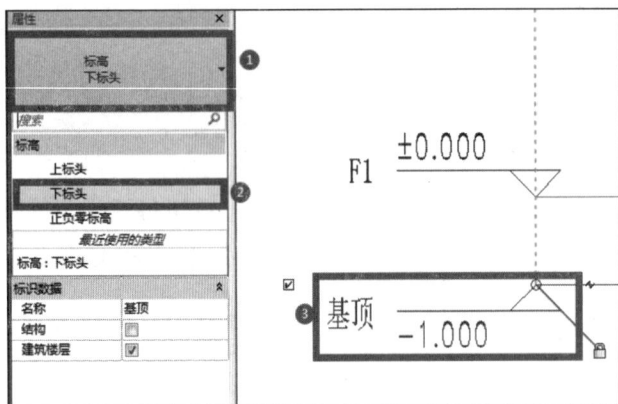

图 3.36　设置下标头

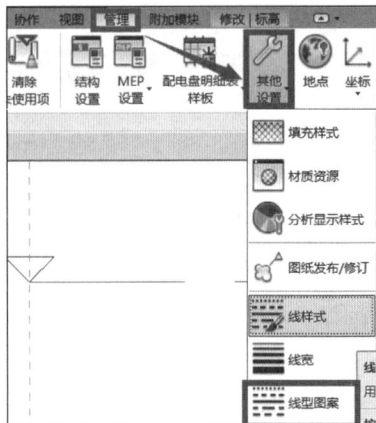

图 3.37　线型图案

在弹出的"线型图案"对话框中显示了软件自带的所有线型,同样也可以通过"新建"创建自定义的线型。单击"新建"按钮,弹出"线型图案属性"对话框,如图 3.38 所示。

修改名称为"标高线",线型图案由划线、点、空格组成,点和划线的尺寸均可在表格中的"值"中进行设置,设置结果如图 3.39 所示。

单击"确定"按钮完成线型的新建,新建的线型将出现在线型图案列表中,接下来可对线框进行设置；在"管理"选项卡的"设置"面板中单击"其他设置"按钮，在下拉列表中选择"线宽"，如图 3.40 所示。

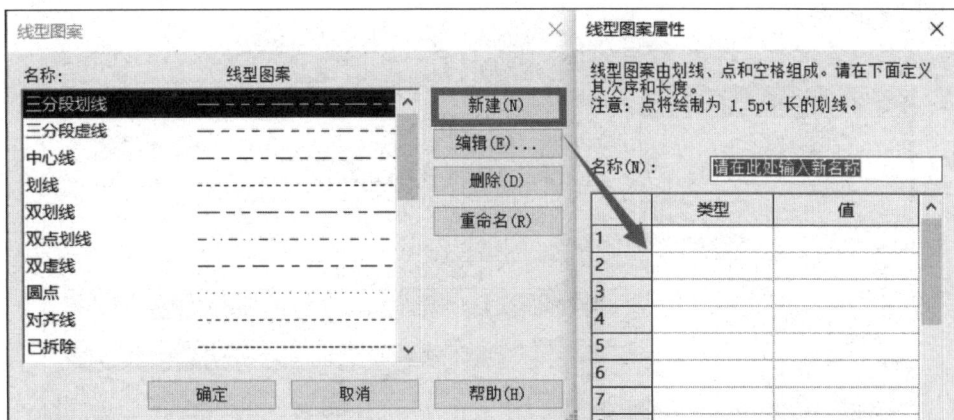

图 3.38　新建线型图案

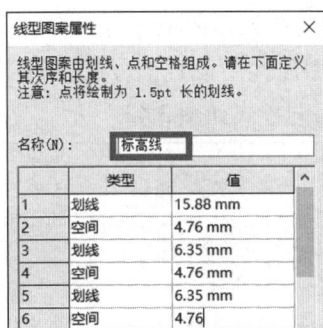

图 3.39　标高线型

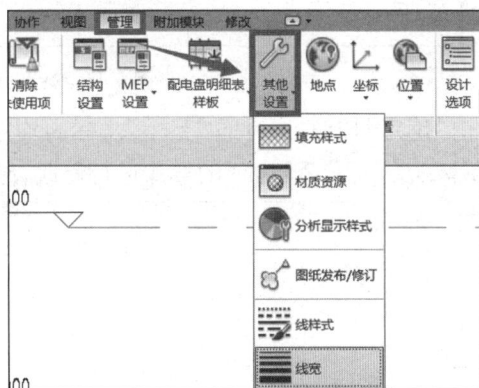

图 3.40　设置线宽

在弹出的"线宽"窗口中，可对模型线、透视视图线、注释线进行线宽的修改。在模型线宽中可新增比例（图 3.41），在不同比例视图中，线宽将显示图示对应的尺寸。

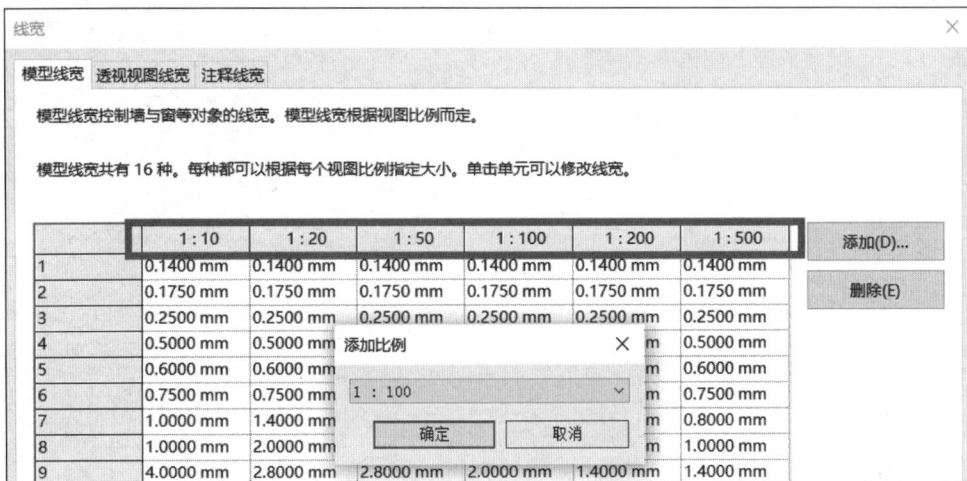

图 3.41　线宽尺寸

接下来可以对标高的线样式进行修改,选择任意上标头标高,单击"编辑类型"按钮,在弹出的"类型属性"窗口中修改线宽为"1",颜色为"红色",线型图案选择刚设置的"标高线",如图 3.42 所示。

图 3.42　标高线样式修改

单击"确定"按钮,所有的"上标头"标高均修改为类型属性中设置的样式,同样的方法可对"下标头""正负零标高"的样式进行修改,修改完成后的样式如图 3.43 所示。

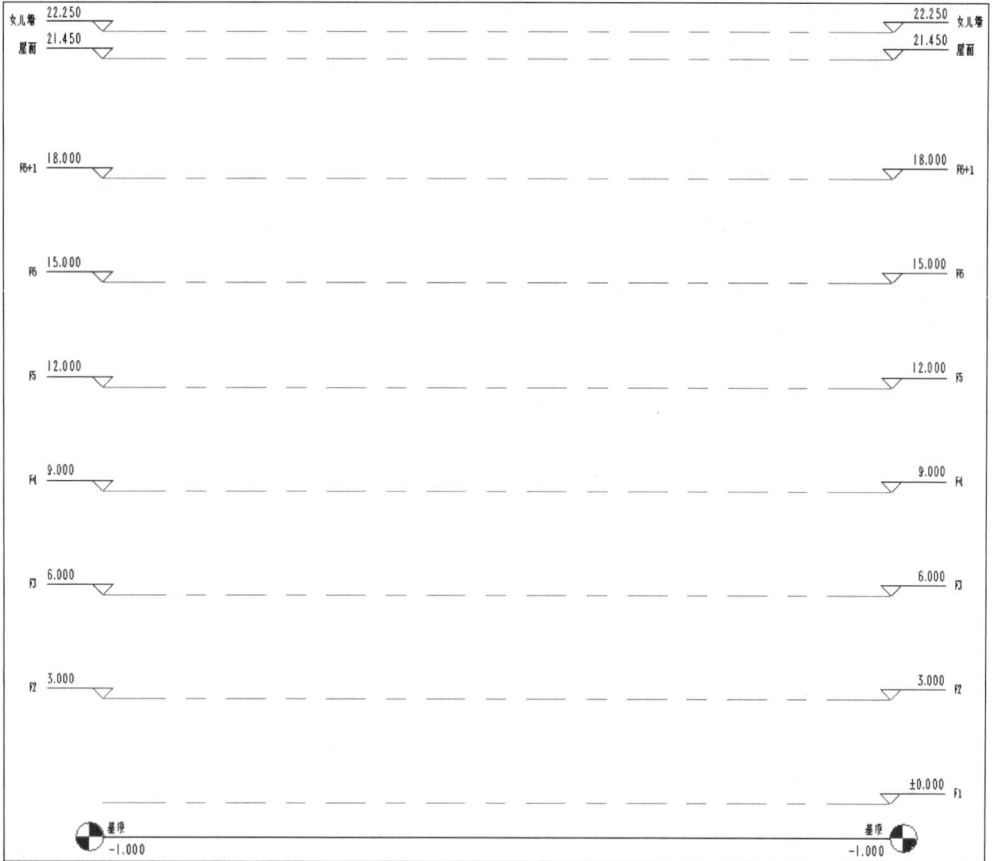

图 3.43　标高类型修改完成

　　此外,还可以对标头的样式进行修改,选择基顶标高,在标高"类型属性"中将标高符号设置为"标高标头-圆:标头可见性",单击"应用"按钮,标高标头则修改为如图 3.44 所示的符号。学习了以上标高调整的内容之后,可以把出屋面的标高调整到和其他标高对齐,基顶标高改回"下标头"中"标高标头-下"。

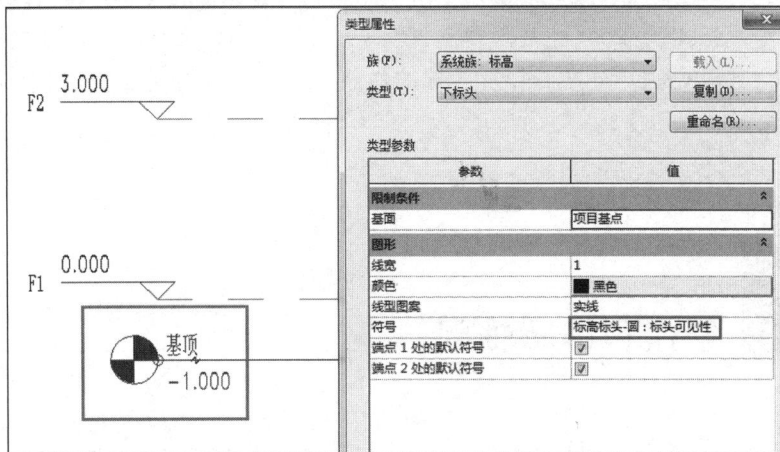

图 3.44　圆形标头

【注意】
　　标高创建完成后,通过"修改"选项卡中的囗按钮将标高锁定,避免操作失误将标高的位置移动,固定后的样式如图 3.45 所示。

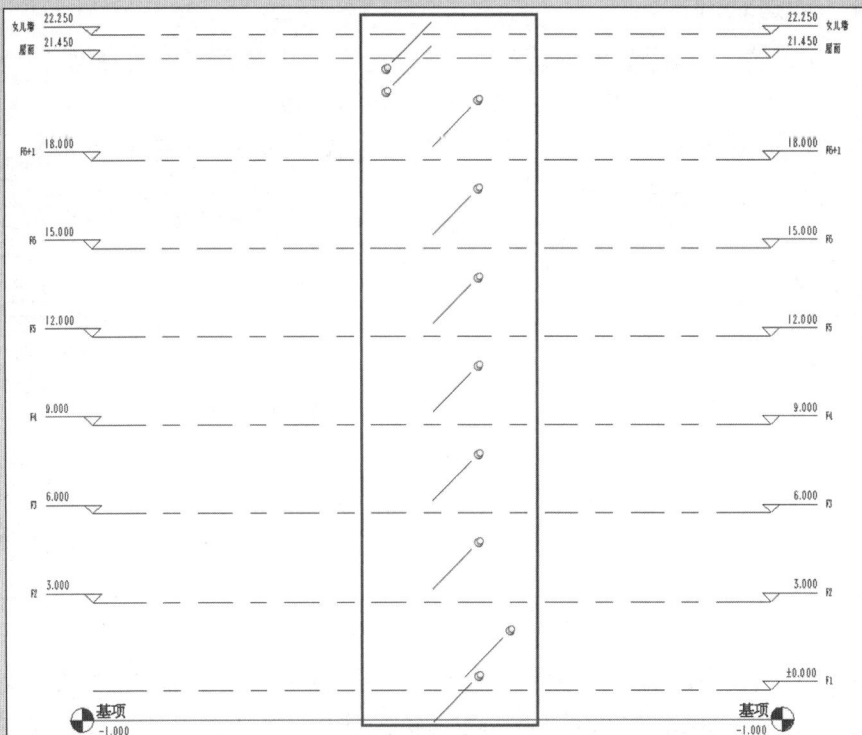

图 3.45　标高固定

【提示】

    刚刚创建完成的是建筑标高。建筑标高是指包括装饰层厚度的标高,而在结构构件创建时一般参照结构标高,结构标高是指不包括装饰层厚度的标高。在分专业建模时,可以单独为每个专业创建标高,也可以参照建筑标高后偏移。本项目在创建结构构件时,参照建筑标高。根据"建筑设计总说明"可知,各层标注标高为建筑完成面标高,屋面标高为结构面标高,故屋面和出屋面建筑标高及结构标高一致,其余各层结构标高均下降 0.05 m。

任务 3.3 创建和编辑轴网

创建和编辑
轴网

    标高创建完成后,可以切换至任意平面视图(如楼层平面视图)来创建和编辑轴网。轴网用于在平面视图中定位项目图,Revit 提供了"轴网"工具,用于创建轴网对象。在 Revit 中轴网只需要在任意一个平面视图中绘制一次,其他平面、立面、剖面视图中都将自动显示。下面继续为住宅楼项目创建轴网。

3.3.1 创建轴网

    ①进入"F1"楼层平面,选择"建筑"或"结构"选项卡,基准面板的轴网工具自动切换至"修改 | 放置轴网"选项卡,进入轴网放置状态,如图 3.46 所示符号。

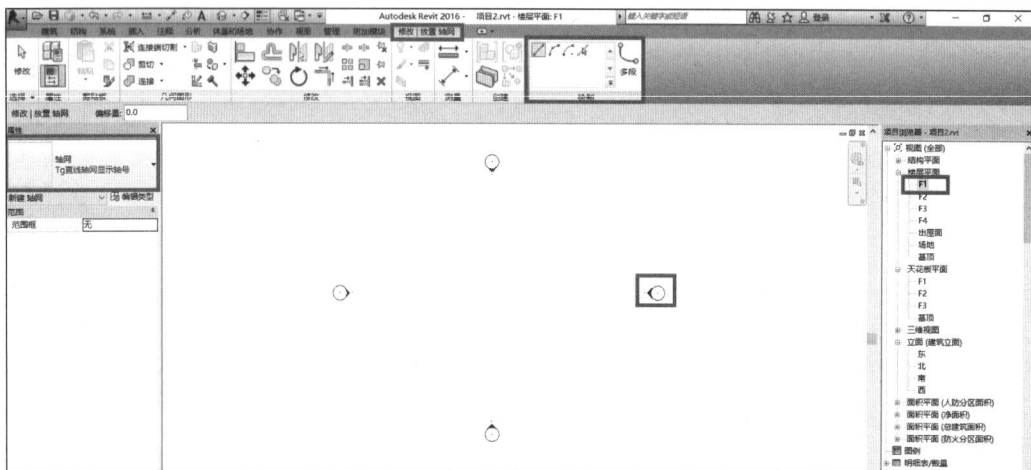

图 3.46 轴网放置初始界面

    ②选择属性面板中的轴网类型为"6.5 mm 编号",绘制面板中轴网绘制方式为"直线",确认选项栏中的偏移量为"0.0"。单击空白视图左下角空白处,作为轴线起点,向下移动鼠标指针,Revit 将在指针位置与起点之间显示轴线预览,并显示出当前轴线方向与水平方向的临时尺寸角度标注,如图 3.47 所示。在垂直方向向上移动鼠标指针至左上角位置时,

单击完成第 1 条轴线的绘制,并自动将该轴线编号为"1"。

【注意】

　　确定起点后按住"Shift"键不放,Revit 将进入正交绘制模式,可约束在水平或垂直方向绘制。

　　③移动鼠标指针至 1 号轴线起点右侧任意位置,Revit 将自动捕捉该轴线的起点,给出端点对齐捕捉参考线,并在指针与 1 号轴线间显示临时尺寸标注,即指示指针与 1 号轴线的间距。输入"1350"并按"Enter"键确认,将距 1 号轴线右侧 1350 mm 处定为第二条轴线起点,如图 3.48 所示。在垂直方向向上移动鼠标指针至与 1 号轴线对齐的位置,单击鼠标左键完成第 2 条轴线的绘制,并自动为该轴线编号为"2"。按"Esc"键两次退出放置轴网模式。

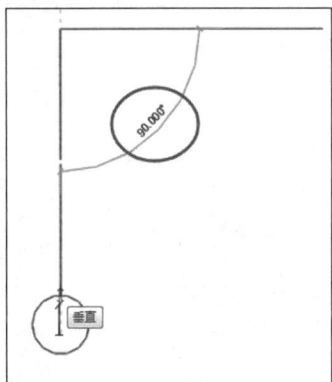

图 3.47　轴网放置的临时标注　　　　　　　图 3.48　第 2 条轴线起点

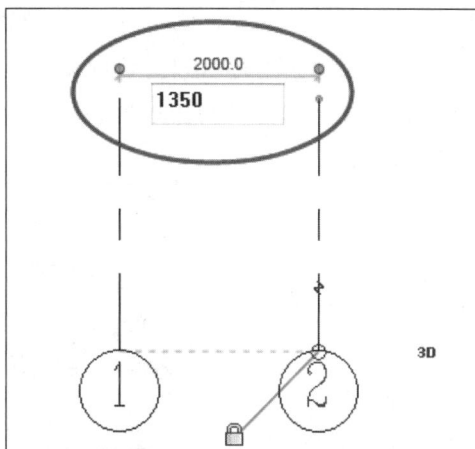

【说明】

　　临时尺寸标注是指在 Revit 中选择图元时,Revit 会自动捕捉该图元周围的参照图元,如轴线、墙体等,以指示所选图元与参照图元间的距离或角度。可以修改临时尺寸标注的默认捕捉位置,以更好地对图元进行定位。在修改临时尺寸标注时,除直接输入距离值之外,还可以输入"="后再输入公式,由 Revit 自动计算结果。

【提示】

　　在 Revit 中以绘制、复制、阵列等方式添加新轴网时,系统会按照数值或字母的排序规则,自动从上一次新建轴线的编号之后开始编号。

　　④单击 2 号轴线,选择工具栏"复制"命令,选项栏勾选正交约束选项"约束"和"多个"。移动光标在 2 号轴线上单击捕捉一点作为复制参考点,然后水平向右移动光标,输入间距值"3300",然后按"Enter"键确认,复制 3 号轴线,点击 3 号轴线线圈,将 3 号轴线修改为 4 号。保持光标位于新复制的轴线右侧,再次输入"3600"后按"Enter"键确认,复制 5 号轴线,点击5 号轴线线圈,将 5 号轴线修改成 7 号……根据此方式,该项目垂直方向下排轴线绘制完成如图 3.49 所示。

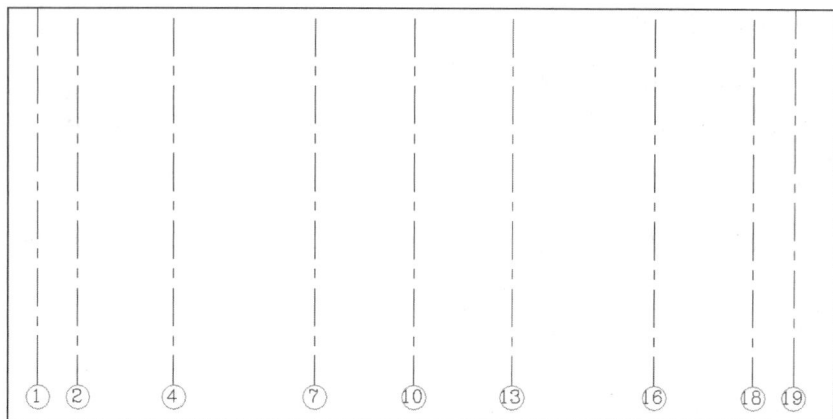

图 3.49 下排轴网布置

⑤选中 1 和 19 轴线,解锁、拖长,并打开属性中的编辑类型,弹出类型属性对话框,勾选平面视图轴号端点 1,使 1 和 19 轴线两端均显示轴号,如图 3.50 所示。

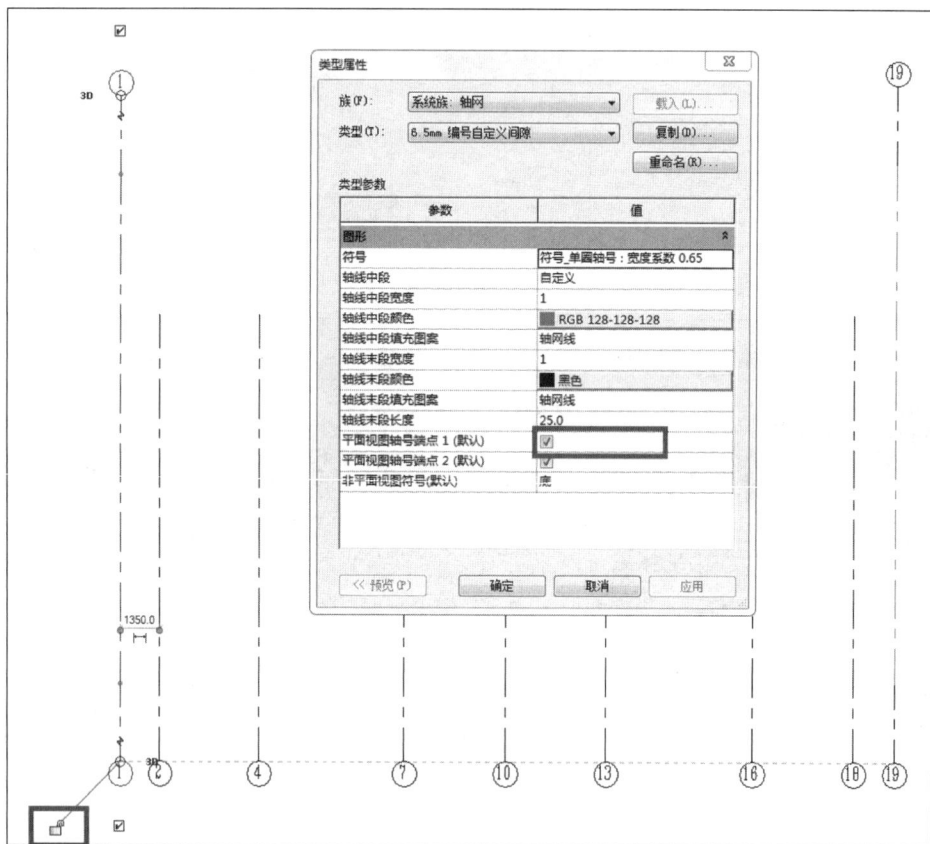

图 3.50 修改起始轴线编号

⑥在 1 轴线右侧,由下向上绘制轴线,将间距值修改成"3900",并将轴线编号修改为 3,如图 3.51 所示。复制 3 号轴线,依次输入 2100、1800、2100、1500、2700、1500、2100、1800、2100,并将轴线编号依次修改为 5、6、8、9、11、12、14、15、17,至此,所有垂直轴线均绘制完成,如图 3.52 所示。

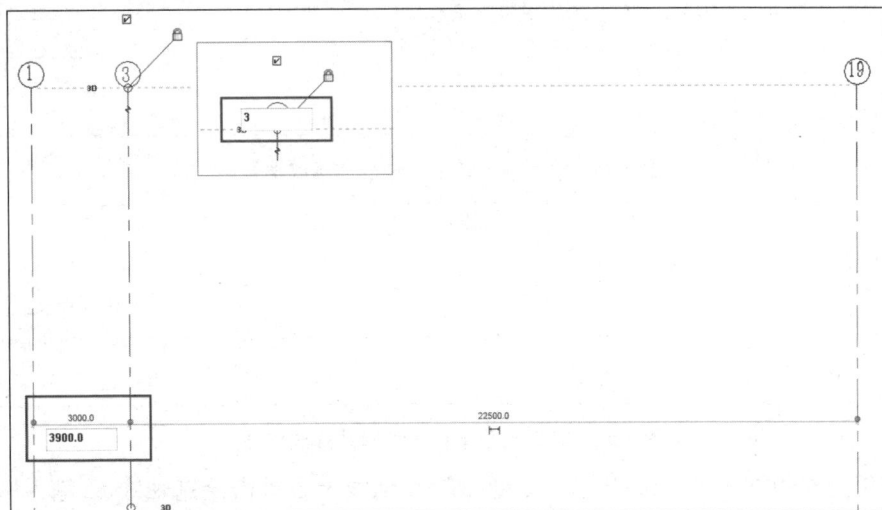

图 3.51　绘制上排垂直轴线

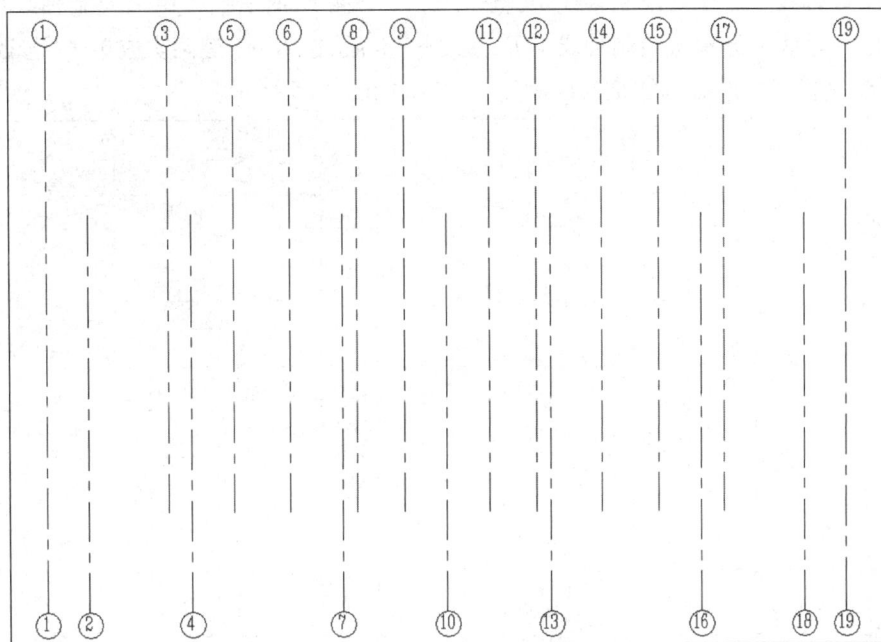

图 3.52　垂直轴线绘制完成

⑦绘制第一条水平轴线(图3.53)。在"建筑"选项卡的"基准"面板中单击"轴网"工具，继续使用"绘制"面板中的"直线" ◿ 方式，沿水平方向绘制第一条水平轴网，Revit 自动按轴线编号累计加 1 的方式命名该轴线编号为"20"。选择刚刚绘制的轴线 20，单击轴线标头中的轴线编号，进入编号文本编辑状态，删除原有编号值，输入"1/0A"，按"Enter"键确认，该轴线编号将修改为1/0A，如图 3.53 所示。

⑧用"拾取线"的方法绘制其他水平轴网。在"建筑"选项卡的"基准"面板中单击"轴网"工具，单击"绘制"面板中的"拾取线"按钮 ⬚ ，偏移输入"2400"，移动光标在 1/0A 轴线上部，此时出现了一条浅蓝色虚线，单击"确定"按钮后出现 1/0B 轴线的绘制，点击修改成 A 轴线，如图 3.54 所示。

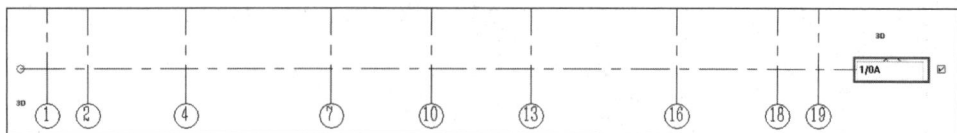

图 3.53　绘制第一条水平轴线并修改编号

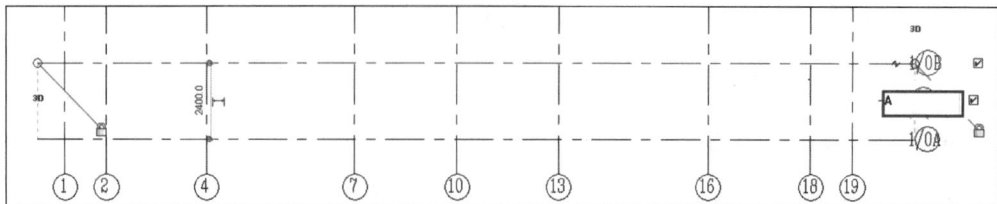

图 3.54　第二条水平轴线绘制并修改编号

⑨使用同样的方式再偏移:输入"4200",在 A 轴线上方单击绘制轴线 B;输入"2100",在 B 轴线上方单击绘制轴线 1/B;输入"1200",在 1/B 轴线上方单击绘制轴线 C;输入"2400",在 C 轴线上方单击绘制轴线 D;输入"2700",在 D 轴线上方单击绘制轴线 E;输入"1200",在 E 轴线上方单击绘制轴线 1/E。绘制完成后,按"Esc"键两次或单击"修改"按钮退出轴网绘制模式。所有轴线全部绘制完成,结果如图 3.55 所示。

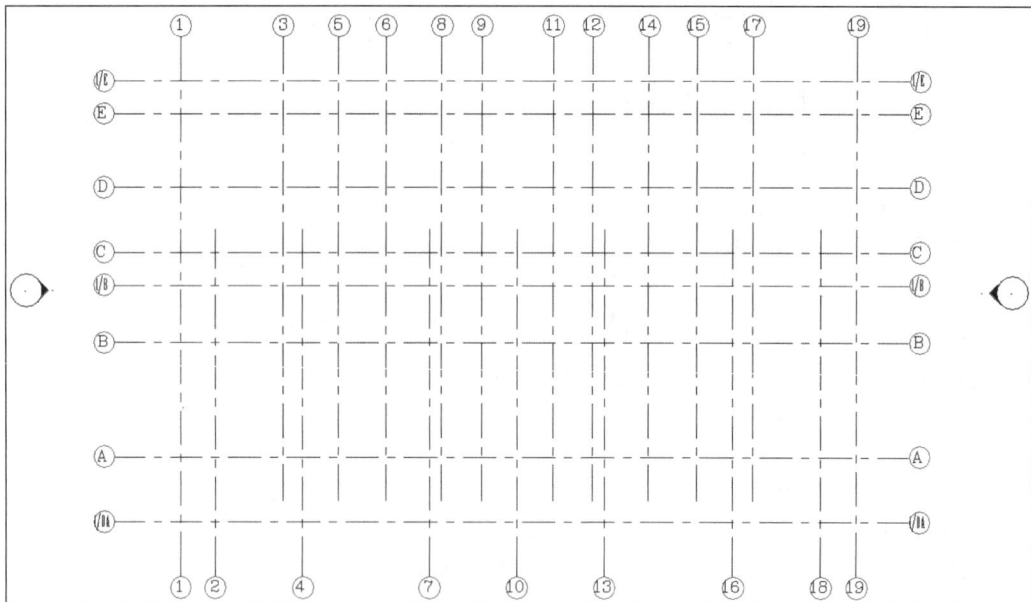

图 3.55　轴网绘制完成

3.3.2　编辑轴网

(1)修改轴网颜色和标号形式

选择任意轴线,打开轴线"属性"→"编辑类型"对话框。如图 3.56 所示,"轴线末段颜色"改为红色,勾选类型参数中的"平面视图轴号端点 1(默认)"选项,"非平面视图符号(默认)"设置为"底"。完成后单击"确定"按钮,退出"属性"对话框。注意在南立面视图中标高左侧端点处将显示与右侧端点一样的标头符号。设置后的结果如图 3.57 所示。

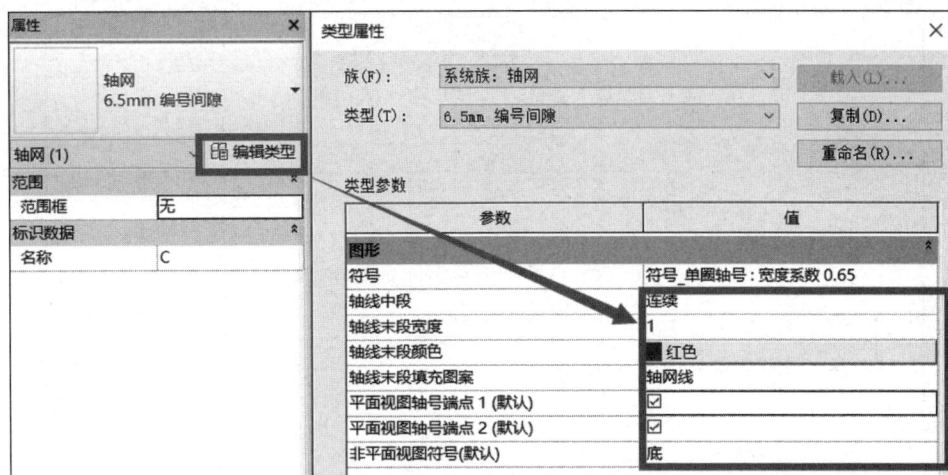

图 3.56　轴线类型属性设置

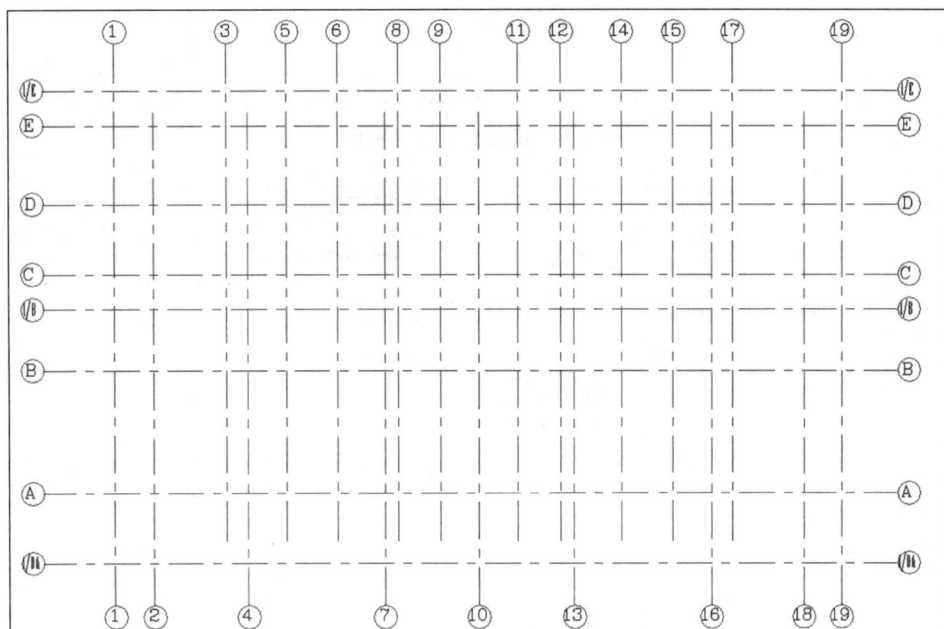

图 3.57　轴网类型属性设置完成

（2）调整立面视图图标

绘图区域符号◁表示项目中的东、西、南、北各立面视图的位置。分别框选这 4 个立面视图符号，将其移动到轴线外面，如图 3.58 所示。

（3）调整轴网位置

单击需要移动的轴线，拖动图 3.59 中轴线的端点，移动到需要的位置。利用此方法调整其他轴线的端点位置。

【注意】

　　如果图 3.59 是锁定按钮🔒，则和所拖动轴线相关联的轴线都会移动，如果为解锁状态🔓，则只移动该轴线。

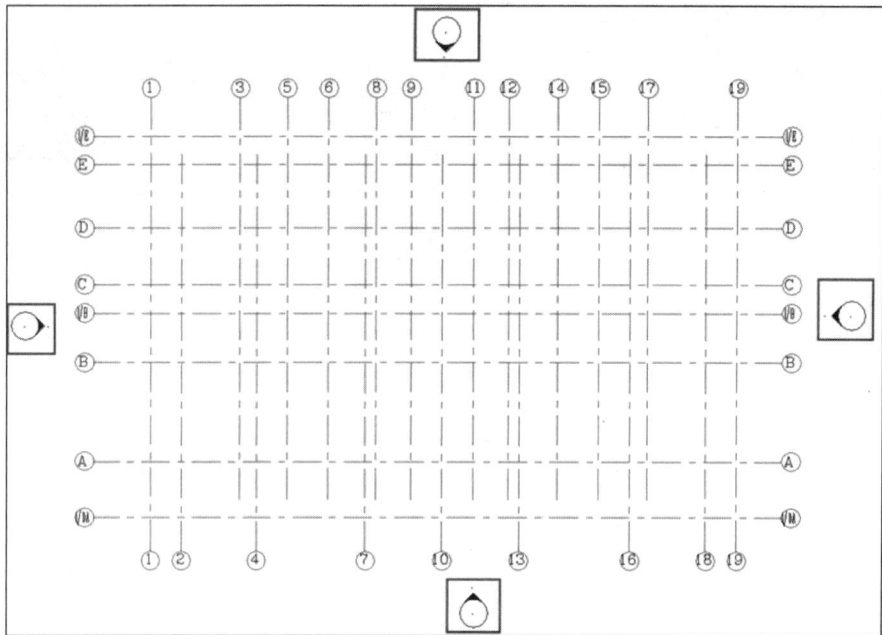

图 3.58　调整立面视图图标

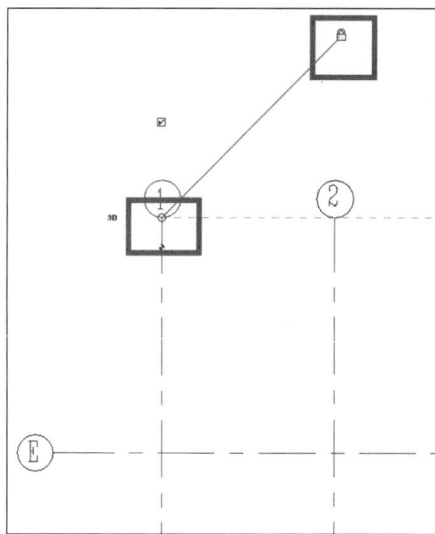

图 3.59　调整轴网范围

（4）轴网标注

对垂直轴线进行尺寸标注。在"注释"选项卡的"尺寸标注"面板中单击"对齐"工具，鼠标指针依次单击 1~19 号轴线，随鼠标指针移动出现临时尺寸标注，单击空白位置，生成线性尺寸标注，以此来检查刚才绘制的轴网的正确性。对水平轴线进行尺寸标注的方法与垂直方向一致，依次单击 1/0A~1/E 轴线，单击空白位置，生成尺寸标注，如图 3.60 所示。

（5）修改标注样式

单击任意一个标注，右击→"选择全部实例"→"在整个项目中"，这样就可以选择所有的同类标注，如图 3.61 所示。单击"编辑类型"→"复制"→名称改为"标注 5 mm"→"确定"按钮。

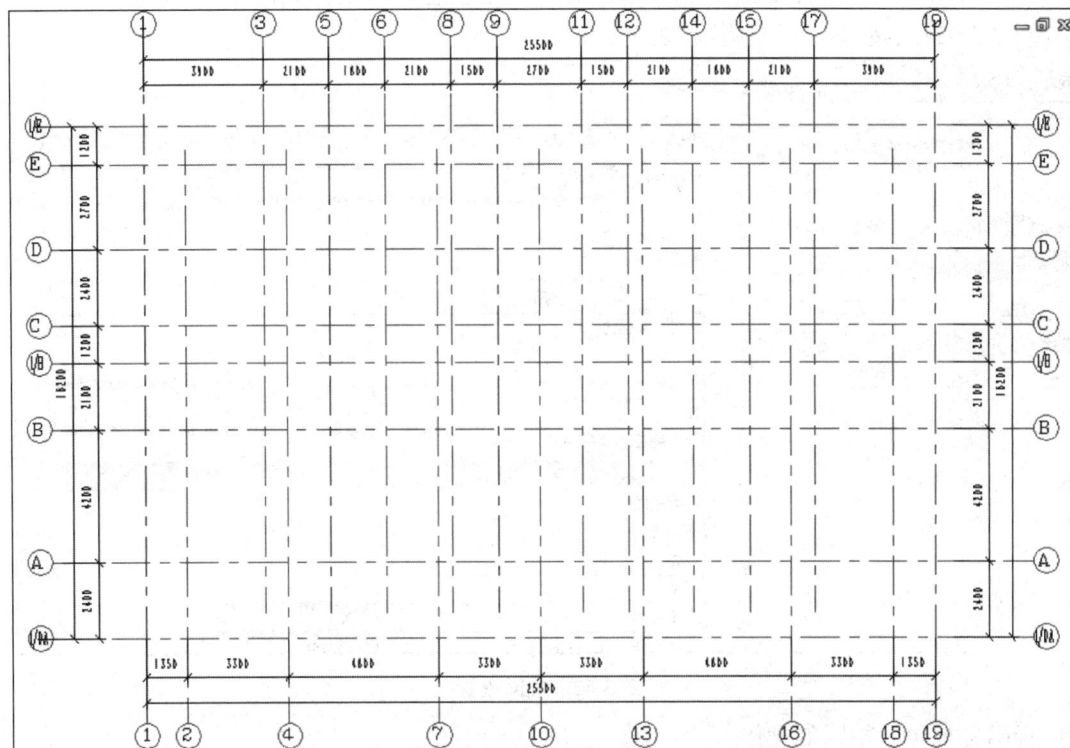

图 3.60　轴网标注

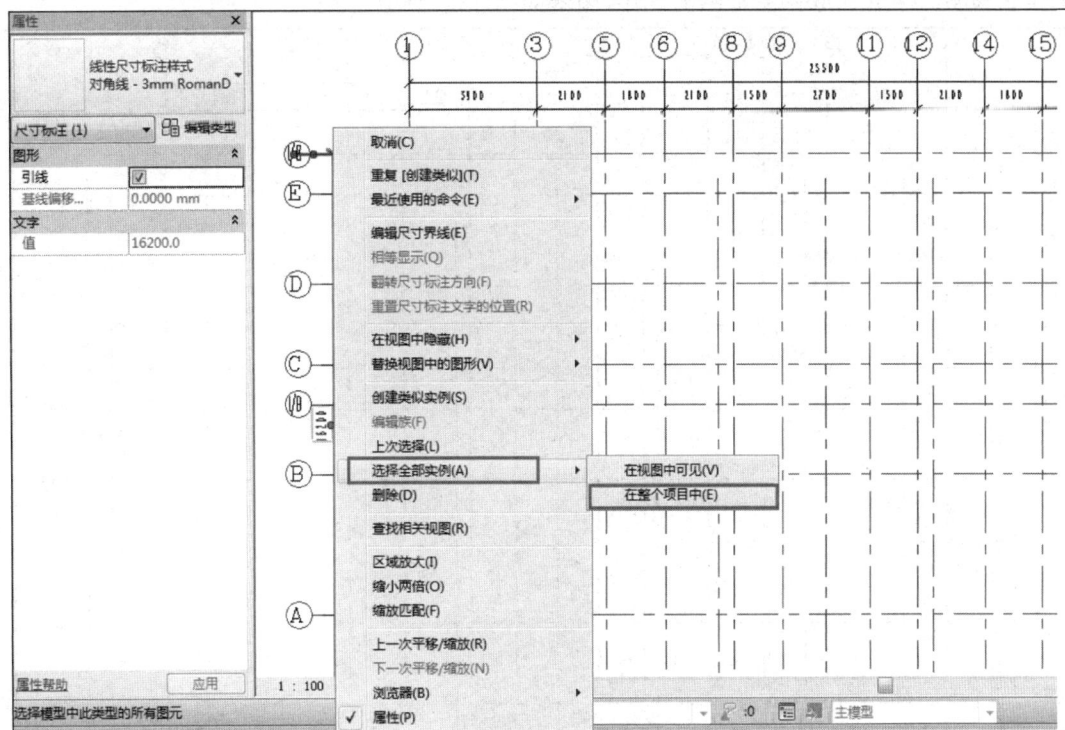

图 3.61　标注选择

由于文字太小,颜色也是黑色,可以对文字和颜色进行修改。颜色改为"绿色",文字大小改为"5 mm",按"Enter"键确认,如图 3.62 所示。

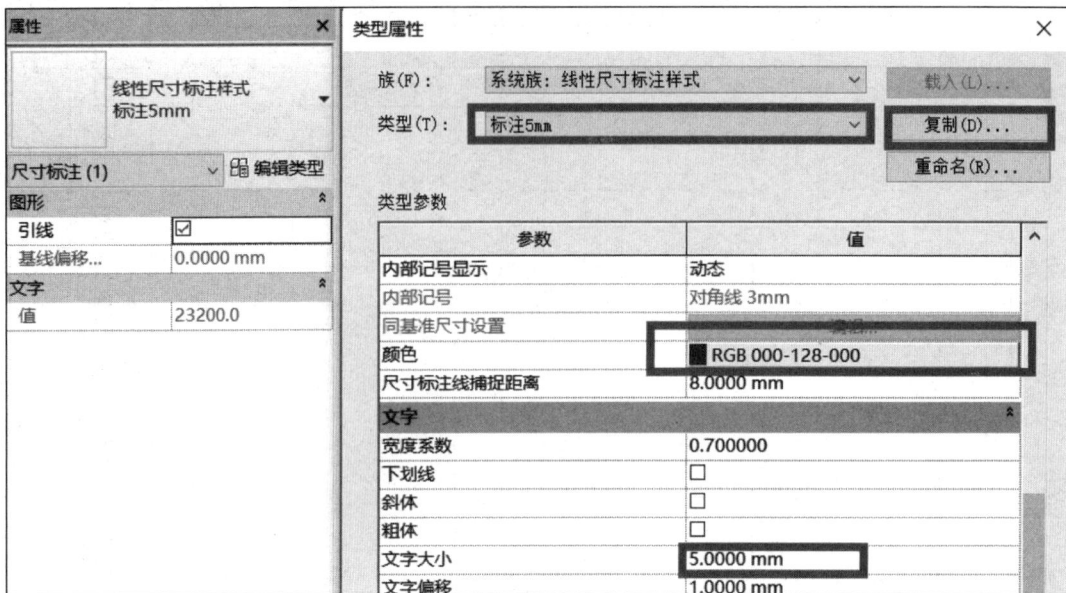

图 3.62　轴网设置

(6)完成创建轴网的操作

当轴网创建完成后,通过"修改"选项卡中的 ⊣⊢ 按钮将轴网锁定,避免操作失误将标高的位置移动。至此完成创建轴网的操作,结果如图 3.63 所示。

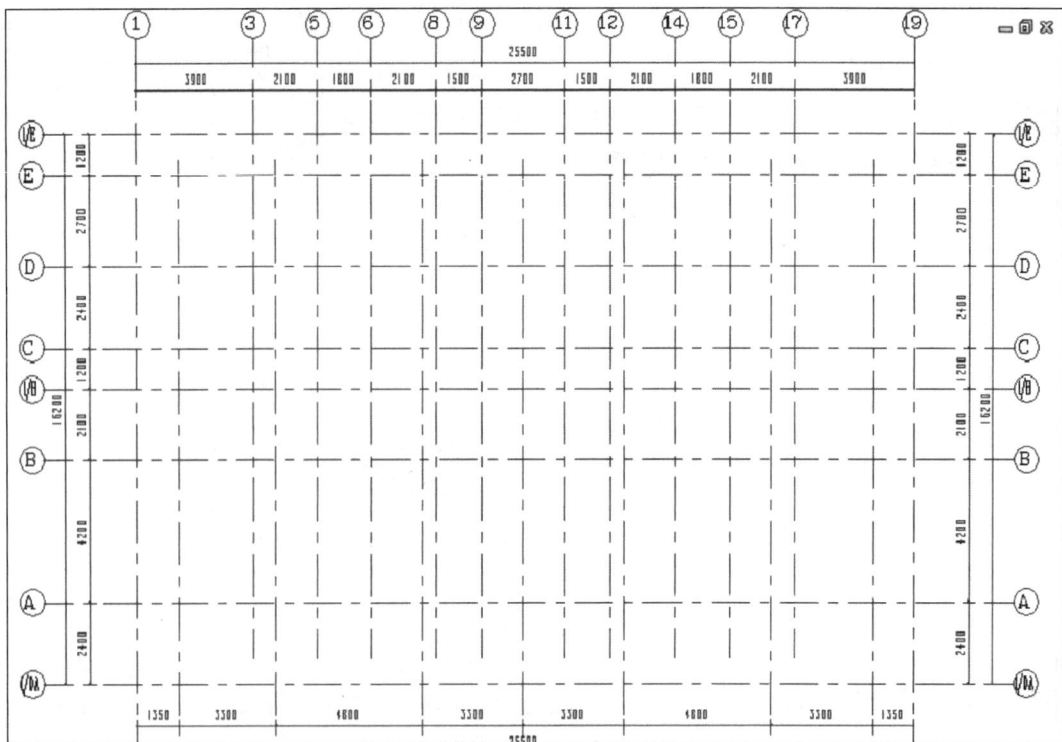

图 3.63　轴网全部完成

3.3.3　绘制多段轴网

多段轴网是一条轴线由多段组成,这些组成部分可以是直线,也可以是弧线,也可以是拾取线 ⫝̸ 。绘制菜单如图 3.64 所示。绘制的步骤如下所述。

图 3.64　多段轴网菜单

①单击"建筑"选项卡或"结构"选项卡→"基准"面板(轴网)。

②单击"修改│放置轴网"选项卡→"绘制"面板 ⫝̸ (多段)以绘制需要多段的轴网。

【注意】

无法使用"复制/监视"工具监视和协调对多段轴网进行的更改。

【知识拓展】

2D 轴网与 3D 轴网的区别

当用户选中轴网时,右侧有个明显的标记符号,单击以后便会在 3D 和 2D 之间切换,默认都是 3D 轴网。根据下题看看 2D 和 3D 的区别。

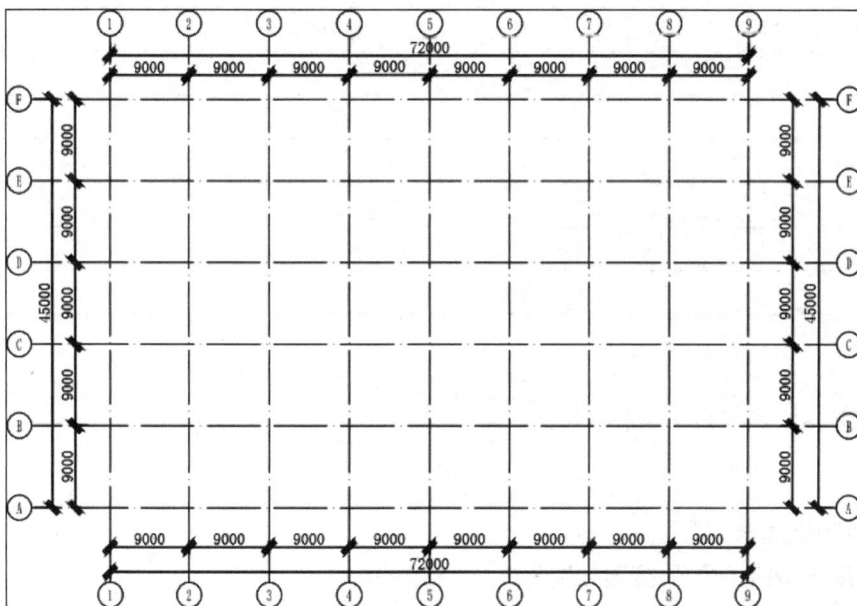

某建筑共 10 层,其中首层地面标高为±0.000 m,首层层高 6.0 m,第 2 至第 5 层层高 4.8 m,第 5 层以上层高 4.2 m。请按要求建立项目标高,并建立每个标高的楼层平面视图。请按照图 3.65、图 3.66 平面图中的轴网要求绘制项目轴网。

图 3.65　1—3 层轴网布置图(1∶500)

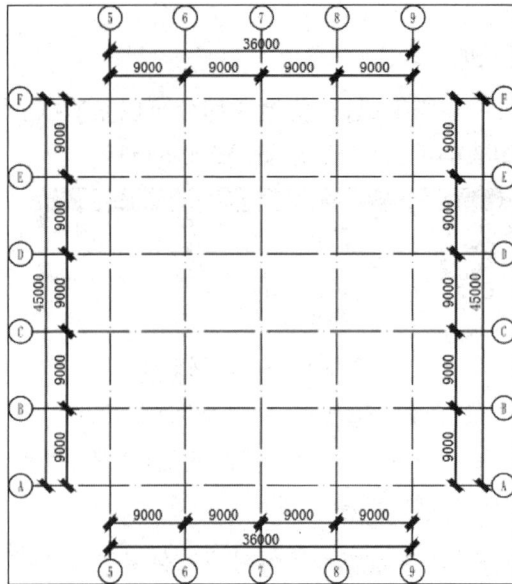

图 3.66　4 层及以上轴网布置图(1∶500)

【想一想】

用复制或者阵列命令绘制的标高,平面视图中是否会显示? 什么情况下用多段线绘制轴网?

【学习笔记】

_____

_____

_____

_____

_____

_____

_____

_____

_____

【关键词】

项目基点　测量点　标高　轴网

【测试】

一、单项选择题

1.标高、轴网创建的快捷键分别为(　　　)。

　　A.AL,LL　　　　　　B.LL,GR　　　　　　C.AR,MM　　　　　　D.LL,TR

2.标高在什么视图创建(　　　)。

　　A.立面　　　　　　B.楼层平面　　　　　　C.三维　　　　　　D.结构平面

3.修改轴网的线型在(　　　　)面板进行。

 A.项目浏览器   B.快捷访问工具栏

 C.属性栏   D.修改选项卡

二、多项选择题

1.在项目中可以创建轴网的视图有(　　　　　　)。

 A.楼层平面   B.结构平面   C.三维视图

 D.东立面   E.天花板平面

2.添加标高后,下面的说法正确的是(　　　　　　)。

 A.选择与其他标高线对齐的标高线时,将会出现一把锁以显示对齐

 B.可以将对齐的标高线通过拖曳同时移动

 C.标高线的颜色不能修改,线型图案、线宽可以修改

 D.可以修改标高的名称和高度

三、判断题

1.一个 Revit 项目中不可以有相同编号的轴线。   (　　)

2.轴线在 Revit 中不是一条线,而是一个有高度的平面。   (　　)

3.标高需要分别在东西南北四立面创建 4 次。   (　　)

四、绘图题

请按照图 3.67、图 3.68 中的轴网和标高要求绘制项目轴网和标高。

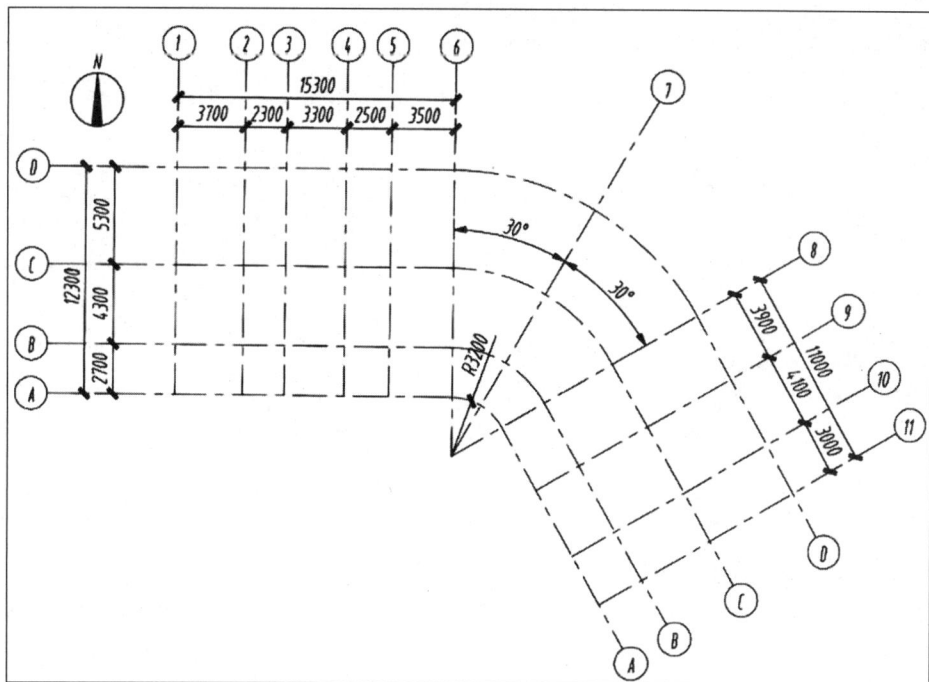

绘制多段轴线

图 3.67　平面图(1∶300)

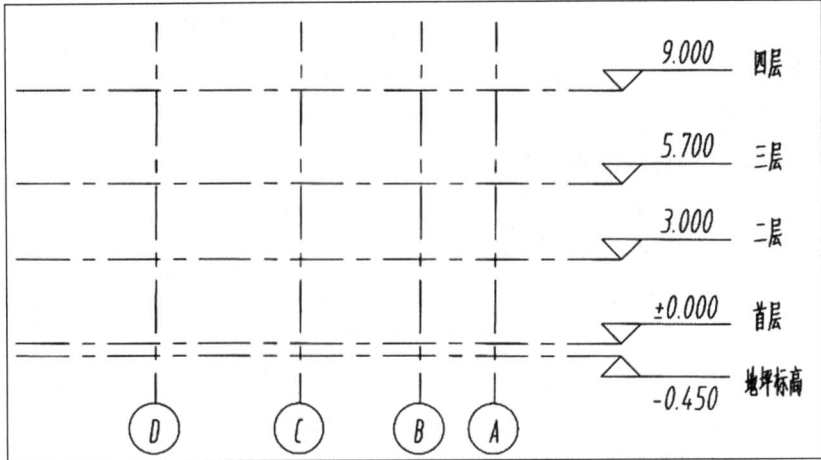

图 3.68　西立面图(1:300)

项目4 创建柱、梁、基础

【项目引入】

一般情况下,将参与承重的构件,如结构柱、结构梁、结构楼板、基础、结构墙(剪力墙)、桁架等视为结构构件。Revit 中提供了一系列结构工具,用于完成结构模型。用户可以在创建轴网后布置结构柱,也可以在绘制墙体后再添加结构柱等结构构件。本书按照建筑构件和结构构件交叉进行建模,因此,本项目将讲解住宅楼项目中结构柱、结构梁和结构基础的创建。

【本项目内容结构】

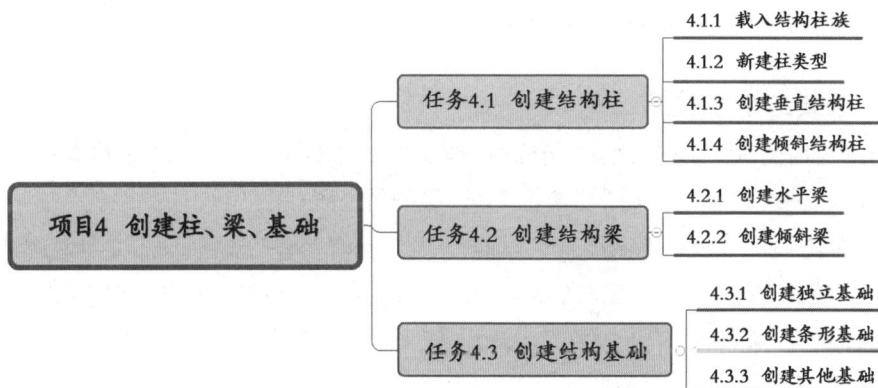

```
                                              ┌─ 4.1.1 载入结构柱族
                                              ├─ 4.1.2 新建柱类型
                            任务4.1 创建结构柱 ┤
                                              ├─ 4.1.3 创建垂直结构柱
                                              └─ 4.1.4 创建倾斜结构柱

项目4 创建柱、梁、基础                                ┌─ 4.2.1 创建水平梁
                            任务4.2 创建结构梁 ┤
                                              └─ 4.2.2 创建倾斜梁

                                              ┌─ 4.3.1 创建独立基础
                            任务4.3 创建结构基础┤ 4.3.2 创建条形基础
                                              └─ 4.3.3 创建其他基础
```

【学习目标】

知识目标:了解管理选项卡中的捕捉设置;理解垂直柱、倾斜柱、水平梁和倾斜梁的含义,掌握如何创建结构柱、结构梁、独立基础、条形基础及其他基础。

技能目标:能根据项目图纸创建结构柱、结构梁、结构基础。

素质目标:正确认识和理解学习的价值,积极的学习态度和浓厚的学习兴趣;养成良好的学习习惯,掌握适合自身的学习方法;自主学习,具有终身学习的意识和能力;安全意识和自我保护能力;自信自爱,坚韧乐观。

【学习重、难点】

重点:创建结构柱、创建结构梁。

难点:创建独立基础。

【学习建议】

1.本项目对创建倾斜柱、倾斜梁做一般了解,着重学习垂直柱、水平梁、独立基础、条形基础的绘制。

2.学习中可以借助微课及网上各种学习资源,掌握软件中结构柱、结构梁、结构基础的创建。

3.单元后的测试题与项目实训,应在学习中对应进度逐步练习,通过做练习加以巩固基本知识。

任务 4.1 创建结构柱

创建结构柱

Revit 中提供了两种不同功能和作用的柱:建筑柱和结构柱。建筑柱主要起装饰和围护作用,而结构柱则主要用于支撑和承载荷载。当把结构柱传递给 Revit 结构后,结构工程师可以继续为结构柱进行受力分析和配置钢筋。

建立结构柱模型前,应先根据住宅楼的结构施工图查阅结构柱构件的尺寸、定位、属性等信息,以保证结构柱模型布置的正确性。

4.1.1 载入结构柱族

要创建结构柱,首先必须载入"结构柱"族文件。如图 4.1 所示,在"项目浏览器"中展开"楼层平面"视图类别,双击"F1"切换至 F1 楼层平面视图,在"建筑"或"结构"选项卡的"结构"面板中单击"柱"工具,单击"属性"面板中的"编辑类型"按钮,打开"类型属性"窗口,单击"载入"按钮,弹出"打开"窗口,默认进入 Revit 族库文件夹,单击"结构"文件夹、"柱"文件夹、"混凝土"文件夹,单击"混凝土-矩形-柱.rfa",选择"打开"命令,载入住宅楼项目中。载入路径如图 4.2 所示。"类型属性"窗口中"族(F)"和"类型(T)"以及尺寸标注"b 和"h"变化如图 4.3 所示。

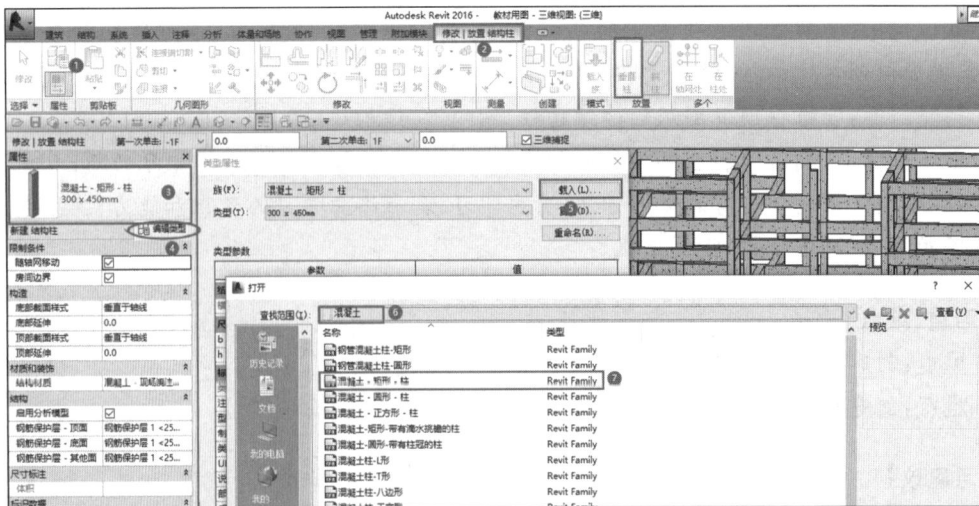

图 4.1　载入结构柱族

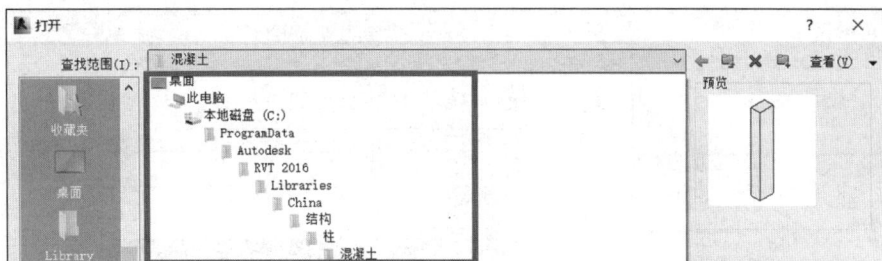

图 4.2　载入结构柱族路径

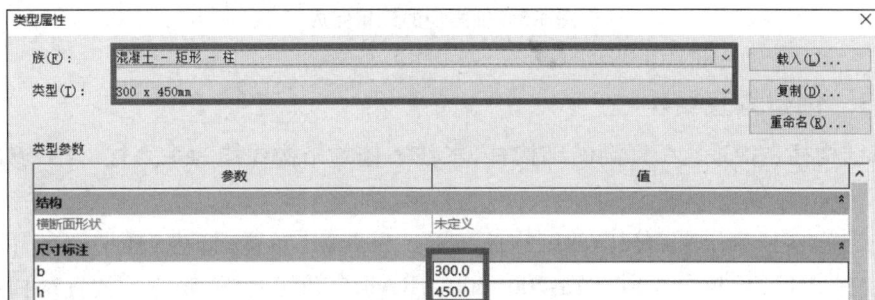

图 4.3　载入结构柱类型

4.1.2　新建柱类型

根据结构柱施工图,发现导入的柱子不是所需的类型,因此需要建立新的结构柱构件类型。单击"复制"按钮,弹出"名称"窗口,输入"KZ1-600×600",单击"确定"按钮,关闭窗口。在"b"位置输入"300","h"位置输入"450"。单击"确定"按钮,退出"类型属性"窗口。也可以对结构材质进行设置,单击"属性"面板中的"结构材质"右侧按钮,选择材质为"混凝土-现场浇注混凝土",如图 4.4 所示。

图 4.4　新建柱类型的设置

采用同样的方法,根据结构施工图里的构件,建立其他结构柱构件类型并进行相应尺寸及结构材质的设置。全部输入完成后,在"类型属性"窗口中可以看到已经设置好的构件类型,如图 4.5 所示。

构件定义完成后,开始布置构件。

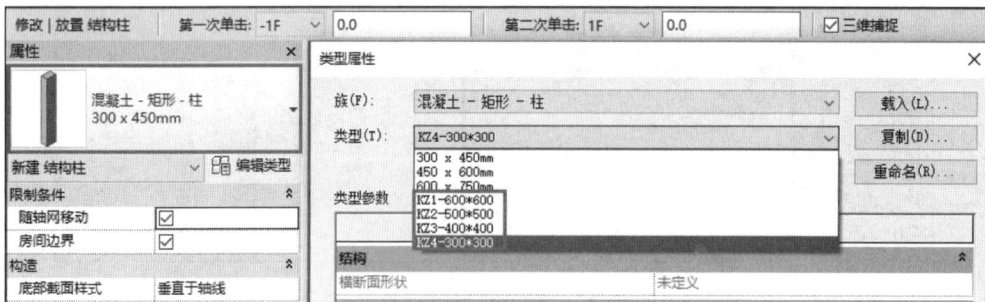

图 4.5　柱类型的设置完成

4.1.3　创建垂直结构柱

垂直结构柱是指垂直于标高的结构柱,本住宅楼的结构柱均为垂直柱。结构柱的布置方法如下。

①先进行"F1"楼层平面视图的结构柱布置。根据《柱布置图》中"柱平面布置图"布置结构柱。在"属性"面板中找到"KZ1-600×600",Revit 自动切换至"修改|放置结构柱"选项卡,单击"放置"面板中的"垂直柱 █",选项栏选择"高度",到达标高选择"F2"。勾选"房间边界",不勾选"启用分析模型"。鼠标指针移动到 3 号轴线与 D 轴线交点位置处,并单击,布置 KZ1-600×600,如图 4.6 所示。

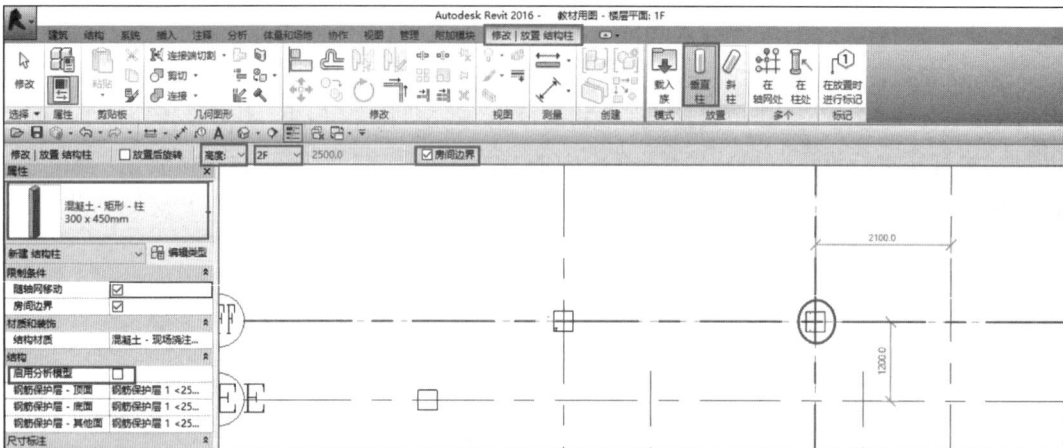

图 4.6　布置柱 KZ1-600×600

【小技巧】

　　当绘制柱子时,若勾选"房间边界",则柱子的边界与房间边界一致;当绘制柱子时,若不勾选"房间边界",则柱子的边界不是房间边界,房间边界按照墙体边界计算。

【提示】

　　Revit 提供了两种确定结构柱高度的方式:高度和深度。高度方式是指以从当前标高到达的标高的方式确定结构柱高度,深度是指以从设置的标高到达当前标高的方式确定结构柱度。

②KZ1-600×600、KZ2-550×550 等结构柱的中心与轴网交点重合,容易对齐。但其他中心与轴网交点不重合的柱,布置起来就比较难精确定位。为了精确定位,可以进行捕捉设置。Revit 既可设置端点、中点、交点、垂直等图元的捕捉位置,也可设置捕捉快捷键。

在功能区"管理"选项卡的"设置"面板中单击"捕捉"工具🧲,打开"捕捉"对话框。捕捉设置如图 4.7 所示。

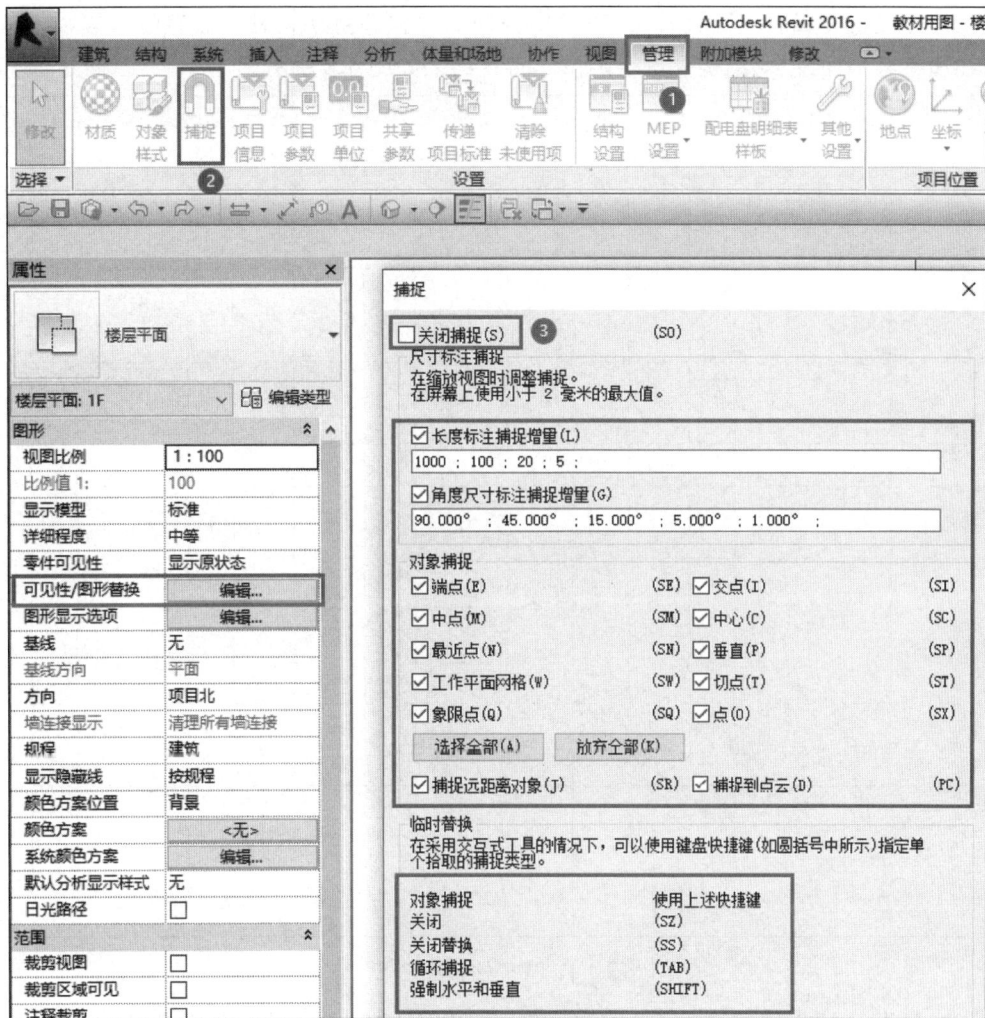

图 4.7 捕捉设置

a."尺寸标注捕捉":勾选"长度标注捕捉增量"和"角度尺寸标注捕捉增量",并在下面栏中设置尺寸自动变化时的增量值。

b."对象捕捉":勾选"端点""中点""交点""垂直"等捕捉选项即可。

c."临时替换":括号中的字母"SE"等为捕捉的快捷键,当有多个捕捉选择时可用快捷键指定单个捕捉类型;按"Tab"键可以循环捕捉类型,按"Shift"键可以强制水平或垂直捕捉。单击"确定"按钮完成设置。

【说明】

增量值含义:在视图缩放比例不同的情况下,长度临时尺寸值默认按 5、20、100、1 000 mm 变化。当视图缩放很大时,移动光标临时尺寸按 5 mm 增量变化;当视图缩放匹配显示整个视图时,移动光标临时尺寸按 1 000 mm 增量变化。角度增量同理。

③捕捉设置完成后,参照《柱布置图》中各柱的位置布置结构柱。布置时可以设置一些辅助线和参考平面,以对结构柱进行定位。布置结果如图 4.8 所示。

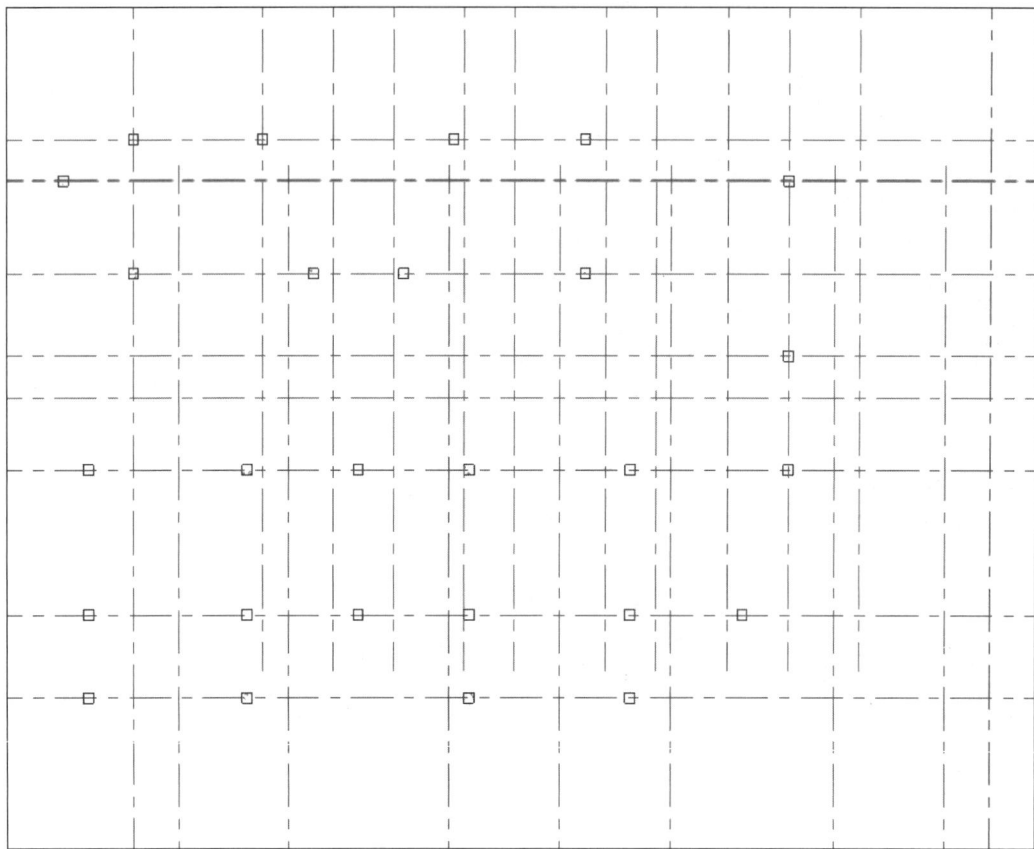

图 4.8 "F1"柱布置完成

④布置好"F1"楼层的结构柱后,可以和原图纸进行对比,采用链接 CAD 的方式,将设计图链接到 Revit。

在链接之前需把图纸的测量点和基准点显示出来。切换至"F1"楼层平面,使用快捷键"VV",或在"视图"选项卡的"图形"面板中选择"可见性/图形"(图 4.7),弹出"可见性/图形替换"对话框,在弹出的对话框"模型类别栏"中选择"场地"选项,单击后面的三角按钮展开下拉列表,勾选"测量点""基点"前的方框,单击"确定"按钮,即可将测量点和项目基点显示在楼层平面视图中,参照图 3.2 设置测量点与基点的可见性。

框选"F1"楼层平面所有图元,单击"过滤器"▽,除了测量点和项目基点,其他全部勾选,如图 4.9 所示,单击"修改丨选择多个"选项卡中的"移动"工具✛,单击 1 号轴线和 A 轴线交点,移动到基点。移动完成后,用 ⛯ 把基点、测量点和轴网固定,如图 4.10 所示。

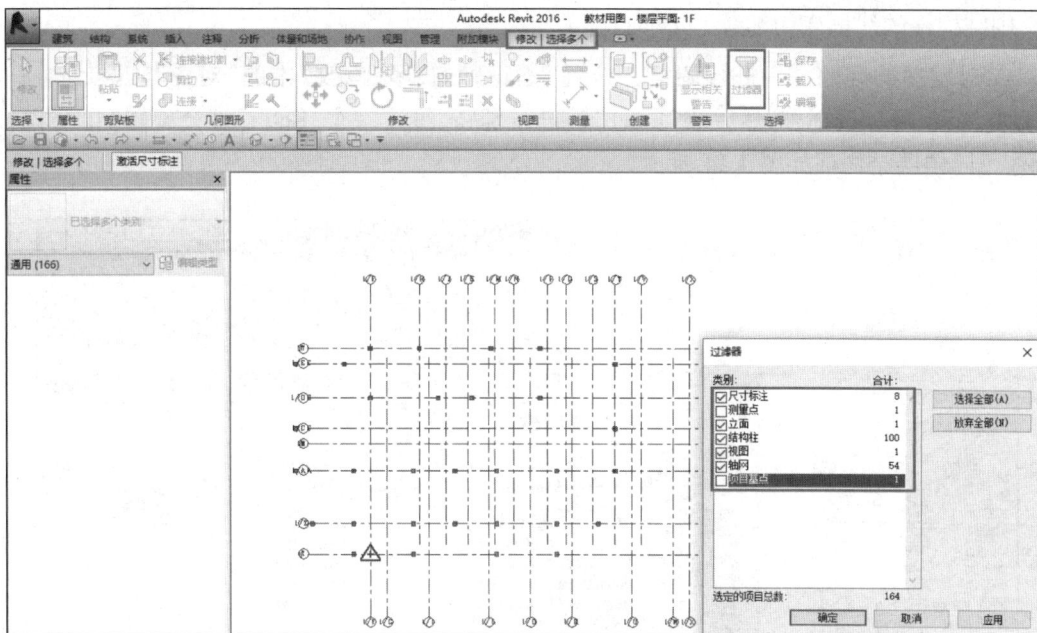

图 4.9　选择移动的类别

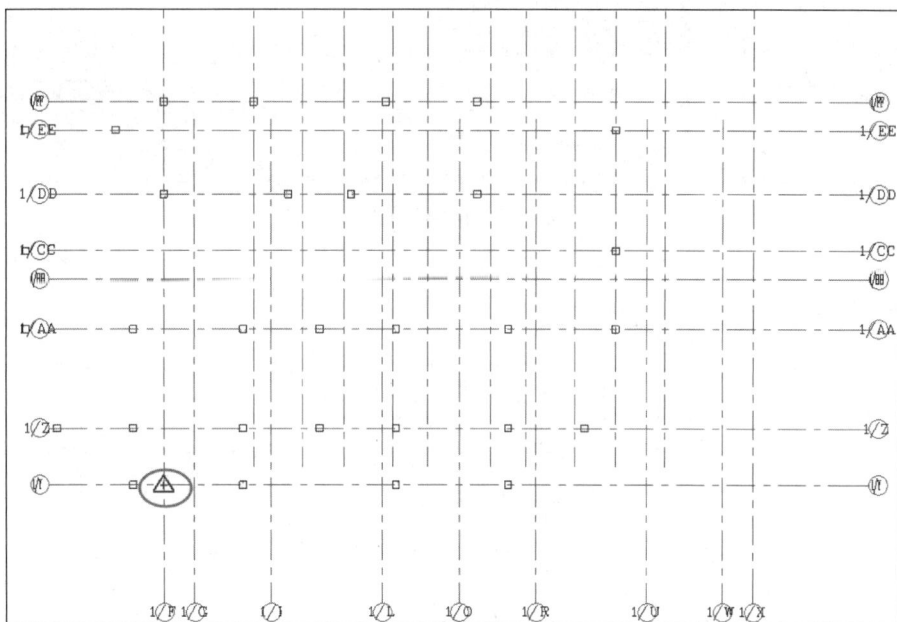

图 4.10　移动到基准点

　　⑤单击"插入"选项下的"链接 CAD"，选择《标准层(2~5 层)平面图》，勾选"仅当前视图"；"导入单位"设置为毫米，定位选择"自动-原点到原点"，如图 4.11 所示。导入后，用"修改"命令中的"对齐"工具，将导入图纸的轴网 Revit 文件里的轴网对齐，结果如图 4.12所示。

　　⑥通过对比发现，有些结构柱的位置布置正确，有些则出现位置偏离、方向相反等问题，部分问题如图 4.13 所示。为了发现更为细微的偏差，可以单击快速访问工具栏中的工具

，则结构柱的线框变为细线，方便对比。

⑦对发现的问题一一进行调整，"位置"不正确的，用"修改"中的"对齐"工具[图标]对齐。若方向错误，可以选择柱，然后按"Enter"键进行翻转，每按一次"Enter"键会旋转 90°。调整后的"F1"楼层结构柱如图 4.14 所示。

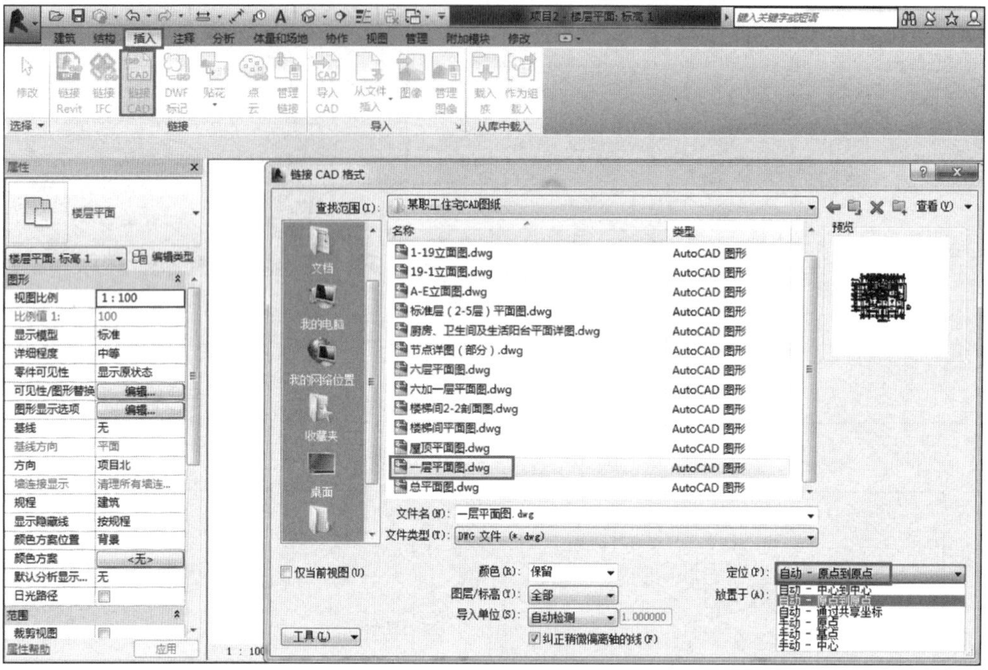

图 4.11　链接到 CAD

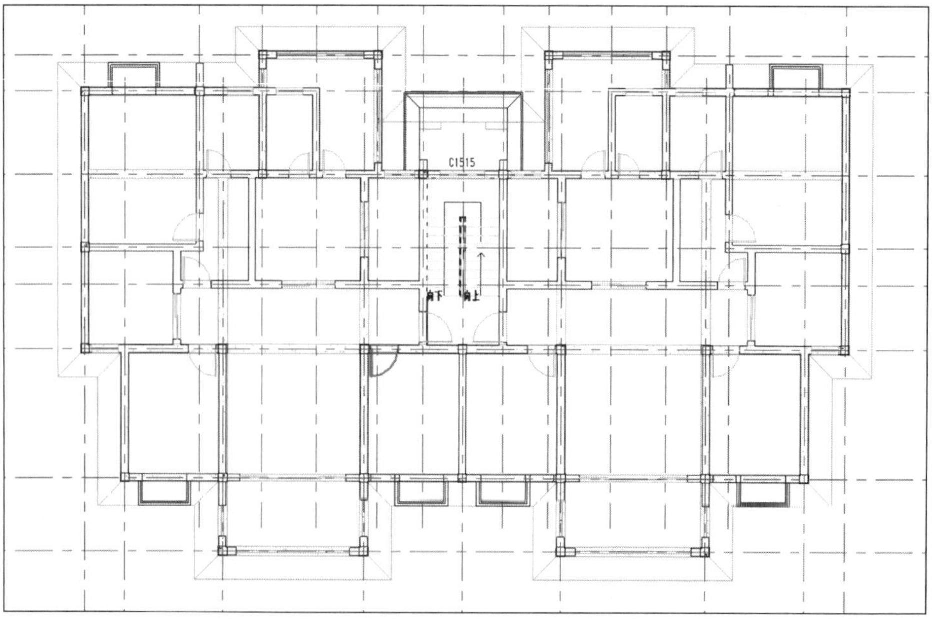

图 4.12　链接 CAD 对齐

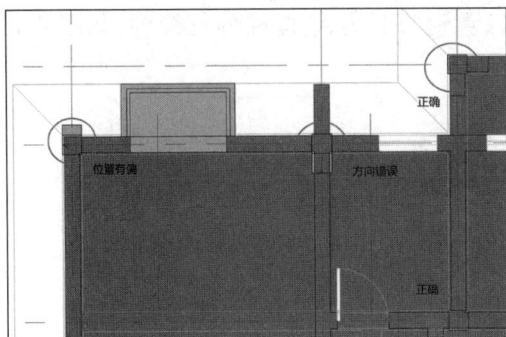

图 4.13　柱位置对比

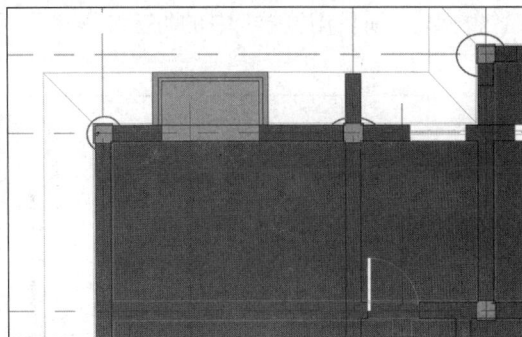

图 4.14　柱位置调整后

⑧框选"F1"楼层平面所有结构柱,单击"过滤器",勾选"结构柱",可选择多种类型的混凝土–矩形结构柱。按图 4.15 所示的设置修改"属性"面板中约束的参数,单击"应用"按钮,则所有的结构柱都有统一的顶部和底部约束,但结施图中坡道的两个结构柱约束不对,需要重新调整。

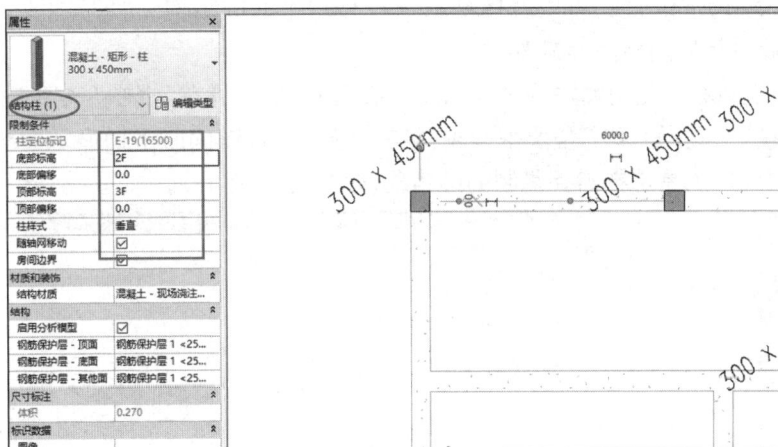

图 4.15　柱属性批量修改

选择雨棚的两个结构柱,"属性"中的约束按图 4.16 所示进行设置。

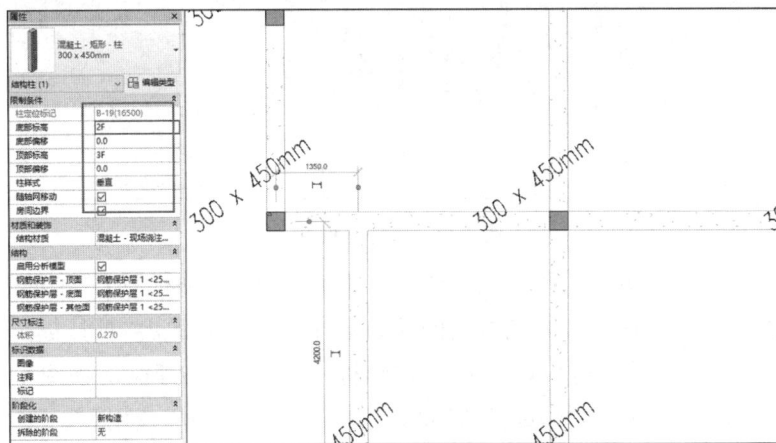

图 4.16　柱属性修改

⑨双击"项目浏览器"中的"三维视图",可以看到"F1"层结构柱的三维图,如图 4.17 所示。

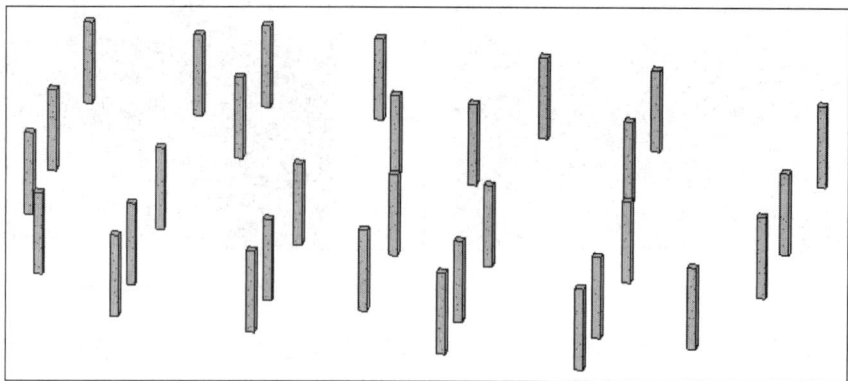

图 4.17　"F1"层柱三维图

⑩分析"柱布置图"中的"柱平面布置图"可知 F2 的结构柱位置一致,且结构柱截面尺寸没有变化。为了绘图方便,可以直接复制"F1"楼层平面的结构到"F2""F3""F4"和其他楼层平面,然后进行后期标高的修改。

为了更直观地看到复制粘贴的过程以及完成后的效果,可在"视图"选项卡的"窗口"面板中单击"平铺"工具,使"F1"楼层平面视图与三维模型视图同时平铺显示在绘图区域,框选后使用"过滤器"工具选择需要复制的结构柱,如图 4.18 所示。

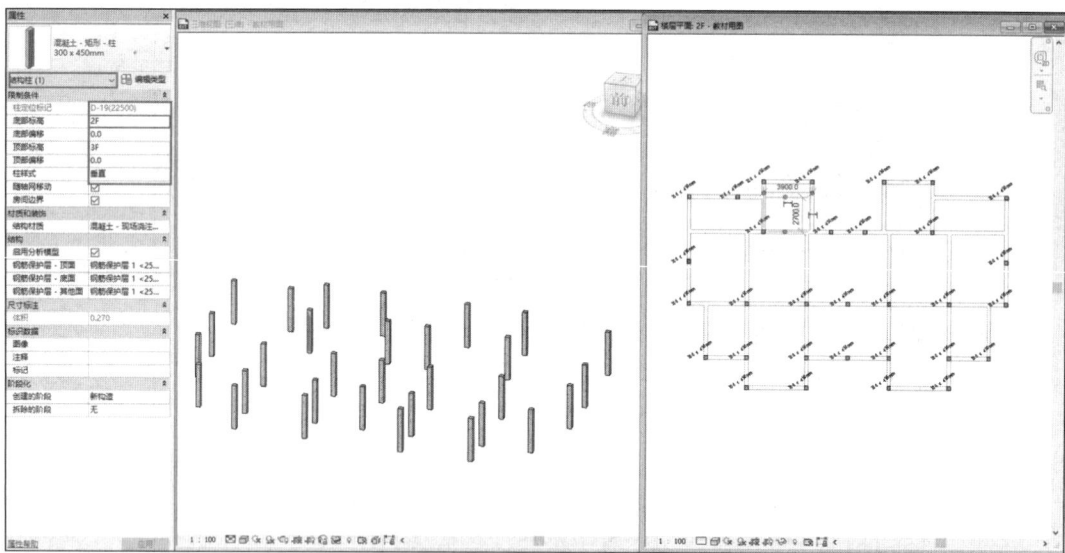

图 4.18　选择结构柱

⑪此时 Revit 自动切换至"修改｜结构柱"选项卡,单击"剪贴板"面板中的"复制到剪贴板"工具,然后单击"粘贴"下的"与选定的标高对齐"工具,弹出"选择标高"窗口,选择"F3",单击"确定"按钮,关闭窗口。此时 F1 的结构柱已经被复制到 F2,如图 4.19 所示。按图 4.20 所示,将"底部偏移"和"顶部偏移"都修改成"-50",单击"应用"按钮。再对照结施图对位置和柱类型有变化的进行修改。

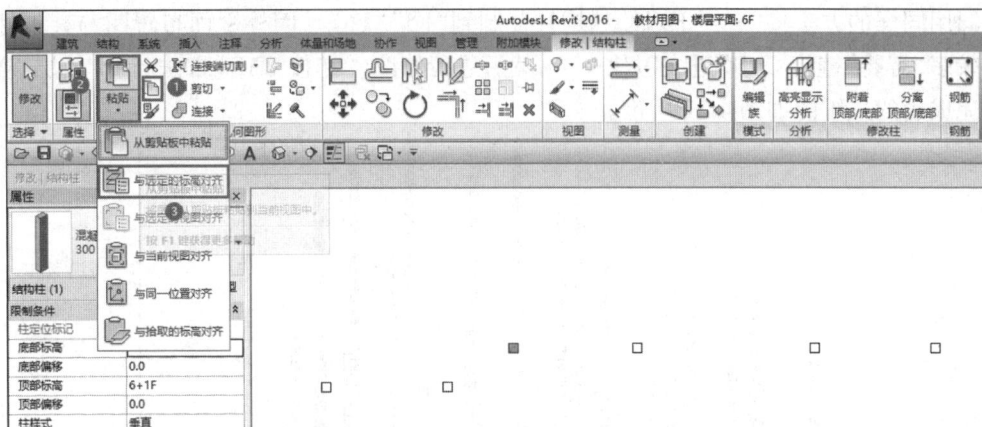

图 4.19 粘贴"F2"结构柱

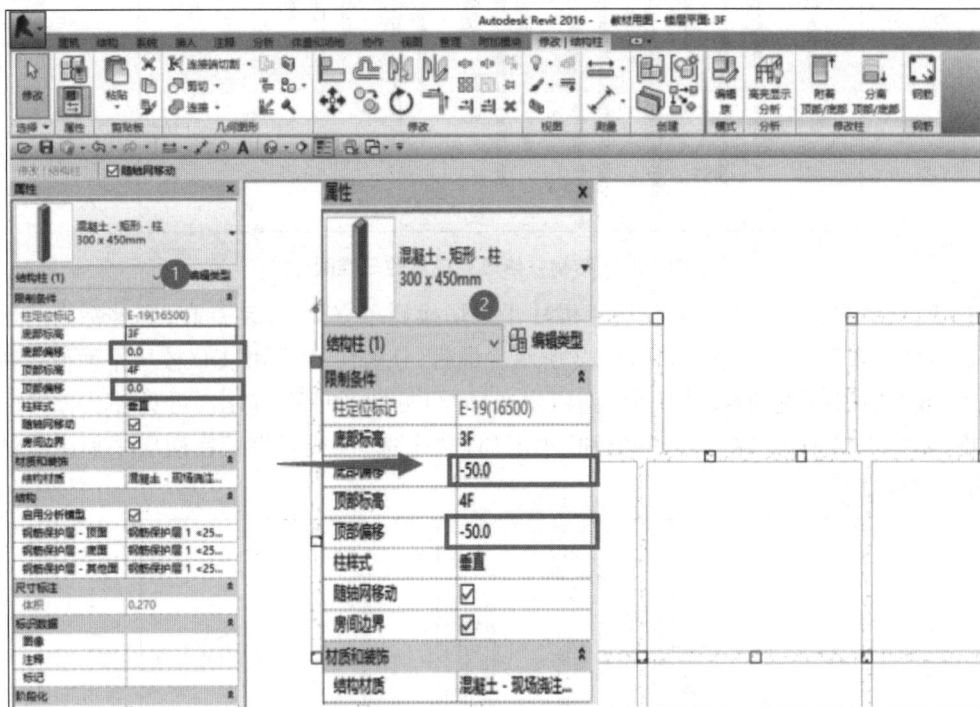

图 4.20 "F2"结构柱约束设置

【小技巧】

选择图元时,从左至右拖曳光标,仅选择完全位于选择框边界内的图元。从右至左拖曳光标,选择全部或部分位于选择框边界之内的任何图元。此方法适用于二维和三维视图。

⑫选择"F2"楼层所有的结构柱,选择"修改│结构柱"选项卡单击"剪贴板"面板中的"复制到剪贴板"工具□,然后单击"粘贴"下的"与选定的标高对齐"工具■,弹出"选择标高"窗口,选择"F3""F4",单击"确定"按钮,关闭窗口。此时"F2"的结构柱已经被复制到"F3""F4"。

⑬用同样的方法将"F3""F4"的结构柱复制到"F5""F6"。因柱平面布置图与其他楼层差别较多,需要"链接 CAD"进去对比一下,然后进行修改,"链接 CAD"方法与 F1 楼层类似。修改完成后的三维图如图 4.21 所示。

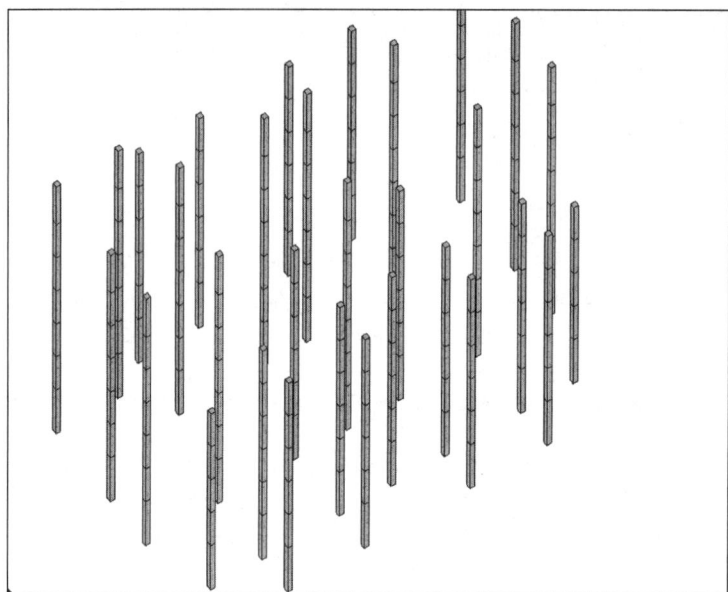

图 4.21　结构柱修改完成后的三维图

⑭切换至"屋面"楼层平面,绘制 4 根柱子。切换到东立面,拖动标高,调整标高的影响范围。结构柱布置的东立面图如图 4.22 所示。最后,分别在"F1"和"F4"楼层平面使用快捷键"VV"或在"视图"选项卡的"图形"面板中选择"可见性/图形",弹出"可见性/图形替换"对话框,如图 4.23 所示,在"导入的类别"中不勾选"全选"。或者直接在楼层平面中将链接 CAD 的文件删除。

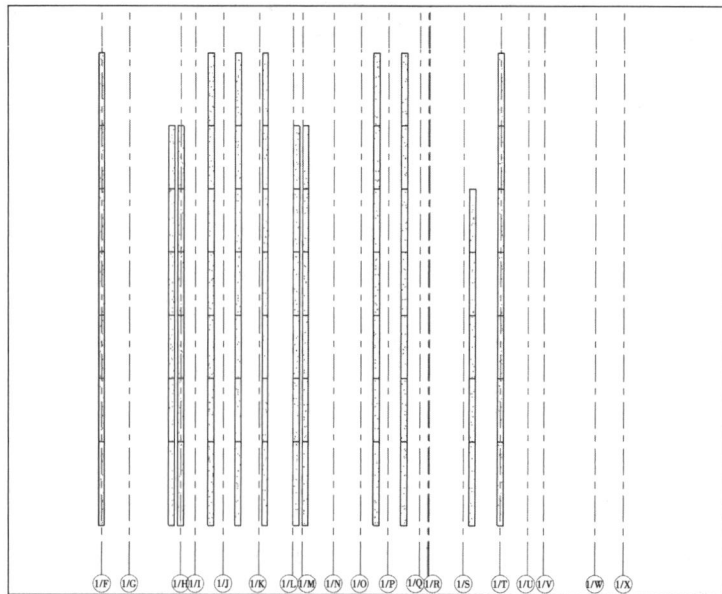

图 4.22　结构柱东立面图

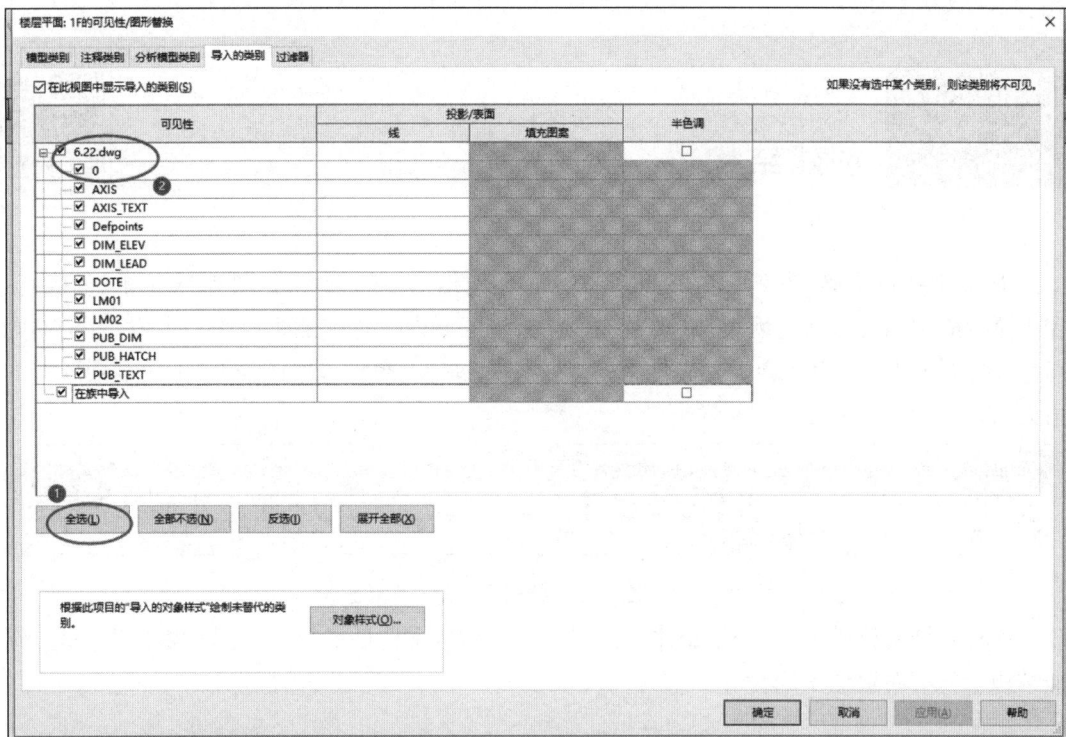

图 4.23　隐藏链接文件

【注意】

　　放置斜柱时,柱顶部的标高始终比底部的标高高。放置柱时,处于较高标高的端点为顶部,处于较低标高的端点为底部。定义后,不得将顶部设置在底部下方。如果放置在三维视图中,"第一次单击"和"第二次单击"设置将定义柱的关联标高和偏移。如果放置在立面或横截面中,端点将与其最近的标高关联。默认情况下,端点与立面之间的距离就是偏移。

4.1.4　创建倾斜结构柱

　　Revit 除了创建垂直于标高的结构柱外,还允许用户创建任意角度的结构柱(即倾斜结构柱)。倾斜结构柱在较高的大型轮廓结构中较为常见。在使用结构柱工具时,将"放置"面板中的创建柱方式切换为"斜柱" 📍,如图 4.24 所示,并在选项栏中设置"第一次单击"和"第二次单击"时生成柱的所在标高位置,在视图中绘制即可生成斜结构柱。

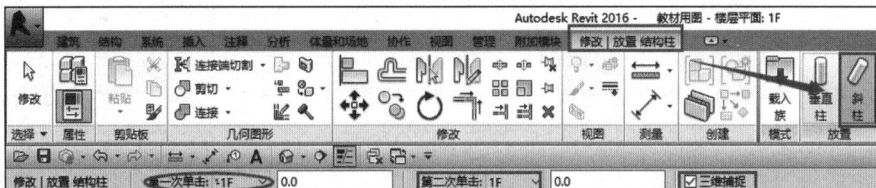

图 4.24　倾斜结构柱

任务 4.2　创建结构梁

Revit 中提供了梁、桁架、支撑和梁系统 4 种创建结构梁的方式,如图 4.25 所示。其中梁和支撑生成梁图元方式与墙类似;梁系统是在指定区域内按指定的距离阵列生成梁;桁架则通过放置"桁架"族,设置族类型属性中的上弦杆、下弦杆、腹杆等梁族类型,生成复杂形式的桁架图元。

图 4.25　结构梁类型

在建立结构梁模型前,先根据住宅楼图纸查阅结构梁构件的尺寸、定位、属性等信息,保证结构梁模型布置的正确性。

4.2.1　创建水平梁

①建立结构梁构件类型。切换至"F1"楼层平面视图,在"结构"选项卡的"结构"面板中单击"梁"工具,进入放置梁状态,并自动切换至"修改│放置梁"选项卡。单击"属性"面板中的"编辑类型"按钮,打开"类型属性"窗口,单击"载入"按钮,通过默认路径"结构"→"框架"→"混凝土"打开"混凝土–矩形梁",如图 4.26 所示。单击"确定按钮后,"类型"后面显示为"300×600",如图 4.27 所示。

②单击"复制"按钮,弹出"名称"窗口,输入"KL1-3000×800",单击"确定"按钮关闭窗口,在"b"位置输入"300","h"位置输入"500"单击"确定"按钮,退出"类型属性"窗口,如图 4.27 所示。

③按照上述方式创建其他结构梁构件类型,全部输入完成后,"类型属性"窗口中构件类型如图 4.28 所示。

④结构梁定义完成后,开始布置梁。根据《结施-04》中的 2.150 梁平面布置图"布置 F2 层结构梁。在"属性"面板中找到 KL1-300×800,Revit 自动切换至"修改│放置梁"选项,单击"绘制"面板中的"直线"工具,在选项栏"放置平面"选择"标高:F2","结构用途"选择"自动",不勾选"三维捕捉"和"链"。鼠标指针移动到 1 号轴线与 B 轴线交点位置处单击,作为结构梁的起点,向上移动鼠标指针,鼠标指针捕捉到 1 号轴线与 E 轴线交点位置处单击,作为结构梁的终点。弹出如图 4.29 所示"警告"窗口,单击右上角义号关闭即可。

⑤为了能够显示梁,必须修改视图范围。由于绘制完毕的梁顶部与"F2"层标高"-50 mm"一致,所以想要在"F2"楼层平面视图看到绘制出来的结构梁图元,需要对当前"F2"楼层平面视图进行可见性设置。先按两次"Esc"键退出绘制结构梁命令,当前显示为"楼层平面"的"属性"面板、在"属性"面板的"视图范围"右侧单击"编辑"按钮,打开"视图

范围"窗口,在"底(B)"后面"偏移量"处输入"-150",在"标高"后面"偏移量(S)"处输入"-150",单击"确定"按钮,关闭窗口。刚才绘制的结构梁 KL1-300×800 即显示在绘图区域,如图4.30所示。

图 4.26　载入混凝土-矩形梁

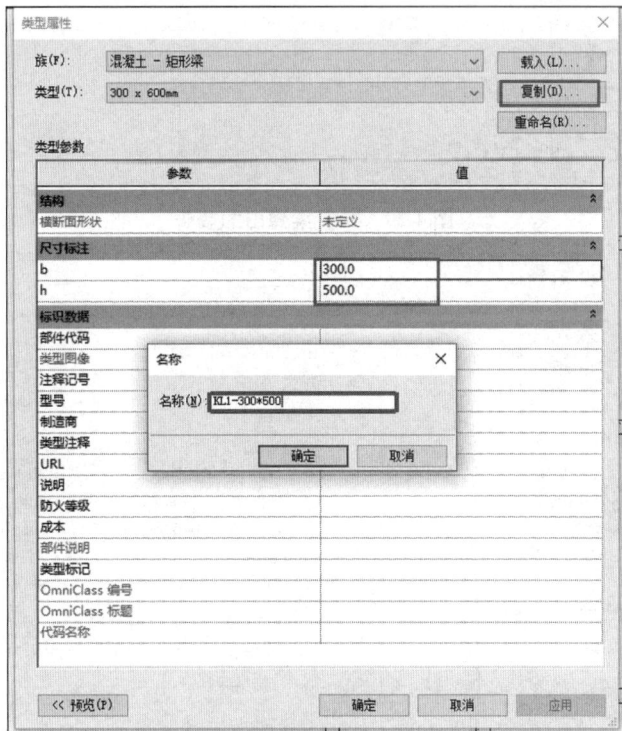

图 4.27　复制混凝土-矩形梁

图 4.28　梁类型设置完成

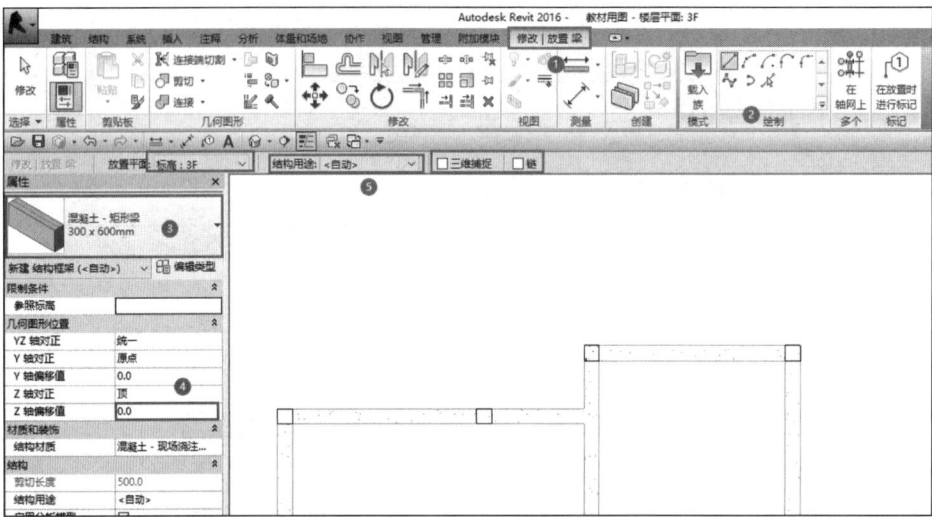

图 4.29　布置梁弹出的警告

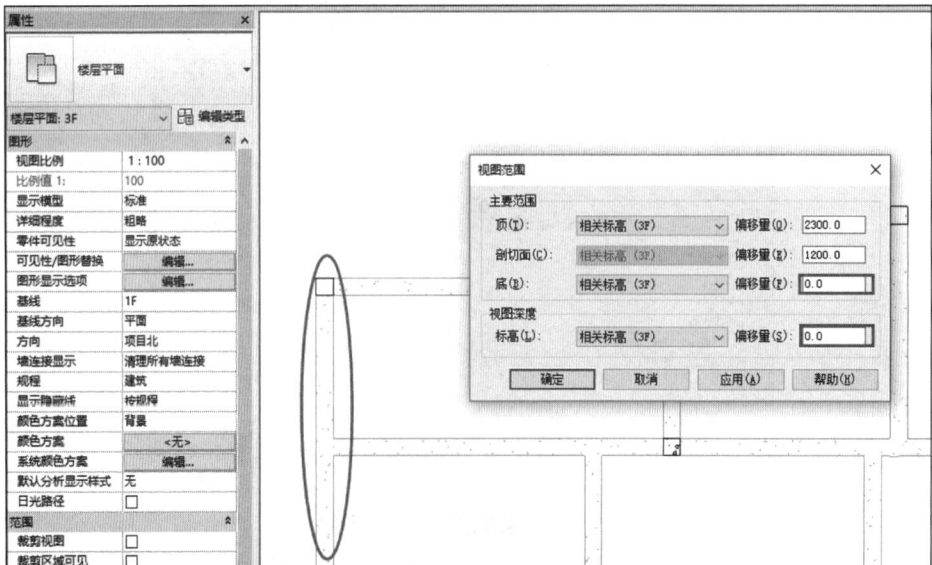

图 4.30　视图范围设置

⑥缩放到刚布置的 KL1-300×800,发现位置稍有偏差,修改位置使其与柱外侧精确对齐。在"修改"选项卡的"修改"面板中单击"对齐工具,鼠标指针变成带有对齐图标的样式,单击要对齐柱子的左边线,作为对齐的参照线,然后选择要对齐的实体 KL1-300×800 图元的左边线,此时,KL1-300×800 的结构梁边线左侧与柱左边线完全对齐,如图 4.31 所示。

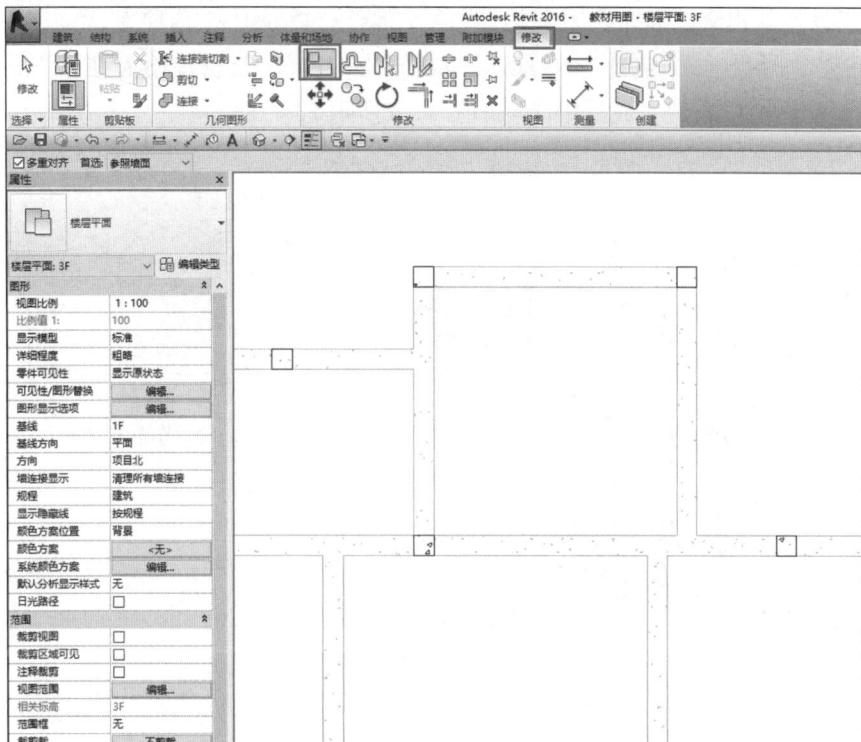

图 4.31　梁对齐

⑦可以将绘制好的梁在二维、三维状态同时查看,单击快速访问栏中的"三维视图"按钮，切换到三维视图,在"视图"选项卡的"窗口"面板中单击"平铺"工具，"F2"楼层平面视图与三维模型视图同时平铺显示在绘图区域,模型显示如图 4.32 所示。

图 4.32　平铺显示窗口

⑧参照上述方法,依次布置"F2"楼层其他结构梁。在布置一些特殊的梁时可以进行实时参数调整,或者等整层的梁布置好后再一一调整。楼梯梁设置比"F2"低"650",如图 4.33 所示。卫生间的标高比其他房间低"50 mm",故卫生间梁设置如图 4.34 所示,"起点标高偏移"和"终点标高偏移"均下调"50"。在布置梁时发现楼梯位置有两根柱没有和梁相交可以采用附着工具使其相交。选择要附着的柱,进入"修改 | 结构柱"选项卡,单击"附着顶部/底部"工具 ,"附着样式"选择"不剪切",单击附着的构件,就将柱附着在梁下,如图 4.35 所示。"F2"的结构梁布置完成三维图后如图 4.36 所示。

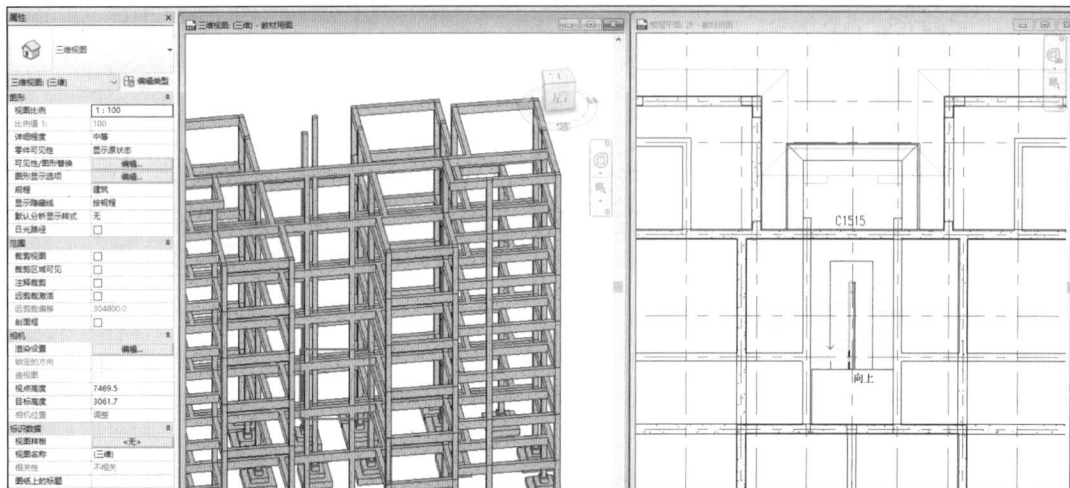

图 4.33 楼梯梁设置

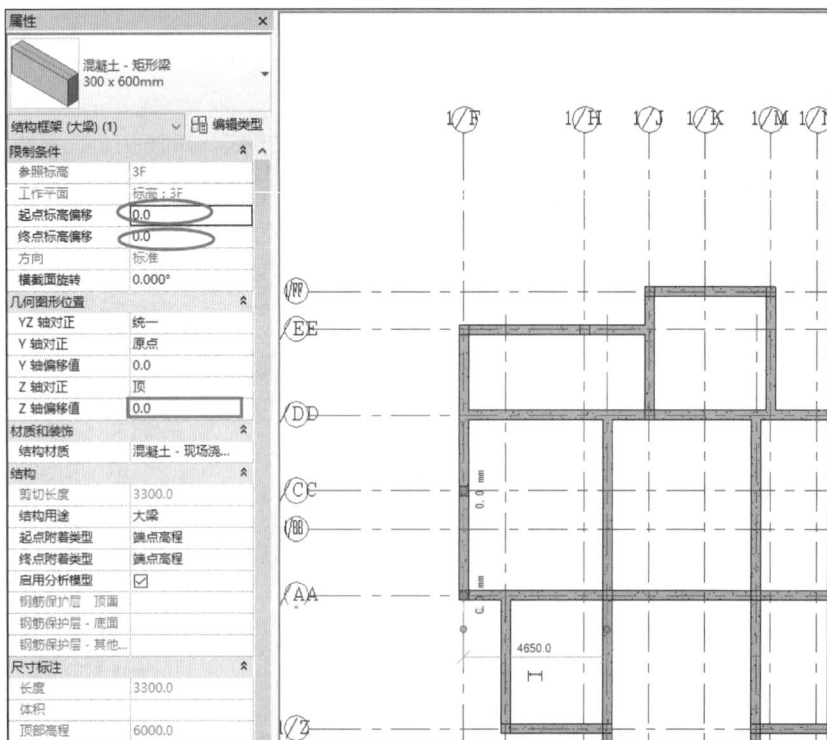

图 4.34 卫生间设置

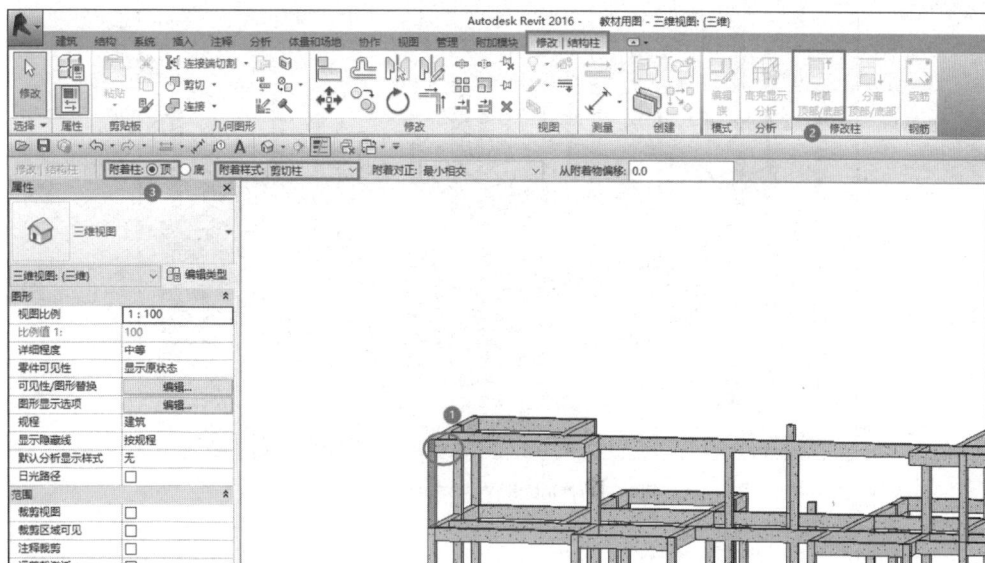

图 4.35　附着设置

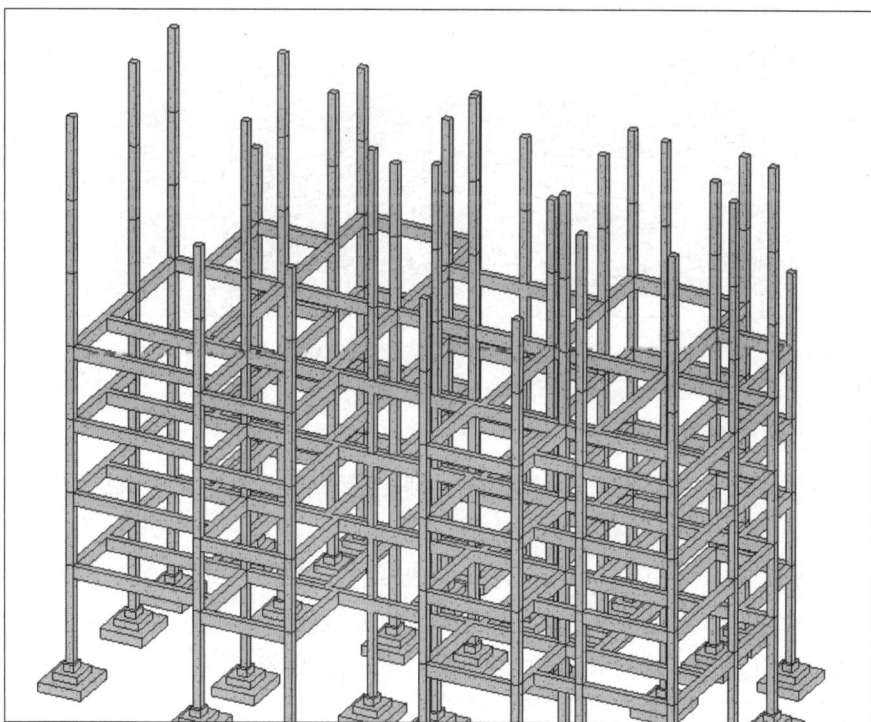

图 4.36　"F2"结构梁布置完成三维图

⑨按照上述方法,继续绘制"F3""F4""屋面"和"出屋面"的结构梁,"F4"梁布置完成如图 4.37 所示,全部梁布置完成的结果如图 4.38 所示。

【注意】

屋面和女儿墙标高均为结构标高,在设置柱和梁约束时不需按建筑标高来设置。

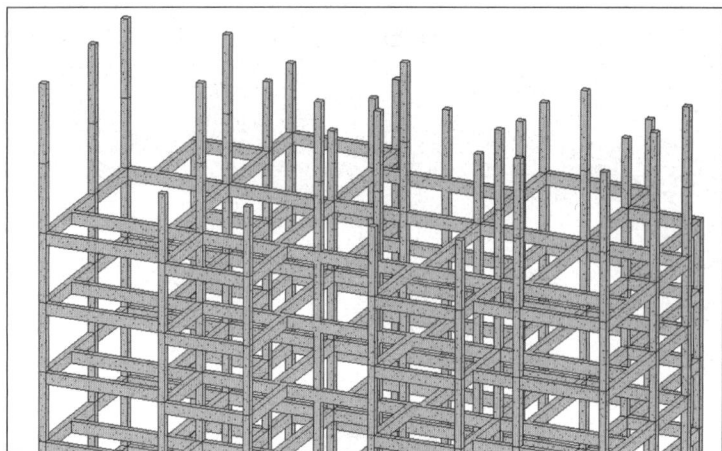

图 4.37　"F4"梁布置完成三维图

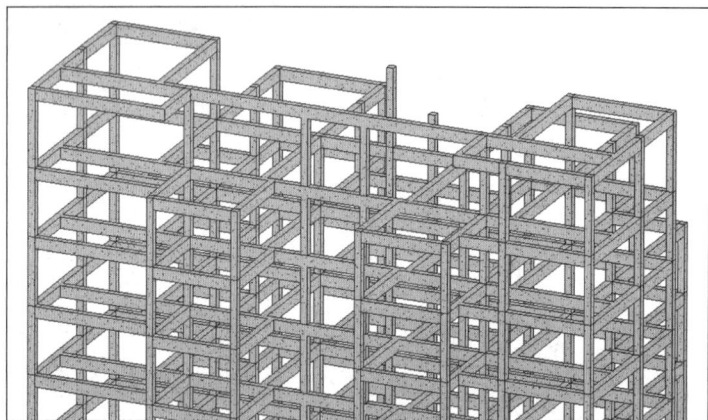

图 4.38　全部梁布置完成三维图

4.2.2　创建倾斜梁

创建倾斜梁的方法同水平梁,创建完成后进行倾斜调整。接下来,在坡道处添加两根倾斜梁。

①进入"基顶"楼层平面,在"结构"选项卡的"结构"面板中单击"梁"工具⌀,进入放置梁状态,并自动切换至"修改│放置梁"选项卡。单击"属性"面板中的"编辑类型"按钮,打开"类型属性"窗口,单击"复制"按钮创建一个斜梁,具体设置如图 4.39 所示。

②放置斜梁,弹出图元在楼层平面"基顶"不可见的对话框,修改视图范围,参照图 4.30。选择两根斜梁,在"起点标高偏移"处输入"400","终点标高偏移"处输入"900",按"Enter"键完成修改,结果如图 4.40 所示。

【说明】

　　使用 Z 轴偏移值设置梁,不可以设置不同的开始和结束值,因此该设置不能生成倾斜梁。如果使用起点/终点标高偏移设置梁,可在梁的起点/终点设定不同的偏移值,因此适合创建斜梁。

图 4.39 斜梁类型设置

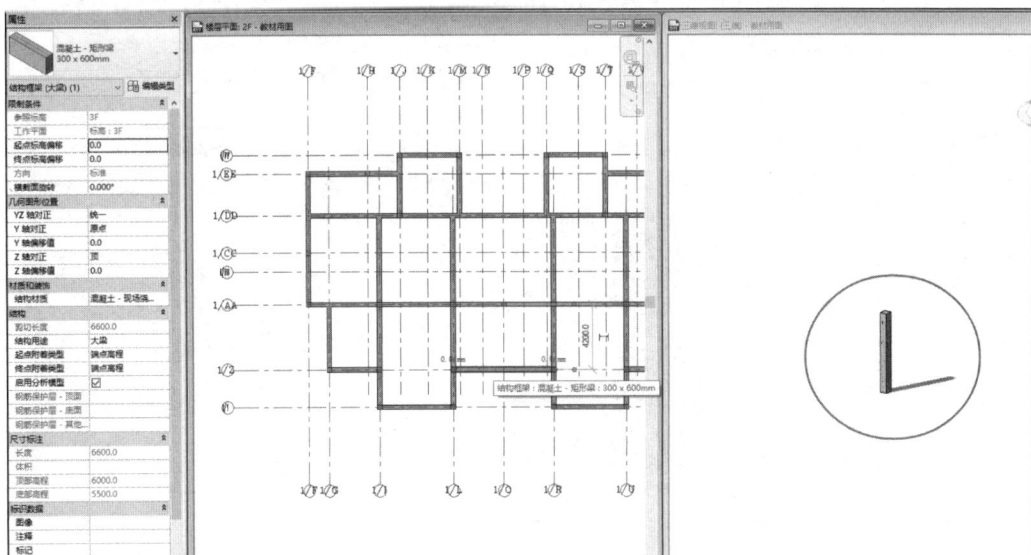

图 4.40 斜梁实例属性设置

任务 4.3　创建结构基础

基础是将结构所承受的各种作用传递到地基上的结构组成部分,按构造形式可分为独立基础、条形基础、满堂基础和桩基础等。Revit 提供了 3 种基础形式,分别为独立基础、条形基础(墙基础)和基础底板,用于生成建筑不同类型的基础形式。独立基础是将自定义的基础族放置在项目中,作为基础参与结构计算;条形基础的用法为沿墙底部生成带状基础模型;基础底板可用于创建建筑筏板基础,用法和楼板一致。

下面为住宅楼创建结构基础。建立基础模型前,应先根据住宅楼结施图纸,查阅独立基础的尺寸、定位、属性等信息,以保证独立基础模型布置的正确性。

4.3.1　创建独立基础

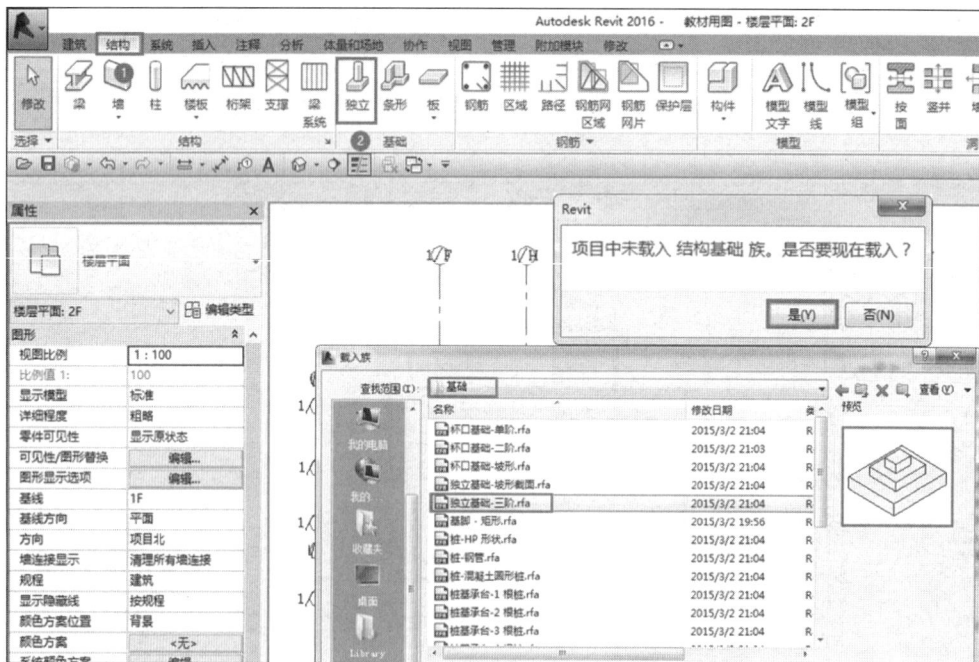

①进入"基顶"楼层平面,在"结构"选项卡的"基础"面板中单击"独立"工具,提示载入结构基础族,在"结构"→"基础"中打开"独立基础-三阶",如图 4.41 所示。

图 4.41　载入"独立基础-三阶"基础

②进入放置独立基础状态,并自动切换至"修改│放置结构基础"选项卡。单击"属性"面板中的"编辑类型"按钮,打开"类型属性"窗口,单击"复制"按钮创建"独立基础-三阶"基础,具体设置如图 4.42 所示。DJ-2 和 DJ-3 的设置方法同前,设置结果如图 4.43 和图 4.44 所示。

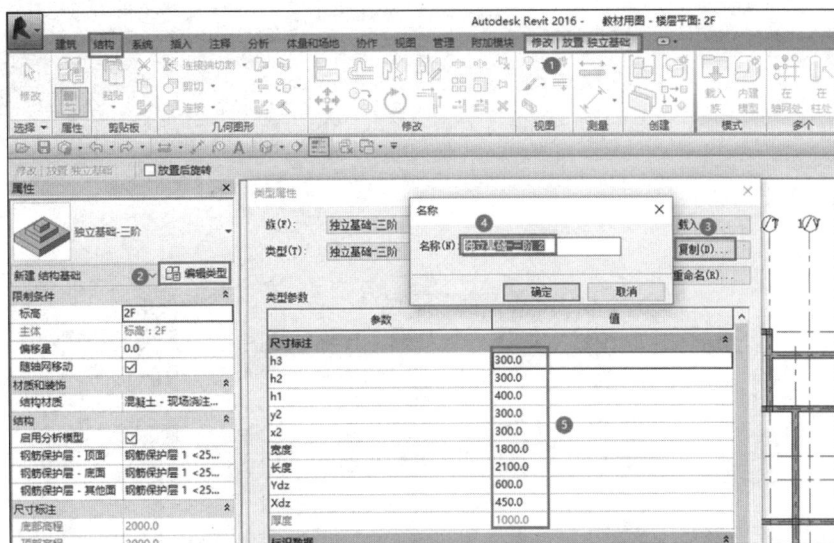

图 4.42　独立三阶基础 DJ-1 参数设置

图 4.43　独立三阶基础 DJ-2 参数设置

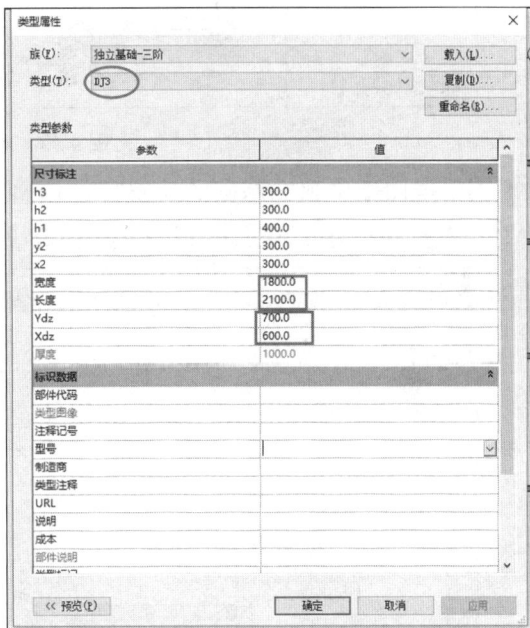

图 4.44　独立三阶基础 DJ-3 参数设置

③布置"DJ-1"构件。根据"基础平面布置图"布置独立基础。在"属性"面板中找到 DJ-1,设置"标高"为"基顶","偏移量"为"0",按"Enter"键确认,鼠标指针移动到 2 号轴线与 E 轴线交点位置处,单击,布置 DJ-1,弹出如图 4.45 所示的警告,单击⊠按钮关闭。此处 DJ-1 布置完成。

【说明】

出现此类型的警告说明标高设置有冲突,如果"自标高的高度偏移"改为"-50",则不会弹出此框,且正好附着在柱底部。

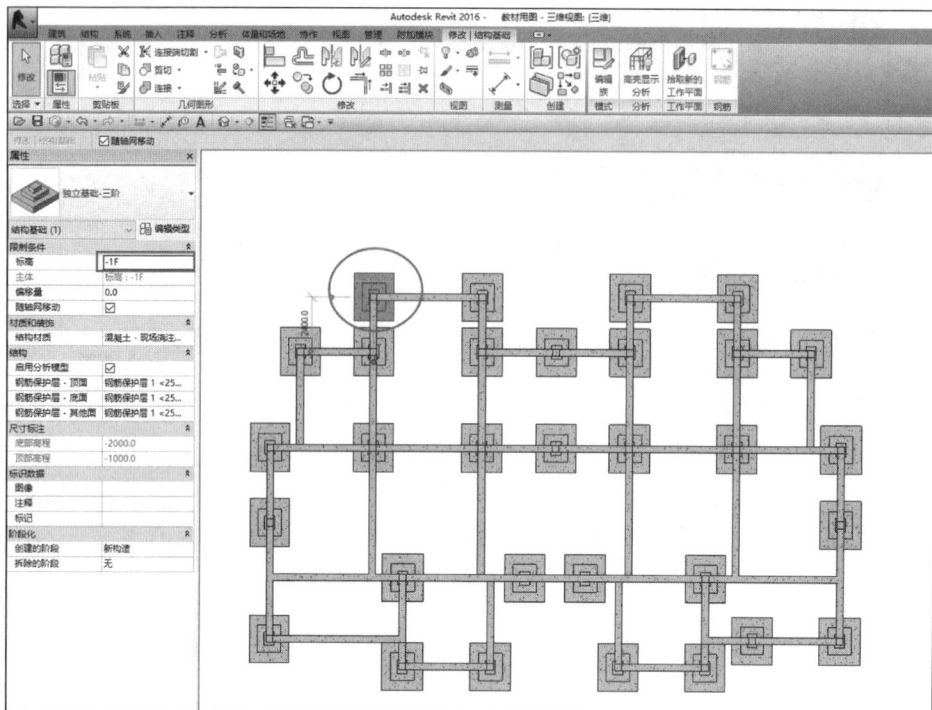

图 4.45　放置 DJ-1

④根据图纸中独立基础的位置标注调整其位置,也可以采用"链接 CAD"工具,导入 CAD 后对比,用"对齐"工具╚或"移动"工具✥精确调整位置,如图 4.46 所示。

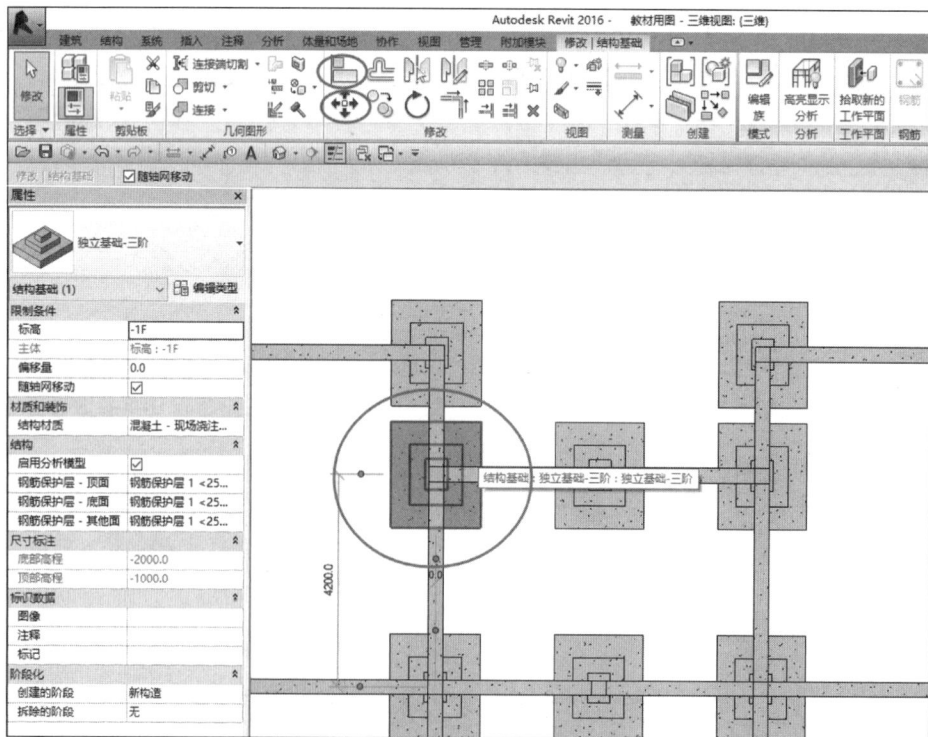

图 4.46　DJ-1 位置调整

⑤可以用"复制"按钮继续绘制其他的独立基础结构,如图 4.47 所示,勾选"多个"进行复制。全部独立基础布置完成后,为了方便显示所有独立基础,可以选择临时隐藏上部构件,切换到三维视图的某一个面,选择上部构件,单击左下角的眼镜图标 👓 ,选择"隐藏图元",如图 4.48 所示。上部结构隐藏后,所有的独立基础都可以看到了,如图 4.49 所示。

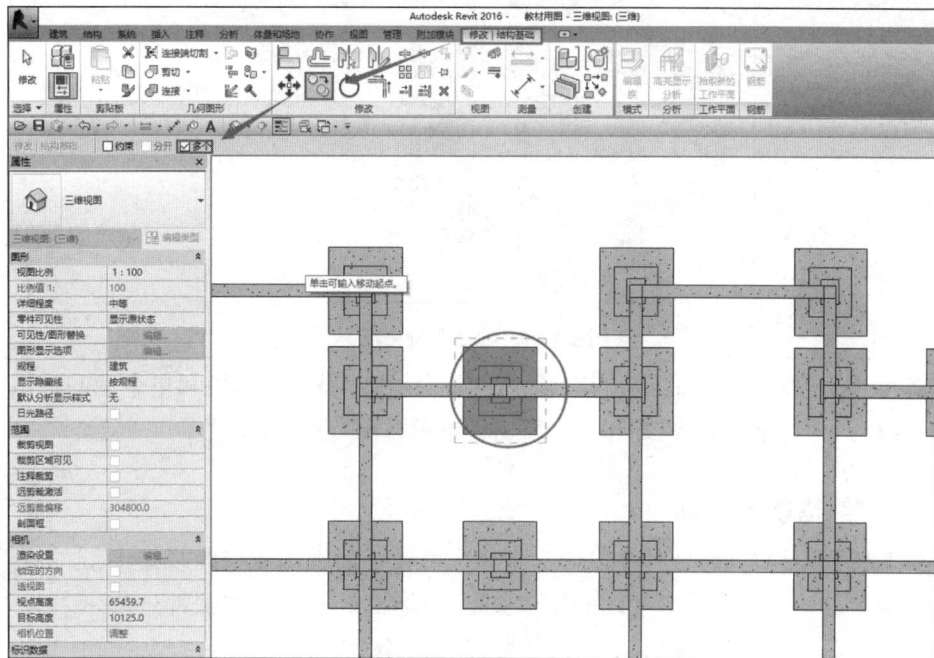

图 4.47 DJ-2 复制

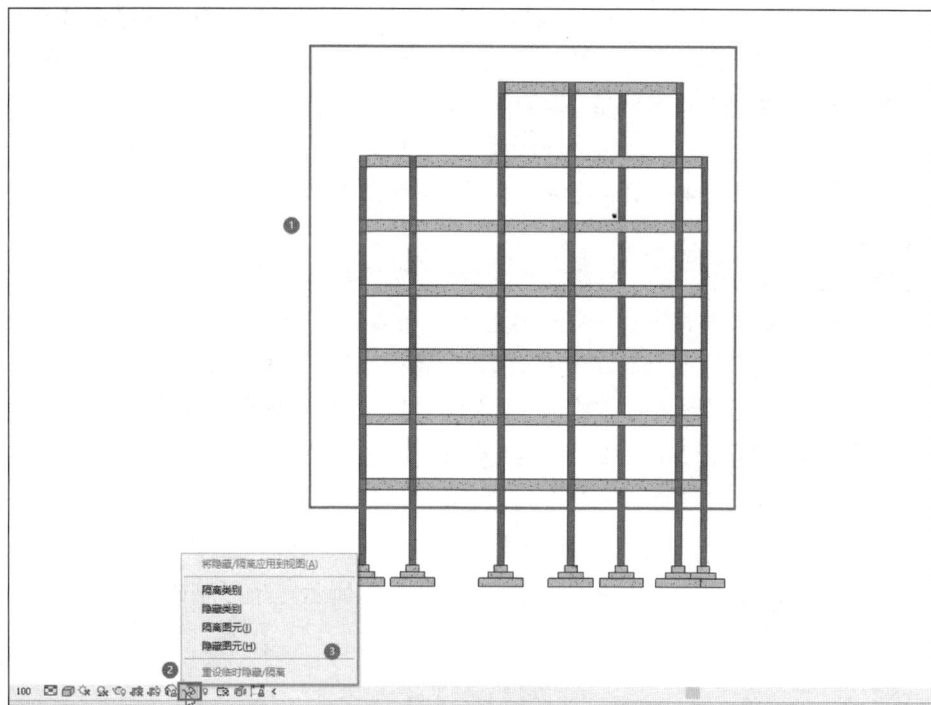

图 4.48 临时隐藏图元

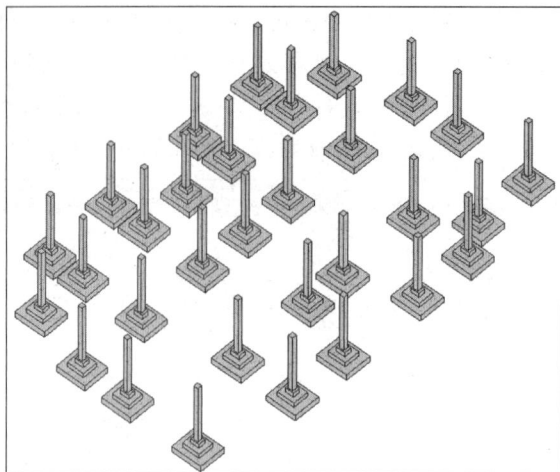

图 4.49 独立基础完成

桩基也属于独立基础,可以从族库载入,包括具有多个桩、矩形桩和单个桩的桩帽等,载入方法参照图 4.41,布置方法参照图 4.45,由于本项目没有桩基,在此不再赘述。

4.3.2 创建条形基础

条形基础是结构基础类别,并以墙为主体。可在平面视图或三维视图中沿着结构墙放置这些基础。条形基础的用法类似于墙饰条,用于沿墙底部生成带状基础模型。条形基础被约束到所支撑的墙,并随之移动。

①创建结构墙。进入"基顶"楼层平面,在"结构"选项卡的"结构"面板中,单击"墙"下拉列表中"结构墙"选项。在"属性"选项板上的"类型选择器"下拉列表中选择墙的族类型为"基本墙"。单击"编辑类型"中"复制"按钮,名称设为"结构墙-现浇-240",如图 4.50 所示。单击图 4.50 所示"结构"右侧的"编辑"按钮,进入结构墙参数的设置界面。"厚度"改为"240","材质"选择"混凝土-现场浇注混凝土"、勾选"使用渲染外观",如图 4.51 所示。

②在"属性"面板中选择刚刚创建的结构墙,参数设置如图 4.52 所示。如果勾选"链",可以创建连续墙。

③选择墙,在"属性"选项板中,修改墙的属性,按图 4.53 所示修改。

④放置其他结构墙,并按上述方式修改参数。布置完成后三维效果如图 4.54 所示。其中,车棚入库的结构墙要修改其轮廓,顶部偏离设置为"800"。

⑤进入"基顶"楼层平面,在"结构"选项卡的"基础"面板中单击"墙"按钮,并从类型选择器下拉列表中选择"条形基础"族的"连续基脚"类型,单击"编辑类型"按钮,复制一个新的条形基础,命名为"DL-300×300",参数设置如图 4.55 所示。

⑥在"修改|放置条形基础"选项卡中找到"多个"面板中的"选择多个"工具,按住鼠标左键,框选所有的结构墙,单击"完成"按钮,如图 4.56 所示。条形基础放置完成后局部效果如图 4.57 所示。

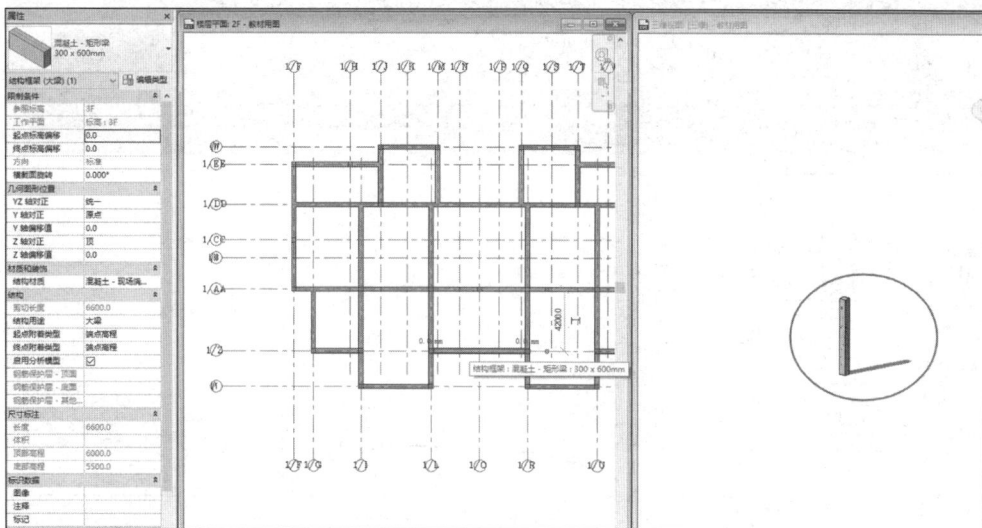

图 4.50 设置结构墙类型

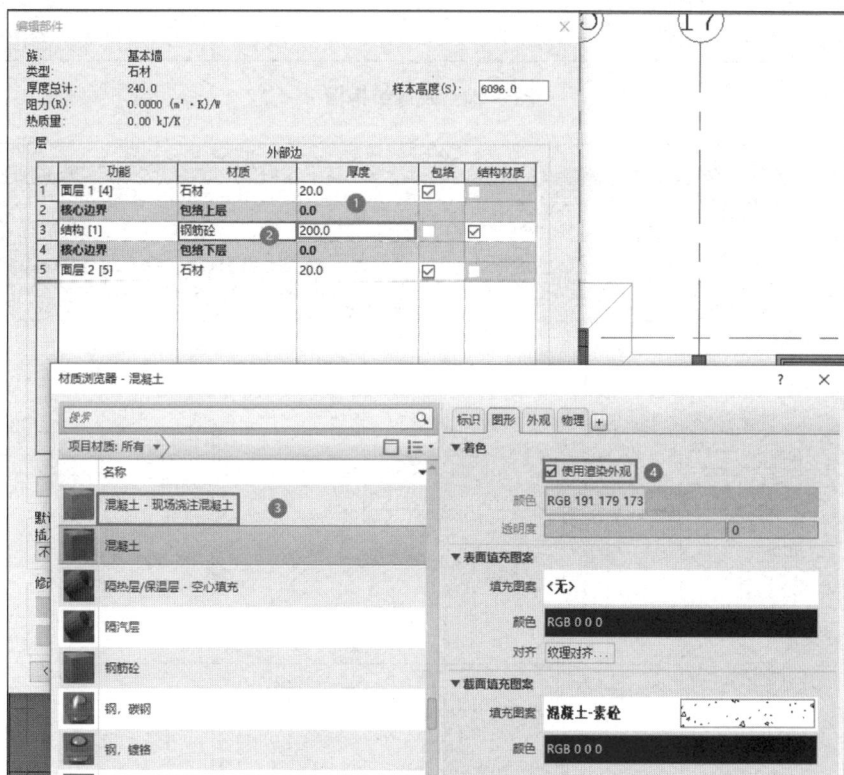

图 4.51 设置结构墙参数

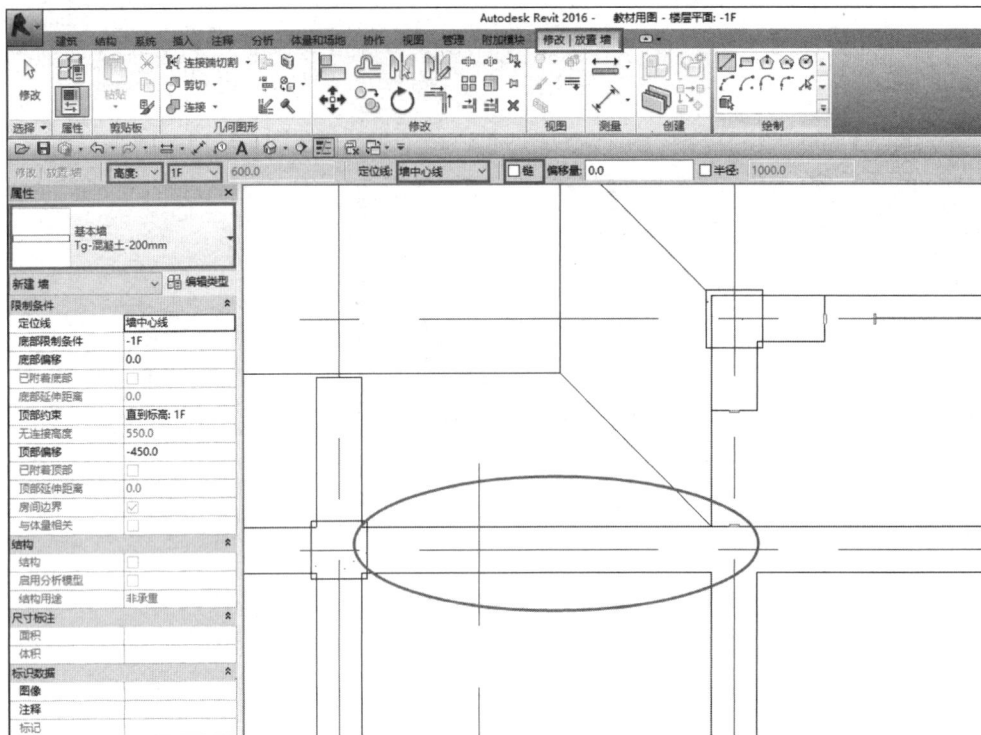

图 4.52 放置结构墙

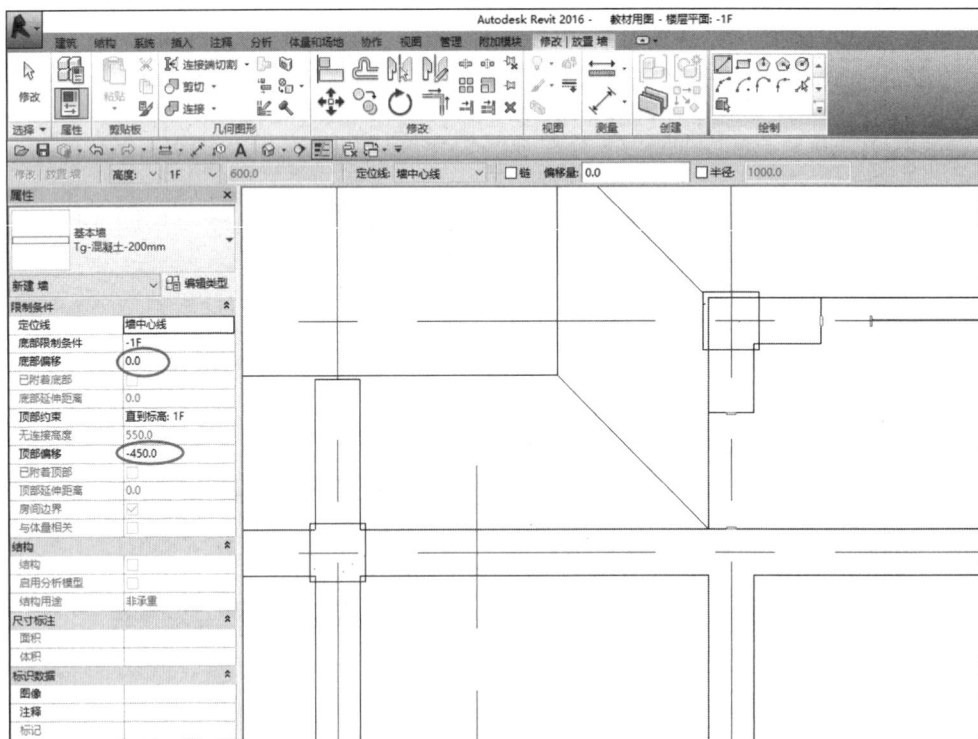

图 4.53 修改结构墙

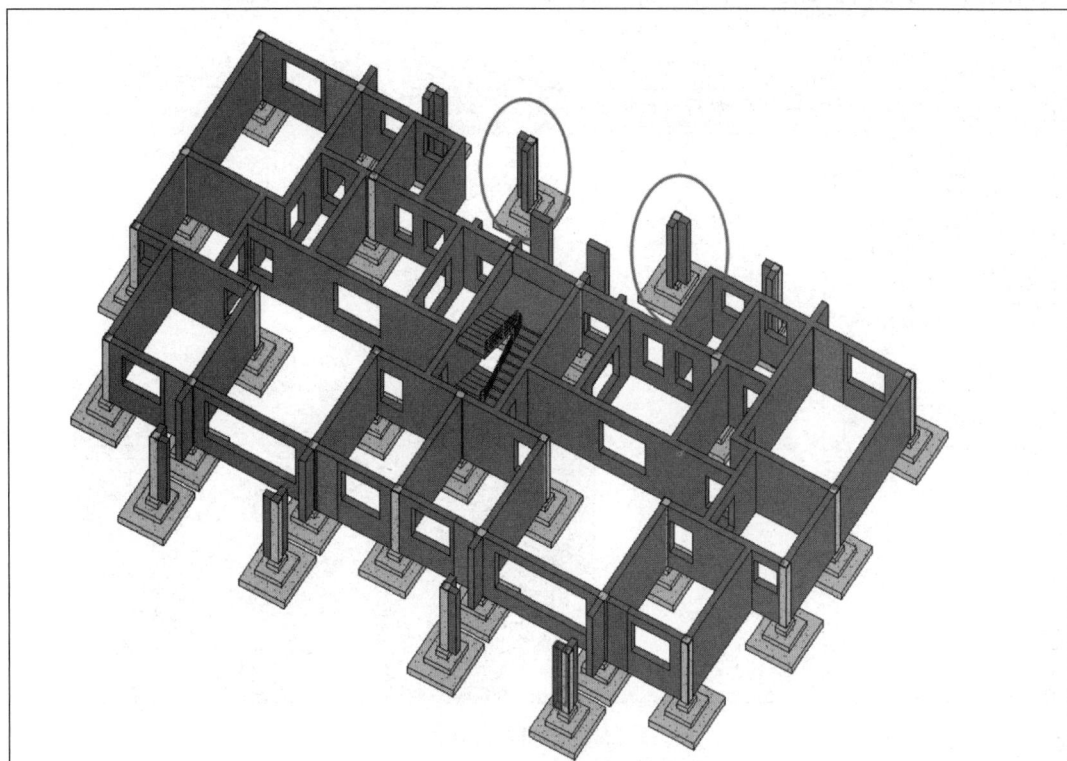

图 4.54　结构墙布置完成

图 4.55　设置条形基础类型

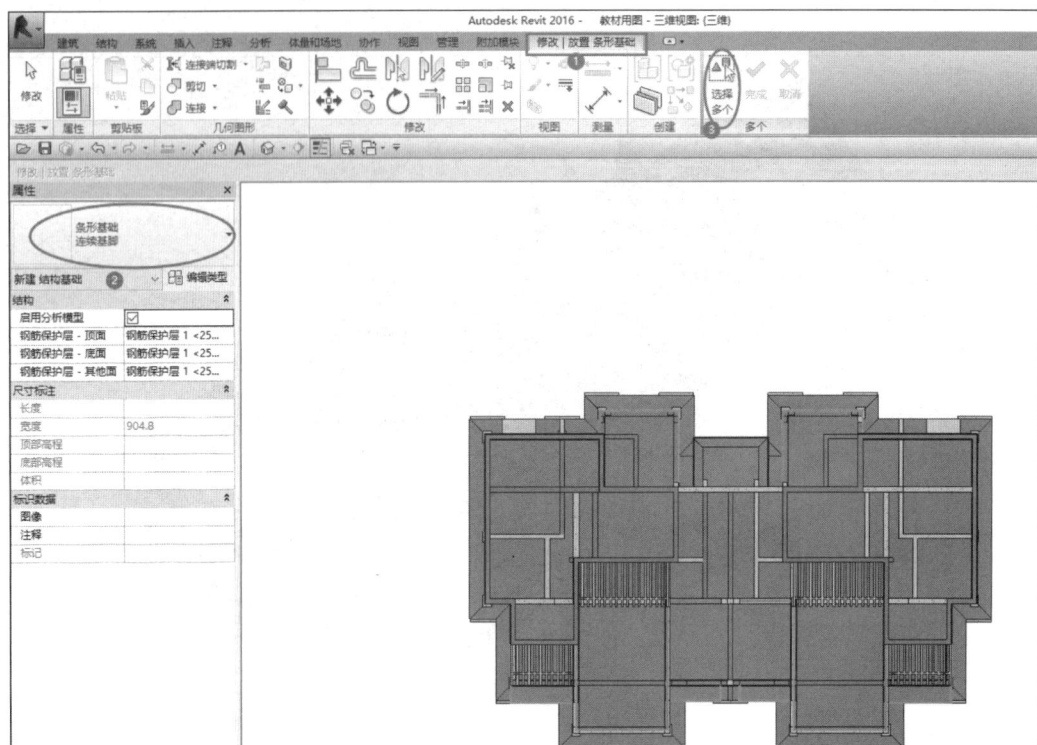

图 4.56 放置条形基础

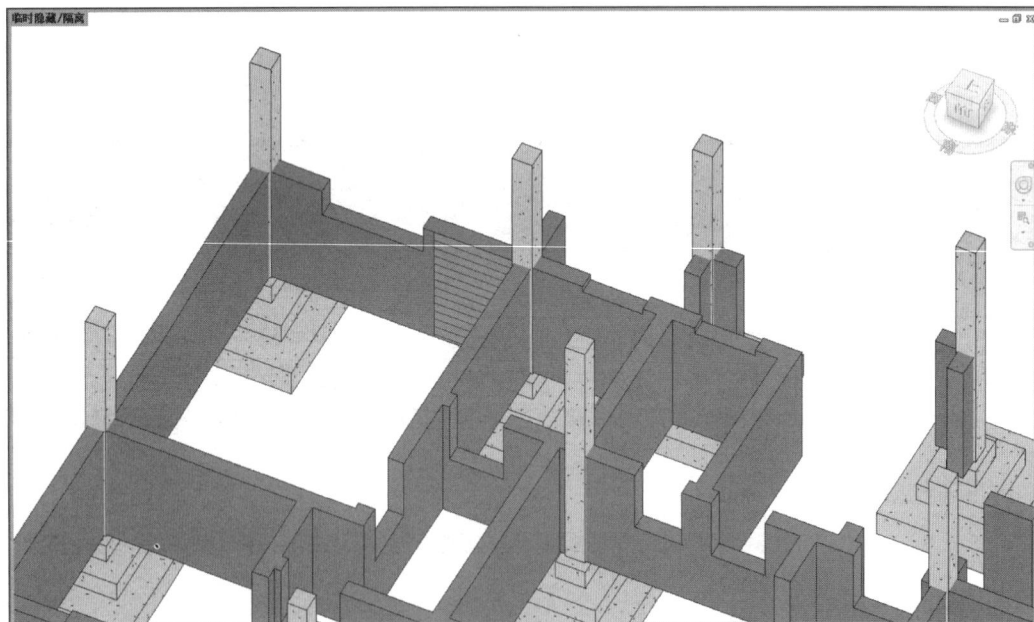

图 4.57 条形基础完成后局部

4.3.3 创建其他基础

在本项目中有一个基础底板,属于基础的范围。基础底板可以用"结构基础:楼板"工具来绘制模型的基础。

①进入"基顶"楼层平面,单击"结构"选项卡中的"基础"面板,选择"结构基础:楼板"⌷。

②单击"编辑类型"按钮,复制一个新的基础底板,命名为"基础底板_混凝土_300",参数设置如图4.58所示。

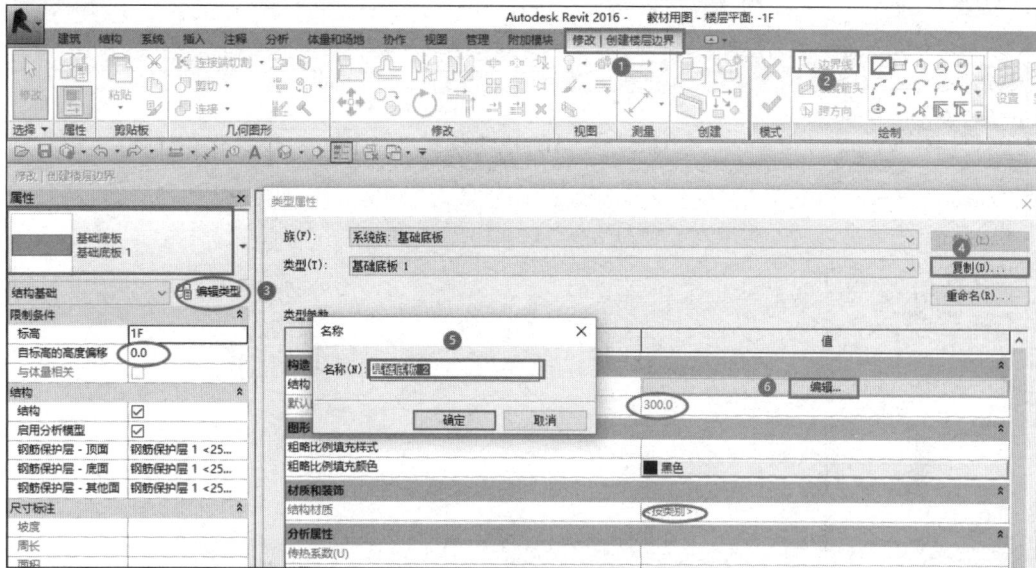

图 4.58　设置基础底板类型

③单击图4.58中"类型参数"下面"结构"右侧的"编辑"按钮,进入基础底板参数的设置。"厚度"设为"300","材质"选择"混凝土-现场浇注混凝土",勾选"使用渲染外观",如图4.59所示。

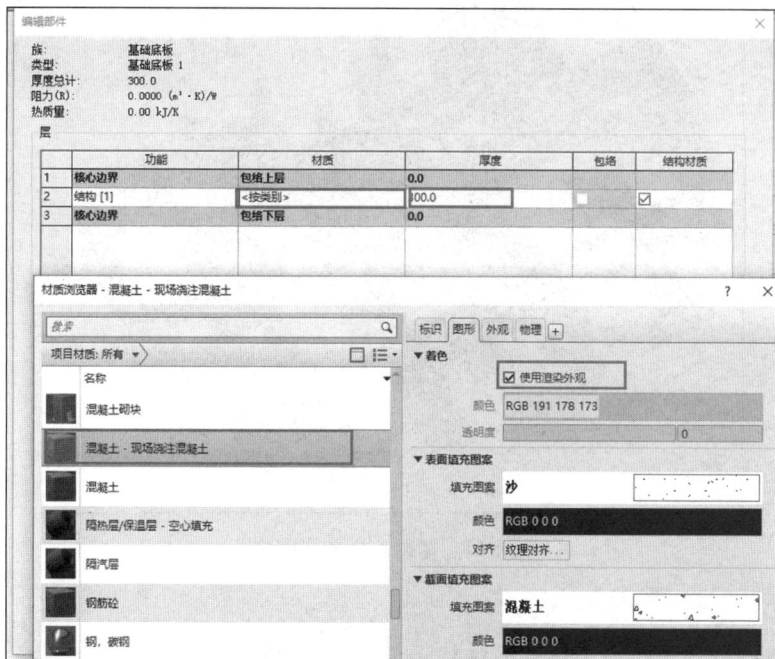

图 4.59　设置基础底板参数

④在"修改丨创建楼层边界"选项卡中找到"绘制"面板八中的"线"工具／，用鼠标左键，沿地梁内侧布置楼板边界，如图 4.60 所示。基础底板放置完成，如图 4.61 所示。

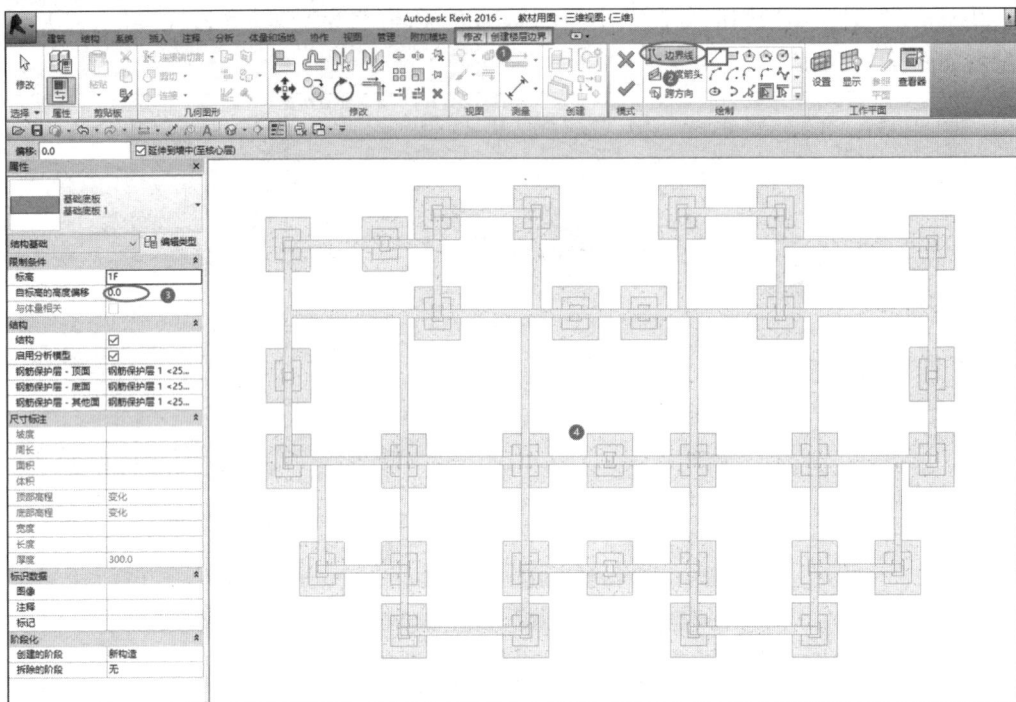

图 4.60　创建底板边界

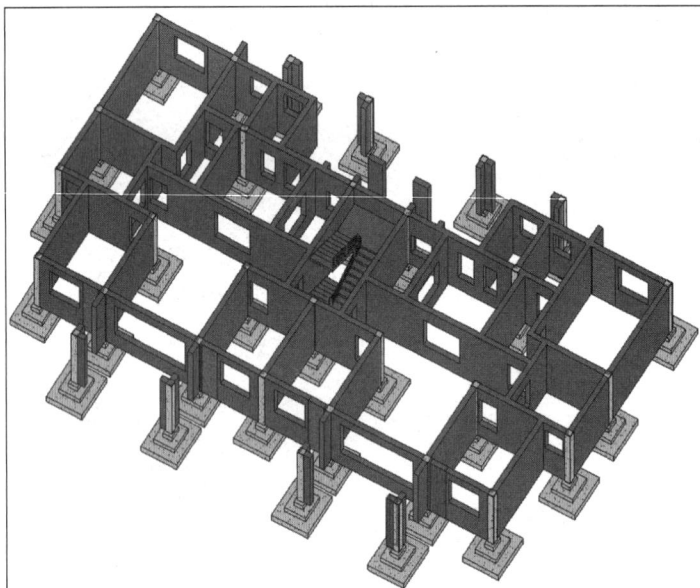

图 4.61　基础底板放置完成

【小技巧】
　　基础底板边界与柱相交处自动被柱分割，绘制基础底板边界时不用沿柱绘制。

【知识拓展】

结构柱和建筑柱的区别

　　Revit 中建筑柱和结构柱最大的区别就在于,建筑柱可以自动继承其连接到的墙体等其他构件的材质,而结构柱的截面和墙的截面是各自独立的。因为建筑柱会提取墙体材质,所以适用于砖混结构中的墙垛、墙上突出等装饰结构;结构柱具有承重结构属性。结构图元(如梁、支撑和独立基础)与结构柱连接;它们不与建筑柱连接。

【想一想】

　　怎样创建独立基础-二阶? 怎样创建桩基础?

【学习笔记】

_____

_____

_____

_____

_____

_____

_____

_____

【关键词】

　　载入　结构柱　结构梁　独立基础　条形基础

【测试】

　　一、单项选择题

　　1.放置柱时,在放置柱之前按(　　　)可旋转柱。

　　A.Tab 键　　　　　　B.Shift 键　　　　　　C.Space 键　　　　　　D.Ctrl 键

　　2.在绘制梁时,在图元属性中将"Z 方向对正"设置为"底"时,则梁在立面上的高度(　　　)。

　　A.以梁底标高确定　　　　　　　　　B.以梁顶标高确定

　　C.以梁中心截面标高确定　　　　　　D.以参照楼层确定

　　二、多项选择题

　　1.结构柱的绘制方式有(　　　　)。

　　A.点布　　　　　　B.在轴网处绘制　　　C.在墙上绘制

　　D.放置在建筑柱内部　　　　　　　　E.放置在建筑柱外部

　　2.以下哪项是梁的结构用途(　　　　)。

　　A.大梁　　　　　B.桁架　　　　C.檩条　　　　D.水平支撑　　　　E.托梁

　　三、判断题

　　1.Revit 软件中独立基础不需要载入族,可以用系统族绘制。　　　　　　　　(　　　)

　　2.条形基础通过选择墙体绘制,附着在墙体以下。　　　　　　　　　　　　(　　　)

四、简答题

1.简述创建结构柱的方法和步骤。

2.布置梁后,为了能够显示梁,如何通过修改视图范围使其可见?

3.基础底板边界线创建有哪些方法?

4.柱子绘制前和绘制后,调整标高的方法有何不同?

项目 5 创建墙体

【项目引入】

项目 4 主要介绍了使用 Revit 的结构柱、梁和基础工具为住宅楼项目建立了柱、梁、基础等构件。在创建完成结构柱、结构梁、结构基础之后,可以继续创建墙体。墙体主要包括承重墙与非承重墙,主要起围护、分隔空间的作用。墙体的种类较多,有单一材料的墙体,也有复合材料的墙体。综合考虑围护、承重、节能、美观等因素,设计合理的墙体方案,是建筑构造的重要任务。本项目将介绍住宅楼项目中墙体的创建和编辑方法,从整体出发,完成住宅楼项目的所有墙体模型。

【本项目内容结构】

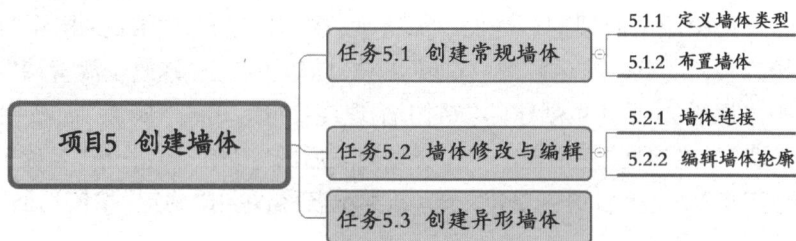

```
                                    ┌── 任务5.1  创建常规墙体 ──┬── 5.1.1  定义墙体类型
                                    │                          └── 5.1.2  布置墙体
项目5  创建墙体 ─────┤── 任务5.2  墙体修改与编辑 ──┬── 5.2.1  墙体连接
                                    │                          └── 5.2.2  编辑墙体轮廓
                                    └── 任务5.3  创建异形墙体
```

【学习目标】

知识目标:了解面墙的添加;理解墙类型参数中功能的用途,掌握创建复合墙和叠层墙,掌握墙饰条和墙分隔条的添加。

技能目标:能根据项目图纸编辑墙体结构,创建墙体。

素质目标:文化自信,爱岗敬业,奉献精神;不畏困难,坚持不懈的探索精神;大胆尝试,积极寻求有效的问题解决方法的能力和韧性;独立思考、独立判断,思维缜密;团队意识和互助精神。

【学习重、难点】

重点:墙体结构编辑。

难点:墙饰条和墙分隔条。

【学习建议】

1.本项目对面墙做一般了解,着重学习定义墙体类型、布置墙体,修改编辑墙体,添加墙饰条和墙分隔条。

2.学习中可以借助微课及网上各种学习资源,掌握软件中墙体的创建。

3.单元后的测试题与项目实训,应在学习中对应进度逐步练习,通过做练习加以巩固基本知识。

任务 5.1　创建常规墙体

墙是 Revit 中最灵活也是最复杂的建筑构件。在 Revit 中,墙属于系统族,可以根据指定的墙结构参数定义生成三维墙体模型。建立墙体模型前,应根据住宅楼建施图查阅墙体的尺寸、定位、属性等信息,保证墙体模型布置的正确性。

5.1.1　定义墙体类型

在 Revit 中创建墙体时,需要先定义好墙体的类型,包括墙厚、做法、材质、功能等,再指定墙体的平面位置、高度等参数。Revit 提供基本墙、幕墙和叠层墙 3 种族。使用"基本墙"可以创建项目的外墙、内墙及分隔墙等墙体。现使用"基本墙"族创建住宅楼墙体。

①切换至"F1"楼层平面视图。如图 5.1 所示,在"建筑"选项卡的"构建"面板中单击"墙"工具下拉列表,在列表中选择"墙:建筑"工具,自动切换至"修改│放置墙"选项卡。在"属性"面板中可以看到项目 4 创建的"结构墙-现浇-240",单击"属性"面板中的"编辑类型"按钮,打开墙"类型属性"对话框。单击类型列表后的"复制"按钮,在"名称"对话框中输入"建筑外墙_灰浆砌块_板岩褐色_240"作为新类型名称,单击"确定"按钮返回"类型属性"对话框。

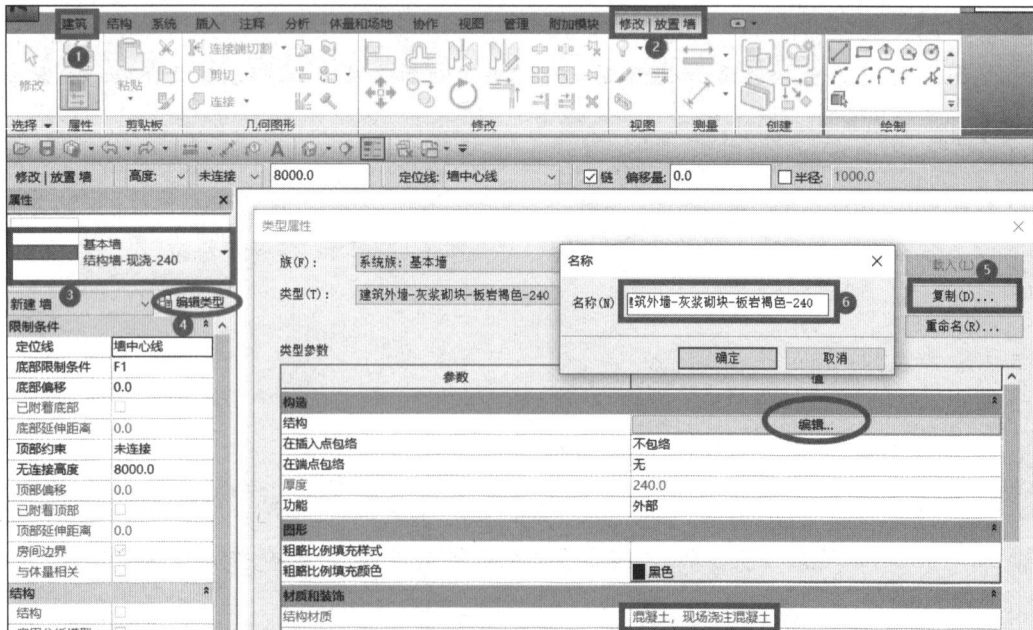

图 5.1　建筑外墙类型创建

②如图 5.2 所示,确认"类型属性"对话框墙体类型参数列表中的"功能"为"外部"。单

击"结构"参数后的"编辑"按钮,打开"编辑部件"对话框。

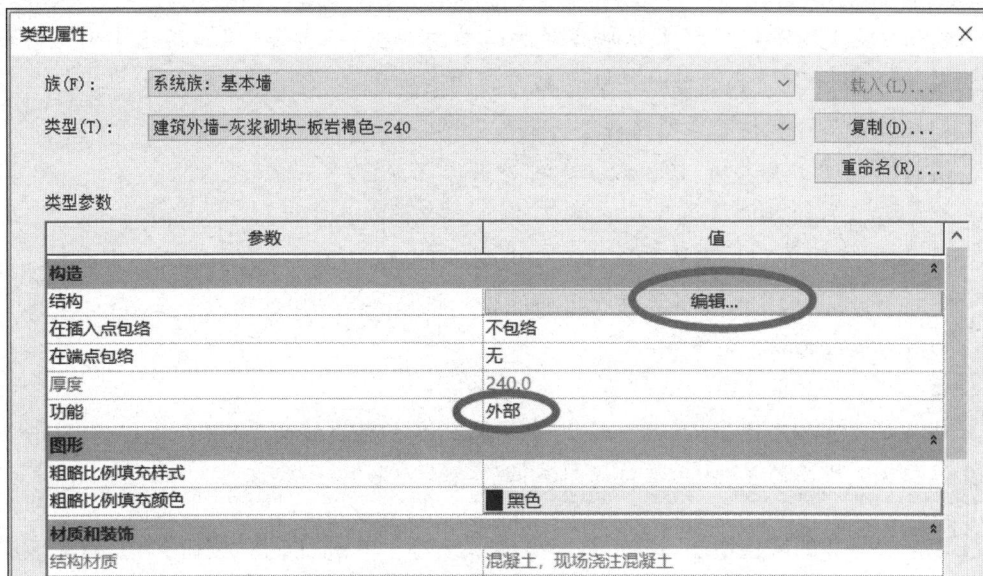

类型属性

族(F):	系统族: 基本墙
类型(T):	建筑外墙-灰浆砌块-板岩褐色-240

载入(L)...
复制(D)...
重命名(R)...

类型参数

参数	值
构造	
结构	编辑...
在插入点包络	不包络
在端点包络	无
厚度	240.0
功能	外部
图形	
粗略比例填充样式	
粗略比例填充颜色	■黑色
材质和装饰	
结构材质	混凝土, 现场浇注混凝土

图 5.2   建筑外墙功能设置

【说明】

在 Revit 墙类型参数中"功能"用于定义墙的用途,它反映墙在建筑中所起的作用。Revit 提供了内部、外部、基础墙、挡土墙、檐底板及核心竖井 6 种墙功能。在管理墙时,墙功能可以作为建筑信息模型中信息的一部分,用于对墙进行过滤、管理和统计。

③如图 5.3 所示,在层列表中,墙包括一个厚度为"240"的结构层,其材质设置为"混凝土砌块"。单击"编辑部件"对话框中的"插入"按钮两次,在"层"列表中插入两个新层,新插入的层默认厚度为 0.0,且功能均为"结构[1]"。

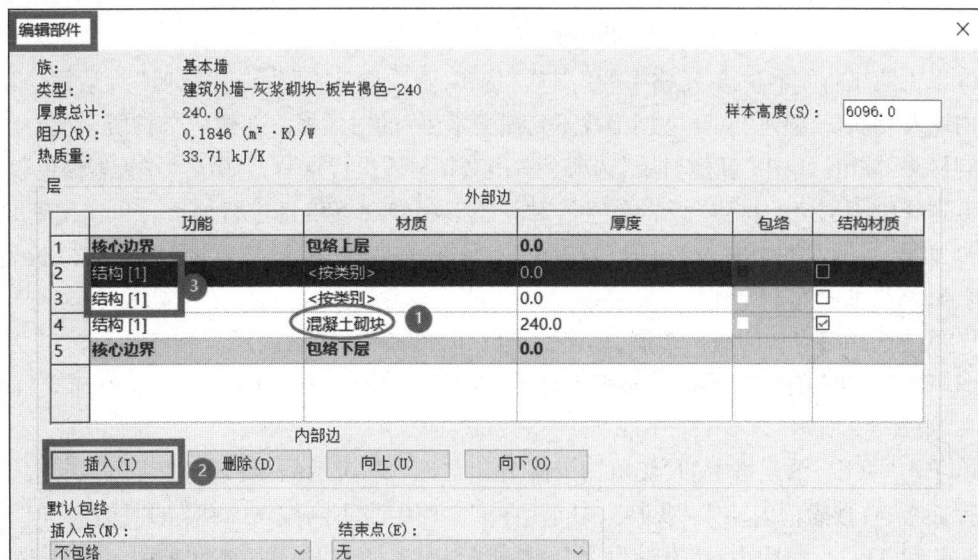

编辑部件

族:	基本墙
类型:	建筑外墙-灰浆砌块-板岩褐色-240
厚度总计:	240.0
阻力(R):	0.1846 (m²·K)/W
热质量:	33.71 kJ/K

样本高度(S): 6096.0

层

外部边

	功能	材质	厚度	包络	结构材质
1	核心边界	包络上层	0.0		
2	结构 [1]	<按类别>	0.0	□	
3	结构 [1]	<按类别>	0.0	□	
4	结构 [1]	混凝土砌块	240.0	☑	
5	核心边界	包络下层	0.0		

内部边

插入(I)   删除(D)   向上(U)   向下(O)

默认包络

插入点(N):	结束点(E):
不包络	无

图 5.3   插入新层

【说明】

　　墙部件定义中"层"用于表示墙体的构造层次。在"编辑部件"对话框中定义的墙结构列表中,从上到下代表墙构造从外到内的构造顺序。

　　部件的各层可被指定下列功能。

　　结构[1]:支撑其余墙、楼板或屋顶的层。

　　衬底[2]:作为其他材质基础的材质(例如胶合板或石膏板)。

　　保温层/空气层[3]:隔绝并防止空气渗透。

　　涂膜层:通常用于防止水蒸气渗透的薄膜。涂膜层的厚度应该为零。

　　面层1[4]:面层1通常是外层。

　　面层2[5]:面层2通常是内层。

　　结构层具有最高优先级(优先级1)。"面层2"具有最低优先级(优先级5)。Revit首先链接优先级高的层,然后链接优先级低的层。

　　④单击编号2的墙构造层,Revit将高亮显示该行。单击"向上"按钮,向上移动该层直到该层编号变为1,修改该行的"厚度"值为"20"。注意其他层编号将根据所在位置自动修改。如图5.4所示,单击第1行的"功能"单元格,在功能下拉列表中选择"面层1[4]"。

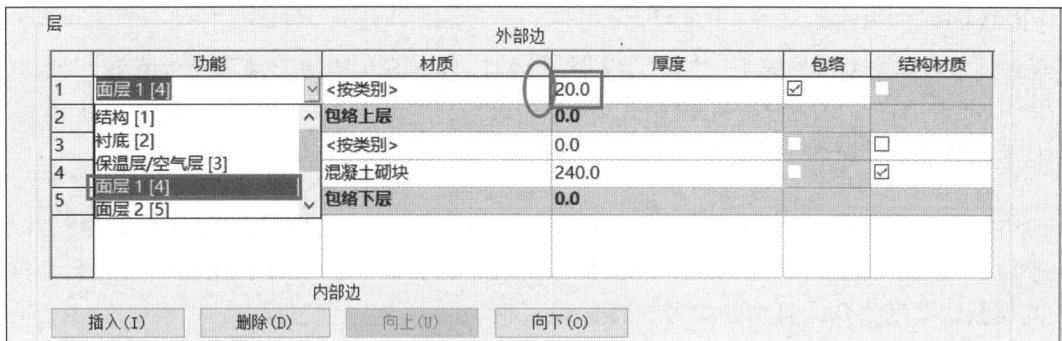

图 5.4　面层 1[4]设置

　　⑤单击第1行"材质"单元格中的"浏览"按钮,弹出图5.5所示的"材质"对话框。在搜索框内输入"板岩",显示"在该文档中找不到搜索术语"的对话框。新建一个材质,单击"创建并复制材质"按钮。单击"新建材质"选项。右击对新材质进行重命名,命名为"板岩褐色"。

　　⑥选择刚刚创建的材质"板岩褐色",对其图形和外观等信息进行修改。单击按钮打开资源浏览器,在搜索框中输入"板岩",按图5.6所示的步骤,用新材质替换原来的"板岩褐色"材质,结果如图5.7所示。

　　⑦单击选择编号3的墙构造层,单击"向下"按钮,向下移动该层直到该层编号变为5,修改该行的"厚度"值为"20"。单击第5行的"功能"单元格,在功能下拉列表中选择"面层2[5]",如图5.8所示。

　　⑧单击"材质"单元格中的"浏览"按钮,弹出如图5.9所示的"材质"对话框。单击按钮显示库面板,在搜索框内输入"灰浆",显示"在该文档中找不到搜索术语"的对话框,但下部Autodesk和AEC材质库中有"灰浆",单击▲或按钮,将材质添加到文档中,单击"确定"按钮。如图5.10所示,外墙的材质全部设置完成。

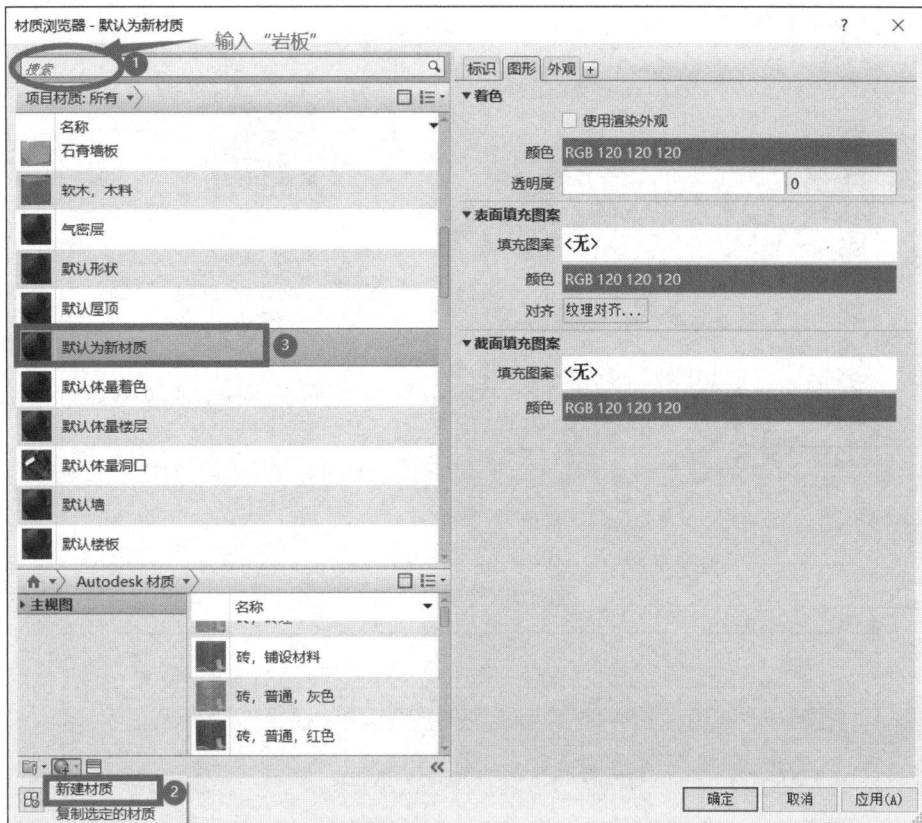

图 5.5　新建材质

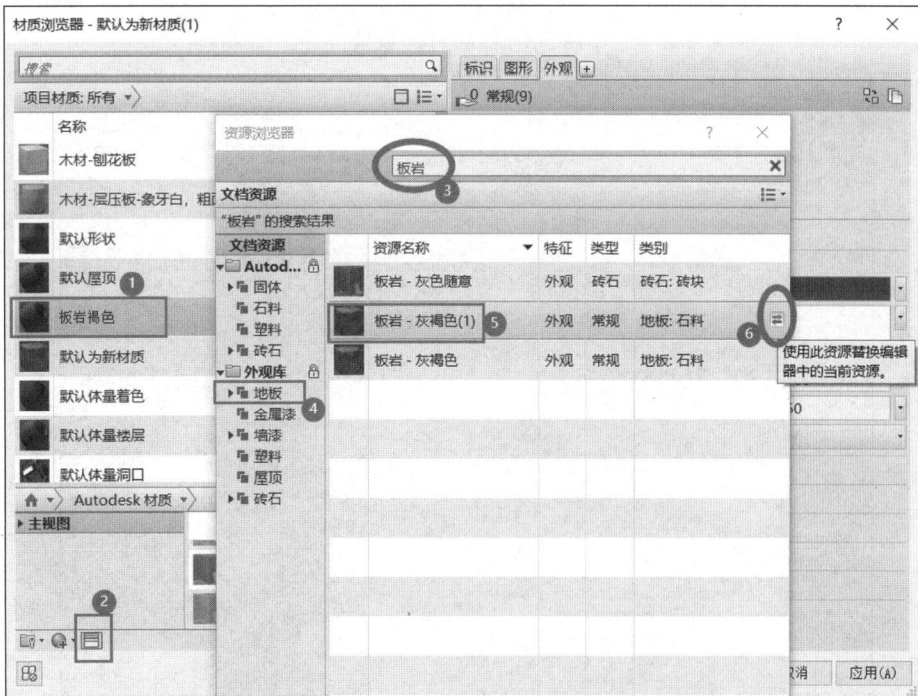

图 5.6　新建资源替换

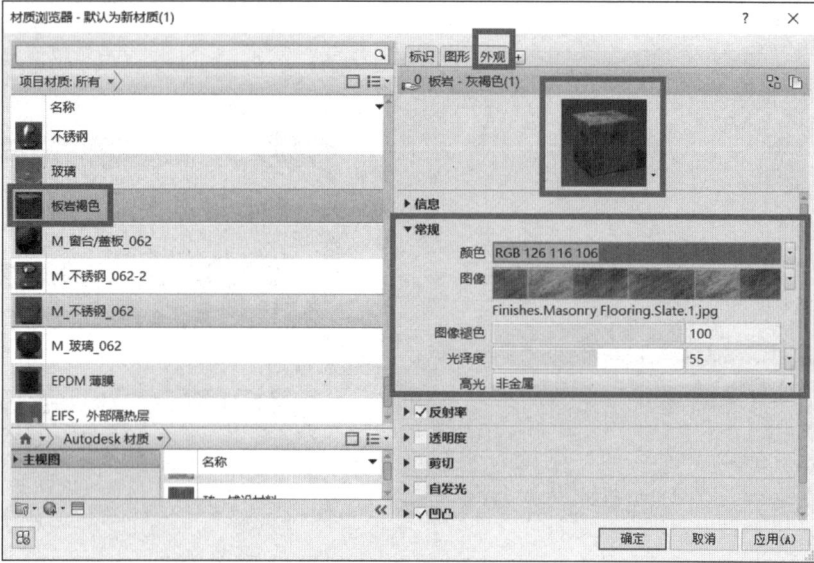

图 5.7 替换后材质

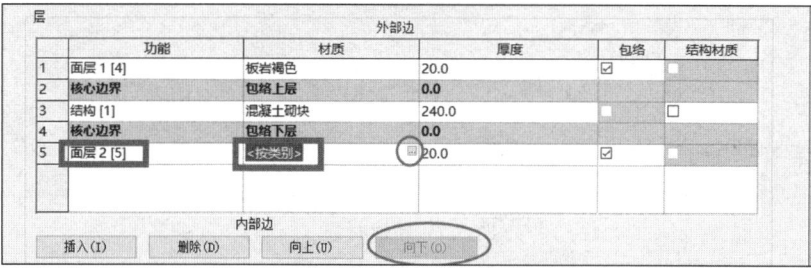

图 5.8 面层 2[5]设置

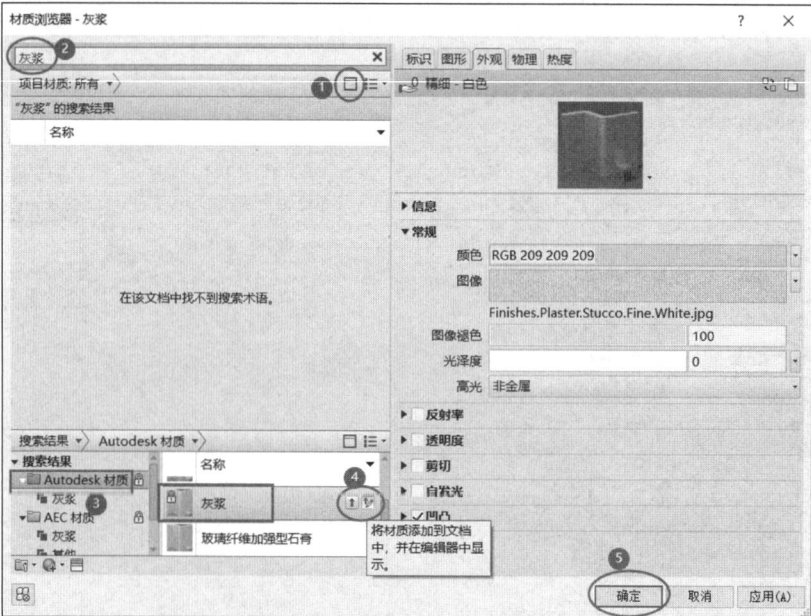

图 5.9 灰浆材质创建

图 5.10　外墙参数设置完成

⑨如图 5.11 所示，单击"属性"面板中的"编辑类型"按钮，打开"类型属性"窗口，单击"复制"按钮创建"建筑内墙_灰浆砌块_240"，设置功能参数为"内部"。单击"结构"中的"编辑"按钮，按照外墙参数的设置方法设置内墙参数，结果如图 5.12 所示。单击"确定"按钮，设置完成。

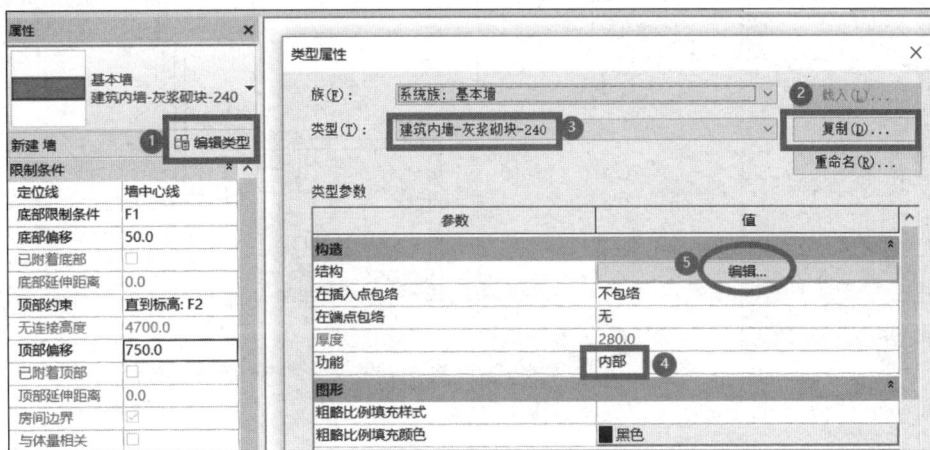

图 5.11　内墙参数设置

图 5.12　编辑内墙参数

5.1.2　布置墙体

①确认当前工作视图为"F1"楼层平面视图，并确认 Revit 仍处于"修改│放置 墙"状态。如图 5.13 所示，设置"绘制"面板中的绘制方式为"直线"，设置选

布置墙体

项栏中的墙"高度"为"F2",表示墙高度由当前视图标高"F1"直到标高"F2"。设置墙"定位线"为"核心层中心线",不勾选"链"选项,设置偏移量为"0"。

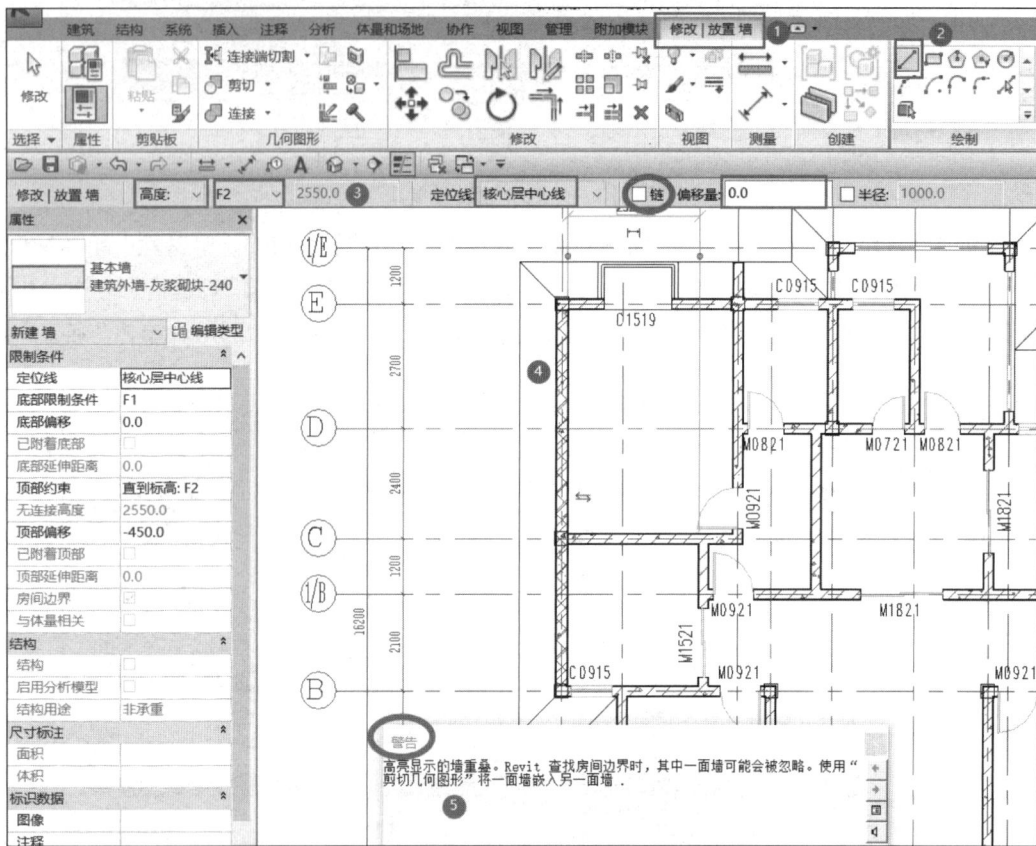

图 5.13　放置外墙

【说明】

如果勾选"链"选项将会连续绘制墙,在绘制时第一面墙的终点将作为第二面墙的起点。

【提示】

Revit 提供了 6 种墙定位方式:墙中心线、核心层中心线、面层面外部、面层面内部、核心面外部和内部。在墙类型属性定义中,由于核心内外表面的构造可能并不相同,因此核心中心与墙中心也可能并不重合。

②在绘图区域内,鼠标指针变为绘制状态-卜-,适当放大视图、移动鼠标指针至 E 轴线与 1 号轴线交点的柱的右侧位置,Revit 会自动捕捉端点,单击此端点作为墙的起点。移动鼠标指针,Revit 将在起点和当前鼠标指针位置间显示预览示意图。沿 E 轴线水平向右移动鼠标指针,直到捕捉至 E 轴线与 2 号轴线交点位置,单击,作为第一面墙的终点。如图 5.13 所示,此时会有一个警告窗口出现,关闭此窗口。用同样的方法完成"F1"层所有外墙的绘制。完成后按"Esc"键两次,退出墙绘制模式。

③在"建筑"选项卡"构建"面板中单击"墙"工具下拉列表,在列表中选择"墙:建筑"工具,自动切换至"修改|放置墙"选项卡,在属性面板中选择"建筑内墙_灰浆砌块_240",设置"绘制"面板中的绘制方式为"直线",用与绘制外墙一样的方法绘制内墙。"F1"楼层的外墙和内墙绘制完成后的平面图如图 5.14 所示。

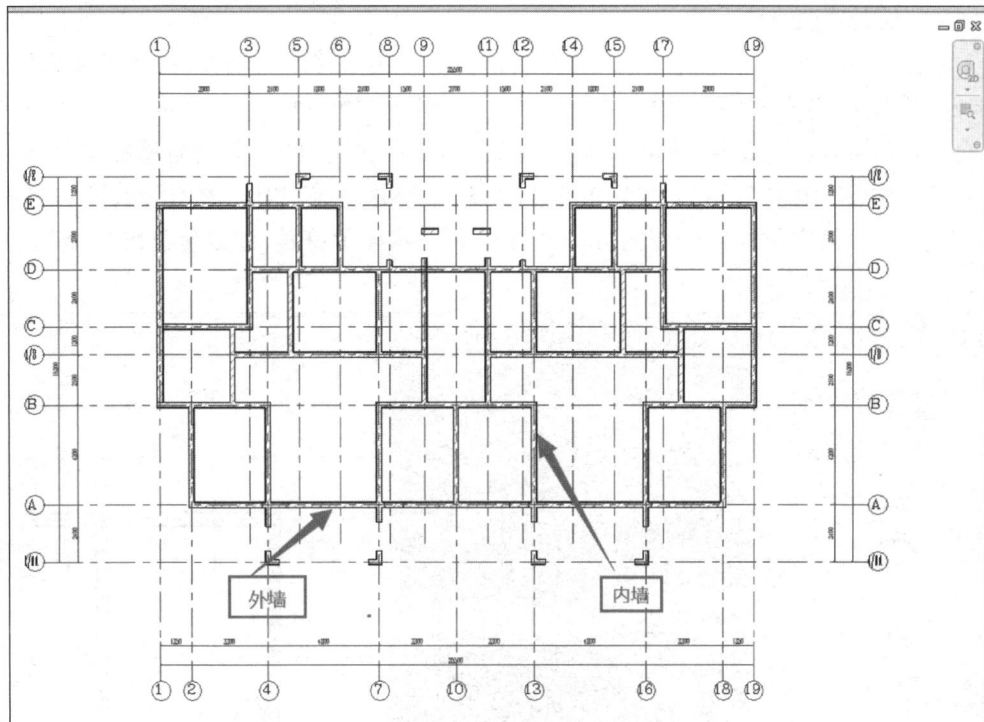

图 5.14　外内墙布置完成

【说明】
　　若出现图 5.13 所示的警告窗口,说明墙和其他构件有重叠,需要后期进行调整,或直接在属性面板中调整。

【提示】
　　当墙与建筑柱相邻放置或相互重叠时,图元将自动连接。连接后,墙核心边界内定义的墙层会延伸并填充建筑柱的几何图形。核心外的各层包络跟随柱图元的边缘。自动连接并不适用于结构柱,在结构柱位置应分段绘制墙。

任务 5.2　墙体修改与编辑

出现如图 5.13 所示的警告窗口,说明和其他构件有重叠,需要对墙的属性参数进行修改,保证其没有重叠冲突。

5.2.1　墙体连接

建筑柱如果连接到墙,就会继承连接到的墙的材质,结构柱则不会,所以墙体和结构柱重叠时,必须要调整墙体的位置。现以刚创建的 E 轴线上 1 号轴线和 2 号轴线之间的这段墙为例介绍墙的修改方法。

①查看该段墙体上部和下部约束的标高情况。单击要修改的墙体,在属性面板中,将"底部偏移"改为"50","顶部偏移"改为"-450"。如图 5.15 所示,修改完成后,墙体不再与上部梁及下部结构墙有重叠。单击该墙,墙上部出现"翻转"符号⇧,该符号所在位置表示墙"外部"的方向,即墙的"外侧"。如果布置墙时"外部"和"内部"相反,单击"翻转"符号或按"Enter"键,Revit 沿定位线翻转墙的方向并在墙另一侧显示符号,即表示已翻转墙"内外"表面。

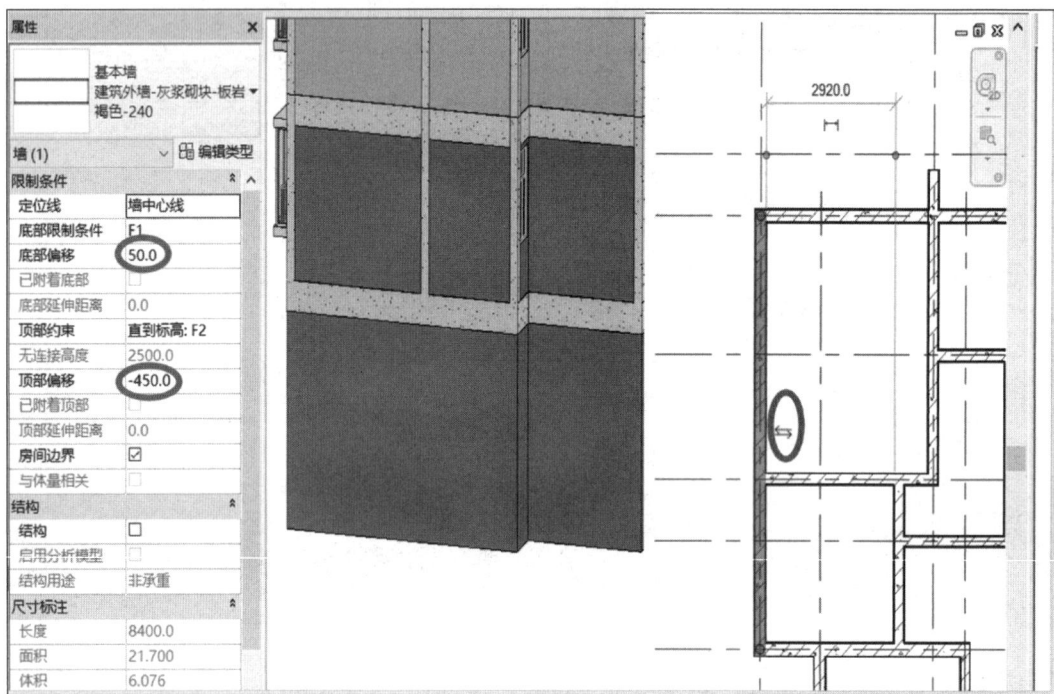

图 5.15　外墙属性设置

【提示】

绘制时,Revit 将墙绘制方向的左侧设置为"外部"。因此,在绘制外墙时,如果采用"顺时针"方向绘制,可以保证在 Revit 中绘制的墙体有正确的"内外"方向。

②墙相交时,Revit 默认情况下会创建平接连接,并通过删除墙与其相应构件层之间的可见边来清理平面视图中的显示。Revit 通过控制墙端点处"允许连接"方式控制连接点处墙连接的情况。该选项适用于叠层墙、基本墙和幕墙各种墙图元实例。图 5.16 所示为同样绘制水平墙表面的两面墙,允许墙连接和不允许墙连接的情况。

除可以控制墙端点的允许连接和不允许连接外,当两个墙相连时,还可以控制墙的连接形式。在"修改"选项卡"几何图形"的面板中提供了墙连接工具📐,如图 5.17 所示。移动鼠标指针至墙图元相连接的位置,在墙连接位置显示预选边框。单击要编辑墙连接的位置,即可通过修改选项栏连接的方式修改墙连接,图 5.17 所示为 3 种连接方式与不允许连接的比较。

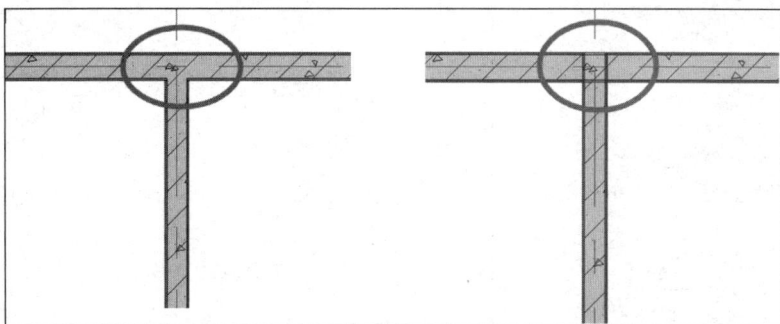

图 5.16　墙连接比较

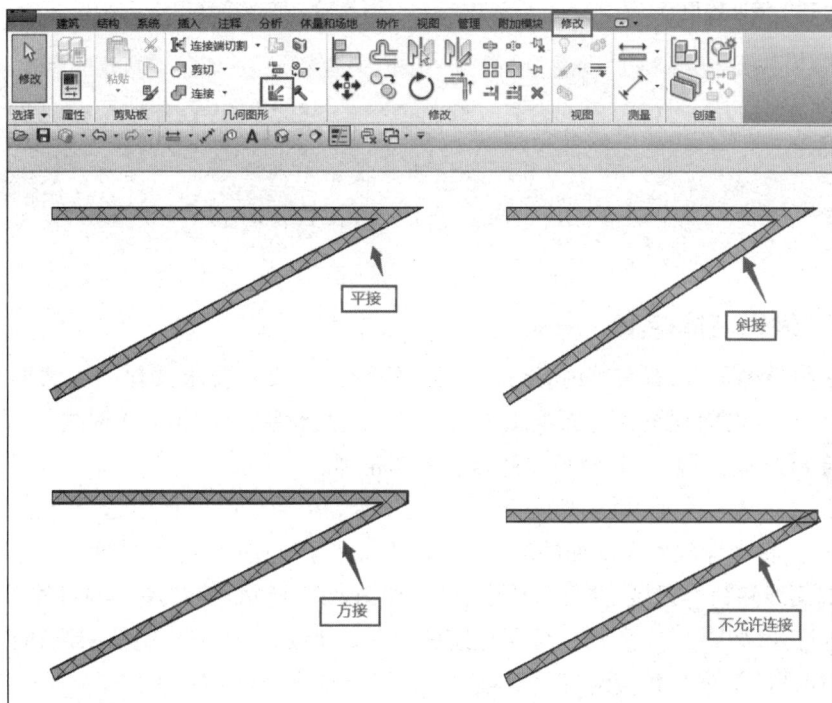

图 5.17　墙连接方式比较

除可以设置墙的连接方式外,Revit 还可以确定是否清理显示墙连接位置。在项目中,当不选择任何对象时,Revit 将在"属性"面板中显示当前视图的视图属性。在楼层平面视图属性中提供了当前视图中墙连接的默认显示方式,如图 5.18 所示,在当前视图中所有墙连接将显示为"清理所有墙连接",表示在默认情况下,Revit 将清理视图中所有墙的连接。

除可以设置墙的连接方式外,Revit 还可以确定是否清理显示墙连接位置。如图 5.19 所示,在完全相同的平接情况下,左侧为清理墙连接的图元显示情况,右侧为不清理墙连接时图元的显示情况。

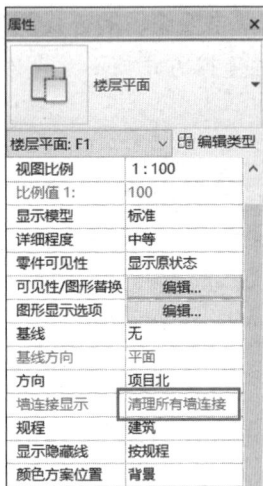

图 5.18　墙连接显示

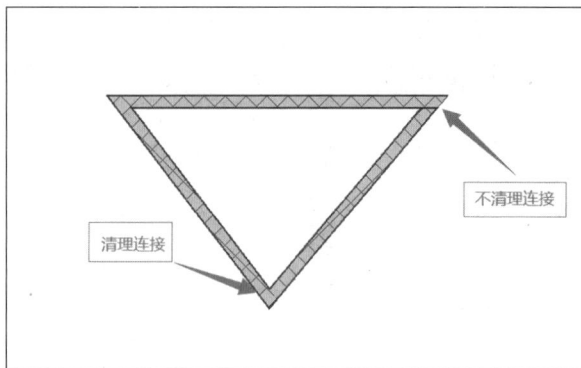

图 5.19　墙连接清理与否对比

【提示】

当在视图中使用"编辑墙连接"工具单独指定了墙连接的显示方式后,视图属性中的墙连接显示选项将变为不可调节。必须确保视图中所有的墙连接均为默认的"使用视图设置",视图属性中的墙连接显示选项才可以设置和调整。

5.2.2　编辑墙体轮廓

在大多数情况下,放置直墙时,墙的轮廓为矩形。如设计要求其他的轮廓形状,或要求墙中有洞口,可在剖面视图或立面视图中编辑墙的立面轮廓。下面以 D 轴线、E 轴线和 5 号轴线、6 号轴线之间的墙为例,介绍如何修改墙体轮廓。

①进入"F1"楼层平面视图,单击"视图"选项卡,在"创建"面板中选择"剖面"工具,如图 5.20 所示。将光标放置在剖面的起点处,拖曳光标穿过模型,到达剖面的终点时单击,这时将出现剖面线和裁剪区域,并且已选中它们,如图 5.21 所示。在"项目浏览器"中找到"剖面 1",双击打开,如图 5.22 所示。可通过拖曳图 5.21 所示的蓝色拉制柄来调整裁剪区域的大小,剖面视图的深度将相应地发生变化。可以通过单击⇄调整视图方向,通过拖曳图5.22中椭圆形圈出的蓝色圆点来调整裁剪区域的竖向高度和水平宽度。调整后的剖面图如图 5.23所示。

图 5.20　"剖面"工具

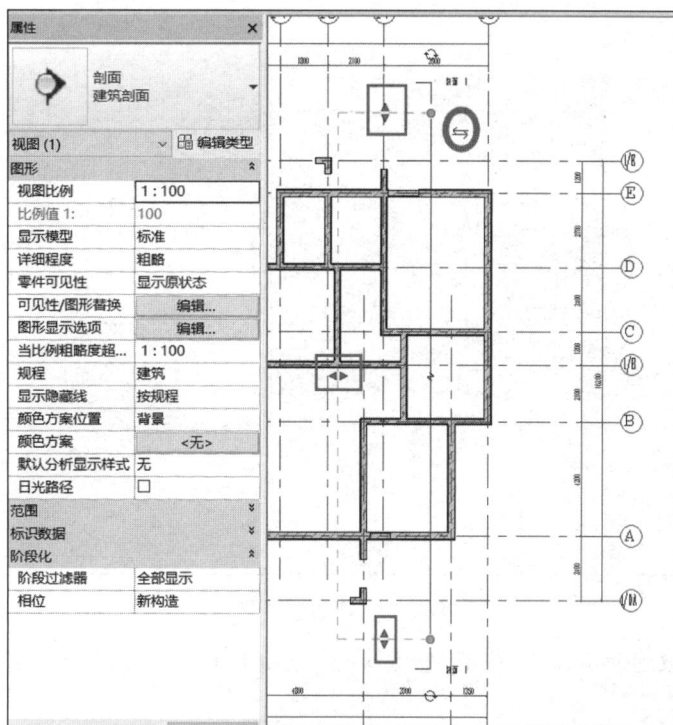

图 5.21　放置剖面

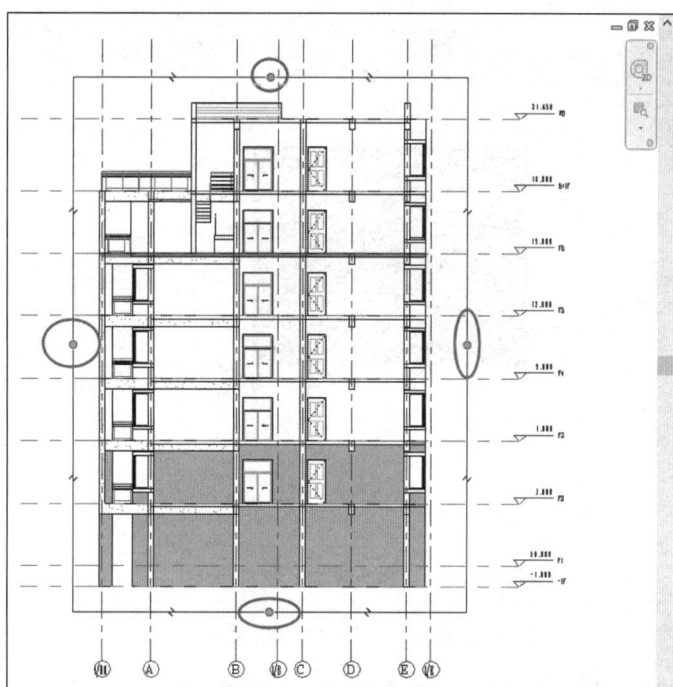

图 5.22　剖面 1

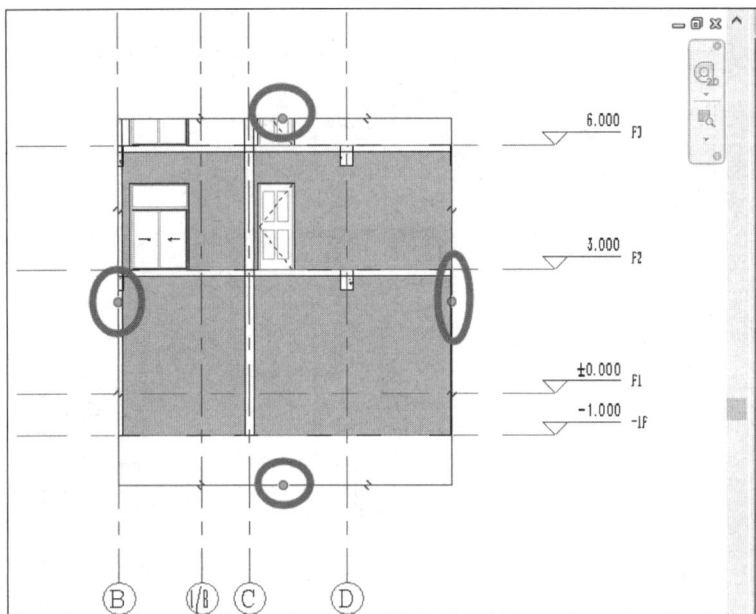

图 5.23　剖面 1 调整

②在绘制区域选择墙,然后单击"修改│墙"选项卡中的面板,单击"编辑轮廓"按钮，如图 5.24 所示。

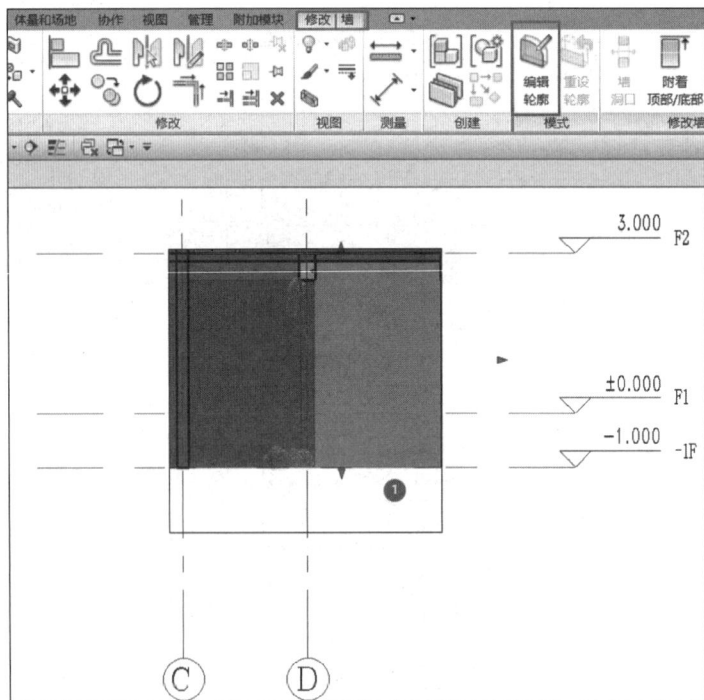

图 5.24　编辑轮廓工具

③打开后墙的轮廓以洋红色模型线显示,进入"修改│墙→编辑轮廓"选项卡,根据需要使用"修改"和"绘制"面板上的工具编辑轮廓,如图 5.25 所示。修改以后的墙轮廓如图 5.26所示。完成后,单击按钮完成编辑模式。其他墙体参照此方法完成。图 5.27 是"F1"层内外

墙修改完成后的效果图,右上角为刚刚修改的轮廓墙体和梁连接位置的放大图。

④切换至"F2"楼层平面视图,按照"F1"楼层的方法绘制外墙和内墙。D 轴线、E 轴线和 1 号轴线、3 号轴线之间的卫生间内墙底标高和连接与其他墙体不一样,需要创建"剖面2"。调整视图范围和深度,右击"剖面 2",选择"转到视图",如图 5.28 所示。修改墙的边界轮廓,结果如图 5.29 所示。完成所有墙体的修改后,三维图如图 5.30 所示。

⑤可以通过复制和粘贴的方式完成三层外墙和内墙的创建。切换至三维视图的某一个立面,框选"F2"层所有的构件后使用"过滤器"工具,勾选"墙",其他取消勾选,如图 5.31 所示。

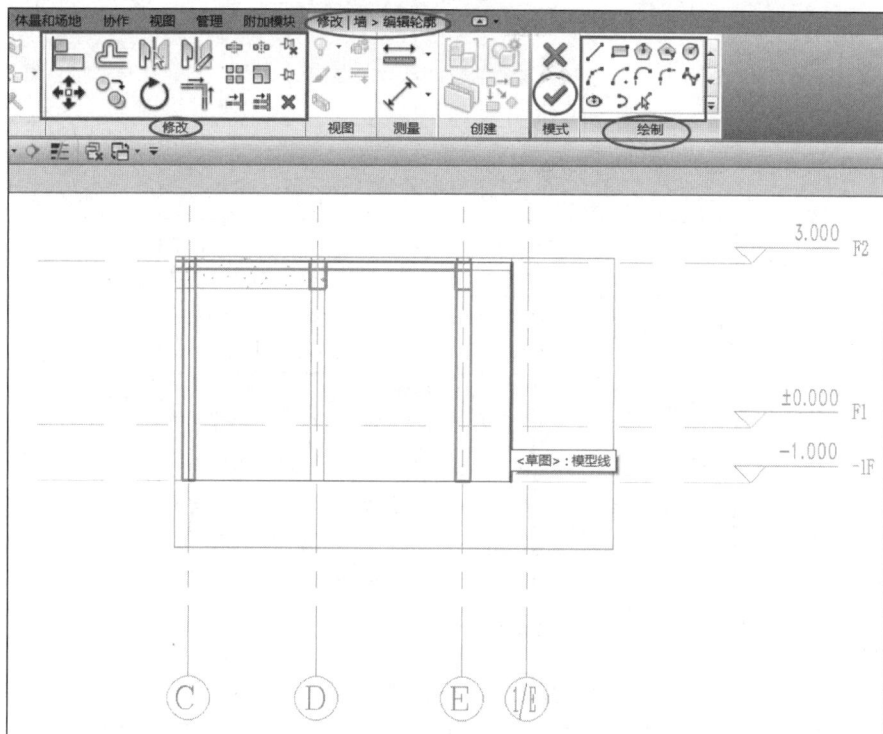

图 5.25　编辑轮廓模式

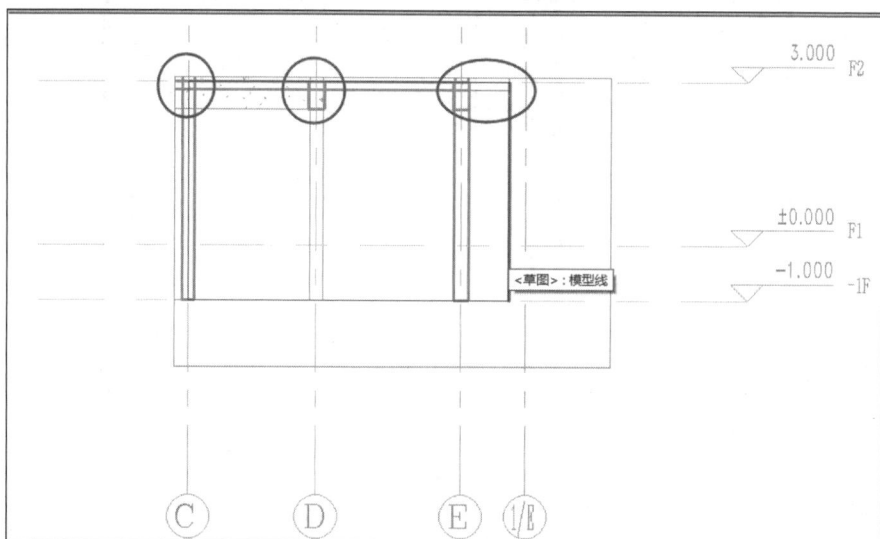

图 5.26　修改墙边界轮廓

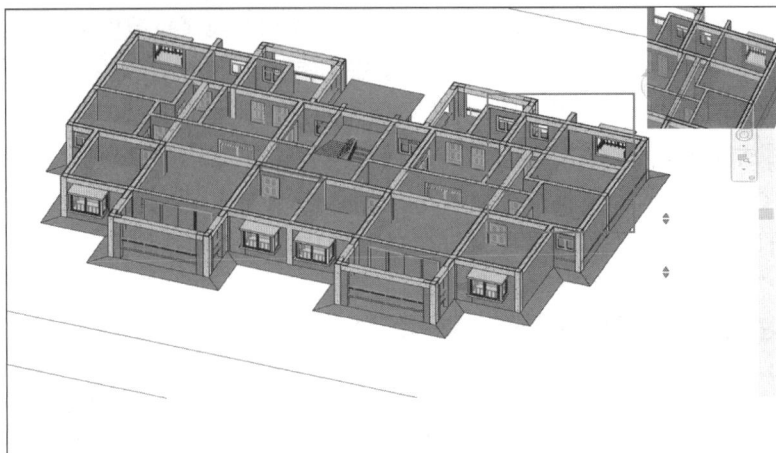

图 5.27 "F1"层内外墙修改完成

图 5.28 转到剖面视图

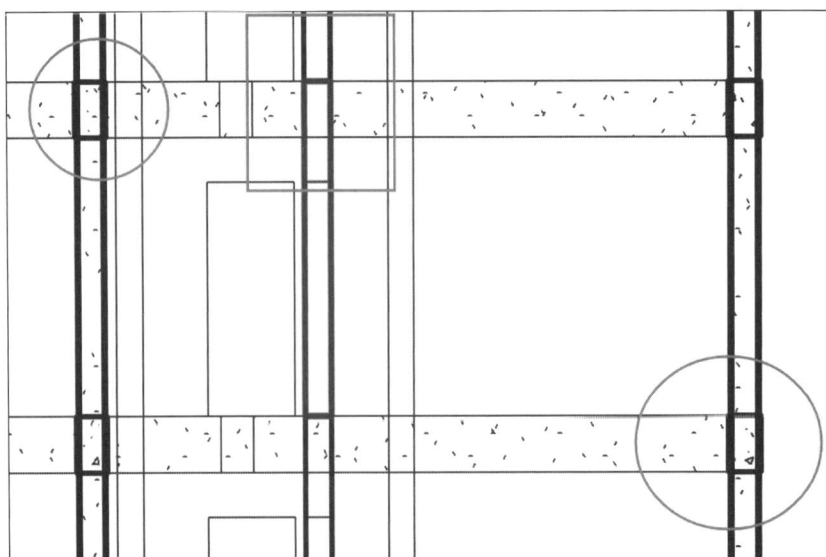

图 5.29 墙边界轮廓局部放大

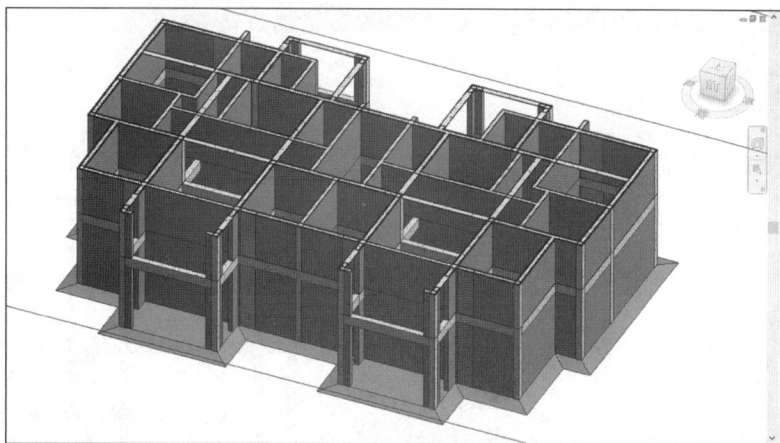

图 5.30　"F2"层内外墙完成

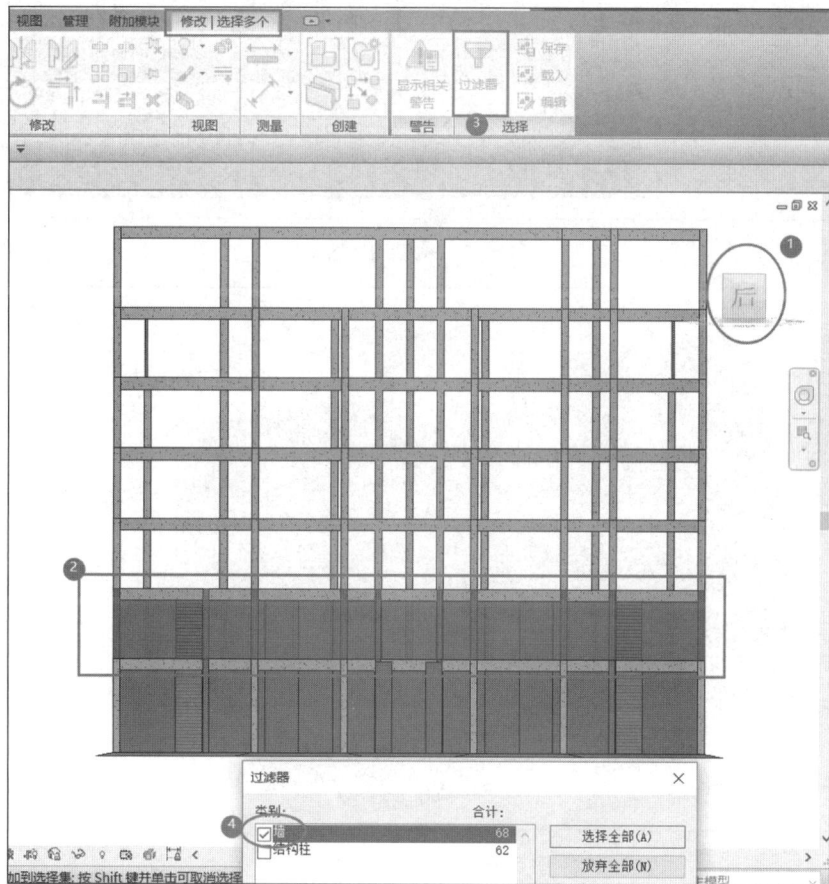

图 5.31　选择"F2"墙

⑥此时 Revit 自动切换至"修改｜墙"选项卡,单击"剪贴板"面板中的"复制到剪贴板"工具🗐,然后单击"粘贴"按钮🗐下的"与选定的标高对齐"工具🗐,弹出"选择标高"窗口,选择"F3",如图 5.32 所示。单击"确定"按钮,关闭窗口,此时"F2"的墙体已经被复制到"F3"层。对"F3"层与"F2"层有差别的墙体进行创建和修改、完成"F3"层的内外墙,结果如图5.33所示。

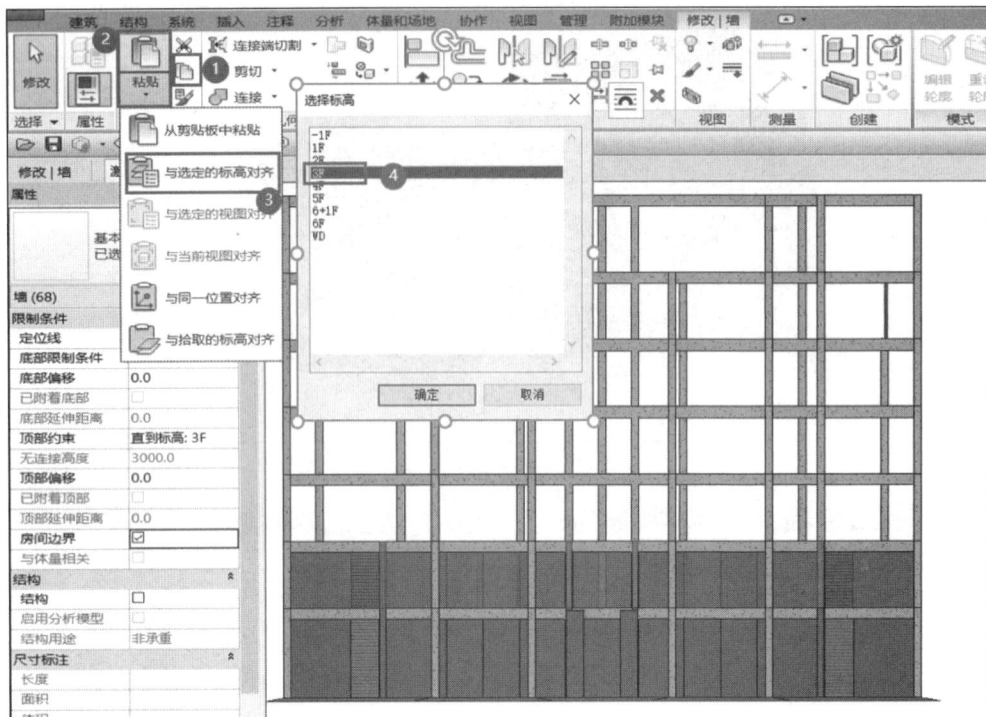

图 5.32　粘贴"F2"墙

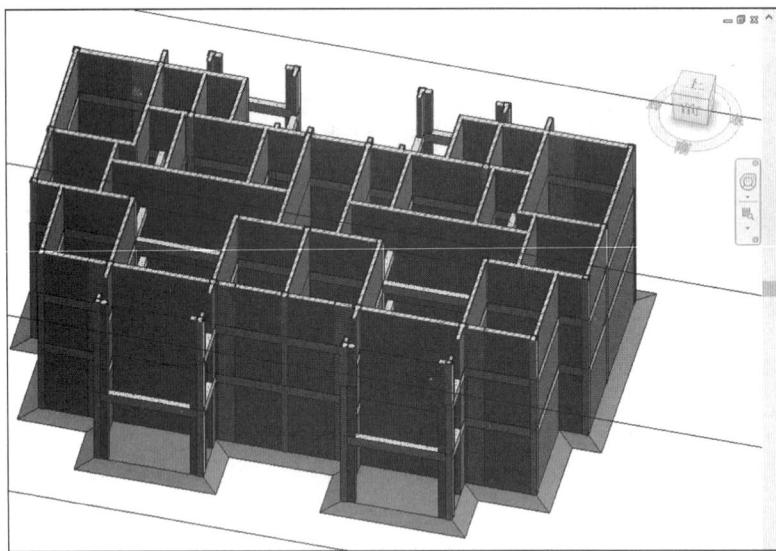

图 5.33　"F3"层墙体完成

⑦采用相同的方法复制"F3"层外墙和内墙,在"粘贴"中"与选定的标高对齐"中选择"F4",单击"确定"按钮,关闭窗口,此时"F3"的墙体已经被复制到"F4"层。对"F4"层与"F3"层有差别的墙体进行创建和修改,完成"F4"层的内外墙,结果如图 5.34 所示。

⑧切换至"屋面"楼层平面视图,基于"建筑内墙_灰浆砌块_240""复制"创建一个"建筑外墙_粉刷_240",设置功能参数为"外部",单击"结构"中的"编辑"按钮,设置参数,结果如图 5.35 所示。单击"确定"按钮,设置完成。布置该墙体,结果如图 5.36 所示。

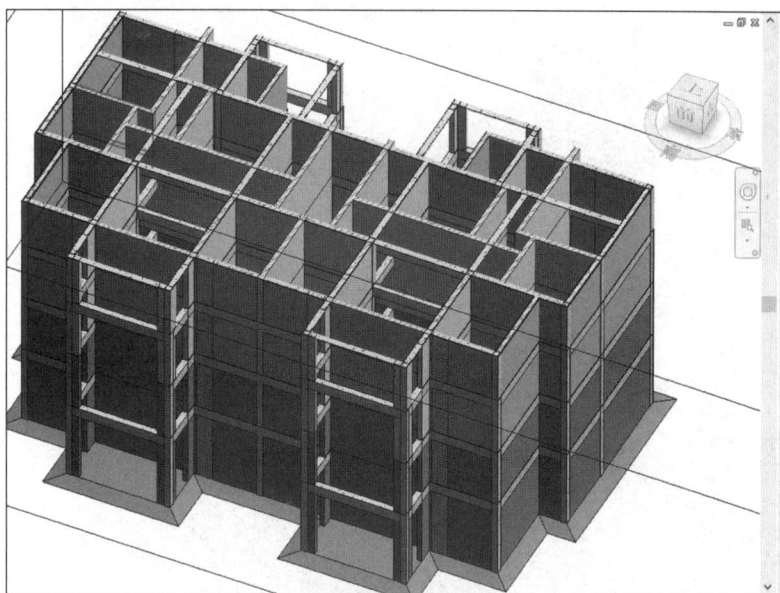

图 5.34　"F4"层墙体完成

图 5.35　设置屋顶墙体参数

【说明】

图 5.36 所示右下角的地梁位于 7 号轴线上,D 轴线和 E 轴线之间,添加方式同其他结构梁,截面尺寸为 300 mm×300 mm,材质为混凝土材质。

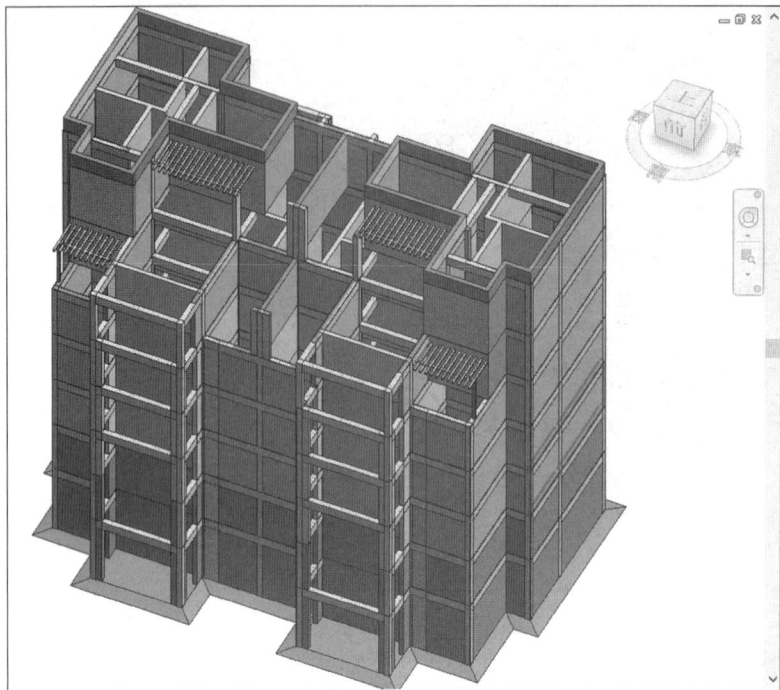

图 5.36 屋顶墙体完成

任务 5.3 创建异形墙体

在 Revit 墙工具中,除前面使用的"墙:建筑""墙:结构"工具外,还提供了"面墙""墙:饰条"和"墙:分隔条"等几种构件类型。

①"面墙"用于将概念体量模型表面转换为墙图元。在 Revit 中使用"墙:建筑"和"墙:结构"工具创建的墙均垂直于标高。要创建斜墙或异形墙图元,可以使用 Revit 的体量功能创建体量曲面或体量模型。再利用"面墙"功能将体量表面转换为墙图元。载入一个"矩形-融合"的体量,如图 5.37 所示。对异形墙体使用"面墙"工具,通过拾取体量,一个曲面生成,如图 5.38 所示。

②"墙:饰条"和"墙:分隔条"是依附于墙主体的带状模型,用于沿墙水平方向或垂直方向创建带状墙装饰结构。"墙:饰条"和"墙:分隔条"实际上是预定义的轮廓沿墙水平或垂直方向放样生成的线性模型。"墙:饰条"和"墙:分隔条"可以很方便地创建如女儿墙压顶、室外散水、墙装饰线脚等。

打开一个三维视图或立面视图,其中包含要向其添加墙饰条的墙在"建筑"选项卡的"构建"面板中单击"墙"下拉列表,选择 ▱(墙:饰条)。在"类型选择器"中选择所需的墙饰条类型,选择"檐口"。单击"修改|放置墙饰条"选项卡中的"放置"面板,并选择墙饰条的方向为"水平"或"垂直"。将光标放在墙上以高亮显示墙饰条位置,单击放置墙饰条。要在

不同的位置放置墙饰条,需单击"修改│放置墙饰条"选项卡"放置"面板的▤重新放置墙饰条。将光标移到墙上所需的位置,单击放置墙饰条。单击"完成"按钮完成墙饰条的放置。墙分隔条创建方法类似。如图 5.39 所示,在墙上创建墙饰条和墙分隔条。

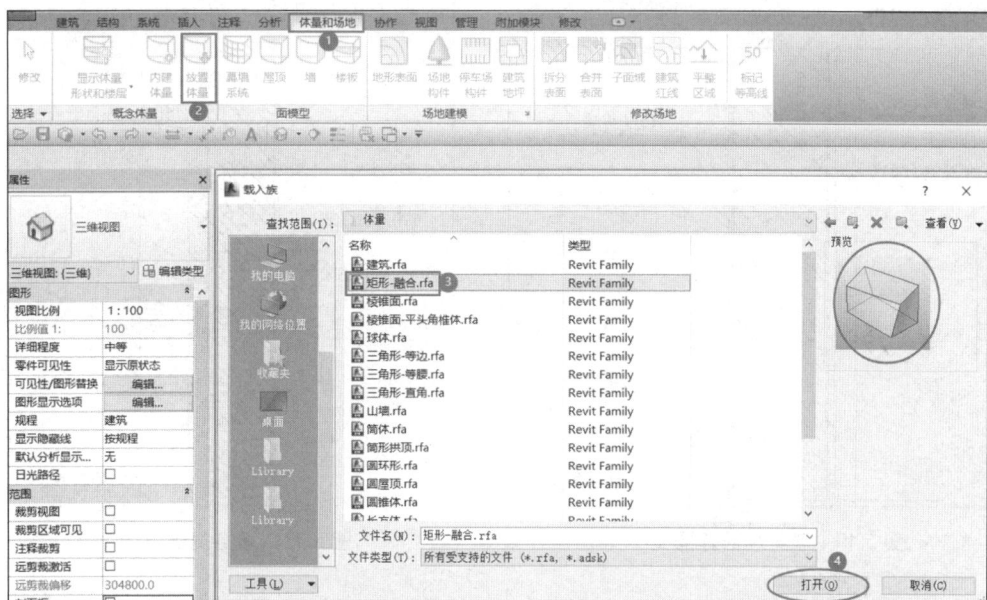

图 5.37　载入体量

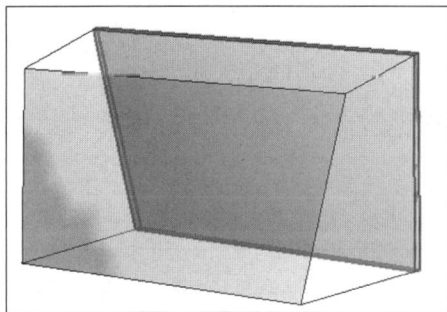

图 5.38　面墙生成

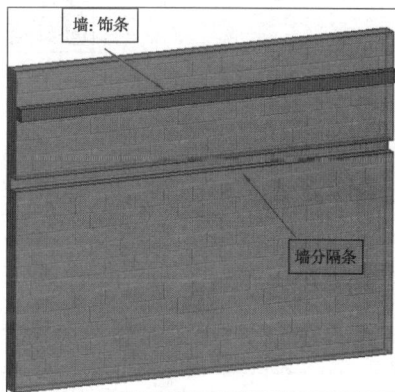

图 5.39　墙饰条和分隔条

【提示】
　　可以在属性面板下的"类型属性"对话框中,选择所需的轮廓和类型作为墙饰条或墙分隔条"轮廓",也可以自定义轮廓。

【知识拓展】

复合墙和叠层墙的区别

　　复合墙与叠层墙都是基于基本墙的属性修改得到的。复合墙可以包含多个垂直层或区域;叠层墙是一种由若干段不同子墙相互堆叠在一起组成的主墙,可以在不同的高度定义不同的墙厚、复合层和材质。复合墙的拆分是基于外墙涂层的拆分,而不是基于墙体的拆分;

而叠层墙是将墙体拆分成上下几部分。下面我们来看看复合墙和叠层墙绘图的区别。

根据图 5.40 和图 5.41,分别创建长度为 5 000 mm 的复合墙和叠层墙,并对复合墙进行墙体拆分。

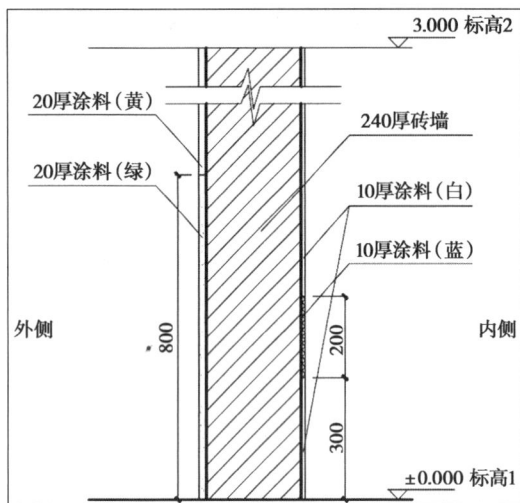

图 5.40　墙身局部详图 1∶5

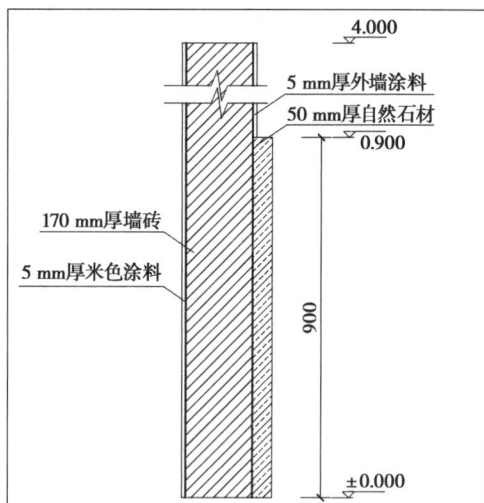

图 5.41　墙身局部详图 1∶5

复合墙

叠层墙

【想一想】

如何修改墙体的连接方式? 如何在复合墙中添加墙饰条和墙分隔条?

【学习笔记】

_____

_____

_____

_____

_____

_____

【关键词】

复合墙　叠层墙　墙饰条　墙分隔条

【测试】

一、单项选择题

1.建筑墙体不包括(　　)。

A.基本墙　　　　　B.叠层墙　　　　　C.组合墙　　　　　D.幕墙

2.墙体绘制之前要进行结构编辑,( )不是结构编辑的内容。

　A.设置墙体层次　　B.设置材质　　　　C.设置厚度　　　　　D.设置墙体高度

3.应该从( )视图进入墙体的轮廓编辑。

　A.平面　　　　　　B.剖面　　　　　　C.天花板平面　　　　D.立面

二、多项选择题

1.关于叠层墙的说法错误的是( )。

　A.可以用两个叠层墙创造新的叠层墙　　B.叠层墙由子墙堆叠而成

　C.叠层墙中子墙数量只能为 2 种　　　　D.叠层墙中子墙的高度不可以改变

　E.叠层墙中的所有子墙都彼此附着,由几何图形相连接

2.编辑墙体结构时,下列哪项说法正确( )。

　A.可以添加墙体的材料层　　　　　　　B.可以修改墙体的厚度

　C.可以添加墙饰条　　　　　　　　　　D.不能对墙体进行拆分

　E.可以添加分隔条

三、判断题

1.可以用键盘空格键改变墙体的内外方向。　　　　　　　　　　　　　　( )

2.在立面不可以画墙体,在平面和三维中可以画。　　　　　　　　　　　( )

四、绘图题

根据图 5.42 中墙体结构的设置,绘制如图 5.43 所示尺寸的墙体。

编辑墙体

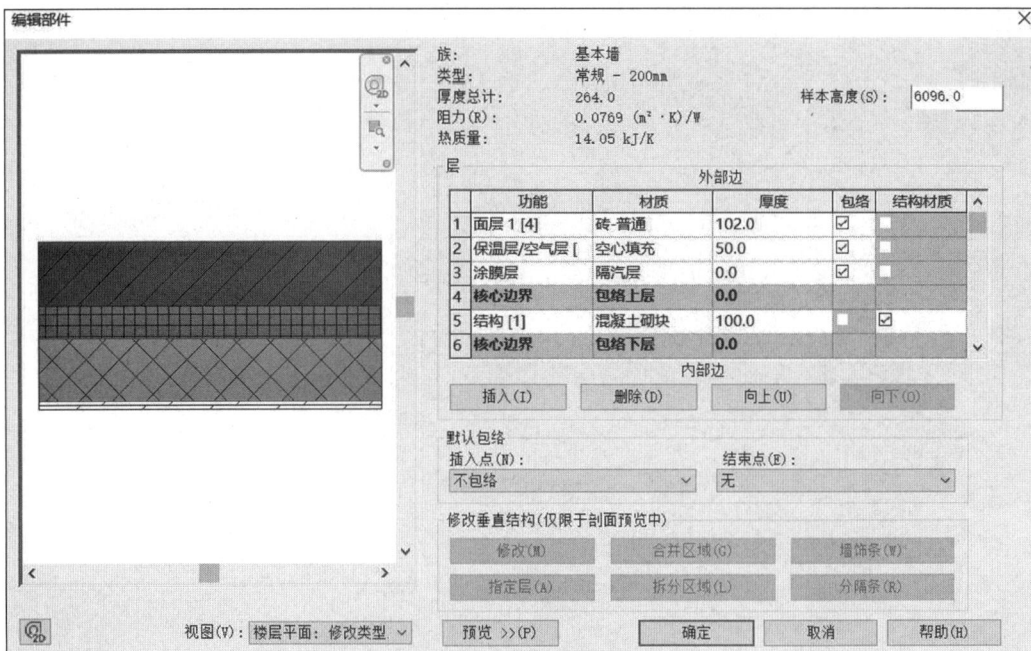

图 5.42　墙体结构设置

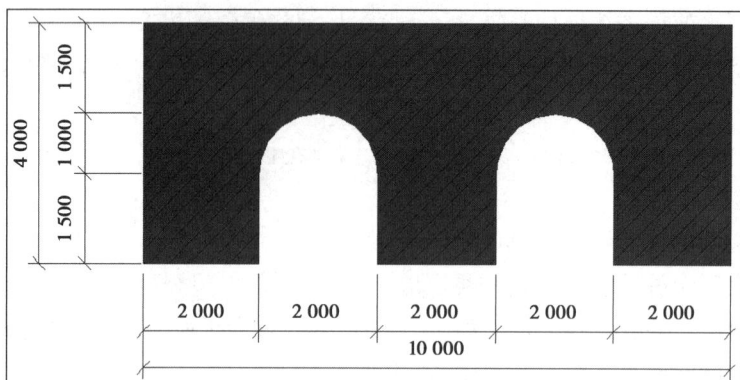

图 5.43　墙体尺寸

项目6 创建门、窗、幕墙

【项目引入】

项目5介绍了使用Revit的墙工具为住宅楼项目建立内外墙体构件的方法。本项目将介绍住宅楼项目中门、窗和幕墙的创建、编辑方法。门、窗、幕墙是建筑物围护结构系统中重要的组成部分，它们起着分隔和联系建筑空间、交通出入、采光、通风及观望的作用。门、窗、幕墙对建筑物外观及室内装修造型也起着很大作用。

门和窗是基于主体的构件，必须放置于墙等主体图元上。在开始本项目练习之前，请确保已经完成项目5中住宅楼项目的所有墙体模型的创建。

【本项目内容结构】

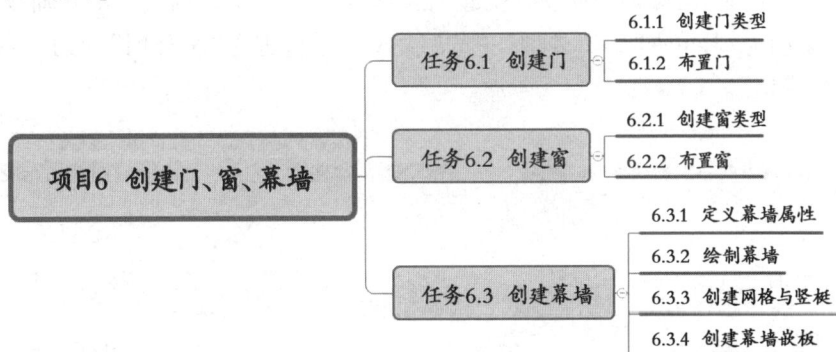

```
                                              ┌─ 6.1.1 创建门类型
                           ┌─ 任务6.1 创建门 ─┤
                           │                  └─ 6.1.2 布置门
                           │
                           │                  ┌─ 6.2.1 创建窗类型
项目6 创建门、窗、幕墙 ─────┼─ 任务6.2 创建窗 ─┤
                           │                  └─ 6.2.2 布置窗
                           │
                           │                  ┌─ 6.3.1 定义幕墙属性
                           │                  ├─ 6.3.2 绘制幕墙
                           └─ 任务6.3 创建幕墙 ┤
                                              ├─ 6.3.3 创建网格与竖梃
                                              └─ 6.3.4 创建幕墙嵌板
```

【学习目标】

知识目标：掌握通过载入族载入不同门类型和窗类型，掌握门、窗的布置，掌握幕墙网格和竖梃的添加，掌握幕墙嵌板的编辑。

技能目标：能根据项目图纸要求，利用Revit创建项目中的门、窗和幕墙。

素质目标：团结协作、乐于助人的职业精神；培养学生的道德评价和自我教育的能力，帮助学生养成良好的道德行为习惯；培养学生的民族精神，形成正确的理想和信念。

【学习重、难点】

重点：创建门、窗、幕墙。

难点：创建幕墙门窗嵌板。

【学习建议】

1.本项目需掌握如何创建门、窗类型，并布置门、窗，还需掌握幕墙的创建。

2.学习中可以借助微课及网上各种学习资源，掌握软件中门、窗、幕墙的创建。

3.单元后的测试题与项目实训，应在学习中对应进度逐步练习，通过做练习加以巩固基本知识。

任务 6.1 创建门

使用门、窗工具可以在项目中添加任意形式的门窗。在 Revit 中,门、窗构件与墙不同,门、窗图元属于可载入族,在添加门窗前,必须在项目中载入所需的门窗族,才能在项目中使用。在建立门窗幕墙模型前,应先根据住宅楼建施图查阅墙构件的尺寸、定位、属性等信息,保证门窗和幕墙模型布置的正确性。

6.1.1 创建门类型

①切换至基顶楼层平面视图。在"建筑"选项卡的"构建"面板中单击"门" ,进入"修改|放置门"选项卡,注意属性面板的类型选择器中仅有默认"单扇-与墙齐"族,如图 6.1 所示。要放置其他门图元,必须先向项目中载入合适的门族。以 B 轴线上 1 号轴线和 2 号轴线之间的这扇门为例,单击"编辑类型"中的"载入"按钮,进入"平开门"中的"双扇",选择"双面嵌板玻璃门"。

图 6.1 门类型载入

②单击"属性"中的"编辑类型"按钮,在"类型属性"的类型中选择"1800×2100",单击"复制"按钮,命名为"M1821",参数按照图 6.2 进行设置。

③按上述方法创建其他的门类型,如族"双面嵌板玻璃门"的"M1519"类型,族"双面嵌板木门 1"的"FM1519 乙""FM1521 乙""FM1821 乙"类型,族"单嵌板木门 2"的"M0921""M1021""M1221"类型,族"双面嵌板连窗玻璃门 3"中"门连窗 1"的"MC3321"类型,族"门洞"中"门连窗 1"的"1500×2400"类型,如图 6.3 所示。

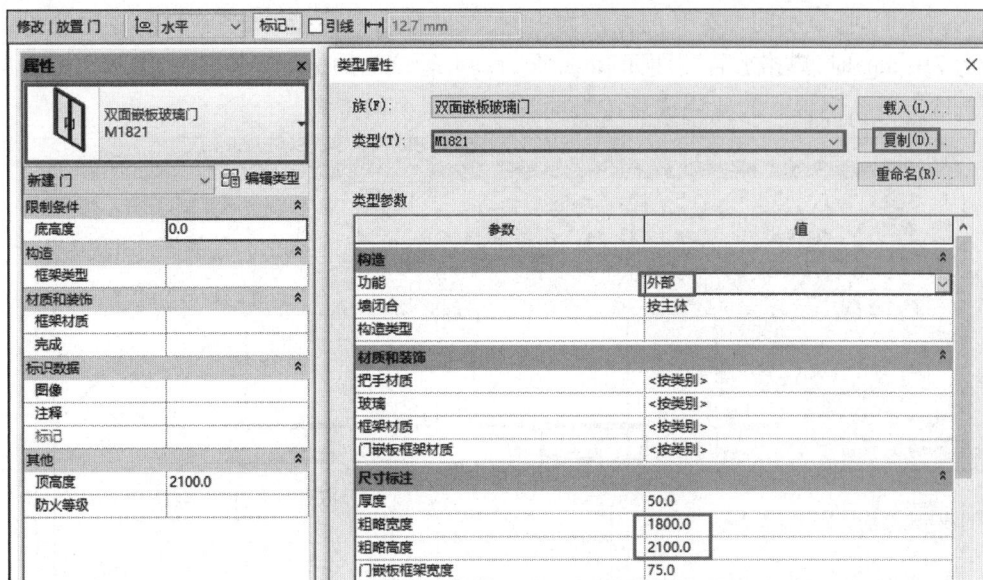

图 6.2 门类型参数设置

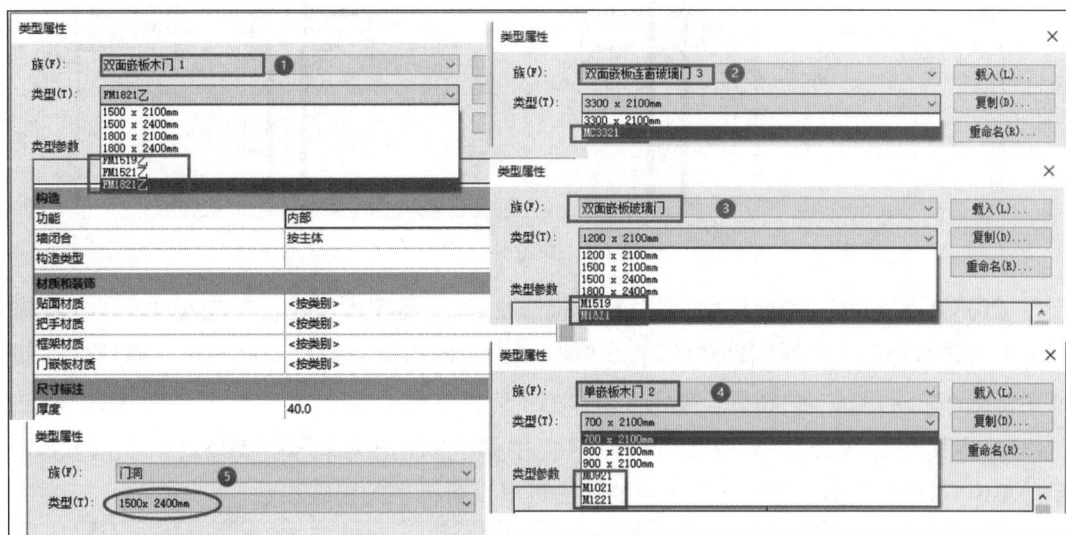

图 6.3 门类型设置

6.1.2 布置门

门类型设置完成后,可以进行门的布置。门可以在平面、剖面、立面或三维视图中布置。

①切换至基顶楼层平面视图。适当缩放视图至 1~2 号轴线间 B 轴线外墙位置,将在 1~2号轴线间放置"M1821"门图元。单击"建筑"选项卡中的"构建"面板 ,进入"修改 | 放置门"选项卡。确认激活"标记"面板中的"在放置时进行标记"按钮 。在视图中移动鼠标指针,当指针处于视图中的空白位置时,鼠标指针显示为 ,表示不允许在该位置放置门图元。移动鼠标指针至 B 轴线 1~2 号轴线间外墙,将沿墙方向显示门预览,并在门两侧与 1~2 号轴线间显示临时尺寸标注,指示门边与轴线的距离。如图 6.4 所示,鼠标指针移动至

靠墙内侧墙面时,显示门预览开门方向为内侧,左右移动鼠标指针,当临时尺寸标注线到柱边均为 710 mm 时,单击放置门图元 Revit 会自动放置该门的标记"M833"。放置门时会自动在所选墙上剪切洞口。放置完成后按"Esc"键两次退出门工具。

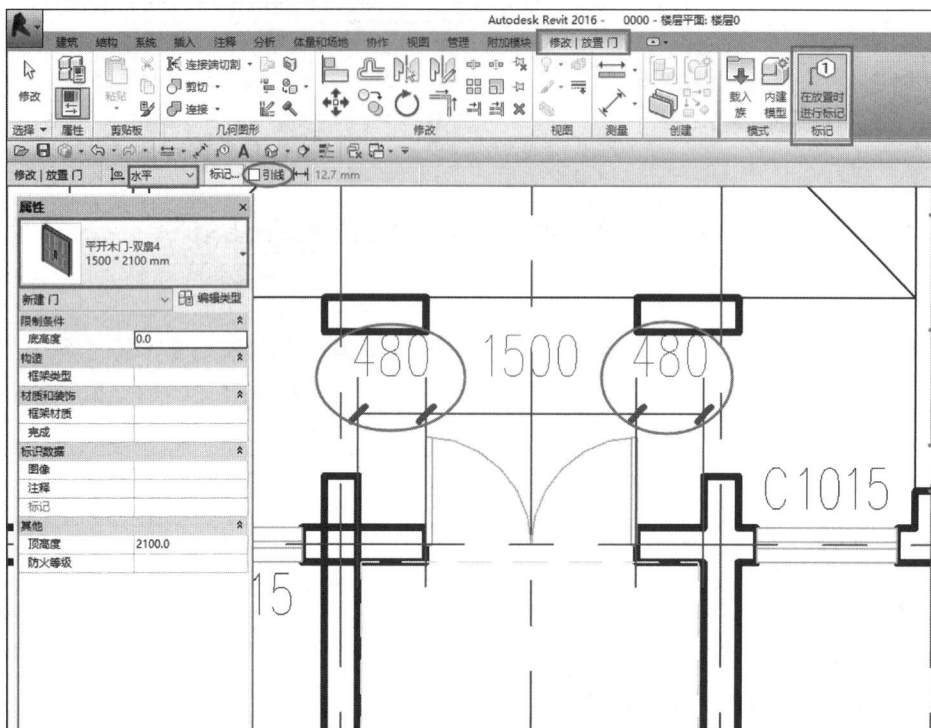

图 6.4　布置外墙门

②门"M1821"布置完成以后,要对其进行修改,以满足图纸要求。首先对约束的标高和门的方向进行修改。选择刚创建的门,在"属性"面板的约束"标高"选择"F1",按"Enter"键或单击图 6.5 所示的"翻转面"按钮,翻转门安装方向。接下来对标记进行修改,单击"M833"将其改成"M1521"。或在"类型属性"中修改"标记类型"为"M1521",如图 6.6 所示。单击"M1821"标记,按图 6.7 所示的方法可以设置标记的引线参数。

图 6.5　修改外墙门标高和方向

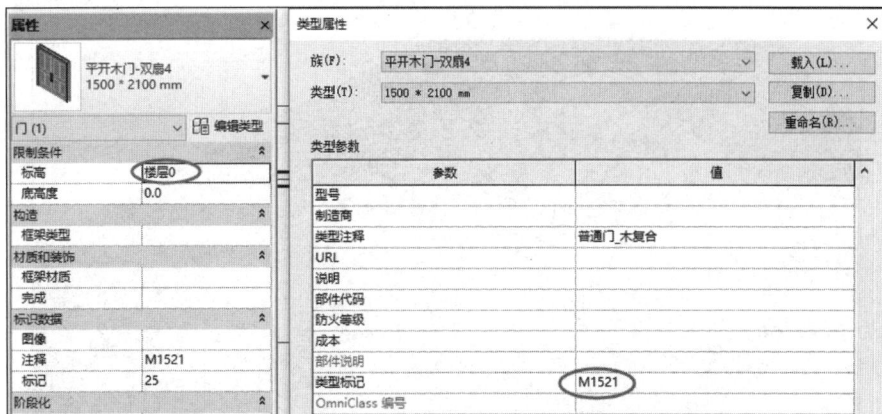

图 6.6　修改外墙门类型标记

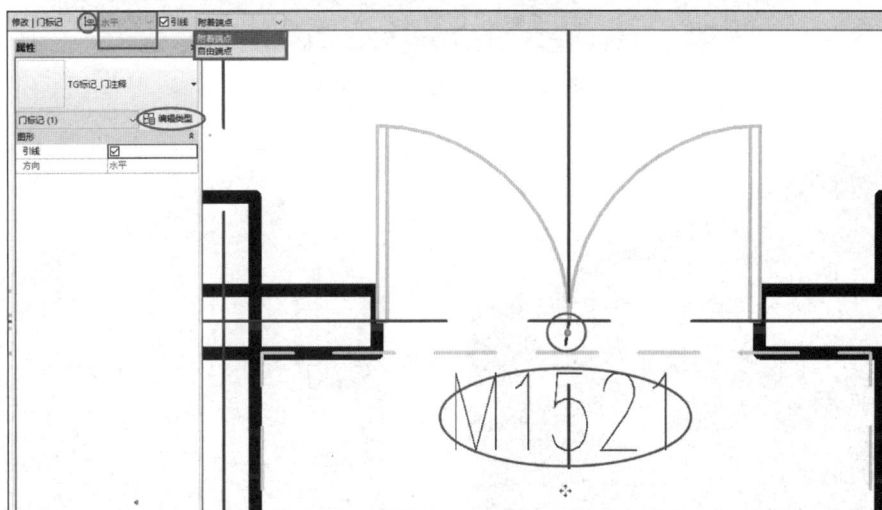

图 6.7　修改外墙门标记引线

【提示】
　　两种修改标记类型的方法效果一样,都能修改类型的参数。

　　③按上述方法创建"F1"楼层的其他门图元,结果如图 6.8 所示。继续创建"F2""F3"
"F4""F5""F6""F6+1"层的门,结果如图 6.9—图 6.12 所示。

　　如果要将门移到另一面墙,可以使用"拾取新主体"工具。选择门,在"修改 | 门"选
项卡的"主体"面板中单击"拾取新主体"按钮,将光标移到另一面墙上,当预览图像位于
所需位置时,单击,以放置门,如图 6.13 所示。

【小技巧】
　　变更基于标高的构件主体时,在剖面视图或立面视图中的隐藏线模式下更有效。

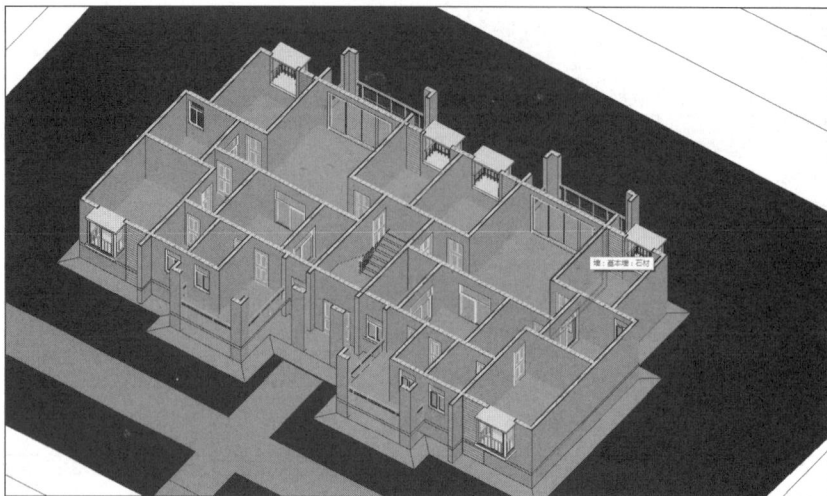

图 6.8 "F1"层门布置完成

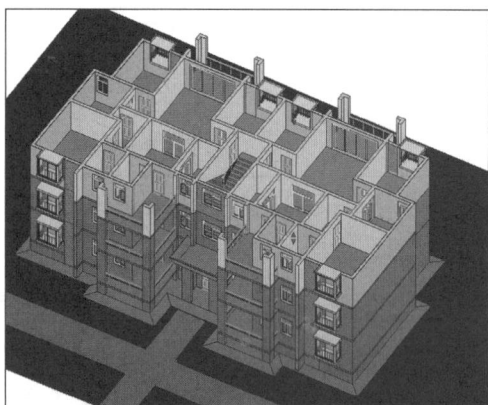

图 6.9 "F2""F3"层门布置完成

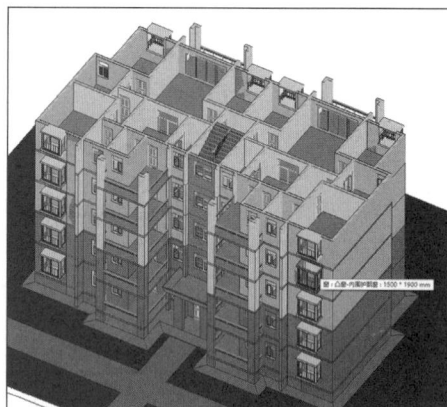

图 6.10 "F4""F5"层门布置完成

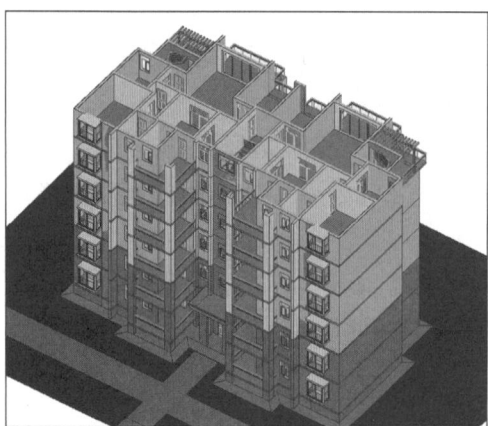

图 6.11 "F6"层门布置完成

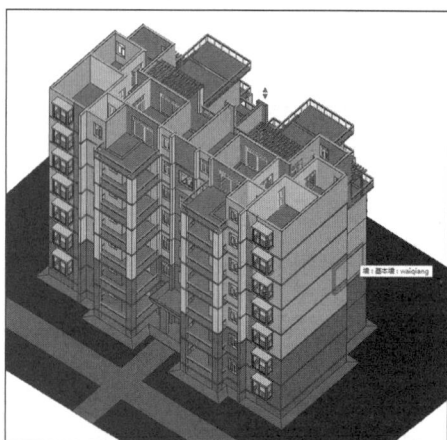

图 6.12 "F6+1"层门布置完成

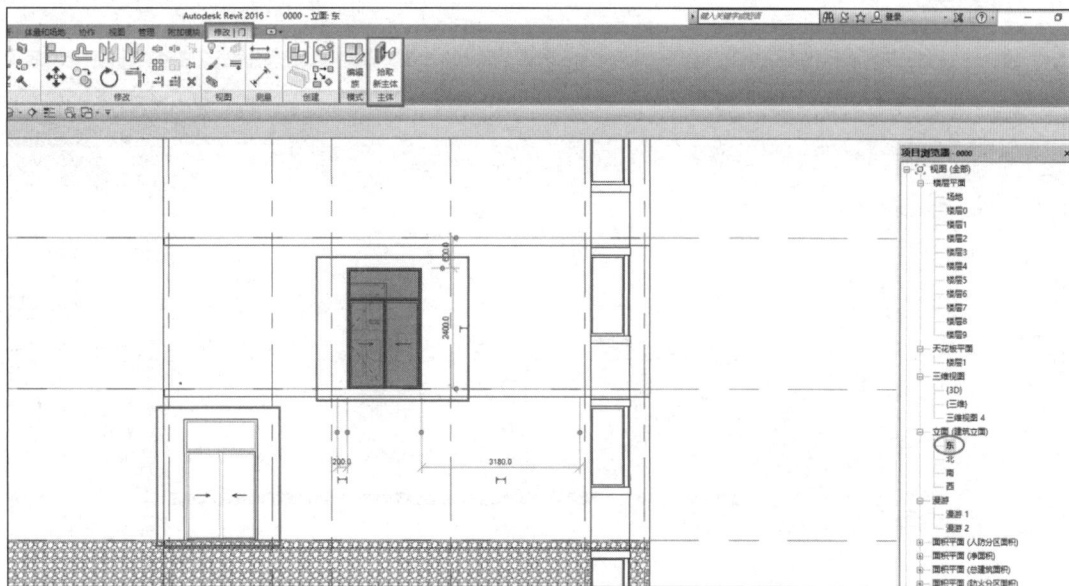

图 6.13　门拾取新主体

任务 6.2　创建窗

使用"窗"工具▓在墙中放置窗或在屋顶上放置天窗。类型创建和布置方法与门类似。

6.2.1　创建窗类型

①切换至"F1"楼层平面视图。在"建筑"选项卡的"构建"面板中单击"窗",进入"修改│放置窗"选项卡。以 E 轴线上 1 号轴线和 2 号轴线之间的这扇窗为例,单击"编辑类型"中的"载入"按钮,进入"窗"的"样板",选择"单层三列",如图 6.14 所示。

②单击"属性"中的"编辑类型"按钮,单击"复制"按钮,命名为"单层三列",参数按照图 6.15 所示进行设置。

【说明】
　　单击"预览"按钮可以在左边显示某一视图下预览效果,对应的临时尺寸标注以蓝色显示。

③按上述方法创建其他的窗类型,如族"单层双列"的"GLC1509"类型,族"单层三列"的"GLC2709a""GLC3109a""GLC3409a""GLC3809"类型,族"组合窗-双层单列(四扇推拉)-上部双扇"的"TLC2720a""TLC3120a""TLC3220a""TLC3420a""TLC3820a"类型,族"组合窗-双层三列(平开+固定+平开)-上部三扇固定"的"C2720a"类型,族"组合窗-双层单列(固定+推拉)"的"C1520"类型,族"单层双列"的"GLC1509""TLC1518"类型,如图 6.16 所示。

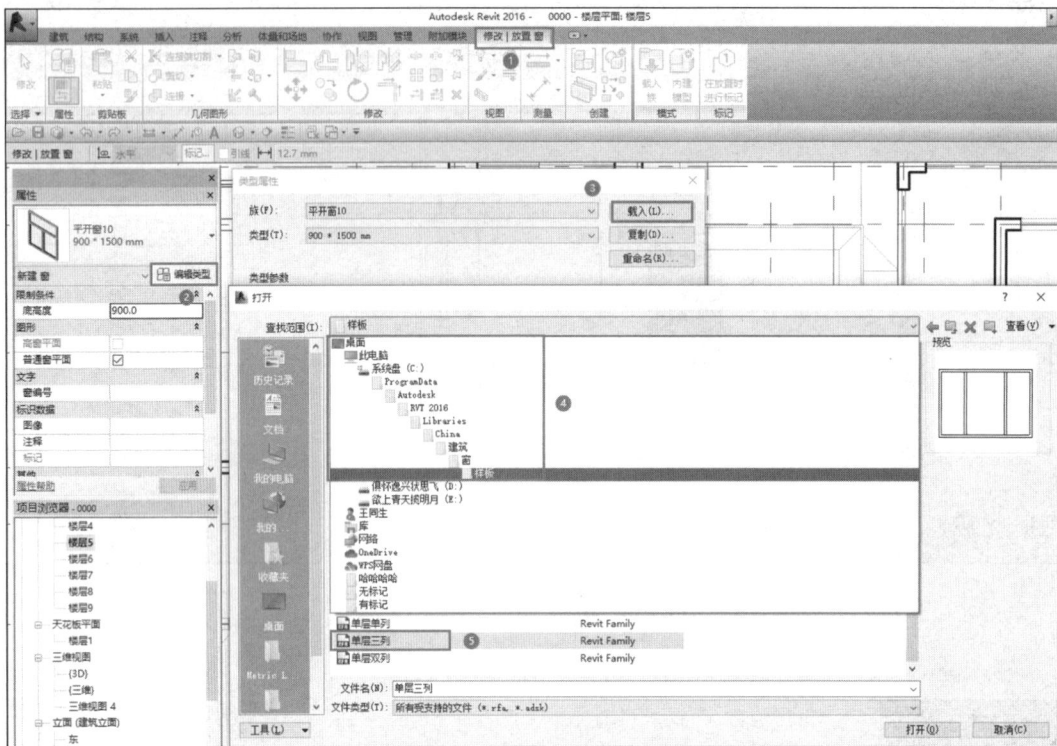

图 6.14　窗类型载入

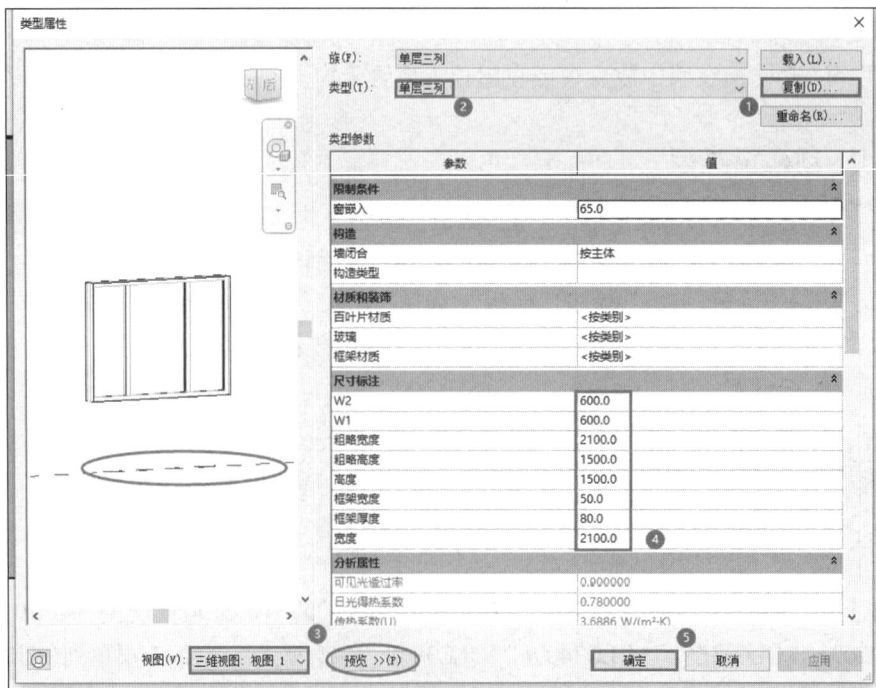

图 6.15　窗类型参数设置

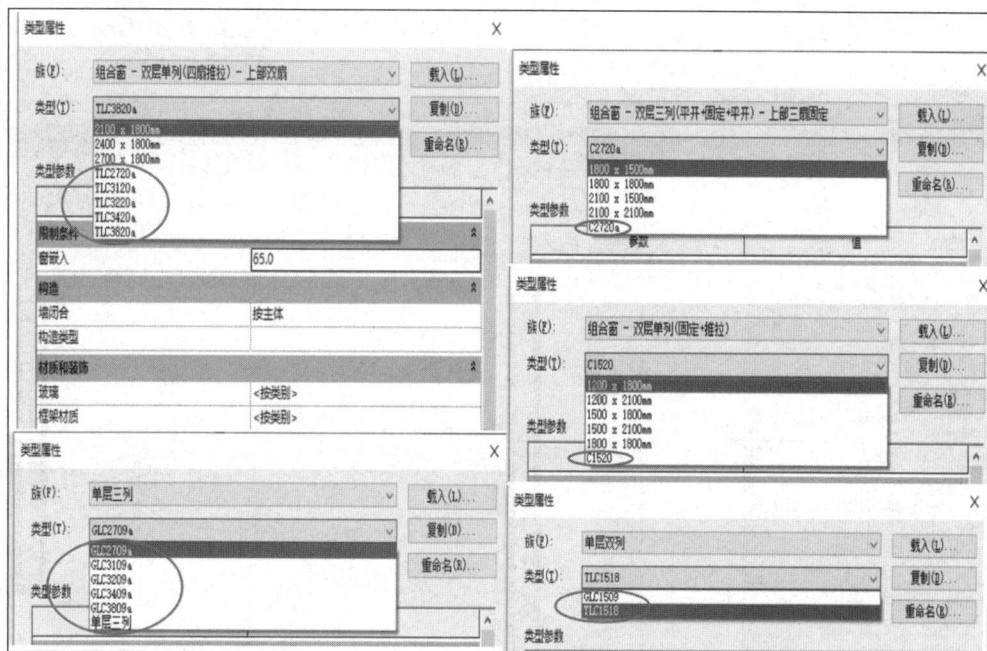

图 6.16 窗类型设置

6.2.2 布置窗

布置窗的方法与布置门的方法基本相同。与门稍有不同的是,在布置窗时需要考虑窗台高度。

①切换至"F1"楼层平面视图。适当缩放视图至 1~2 号轴线间 E 轴线外墙位置,将在 1~2 号轴线间放置"GLC3209a"窗图元▦。单击"建筑"选项卡中的"构建"面板,进入"修改 | 放置窗"选项卡,激活"标记"面板中的"在放置时进行标记"按钮⌐①。标记样式选择"水平",不勾选"引线"。"属性"面板中约束"底高度"设为"500",如图 6.17 所示。

鼠标指针移动到墙面时,显示两个临时尺寸标注线,接近正确位置时,单击放置窗图元,Revit 会自动放置该窗的标记。放置窗时会自动在所选墙上剪切洞口。放置完成后按"Esc"键两次退出窗工具。

②如果放置位置不是很准确,可以修改尺寸参数,也可以使用"对齐"工具▭或"移动"工具✥,将窗调整到需要的位置,如图 6.18 所示。

③接下来对标记进行修改,单击"C1517"将其改成"GLC3209a"。或在"类型属性"中修改"标记类型"为"GLC3209a",如图 6.19 所示。窗类型标记修改完成后如图 6.20 所示,单击移动符号✥,将标记移动到需要的位置。

④按上述方法创建"F1""F2"楼层的其他窗图元,结果如图 6.21 所示。继续创建"F3""F4""F5"楼层的窗图元,结果如图 6.22 所示。

⑤具体操作如下:"F2"~"F6"楼层平面的窗与"F1"完全一致,可以用"复制""粘贴"工具完成。在立面图中选中"F1"层所有的窗,使用过滤工具把其他图元取消选择,如图 6.23 所示。单击"剪贴板"面板中的"复制到剪贴板"工具▢,然后单击"粘贴"按钮▢下的"与选

定的标高对齐"工具▦,弹出"选择标高"窗口,选择"F2"~"F6",如图 6.24 所示,单击"确定"按钮,关闭窗口。"F2"~"F6"楼层平面的窗复制完成。

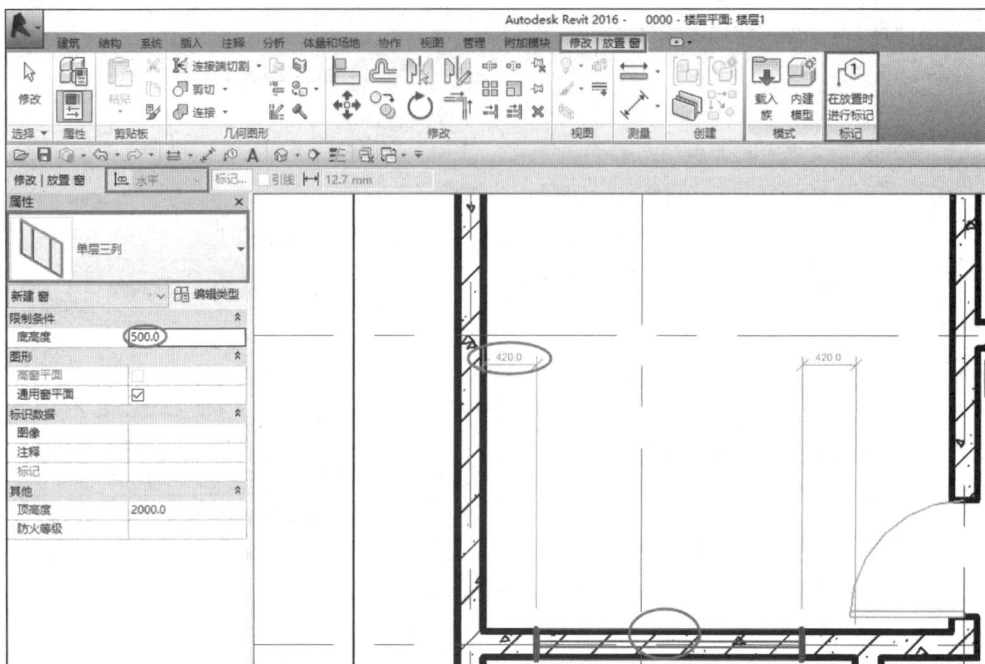

图 6.17　窗布置

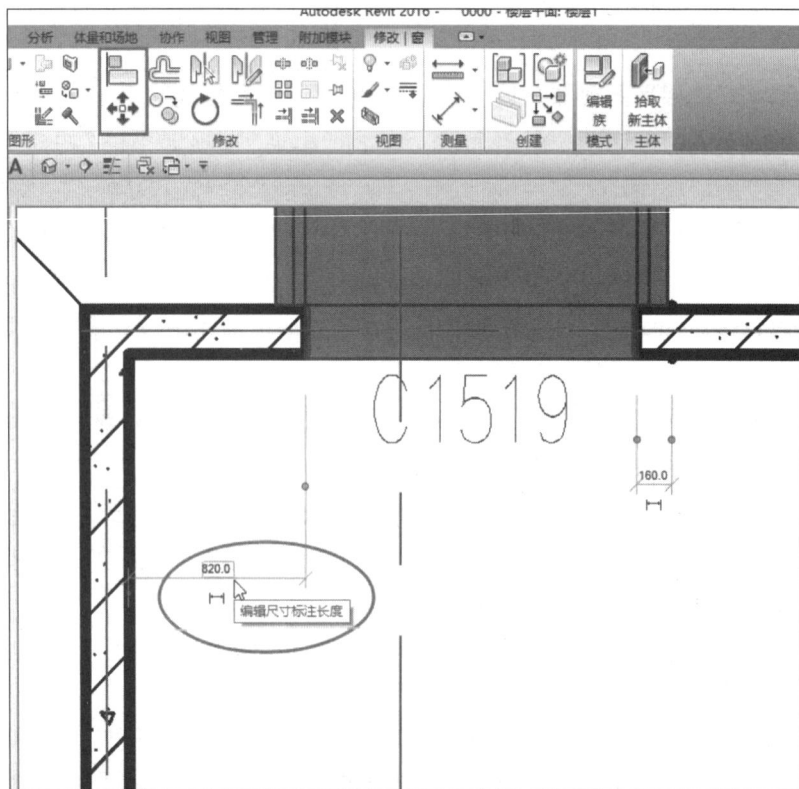

图 6.18　移动窗位置

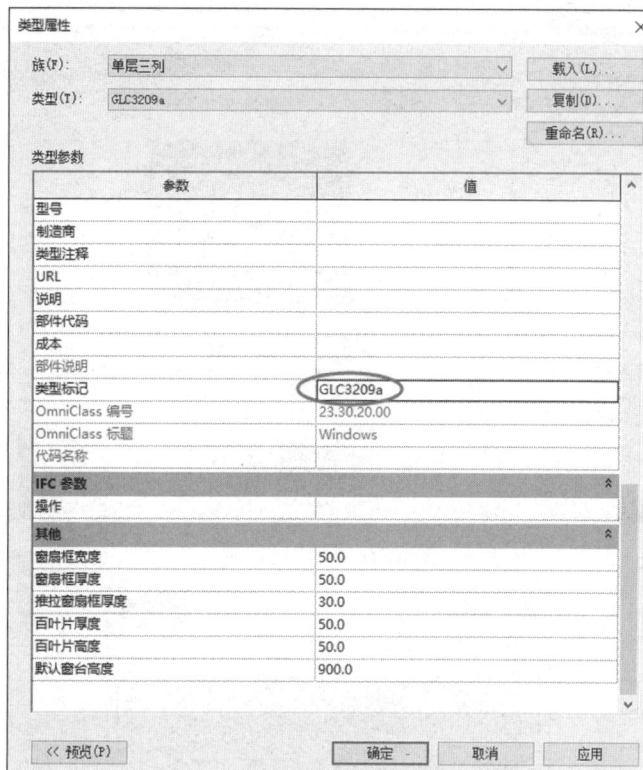

图 6.19　修改窗类型标记

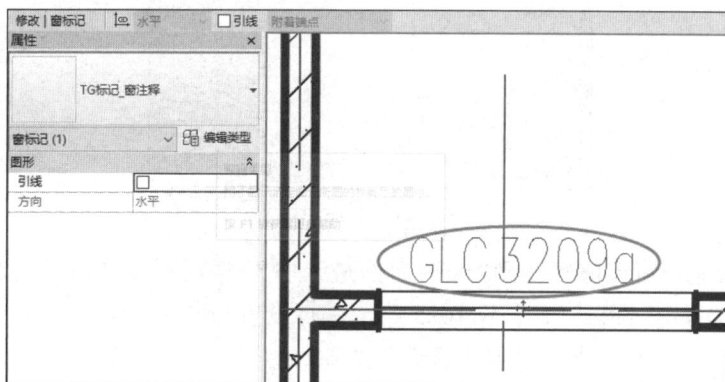

图 6.20　窗类型标记修改完成

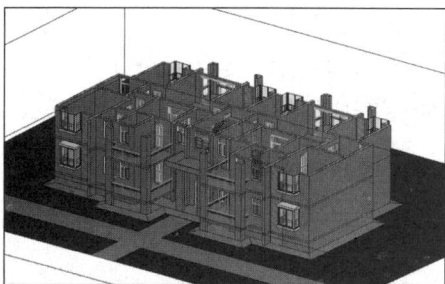

图 6.21　"F1""F2"窗布置完成

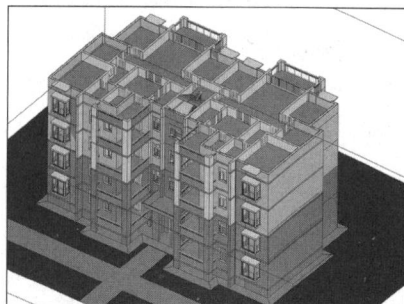

图 6.22　"F3""F4""F5"窗布置完成

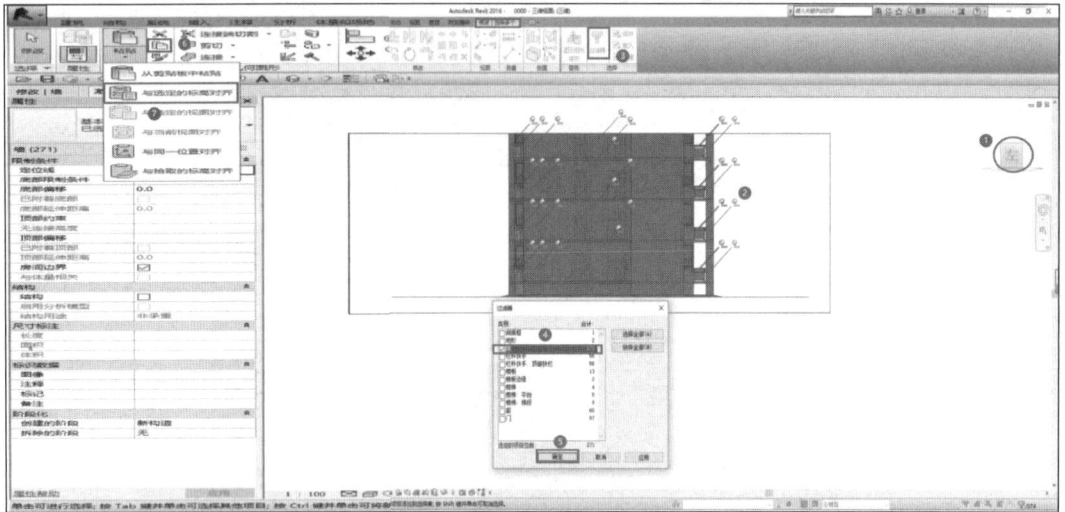

图 6.23 "F1"窗复制

图 6.24 选择标高

⑥由于窗标记没有能够复制到"F3",单击进入"F3"楼层平面,选择"注释"选项卡,在"标记"面板中选择"全部标记",按图 6.25 所示进行设置,则"F3"楼层的窗图元全部标记,再根据需要调整位置即可,标记调整完成后如图 6.26 所示。

⑦在"F2"楼层平面图中选中所有的窗和窗标记图元,使用过滤工具把其他图元取消选择,单击"剪贴板"面板中的"复制到剪贴板"工具 ,然后单击"粘贴"按钮 下拉列表,注意"与选定的标高对齐"选项 变为灰色不可选状态。在列表选项中选择"与选定的视图对齐"选项,弹出"选择视图"对话框,如图 6.27 所示,在列表中选择"楼层平面:F4"视图,将所选择图元(包括标记)对齐粘贴至"F4"视图。所有的窗完成后的三维图如图 6.28 所示。

图 6.25 标记窗

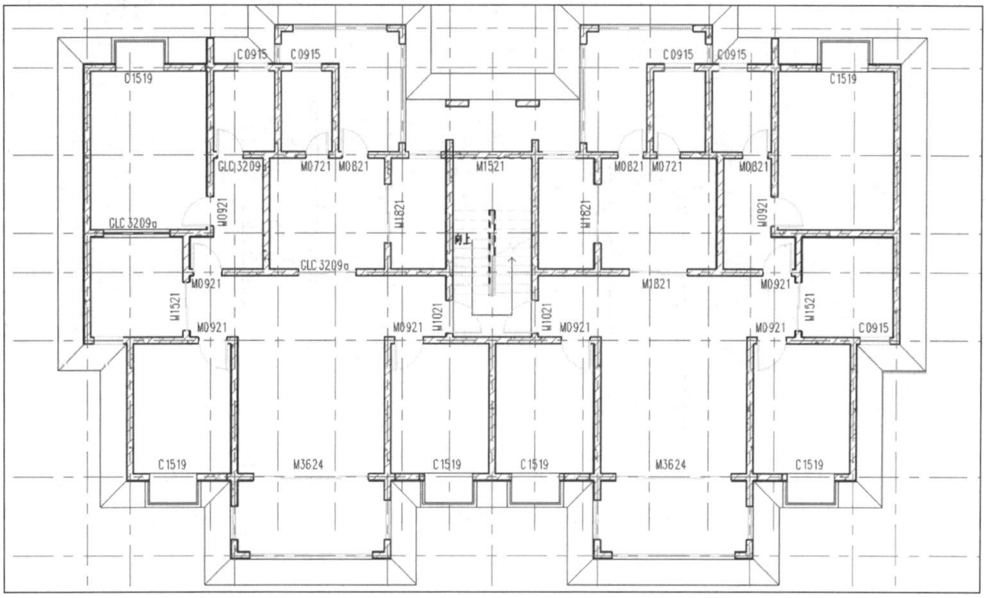

图 6.26 "F3"窗标记完成

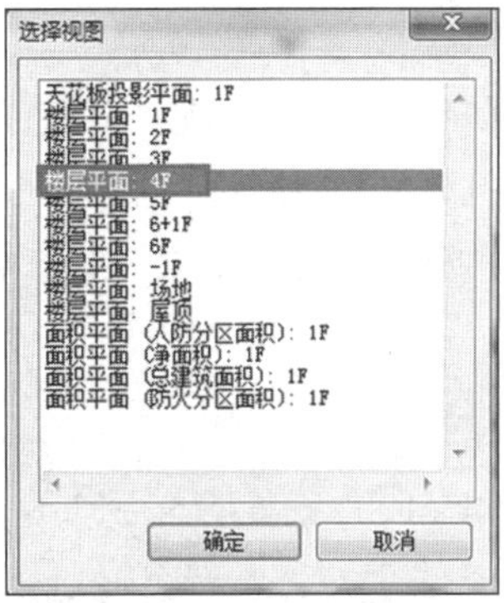

图 6.27 选择"F4"视图

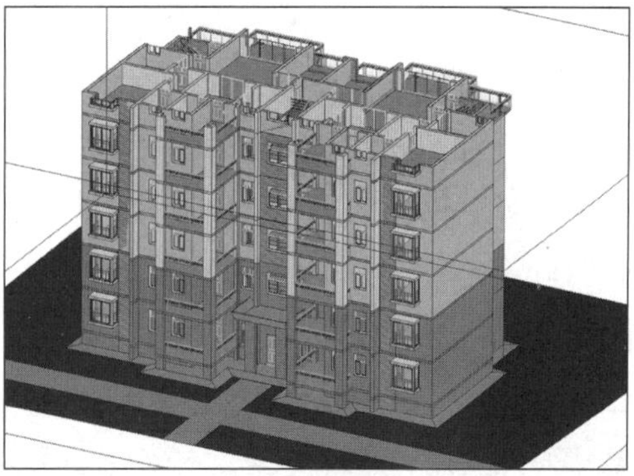

图 6.28 窗完成

任务 6.3　创建幕墙

幕墙是一种特殊墙,附着到建筑结构,而且不承担建筑的楼板或屋顶荷载。

Revit 中幕墙由"幕墙竖梃""幕墙网格"和"幕墙嵌板"3 部分构成,如图 6.29 所示。幕墙竖梃即幕墙龙骨,是沿幕墙网格生成的结构性构件。当删除幕墙网格时,依赖于该网格的竖梃也将同时删除。幕墙嵌板是构成幕墙的基本单元,幕墙由一块或多块幕墙嵌板组成。幕墙嵌板的大小、数量由划分幕墙的幕墙网格决定。在 Revit 中,可以手动或通过参数指定幕墙网格的划分方式和数量。幕墙嵌板可以替换为任意形式的基本墙或叠层墙类型,也可以替换为自定义的幕墙嵌板族。

接下来以住宅楼项目为例讲解如何创建幕墙。在建立幕墙模型前,应根据住宅楼建施图查阅幕墙的尺寸、定位、属性等信息,以保证幕墙模型布置的正确性。

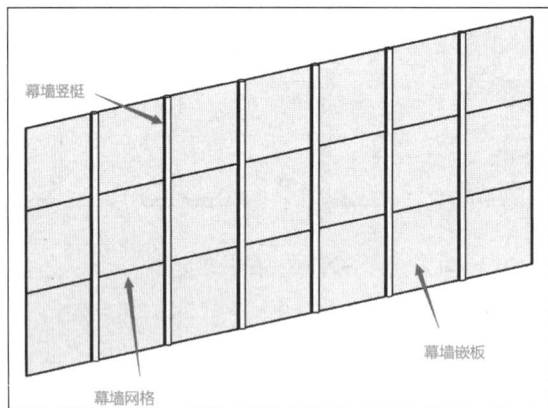

图 6.29　幕墙组成

6.3.1　定义幕墙属性

在一般应用中,幕墙常常定义为薄的、通常带铝框的墙,包含填充的玻璃、金属嵌板或薄石。

切换至"F1"楼层平面视图。使用墙工具,在"属性"面板的"类型选择器"中选择墙类型为"幕墙:幕墙",如图 6.30 所示。单击"类型属性"按钮,打开"类型属性"对话框,复制重命名类型为"幕墙_铝合金_明框_1200×1000",参数按图 6.31 所示设置。单击"确定"按钮退出"类型属性"对话框。

【提示】
　　勾选"自动嵌入",可以将幕墙嵌入其他墙中,否则需要用"剪切几何图形"工具调整幕墙和原来墙的连接关系。

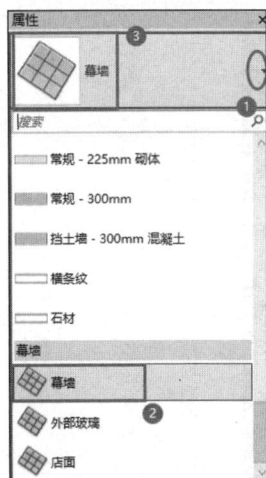

图 6.30　幕墙类型选择

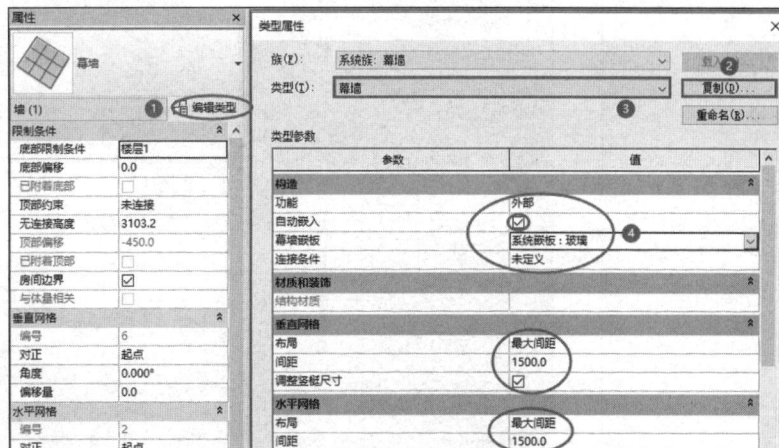

图 6.31　幕墙类型参数设置

6.3.2　绘制幕墙

①缩放至 6 号轴线、7 号轴线之间的 E 轴线部分墙体,确认绘制方式为"直线"。设置选项栏中的"高度"为屋面,不勾选"链",设置"偏移量"为"0",注意对幕墙不允许设置"定位线"。底部约束和顶部约束设置如图 6.32 所示,鼠标放置在 6 号轴线和 7 号轴线之间的墙上,当临时尺寸标注如图 6.32 所示时,单击绘制幕墙,向右移动"900"后,单击完成幕墙的绘制。完成后的三维图如图 6.33 所示。

②在上述幕墙旁边绘制另一个幕墙,按图 6.31 所示设置,但不勾选"自动嵌入",绘制完成后将弹出图 6.34 所示的提示,可以使用"剪切几何图形"工具,如图 6.35 所示进行修改。先单击外墙体,把鼠标指针移至幕墙,会出现如图 6.36 所示的图标,再单击幕墙,则完成了"F1"楼层的幕墙剪切。完成后的三维图如图 6.37 所示,可以看出只有一层的剪切完成了。按同样的方法完成其他楼层的剪切,完成后如图 6.38 所示。

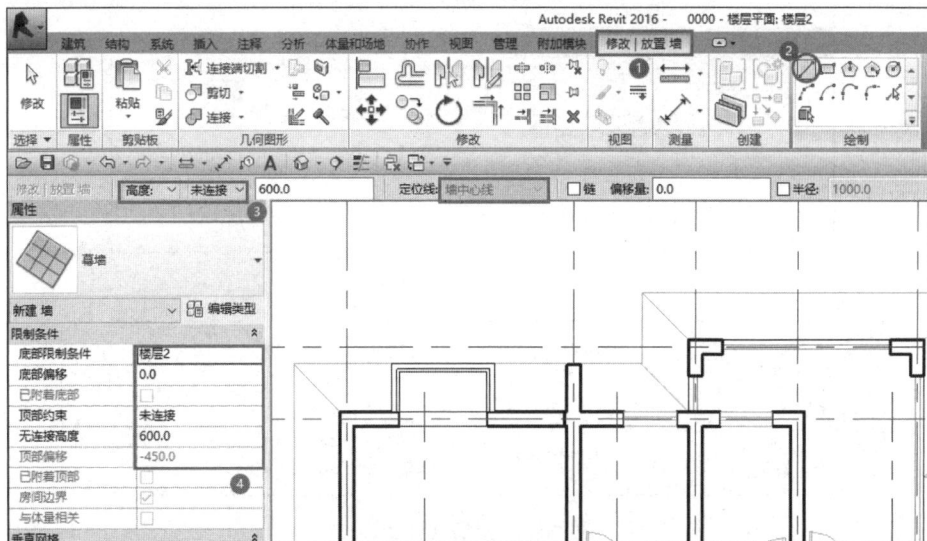

图 6.32　绘制幕墙

图 6.33　幕墙三维图

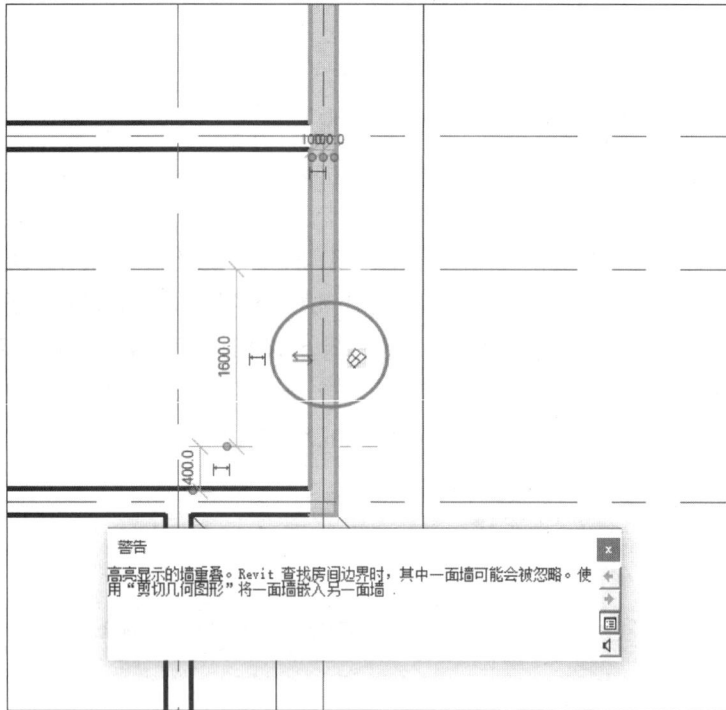

图 6.34　墙重叠提示

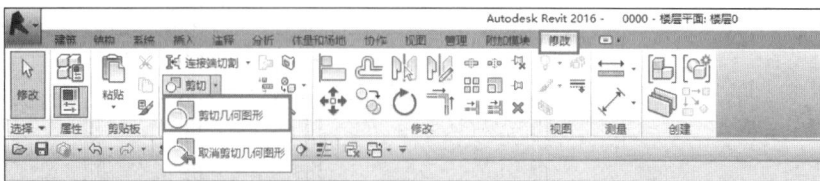

图 6.35　剪切几何图形

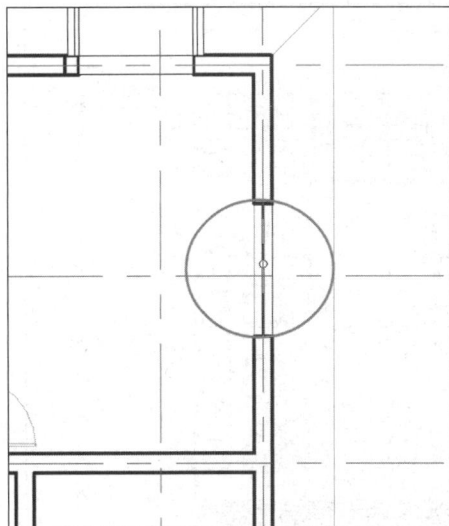

图 6.36 剪切外墙

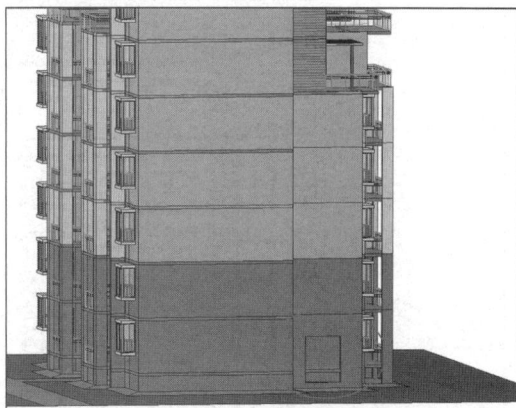

图 6.37 "F1"外墙剪切完成

图 6.38 1/0A 轴线剪切完成

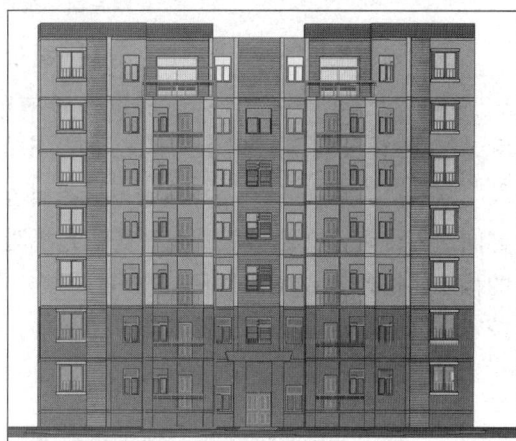

图 6.39 B 轴线幕墙绘制完成

③绘制 1~2 号轴线之间的 B 轴线上的两个幕墙,完成后如图 6.39 所示。

6.3.3 创建网格与竖梃

①切换至北立面视图,该视图中已经正确显示了当前项目模型的立面投影。在视图底部视图控制栏中修改视图显示状态为"着色" ,如图 6.40 所示,Revit 将按模型图元材质中设置的颜色着色模型,所有玻璃(包括幕墙玻璃)均显示为蓝色。如图 6.41 所示,由于标高处于立面中间,将其拖到左边并锁定。解锁轴网,移动轴网的编号后再锁定。

图 6.40 着色

②选择 6~7 号轴线间近 7 号轴线处的幕墙图元,单击视图控制栏中的"临时隐藏/隔离"按钮 ,在弹出的菜单中选择"隔离图元"命令。如图 6.42 所示,视图中将仅显示所选择的幕墙。

图 6.41   调整南立面轴网位置

③单击"建筑"选项卡中的"构建"面板,选择"幕墙网格"工具▦,自动切换至"修改│幕墙网格"选项卡,鼠标指针变✛等。单击"放置"面板中的"全部分段"按钮╪,如图 6.43 所示,移动鼠标指针至幕墙水平方向边界位置,将以虚线显示垂直于光标处幕墙网格的幕墙网格预览,单击中间位置放置幕墙网格,完成后按"Esc"键两次,退出放置幕墙网格状态。

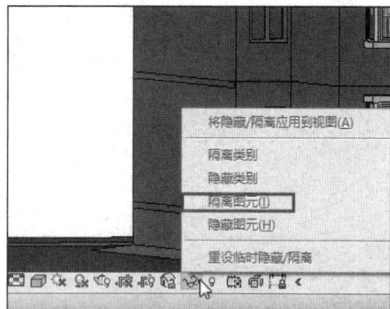

图 6.42   隔离图元

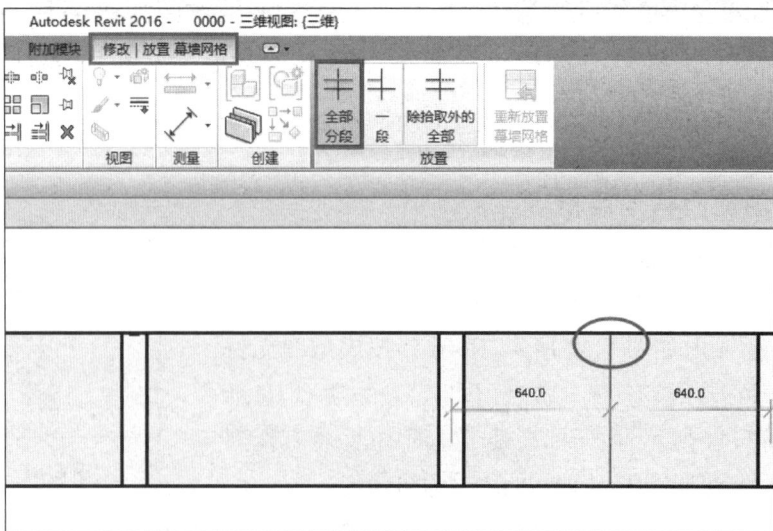

图 6.43   放置幕墙网格

【说明】

可以使用"幕墙网格"面板中的"添加/删除线段"工具 ╁₌ 对网格线进行编辑。首先选择单个幕墙网格，然后单击工具 ╁₌，再单击需要修改的位置即可。该功能仅针对所选择网格有效。"添加/删除线段"操作并未删除实际的幕墙网格对象，而是将网格段隐藏。Revit 中的幕墙网格将始终贯穿整个幕墙对象。

④在"建筑"选项卡的"构建"面板中单击"竖梃"工具，自动切换至"修改｜放置竖梃"选项卡。在"属性"面板的"类型选择器"类型列表中选择竖梃类型为"矩形竖梃：50×150"，打开"类型属性"对话框，如图 6.44 所示，该竖梃使用的轮廓为"默认"（矩形）系统轮廓，厚度为"150"，边 1 上的宽度为"25"，边 2 上的宽度为"25"。完成后单击"确定按钮，退出"类型属性"对话框。

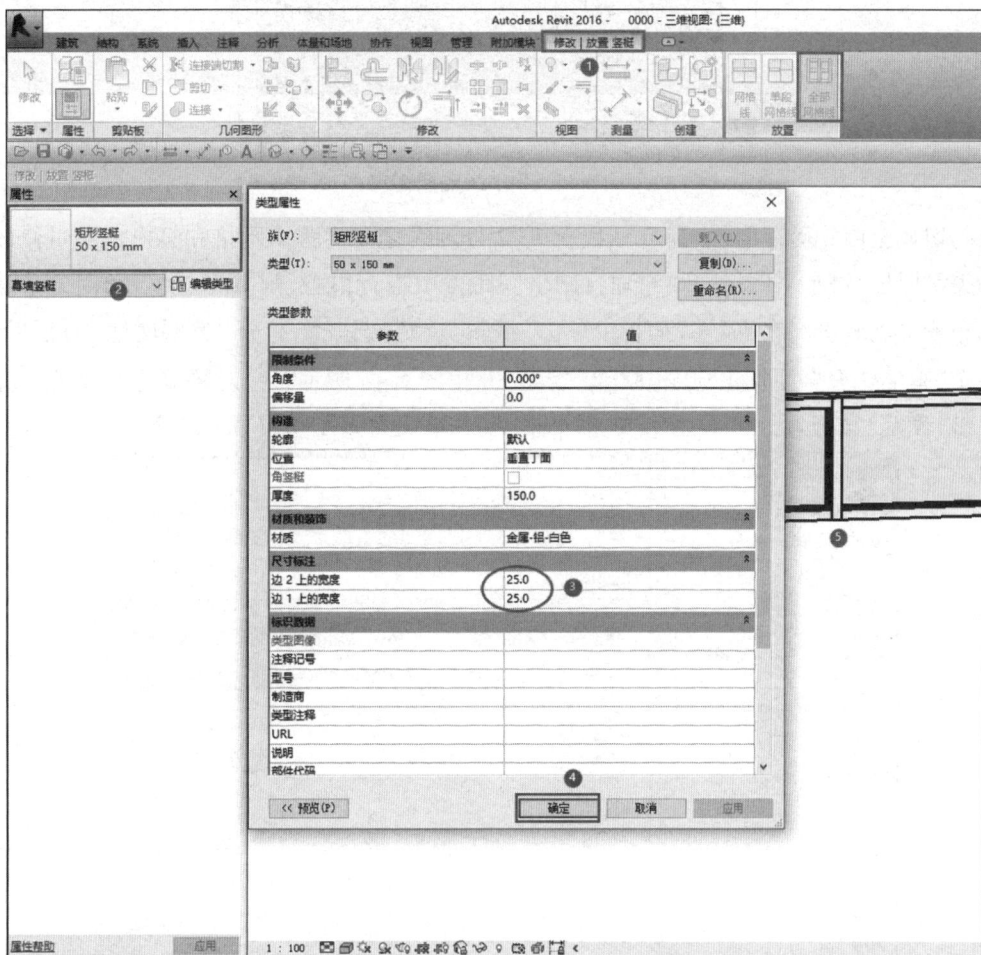

图 6.44　放置竖梃

【提示】

载入轮廓后，在轮廓列表中选择"轮廓"可以修改竖梃的截面形状。

⑤单击"放置"面板中的"全部网格线"选项,如图 6.44 所示。移动鼠标指针至幕墙任意网格处,所有幕墙网格线均亮显,表示将在所有幕墙网格上创建竖梃。单击任意网格线,沿网格线生成竖梃。完成后按"Esc"键,退出放置竖梃模式。

⑥按上述方法创建 E 轴线近 6 号轴线幕墙的网格和竖梃,完成后如图 6.45 所示。

图 6.45　E 轴线竖梃完成

⑦切换至南立面视图,绘制 B 轴线上 1~2 号轴线之间的幕墙网格和竖梃。通过修改幕墙的类型属性,对水平网格间距和垂直网格间距参数进行设置,则 Revit 会自动划分幕墙网格和布置幕墙竖梃。在"属性"面板中单击"编辑类型"按钮,打开"类型属性"对话框,复制一个"幕墙铝合金明框 1200×1000 2"类型,并按图 6.46 所示参数对幕墙进行设置。完成后单击"确定"按钮,退出"类型属性"对话框,则幕墙变为如图 6.47 所示的效果。

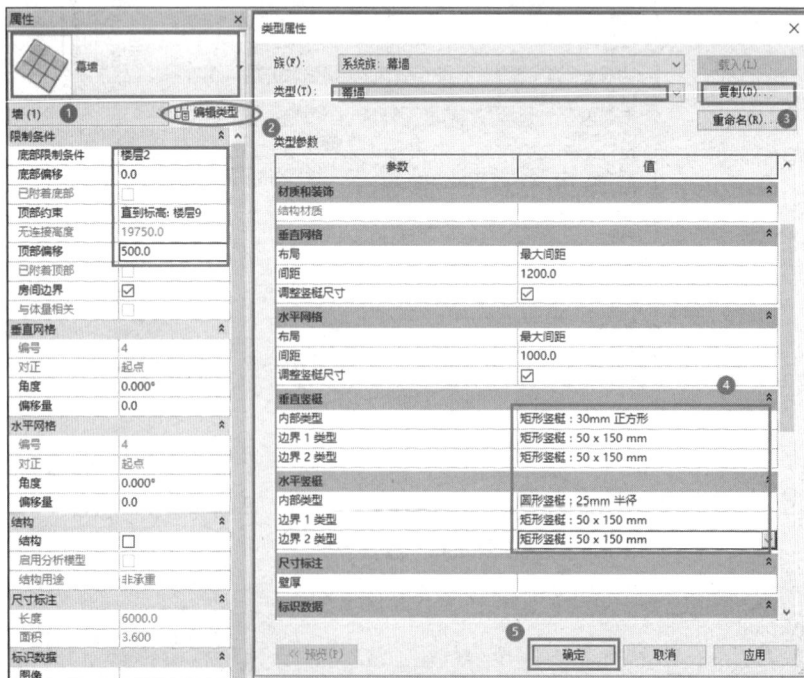

图 6.46　修改幕墙属性

图 6.47　属性修改完成

　　⑧单击 B 轴线上近 2 号轴线的幕墙,选择刚刚复制的"幕墙_铝合金_明框 1200×1000 2"类型,如图 6.48 所示,完成对幕墙网格和竖梃的修改。

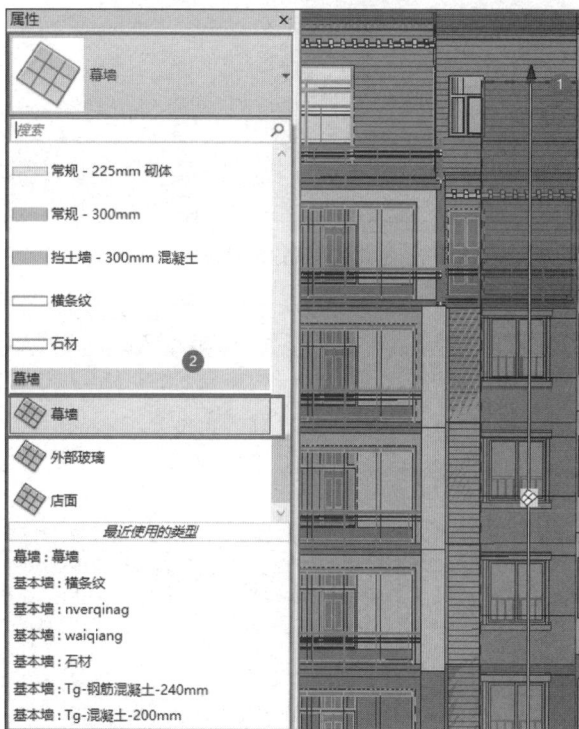

图 6.48　选择幕墙类型

6.3.4　创建幕墙嵌板

　　添加幕墙网格后,Revit 根据幕墙网格线段的形状将幕墙划分为数个独立的幕墙嵌板,可以自由指定和替换每个幕墙嵌板。嵌板可以替换为系统嵌板族、外部嵌板族或任意基本墙及叠层墙族类型。其中 Revit 提供的"系统嵌板族"包括玻璃、实体和空 3 种。接下来通过替换幕墙嵌板设置 B 轴线上幕墙最上部的嵌板。

　　①切换至南立面视图。在"插入"选项卡的"从库中载入"面板中单击"载入族"按钮,浏

览至族库"建筑\幕墙\门窗嵌板\窗嵌板_70-90 系列双扇推拉铝窗.rfa"族文件,将其载入项目中,如图 6.49 所示。

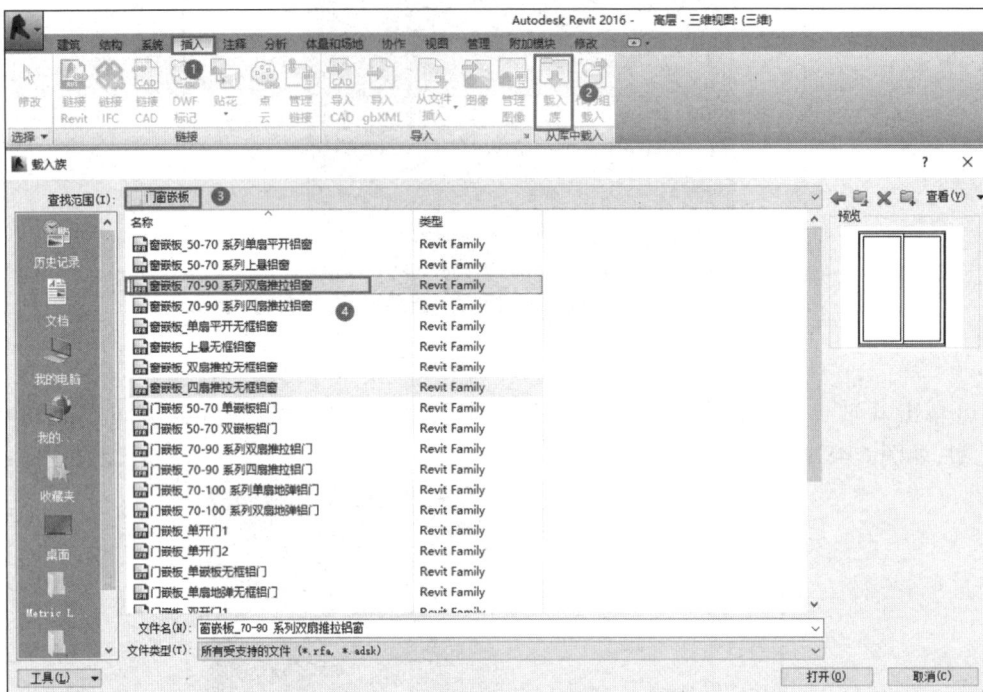

图 6.49 插入嵌板族

图 6.50 选择嵌板

②移动鼠标指针至顶部幕墙网格处,按"Tab"键,直到幕墙网格嵌板高亮显示时单击选择该嵌板。自动切换至"修改|幕墙嵌板"选项卡,如图 6.50 所示。属性面板中的嵌板类型

为灰显不能选择状态，单击"修改"中的"解锁"工具 🔓，则嵌板类型变成可以选择。选择刚刚载入的"窗嵌板_70-90 系列双扇推拉铝窗"里的"90 系列"，如图 6.51 所示，嵌板更换完成。同样的方法修改近 2 号轴线最上层的幕墙嵌板，结果如图 6.52 所示。

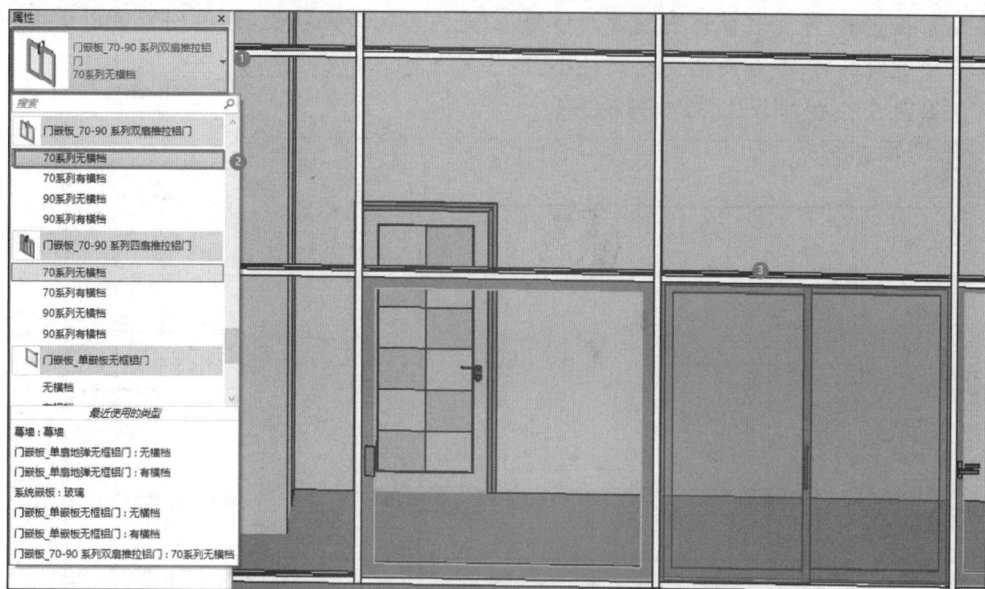

图 6.51　更换嵌板

图 6.52　B 轴线嵌板完成

【说明】
　　不论是使用幕墙载入的嵌板族还是使用基本墙或层叠墙族替换幕墙嵌板，Revit 均会根据所选择的嵌板尺寸自动调整嵌板大小。除系统嵌板族和基本墙、叠层墙外，当使用载入的墙嵌板族时，嵌板的网格形状必须为矩形，否则 Revit 将无法生成嵌板。

【知识拓展】

幕墙、外部玻璃和店面的区别

幕墙是指一整块玻璃,没有预设网格,做弯曲的幕墙时显示的还是直的幕墙,只要添加网格后才会弯曲;外部玻璃是有预设网格的,但是网格间距比较大,网格间距可以调整;店面也是有预设网格的,并且网格间距比较小,网格间距可以调整。

根据图 6.53 创建幕墙,添加网格和竖梃。

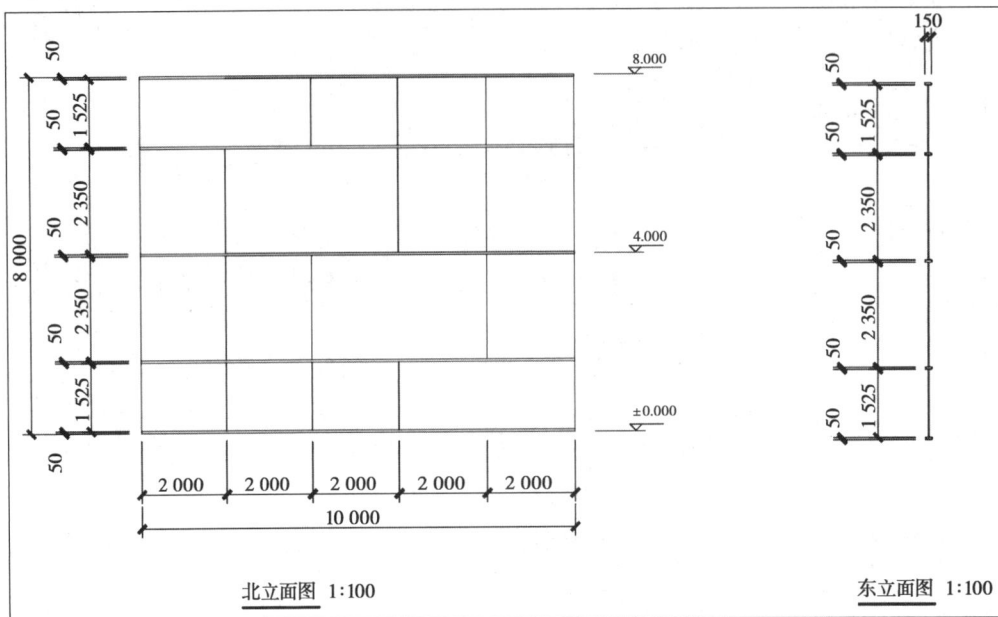

图 6.53　幕墙布置图

幕墙、外部玻璃和店面

幕墙网格和竖梃

【想一想】

在墙体中添加幕墙,对幕墙应做何设置?

【学习笔记】

_____

_____

_____

_____

_____

_____

_____

_____

【关键词】

门　窗　幕墙网格　幕墙竖梃　幕墙嵌板

【测试】

一、单项选择题

1.(　　　)不是 Revit 软件中幕墙的基本构成元素。

A.网格　　　　　　　B.竖梃　　　　　　　C.框架　　　　　　　D、嵌板

2.关于幕墙嵌板说法正确的是(　　　)。

A.幕墙嵌板包括四周的网格　　　　　B.幕墙嵌板不可以修改类型和材质

C.幕墙嵌板可以设置成点爪式　　　　D.幕墙嵌板不可以设置成门嵌板或者窗嵌板

二、多项选择题

1.幕墙网格绘制有(　　　　　)。

A.全部网格　　　　　B.全部分段　　　　　C.一段

D.两段　　　　　　　E.除拾取外的全部

2.幕墙系统的设置内容包括(　　　　　)。

A.网格设置　　　　　B.竖梃设置　　　　　C.幕墙高度设置

D.幕墙宽度设置　　　E.幕墙厚度设置

三、判断题

1.幕墙在 Revit 软件中属于建筑墙的一种。　　　　　　　　　　　　　　(　　　)

2.可以在立面图上直接绘制幕墙。　　　　　　　　　　　　　　　　　　(　　　)

四、绘图题

根据图 6.54 绘制墙体和幕墙。墙体结构为 220 mm 后的混凝土和 20 厚的普通砖,门嵌板为 70-90 系列双扇推拉铝门。

幕墙嵌入墙体

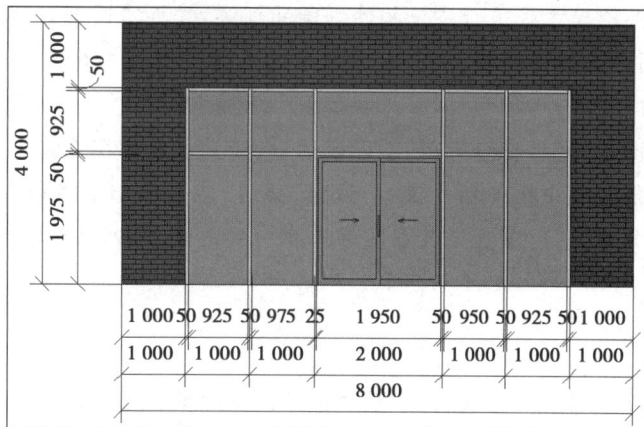

图 6.54　幕墙布置图

项目7　创建楼梯、栏杆扶手

【项目引入】

楼梯是建筑设计中非常重要的构件,且形式多样,造型复杂。栏杆扶手是楼梯的重要组成部分,那么楼梯应该怎样进行建模,楼梯建模时要掌握哪些内容和步骤呢? 在本项目中都可以找到解答,本项目内容是讲解楼板的建模,将介绍在项目中创建楼梯和栏杆扶手的方法及创建步骤。

【本项目内容结构】

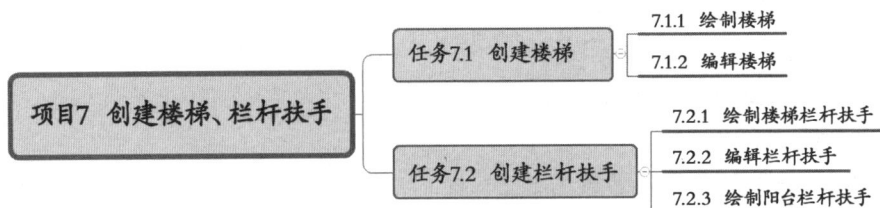

```
                                                        ┌─ 7.1.1  绘制楼梯
                                    任务7.1  创建楼梯 ───┤
                                                        └─ 7.1.2  编辑楼梯
项目7  创建楼梯、栏杆扶手 ───┤
                                                        ┌─ 7.2.1  绘制楼梯栏杆扶手
                                    任务7.2  创建栏杆扶手 ──┼─ 7.2.2  编辑栏杆扶手
                                                        └─ 7.2.3  绘制阳台栏杆扶手
```

【学习目标】

知识目标:掌握创建楼梯和栏杆的能力;掌握整体楼梯和组合楼梯的绘制;掌握栏杆扶栏的编辑。

技能目标:任务驱动方式进行建筑构件绘制的训练;掌握不同形式楼梯的创建。学会创建建筑中各种不同形式楼梯的模型,同时掌握了其在实际工程中的用途,达到独立思考、灵活处理问题的能力。

素质目标:家国情怀,热爱祖国;科学严谨细心、精益求精的职业态度;团结协作、乐于助人的职业精神;极强的敬业精神和责任心,诚信、豁达,能遵守职业道德规范的要求;学会利用 Revit 创建建筑模型,同时掌握了其在实际工程中的用途,达到培养学生独立思考、解决工程问题的能力。

【学习重、难点】

重点:掌握创建楼梯和栏杆的能力;掌握栏杆扶栏的编辑。

难点:掌握各种不同形式楼梯的创建;具有举一反三创建楼梯模型的能力。

【学习建议】

1.本项目栏杆的编辑做一般了解,着重学习绘制楼梯、编辑楼梯,绘制阳台栏杆。

2.学习中可以学习配套资源中的视频、动画等手段,掌握建筑中各种形式的楼梯绘制和编辑。

3.多做施工图实例的练习,注意细节,绘制楼梯的过程中注意把握关键的几个参数,多次练习以达到熟练操作的目的。

4.单元后的测试训练与项目实训,应在学习中对应进度逐步练习,通过做练习加以巩固基本知识。

任务 7.1　创建楼梯

楼梯由楼梯及栏杆扶手两部分组成。在 Revit 中,可以使用楼梯工具在项目中添加标准楼梯及异形楼梯。默认情况下,栏杆扶手随楼梯自动载入并创建。下面将为本职工住宅项目添加楼梯。

7.1.1　绘制楼梯

①切换视图到楼层 0 平面视图,将视图调整到楼梯间。单击"建筑"选项卡下的"楼梯(按构件)",在"属性"面板中选择楼梯类型为"现场浇筑楼梯:整体浇筑楼梯",在"属性"面板中单击"编辑类型"按钮,在弹出的"类型属性"对话框设置类型参数,如图 7.1 所示。"实际梯段宽度"设置为"1000","底部标高"设置为"楼层 0"、"底部偏移"设置为"100","顶部标高"设置为"楼层 2"、"顶部偏移"设置为"0",根据前文可知"所需踢面数"应设置为"26","实际踏板深度"应设置为"26",然后选"自动平台""约束"选项。

②具体参数设置方法如图 7.1 所示,选择"梯段"里的"直梯",按图 7.2 所示顺序布置梯段。

【想一想】

创建楼梯时,需要确定哪些参数,才可以完成楼梯的创建呢?

③切换视图至楼层 2 平面视图,按上述方法创建楼层 2~楼层 3 的楼梯梯段,参数设置和创建顺序如图 7.3 所示。依次类推,直至 6 层楼梯创建完成。

④在三维视图中查看刚刚绘制好的楼梯,会发现楼梯藏在了房间里面,可以在"属性"面板中找到"范围"参数栏中的"剖面框"选项,如图 7.4 所示,在其后面的方框内勾选,此时会发现绘图区域中出现了一个长方体的剖面框,选中剖面框可以任意拖动剖面框边界的位置,将剖面框的边界拖动到楼梯所在位置,即可在三维视图看到室内的楼梯,如图 7.5 所示。

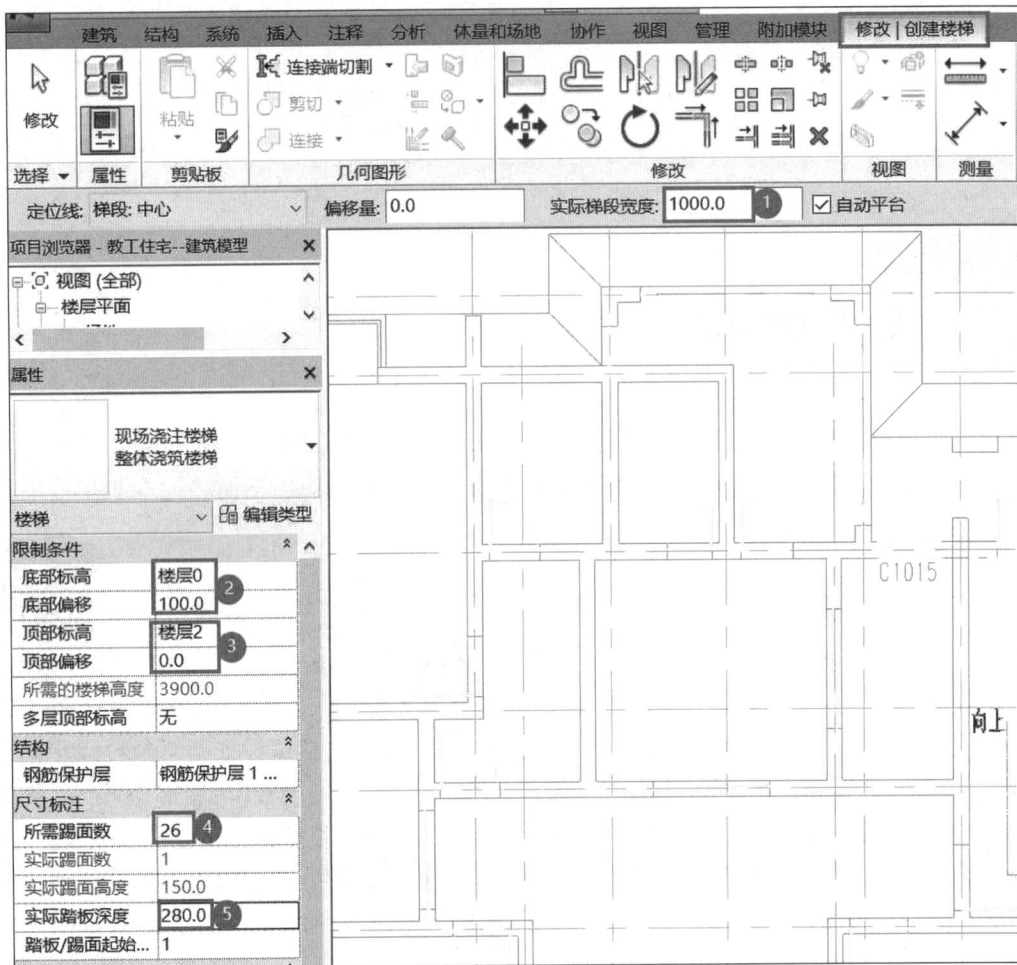

图 7.1　楼梯参数设置

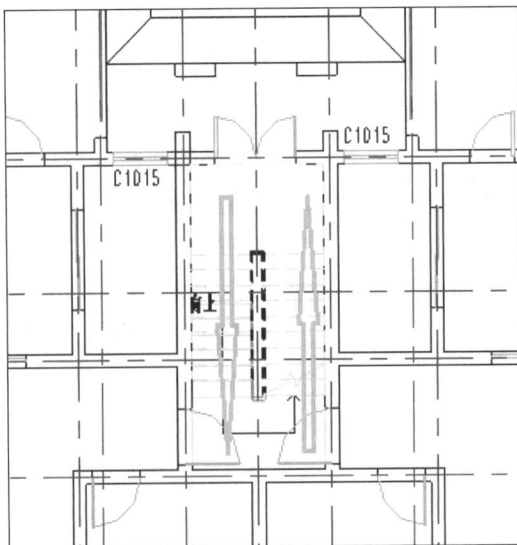

图 7.2　楼梯楼层 0 平面

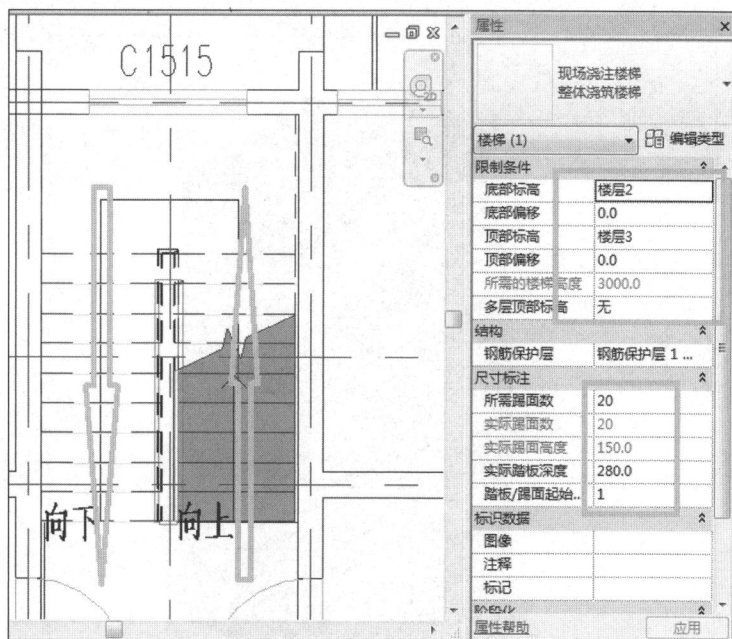

图 7.3　楼梯楼层 2 平面

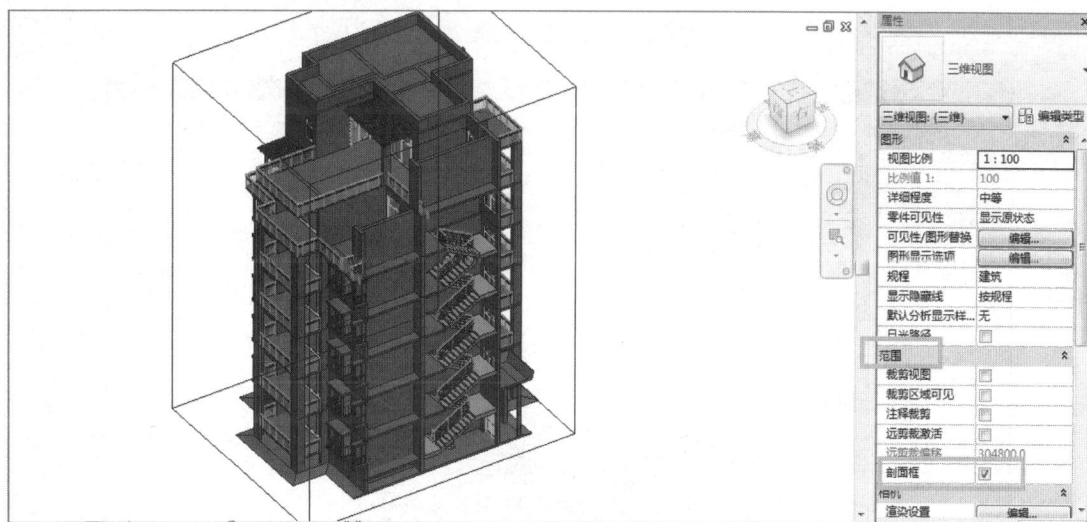

图 7.4　三维剖面框 1

7.1.2　编辑楼梯

切换视图至任一平面视图,对刚刚创建的楼梯逐层检查,对楼梯进行编辑。选择楼梯,单击"编辑楼梯"按钮,选择梯段或者平台,拖动下部的三角,可任意拖动梯段或平台边界的位置,使其与墙对齐,如图 7.6 和图 7.7 所示。

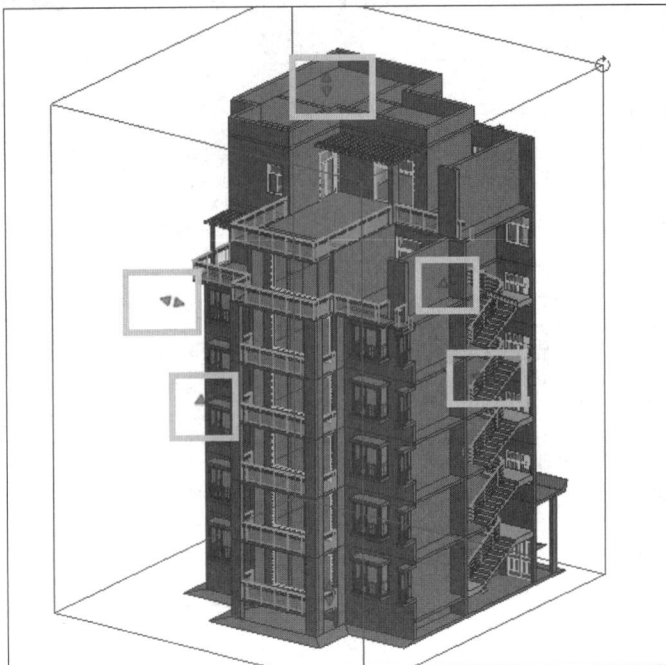

图 7.5　三维剖面框 2

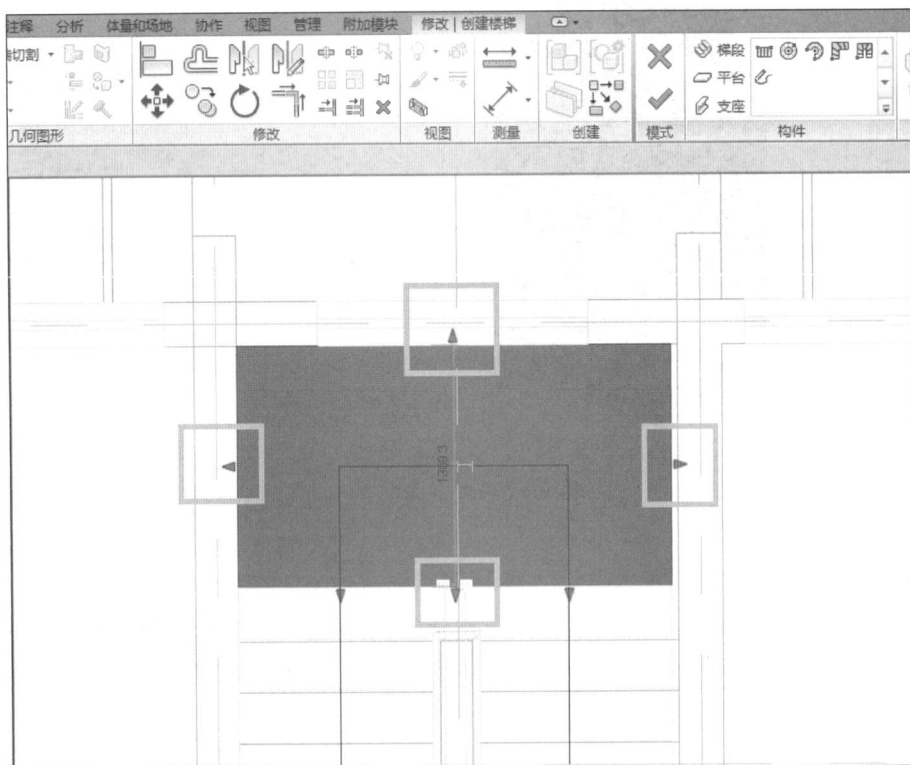

图 7.6　绘制楼梯平台

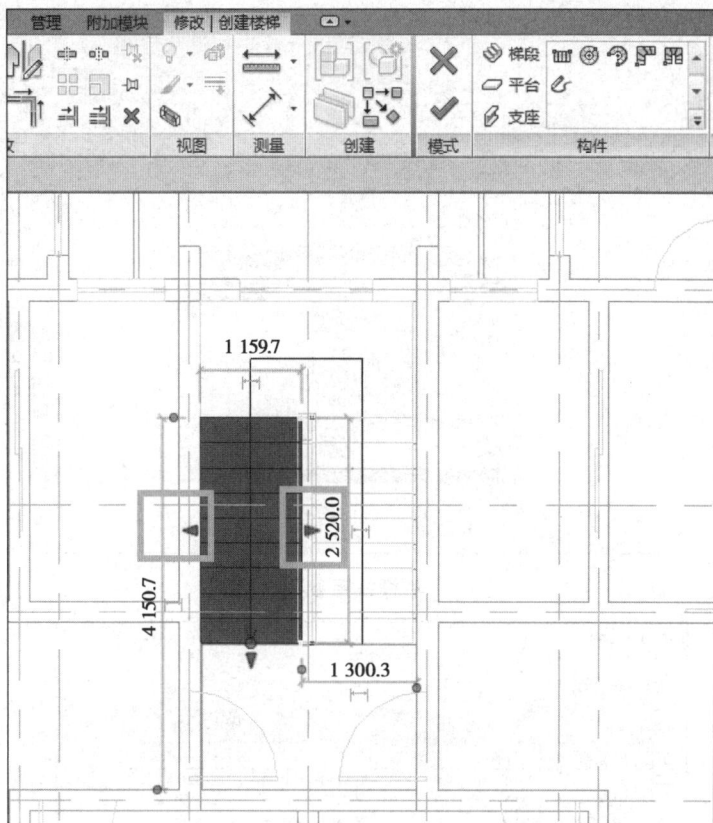

图 7.7　绘制楼梯梯步

任务 7.2　创建栏杆扶手

使用"栏杆扶手"工具,可以为项目创建任意形式的扶手。扶手可以使用"栏杆扶手"工具单独绘制,也可以在绘制楼梯、坡道等主体构件时自动创建。下面讲解单独绘制楼梯栏杆扶手的步骤。

7.2.1　绘制楼梯栏杆扶手

①切换至任意楼层平面视图。在"建筑"选项卡的"栏杆扶手"按钮下拉菜单中选择"绘制路径"命令,自动切换至"修改 | 创建栏杆扶手路径"选项卡。在"属性"面板中选择栏杆类型为"900 mm",单击"编辑类型"按钮,弹出"类型属性"编辑器界面,通过"复制"按钮创建新的栏杆扶手类型"900 mm 圆管",设置参数如图 7.8—图 7.10 所示。

②栏杆扶手的参数设置好后便可进行绘制。单击"线",绘制楼梯栏杆扶手的起点和终点,如图 7.11 所示,其三维图如图 7.12 所示。

图 7.8　栏杆扶手参数设置

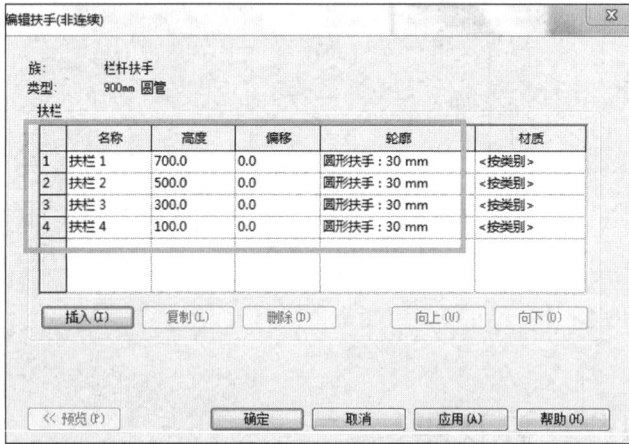

图 7.9　栏杆扶手参数设置

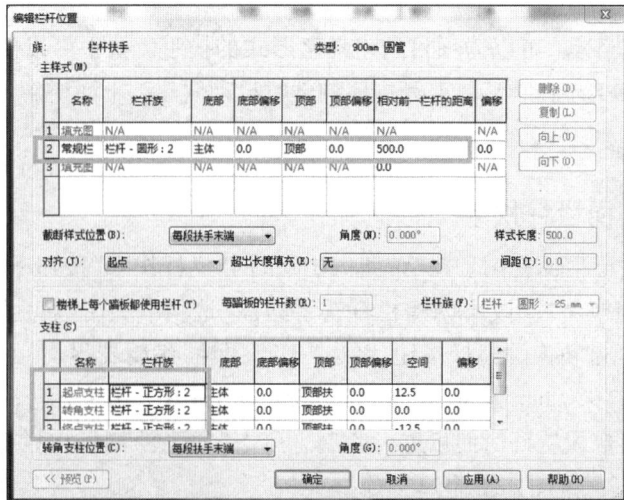

图 7.10　栏杆扶手参数设置

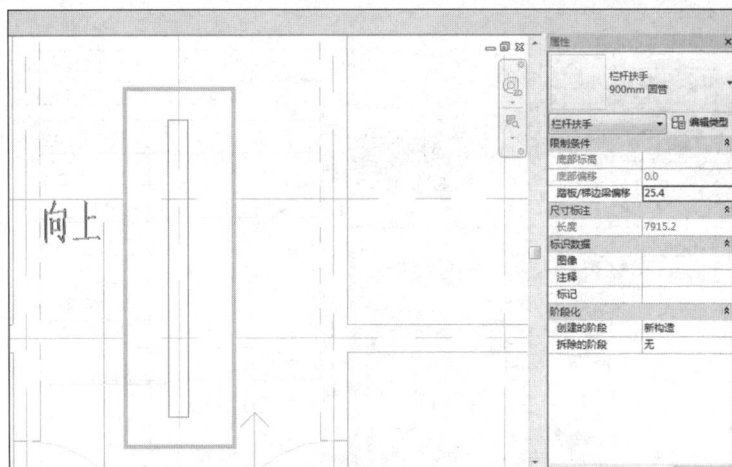

图 7.11　绘制栏杆扶手

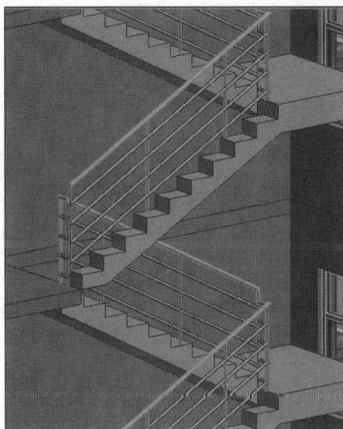

图 7.12　栏杆扶手三维图

7.2.2　编辑栏杆扶手

①切换至任意楼层平面视图,对楼梯上自动生成的栏杆扶手进行编辑。单击栏杆,在"属性"面板中单击"编辑类型"按钮,打开"类型属性"窗口,单击"复制"按钮创建一个栏杆扶手,命名为"900 mm 不锈钢",具体设置如图 7.13 所示。

②单击"构造"中"扶栏结构(非连续)"后面的"编辑"按钮,选择"扶栏 2",单击"删除"按钮,将"扶栏 2"删除,如图 7.14 所示。修改"扶栏 1"的高度为"600",材质都设为"不锈钢",如图 7.15 所示。

③单击"构造"中"栏杆位置"后面的"编辑"按钮,并按图 7.16 所示进行设置。

④将"顶部扶栏"中的"类型"修改为"矩形-50×50 mm",如图 7.17 所示。完成后的效果如图 7.18 所示。

编辑栏杆扶手

图 7.13　类型属性设置

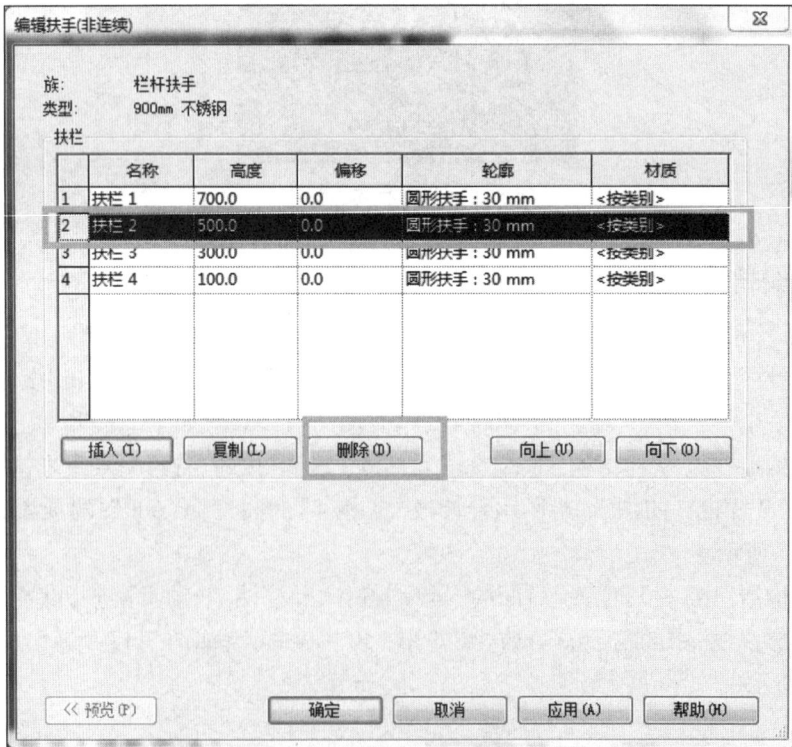

图 7.14　扶栏结构设置

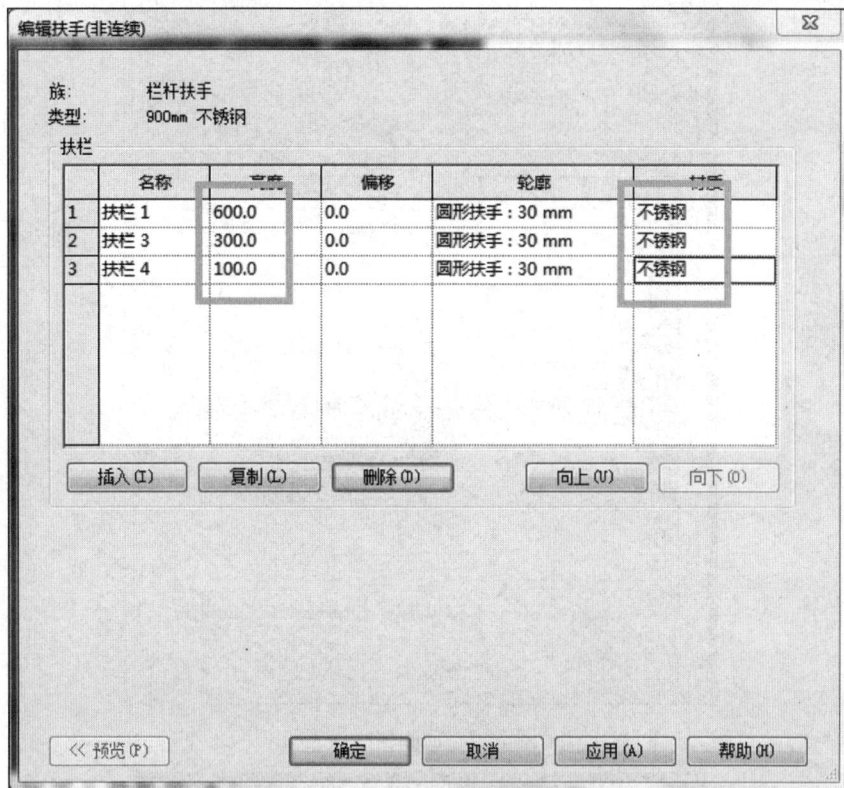

图 7.15　设置扶栏结构参数

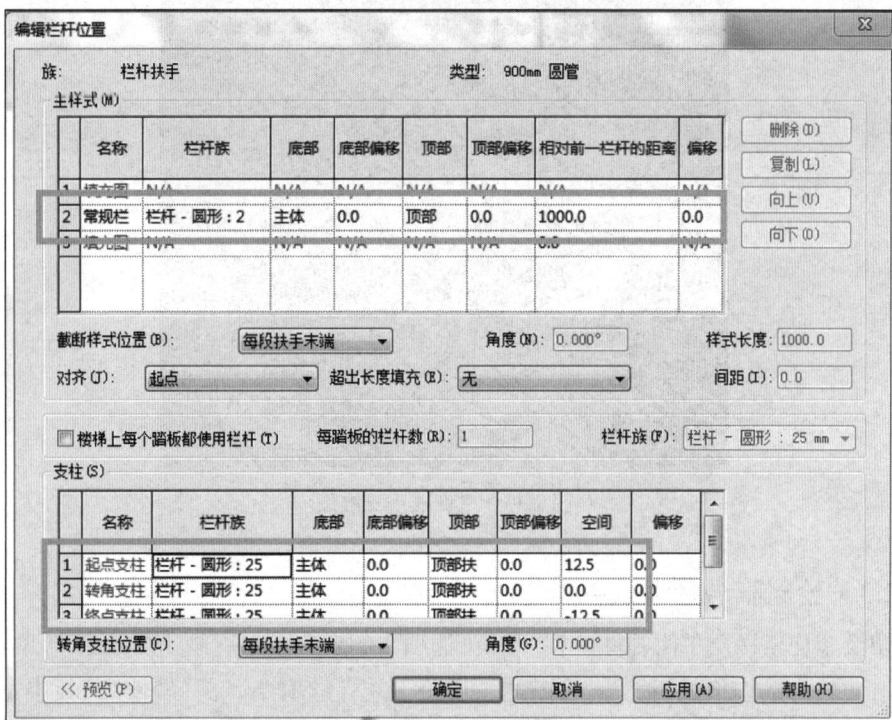

图 7.16　栏杆位置设置

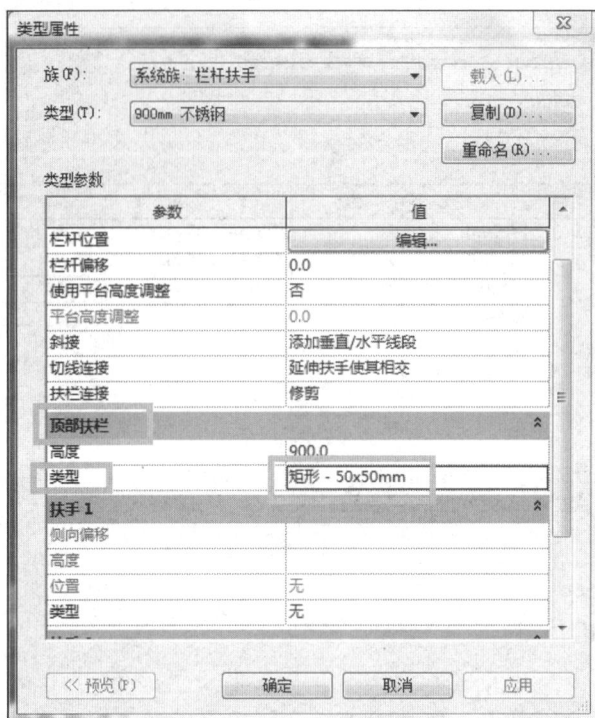

图 7.17　顶部扶栏设置

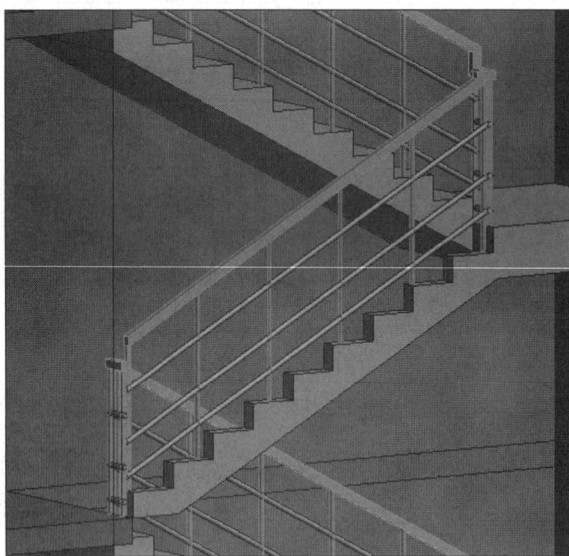

图 7.18　栏杆扶手三维图

7.2.3　绘制阳台栏杆扶手

①切换至任意楼层平面视图。在"建筑"选项卡的"栏杆扶手"按钮下拉菜单中选择"绘制路径"命令,自动切换至"修改|创建栏杆扶手路径"选项卡。在"属性"面板中选择栏杆类型为"玻璃嵌板",单击"编辑类型"按钮,弹出"类型属性"编辑器界面,通过"复制"按钮创建新的栏杆扶手类型"玻璃嵌板-底部填充",设置参数如图 7.19—图 7.21 所示。

②栏杆扶手的参数设置好后便可进行绘制。单击"线"按钮绘制阳台栏杆扶手的起点和终点,如图 7.22 所示,其三维图如图 7.23 所示。

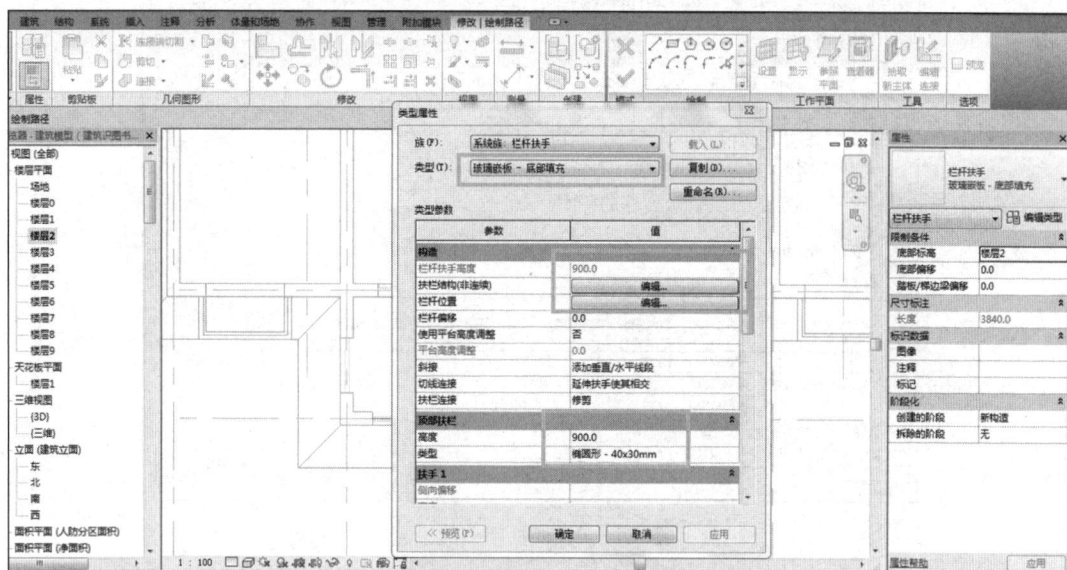

图 7.19　栏杆扶手参数设置

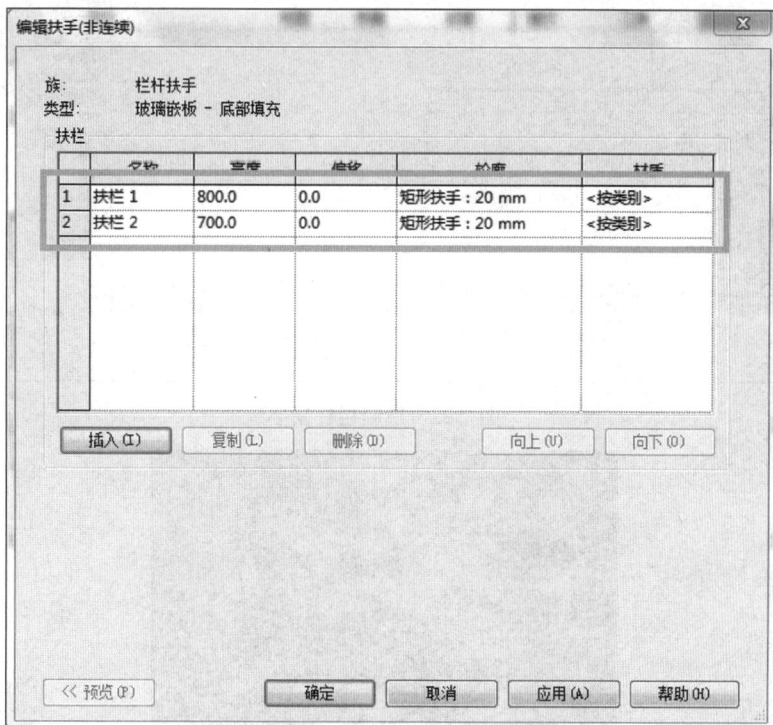

图 7.20　栏杆扶手参数设置

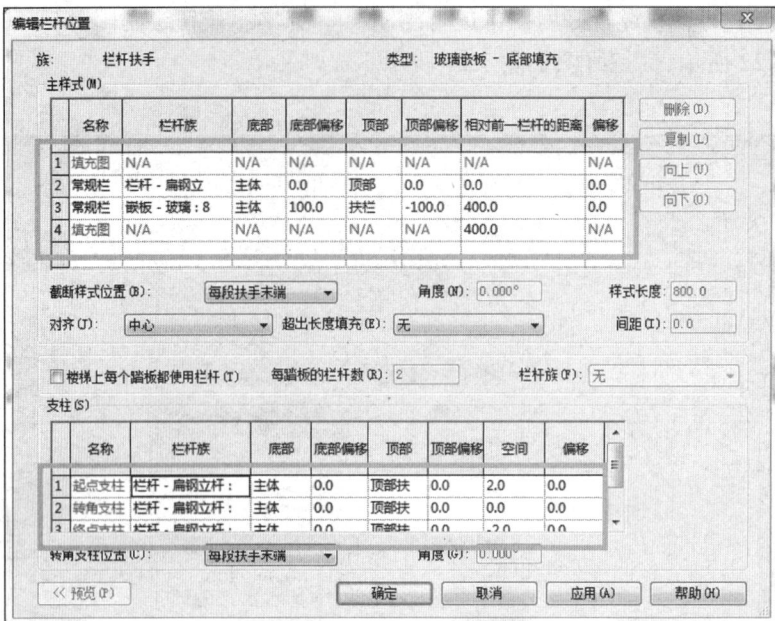

图 7.21 栏杆扶手参数设置

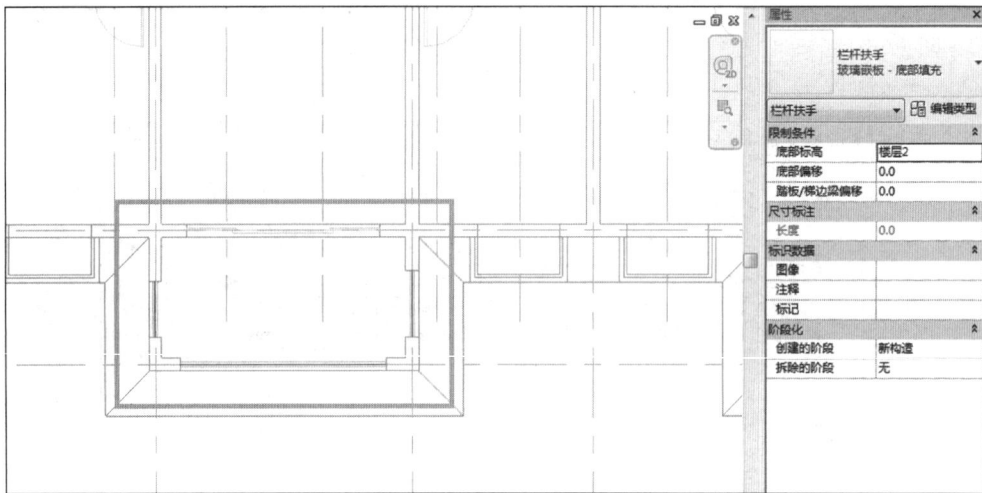

图 7.22 绘制栏杆扶手

图 7.23 栏杆扶手三维图

【知识拓展】

　　前面的讲解均是直线型的楼梯,那么弧形楼梯应该怎样创建呢? 接下来以下面题目为例,讲解弧形楼板的创建方法。

　　按照给出的弧形楼梯平面图和立面图,创建楼梯模型(图7.24),其中楼梯宽度为1 200 mm,所需踢面数为21,实际踏板深度为260 mm,扶手高度为1 100 mm,楼梯高度参考给定标高,其他建模所需尺寸可参考平、立面图自定。

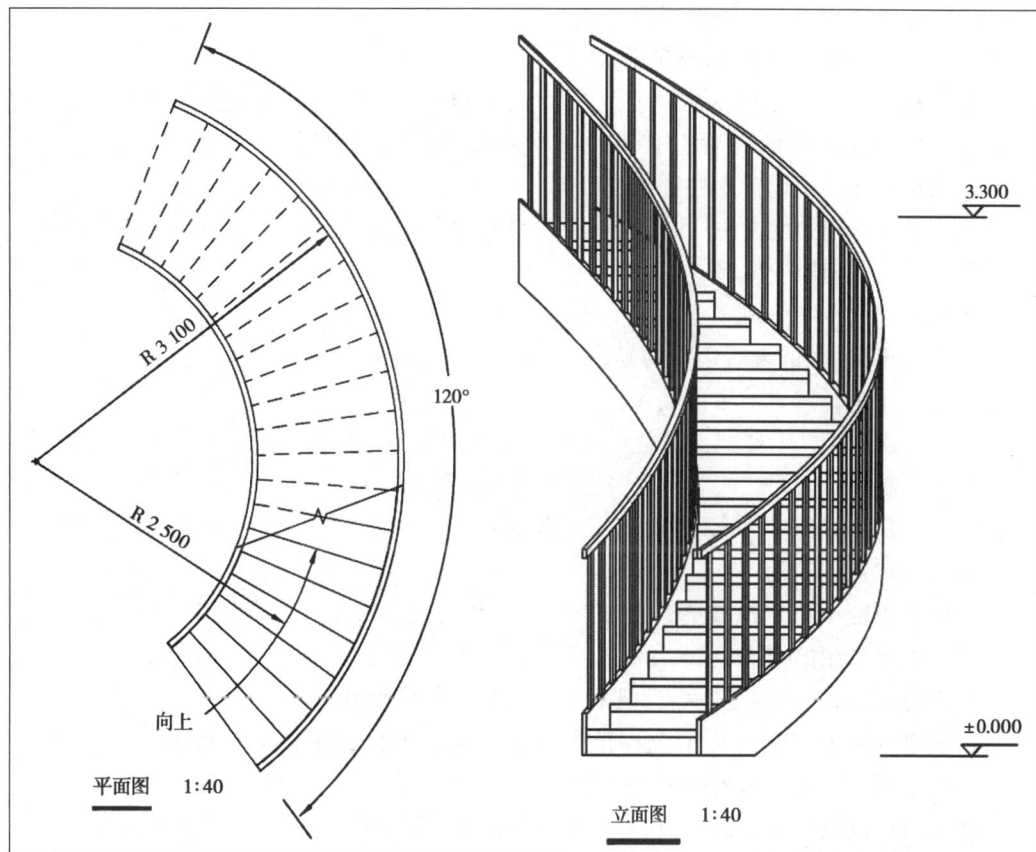

弧形楼梯的创建

图7.24　拓展题:弧形楼梯

【学习笔记】

_____

_____

_____

_____

_____

_____

_____

【关键词】

　　整体楼梯　梯段宽度　踏步深度　楼梯平台　扶手栏杆

【测试】

一、单项选择题

1.关于 Revit 软件中栏杆扶手的绘制正确的是(　　　　)。

　　A.水平方向的部件称为栏杆

　　B.垂直方向的部件称为扶栏

　　C.起点、转角和终点处的部件称为支柱

　　D.栏杆的样式不可用玻璃嵌板

2.Revit 中的栏杆扶手组或不包括(　　　　)。

　　A.扶栏　　　　　　　B.支柱　　　　　　　　C.立柱　　　　　　　　D.栏杆

3.如果想要设置 Revit 中栏杆有多种间距,应该在(　　　　)设置。

　　A.编辑栏杆栏中设置支柱样式

　　B.编辑栏杆栏中设置主样式,复制所需间距的主样式

　　C.扶栏结构编辑中编辑

　　D.族实例属性中编辑

4.关于 Revit 中族的说法正确的是(　　　　)。

　　A.楼梯绘制时需要采用可载入族

　　B.栏杆绘制时扶手样式或者栏杆样式都是系统族,不能载入族

　　C.坡绘制是不需要载入族,直接用系统族编辑绘制

　　D.栏杆扶手本身在 Revit 中就属于可载入族

5.坡道的设置不包括(　　　　)。

　　A.坡道厚度　　　　B.坡道最大坡度　　　　C.坡道最小坡度　　　D.坡道宽度

6.关于坡道绘制的说法,正确的是(　　　　)。

　　A.坡道可以直接用梯段生成,但不可以用边界和踢面组合

　　B.坡道可以用边界和踢面组合,但是边界必须是直线,踢面可以是弧线

　　C.坡道可以用边界和踢面组合,但是踢面必须是直线,边界可以是弧线

　　D.坡道可以用边界和踢面组合,边界和踢面都可以是弧线

7.关于坡道坡度说法正确的是(　　　　)。

　　A.坡度等于坡道中心线水平投影长度除以坡道高度

　　B.坡度等于中心线水平投影长度除以坡道斜面长度

　　C.坡度等于坡道高度除以坡道斜面长度

　　D.坡度等于坡道高度除以坡道中心线水平投影长度

8.楼梯构成不包括(　　　　)部分。

　　A.平台　　　　　　　B.踏步　　　　　　　　C.踢面　　　　　　　　D.栏杆扶手

9.绘制构件式楼梯时,需要设置的参数不包括(　　　　)。

　　A.楼梯底部和顶部标高　　　　　　　　B.楼梯踏板深度

　　C.楼梯梯段宽度　　　　　　　　　　　D.楼梯踏步高度

10.楼梯绘制定位线不包括(　　　　)。

　　A.梯段:中心　　　　　　　　　　　　B.梯段:前端

　　C.梯段:左　　　　　　　　　　　　　D.梯边梁外侧:左

二、多项选择题

1.栏杆的绘制方法有(　　　　　)。

　　A.绘制楼梯时自动生成栏杆

　　B.在没有栏杆的楼梯或坡道上选择按构件生成栏杆

　　C.再没有栏杆的楼板上选择按构件生成栏杆

　　D.直接绘制栏杆路径,选择族生成栏杆

　　E.在没有栏杆的屋顶上选择按构件生成栏杆

2.关于栏杆扶手属性设置说法错误的是(　　　　　)。

　　A.顶部扶栏的高度不可修改

　　B.顶部扶栏和其余扶栏在同一个位置进行编辑

　　C.支柱分为起点支柱、中点支柱和中间支柱

　　D.扶栏、栏杆和支柱的样式都可以修改

　　E.可以设置楼梯上每个踏板都使用栏杆

三、判断题

1.扶手的数量可以栏杆位置编辑栏进行编辑。　　　　　　　　　　　　　　(　　)

2.栏杆扶手中的支柱包括起点支柱、转角支柱和终点支柱,3种支柱的栏杆样式必须完全一样。　　　　　　　　　　　　　　　　　　　　　　　　　　　　　　　(　　)

3.楼梯上自动绘制的栏杆只能在楼梯编辑器中修改。　　　　　　　　　　　(　　)

4.构件式楼梯的踢面数不需要自己输入,软件会自动生成。　　　　　　　　(　　)

5.构件式楼梯绘制后,可以将平台转换成草图式,然后进行平台形状编辑。　(　　)

6.类型属性中的楼梯计算规则并不是当前楼梯的参数设置,而是对楼梯参数的约束。

　　　　　　　　　　　　　　　　　　　　　　　　　　　　　　　　　　　(　　)

四、操作题

1.按照给出的双跑楼梯平、立面图,创建楼梯模型,结果以"双跑楼梯.rvt"为文件名保存。台阶、扶手、栏杆以及休息平台按图7.25中给出的尺寸建模。

2.请根据图7.26创建楼梯与扶手,楼梯构造与扶手样式如图所示,顶部扶手为直径40 mm圆管,其余扶栏为直径30 mm圆管,栏杆扶手的标注均为中心间距。

3.按照给出的楼梯平、剖面图,创建楼梯模型,并参照图7.27所示平面图在相应位置建立楼梯剖面模型,栏杆高度为"1100",栏杆样式不限。结果以"楼梯"为文件名保存。其他建模所需尺寸可参考给定的平、剖面图自定。

4.根据图7.28图给定数值创建楼梯与扶手,扶手截面为50 m×50 m,高度为90 mm,栏杆截面为20 m×20 mm,栏杆间距为280 m,未标明尺寸不作要求,楼梯整体材质为混凝土,请将模型以"楼梯扶手"为文件名保存。

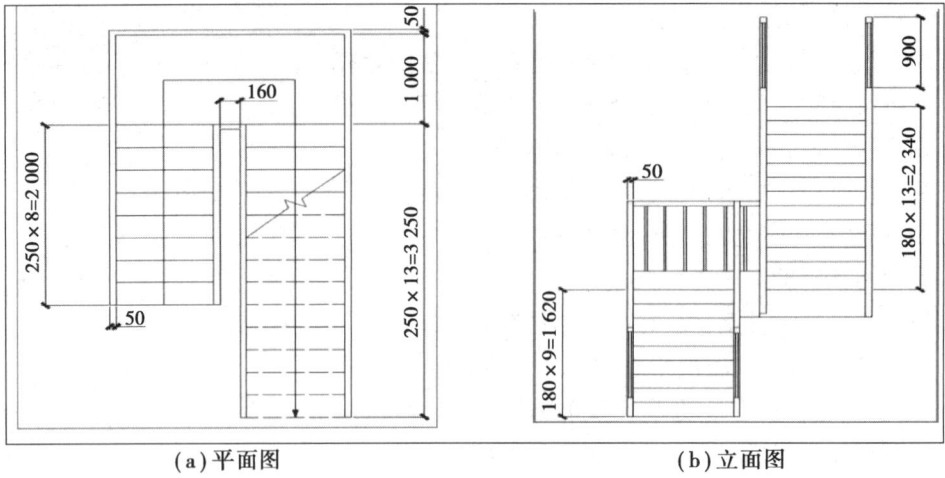

(a)平面图　　　　　　　　　　(b)立面图

图 7.25　习题 1 图

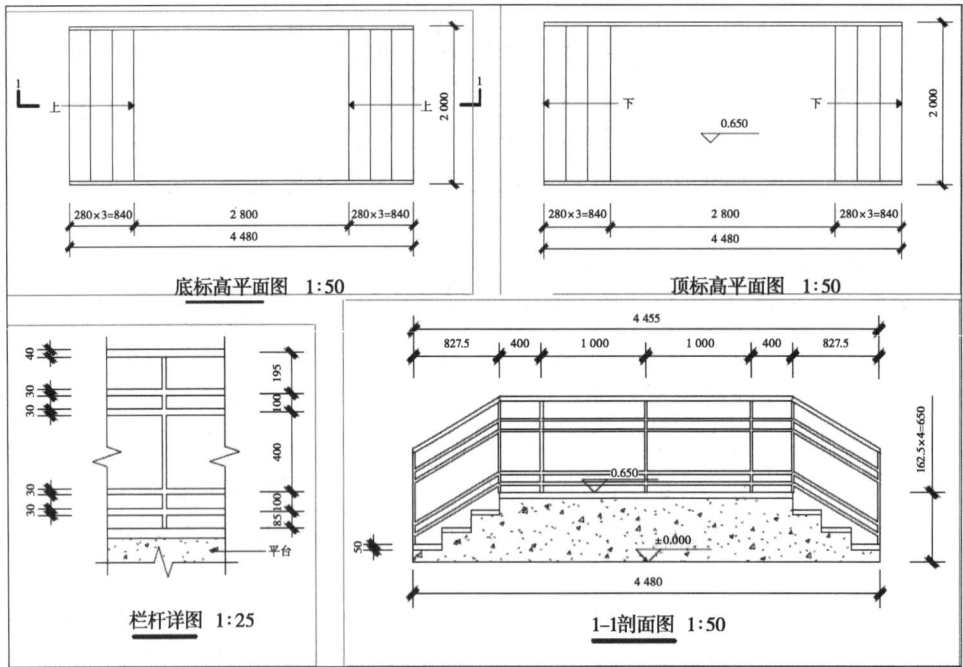

底标高平面图　1:50　　　　　　　顶标高平面图　1:50

栏杆详图　1:25　　　　　　　　1-1剖面图　1:50

图 7.26　习题 2 图

楼梯1-1剖面图　　1∶100

一层楼梯平面图　　1∶50

二层楼梯平面图　　1∶50

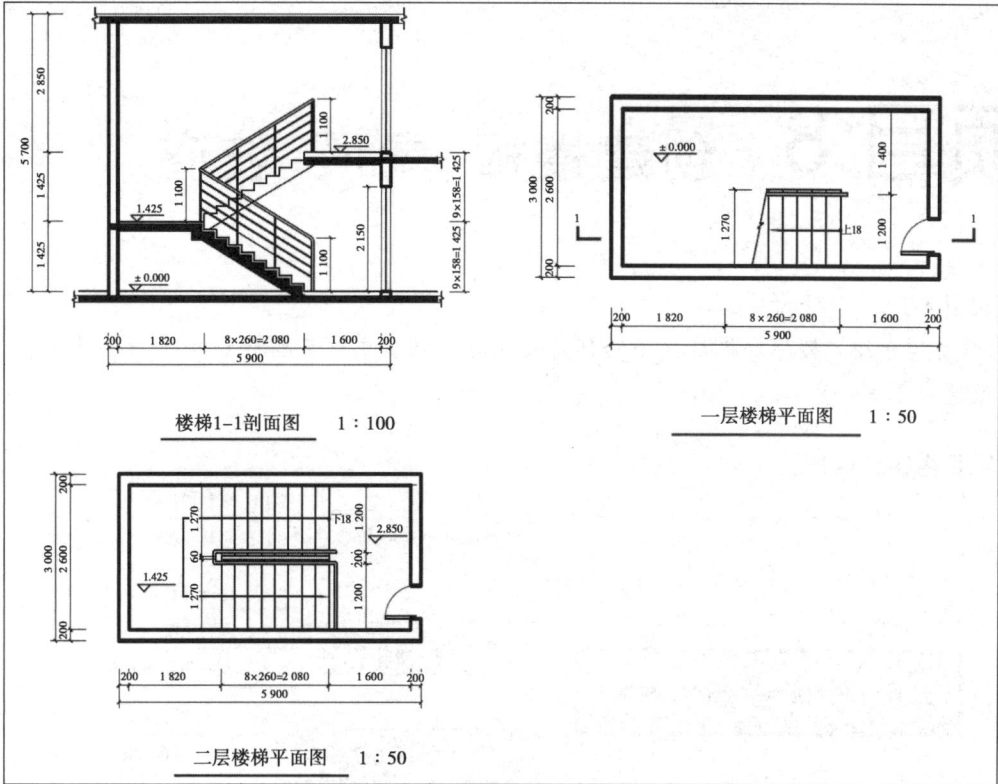

图 7.27　习题 3 图

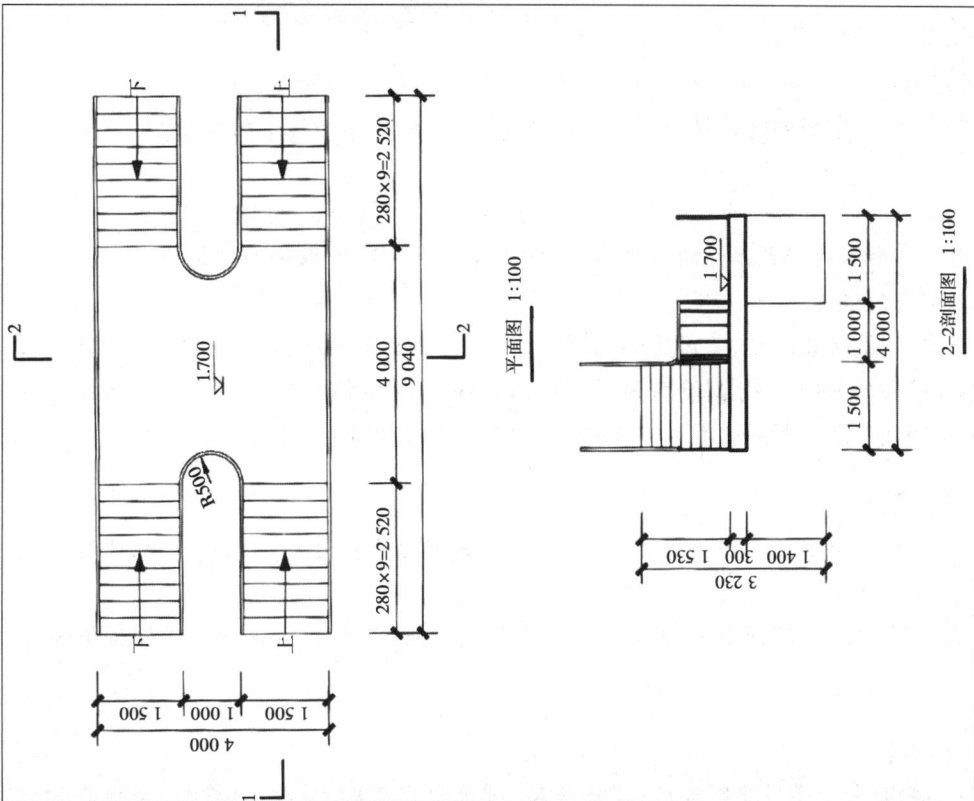

平面图　1∶100

2-2剖面图　1∶100

图 7.28　习题 4 图

项目8 创建楼板、屋顶、坡道

【项目引入】

项目7介绍了楼梯和栏杆扶手的创建及编辑方法。本项目将介绍项目中创建楼板、坡道、屋顶的方法和步骤。

【本项目内容结构】

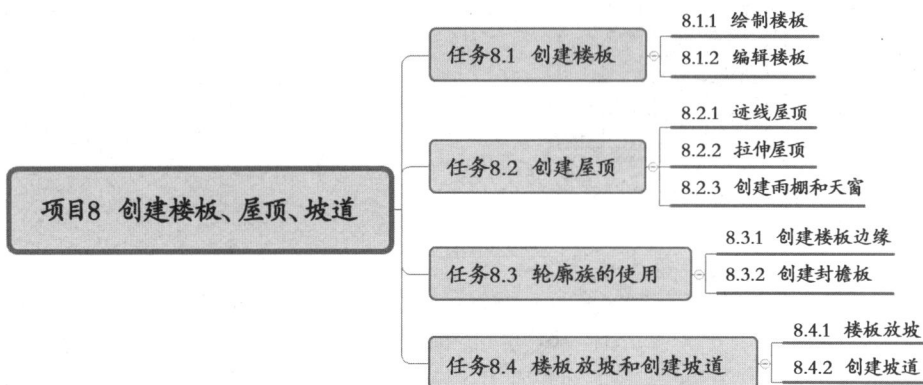

```
                                      ┌─ 8.1.1 绘制楼板
                         任务8.1 创建楼板 ┤
                                      └─ 8.1.2 编辑楼板

                                      ┌─ 8.2.1 迹线屋顶
                         任务8.2 创建屋顶 ┼─ 8.2.2 拉伸屋顶
                                      └─ 8.2.3 创建雨棚和天窗
   项目8 创建楼板、屋顶、坡道
                                      ┌─ 8.3.1 创建楼板边缘
                         任务8.3 轮廓族的使用 ┤
                                      └─ 8.3.2 创建封檐板

                                      ┌─ 8.4.1 楼板放坡
                         任务8.4 楼板放坡和创建坡道 ┤
                                      └─ 8.4.2 创建坡道
```

【学习目标】

知识目标:掌握创建楼梯和栏杆的能力;掌握整体楼梯和组合楼梯的绘制;掌握栏杆扶栏的编辑。

技能目标:任务驱动方式进行建筑构件绘制的训练;掌握不同形式楼梯的创建。学会创建建筑中各种不同形式楼梯的模型,同时掌握了其在实际工程中的用途,达到独立思考、解决工程问题的能力。

素质目标:文化自信,爱国情怀;科学严谨细心的职业态度;团结协作、乐于助人的职业精神;极强的敬业精神和责任心,诚信、豁达,能遵守职业道德规范的要求,提高学生认识问题、分析问题和解决问题的能力,培养学生精益求精的大国工匠精神。

【学习重、难点】

重点:掌握创建楼板和屋顶的能力;掌握楼板轮廓族的使用;了解楼板放坡和创建坡道的方法,会适当的应用。

难点:掌握各种不同形式楼板和屋顶的创建方法;具有创建各种形式的楼板和屋顶的能力。

【学习建议】

1.本项目着重学习绘制楼板、创建屋顶,对于创建楼板边缘和封檐板、楼板许和创建坡道做一般了解。

2.学习中可以学习配套资源中的视频、动画等手段,掌握建筑中各种形式的楼板和屋顶创建和编辑。

3.多做施工图实例的练习,注意细节,绘制楼板和屋顶的过程中注意把握关键的几个参数,多次练习以达到熟练操作的目的。

4.单元后的测试训练与项目实训,应在学习中对应进度逐步练习,通过做练习加以巩固基本知识。

任务 8.1　创建楼板

Revit 提供了灵活的楼板工具,可以在项目中创建常见形式的楼板。与墙类似,楼板属于系统族,可以根据草图轮廓及类型属性中定义的结构生成相应结构和形状的楼板。在创建 BIM 模型项目楼板前,先仔细查看楼板的相关图纸,主要关注楼板厚度、位置和开洞的情况。

8.1.1　绘制楼板

①进入基顶层平面视图。在"建筑"选项卡的"楼板"下拉列表中选择"楼板:结构",进入"修改|创建楼层边界"选项卡,在"绘制面板"的"边界线"中选择"直线"工具绘制楼板边界,如图 8.1 所示。

图 8.1　楼板类型设置

②单击"构造"中"结构"参数后的"编辑"按钮,按图 8.2 进行设置,材质设为"混凝土-现场浇注混凝土",厚度设为"160"。

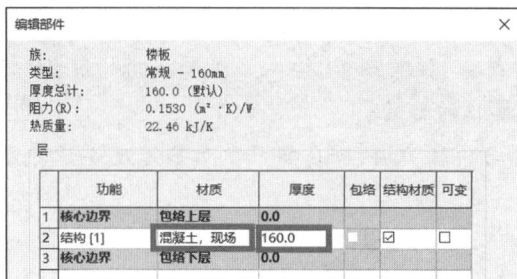

图 8.2　楼板结构参数设置

③开始绘制"F1"层楼板,绘制如图 8.3 所示轮廓线,参数按左侧属性面板设置。绘制完成后单击按钮,完成编辑后弹出如图 8.4 所示的对话框,单击"否"按钮。完成后的三维图如图 8.5 所示。

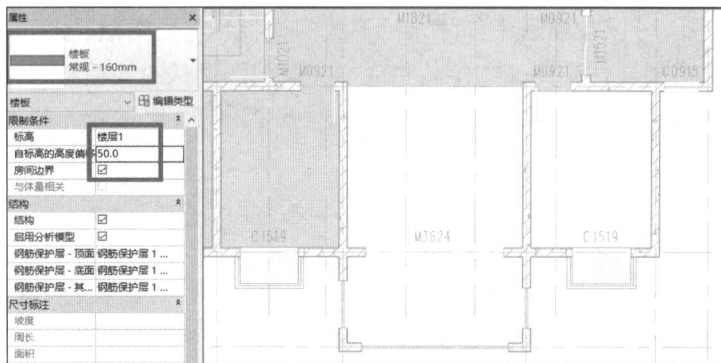

图 8.3　"F1"楼板绘制

图 8.4　跨方向设置

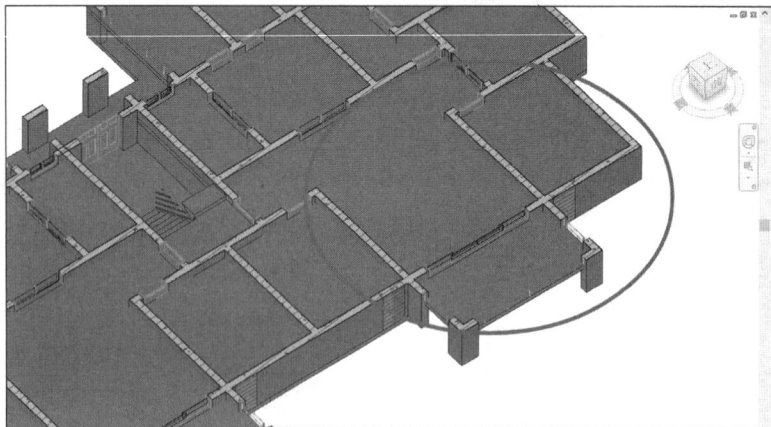

图 8.5　"F1"楼层三维板

④进入"F2"层平面视图。单击"可见性/图形替换"选项,勾选以前链接的图纸"标准层(2~5 层)平面图",如图 8.6 所示。开始按链接图纸绘制"F2"层的楼板,单击"直线"绘制轮廓线,绘制完成后单击✔按钮,完成编辑,如图 8.7 所示。1#楼梯和 2#楼梯的位置留洞,卫生间因比地坪低 50 mm,需另行绘制楼板。

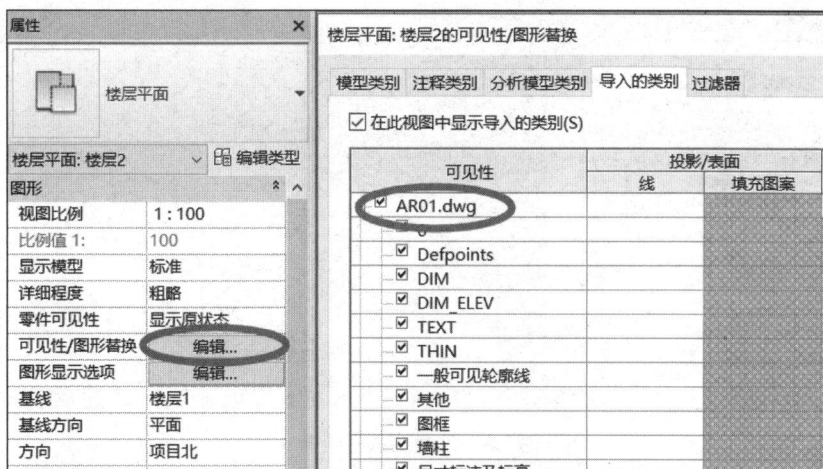

图 8.6 "F2"楼层平面可见性

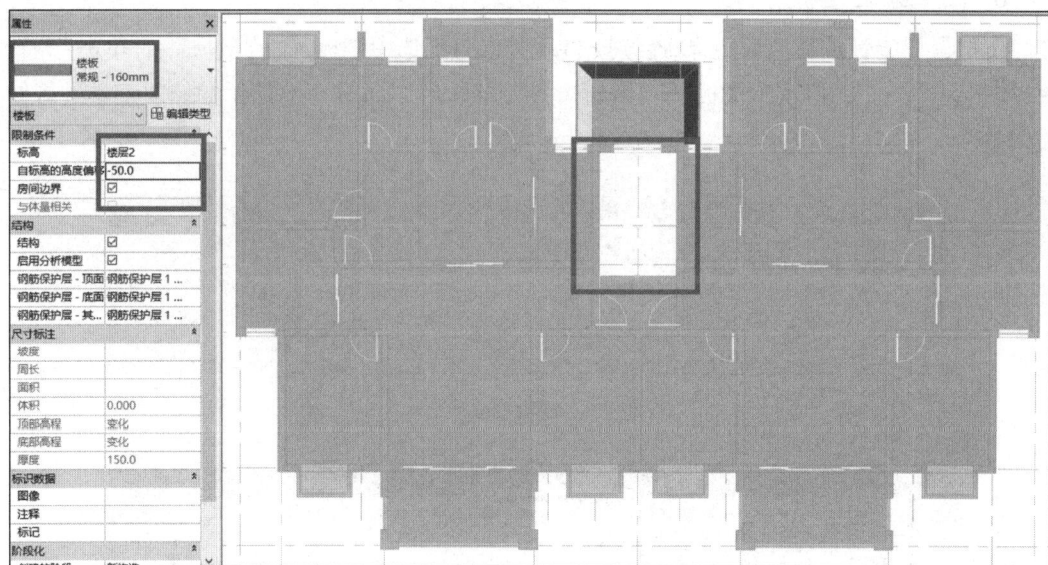

图 8.7 "F2"楼板绘制

【注意】

绘制楼板时,楼板边界可以是多个闭合的轮廓,但一定要保证轮廓都是闭合的。

【想一想】

创建楼板后,如何为楼板开洞口呢? 在楼板上开洞口时,要注意哪些问题?

⑤按图 8.8 所示设置卫生间楼板的实例属性,绘制卫生间楼板。

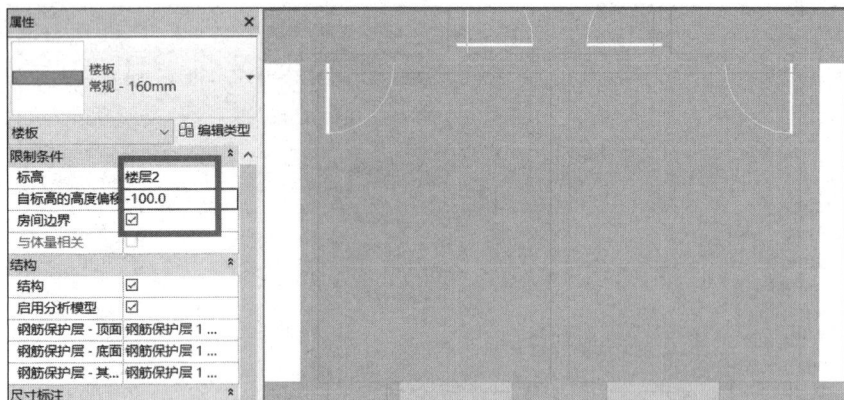

图 8.8　卫生间楼板绘制

8.1.2　编辑楼板

①把鼠标指针放在楼板边缘,连续按"Tab"键,直到选中楼板,如图 8.9 所示,单击"编辑边界"按钮,进入"修改|楼板"→"编辑边界"选项卡,用如图 8.10 所示的修改工具进行修改调整。

图 8.9　编辑楼板边界

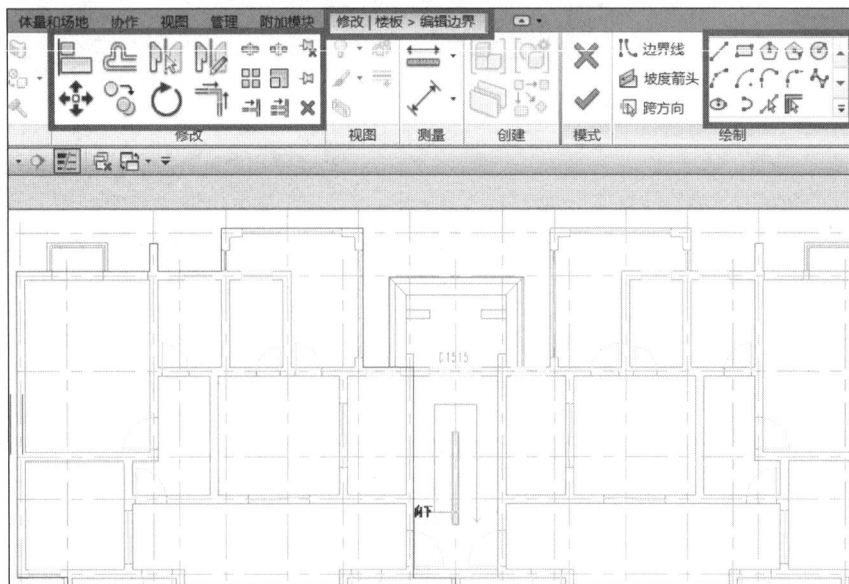

图 8.10　楼板边界修改调整

②板是切割梁和柱,板绘制完成后,与实际不符,需要切换板和柱梁的连接顺序。单击"修改"选项卡中的"几何图形"面板,在"连接"下拉列表中选择"切换连接顺序",如图 8.11所示。选择选项栏中的"多重连接",选择楼板,再选择梁和柱,也可以框选。单击"修改"按钮或者按"Esc"键完成,如图 8.12 所示。

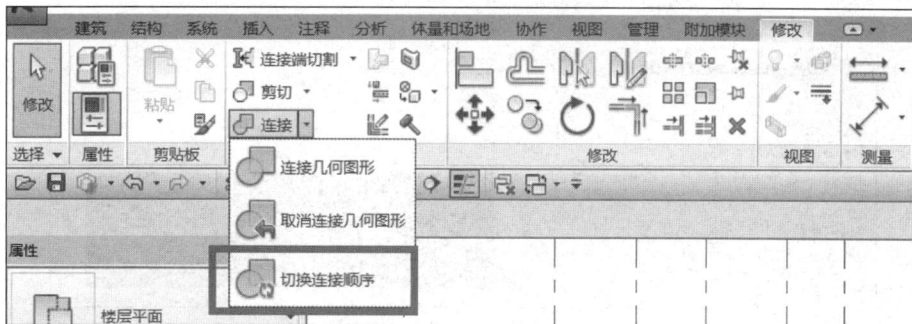

图 8.11　切换连接顺序

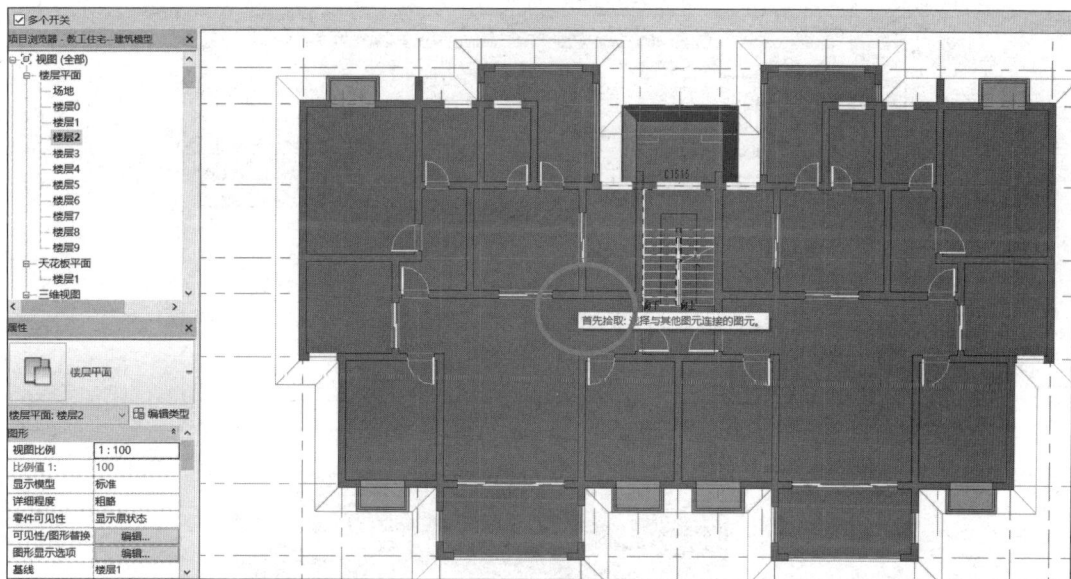

图 8.12　楼板切换连接

③在立面视图中框选"F2"层楼板,单击"过滤器"按钮▽,勾选"楼板",如图 8.13 所示。单击"剪贴板"面板中的"复制到剪贴板"工具。然后单击"粘贴"按钮下的"与选定的标高对齐"工具,弹出"选择标高"窗口,选择"F3"和"F4",如图 8.14 所示,完成后如图 8.15所示。

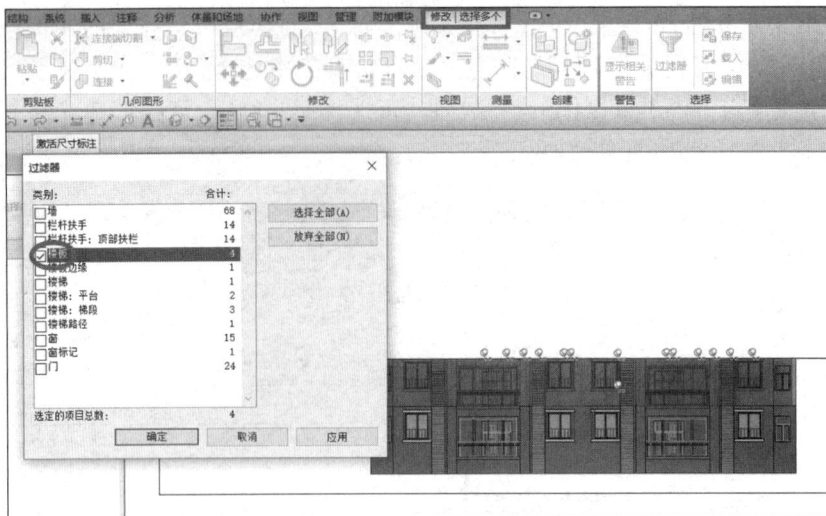

图 8.13　过滤选择楼板

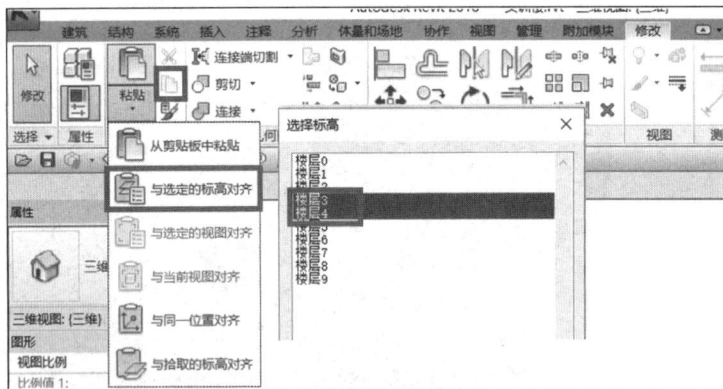

图 8.14　复制粘贴楼板

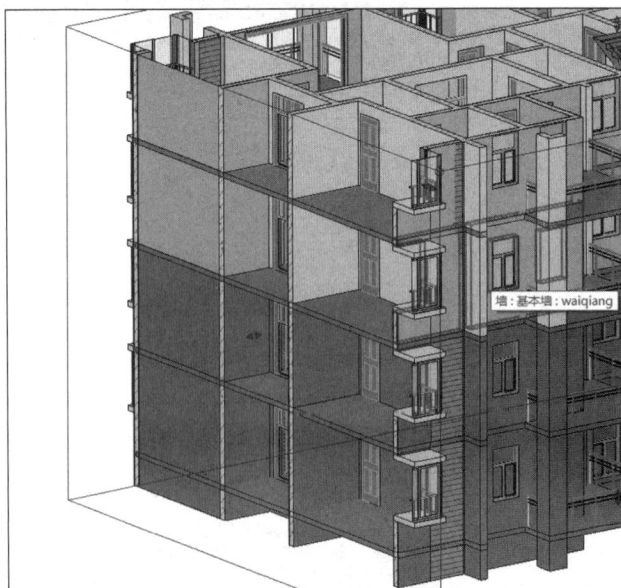

图 8.15　"F3""F4"楼板

任务 8.2　创建屋顶

屋顶工具位置是在"建筑"选项卡的"构建"面板中。"屋顶"命令的下拉菜单中有 3 种创建屋顶的方法："迹线屋顶""拉伸屋顶""面屋顶"，依附于屋顶进行放样的命令有："屋檐：底板""屋顶：封檐板""屋顶檐槽"，如图 8.16 所示。

图 8.16　屋顶工具

①迹线屋顶：通过创建屋顶边界线，定义边线属性和坡度的方法创建常规坡屋顶和平屋顶。

②拉伸屋顶：当屋顶的横断面有固定形状时可以用拉伸屋顶命令创建面屋顶。

③面屋顶：异型的屋顶可以先创建参照体量的形体，再用"面屋顶"命令拾取面进行创建。

8.2.1　迹线屋顶

①单击进入"出屋面"的平面视图，在"建筑"面板中选择"屋顶"下拉列表中的"迹线屋顶"命令，如图 8.17 所示，进入迹线屋顶草图编辑模式。

图 8.17　迹线屋顶工具

②单击"属性"面板中的"编辑类型"按钮，打开"类型属性"窗口，如图 8.18 所示。"复制"一个屋顶，名称设为"常规-200 mm"，单击"结构"右侧的"编辑"按钮，进入结构墙参数的设置。"厚度"改为"200"，"材质"选择"混凝土-现场浇注混凝土"，勾选"使用渲染外观"，单击"确定"按钮完成设置，如图 8.19 所示。

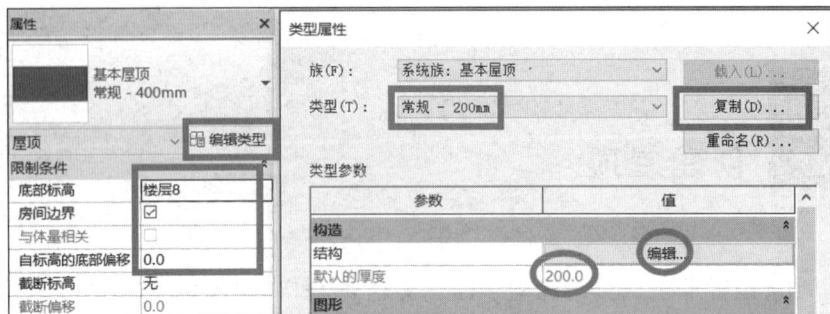

图 8.18　新建屋顶类型

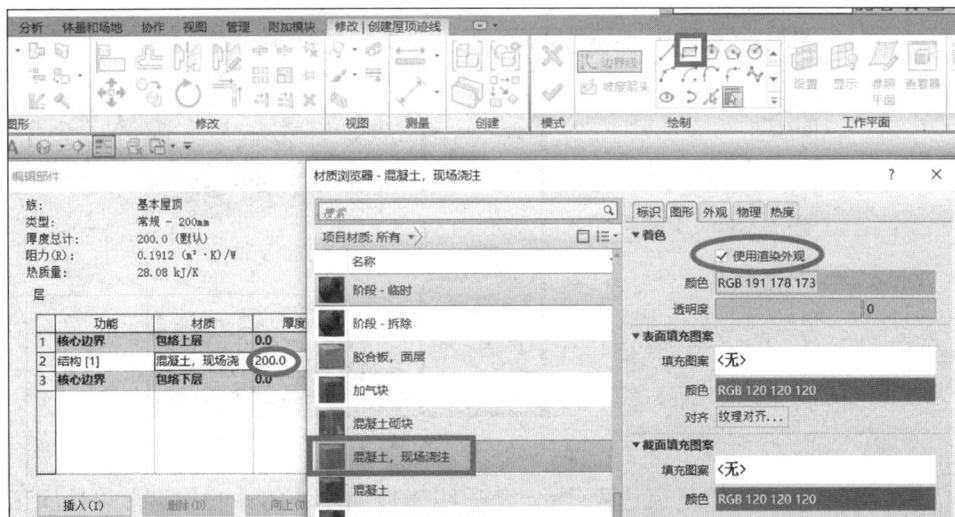

图 8.19　屋顶材质设置

　　③单击"绘制"面板中的"矩形"工具▢，将"偏移"设为"200"，如图 8.20 所示。单击✔
按钮或"修改"按钮完成。完成的顶部屋顶绘制三维图如图 8.21 所示。双击屋顶，单击边界
线，可以对坡度进行设置，如图 8.22 所示。

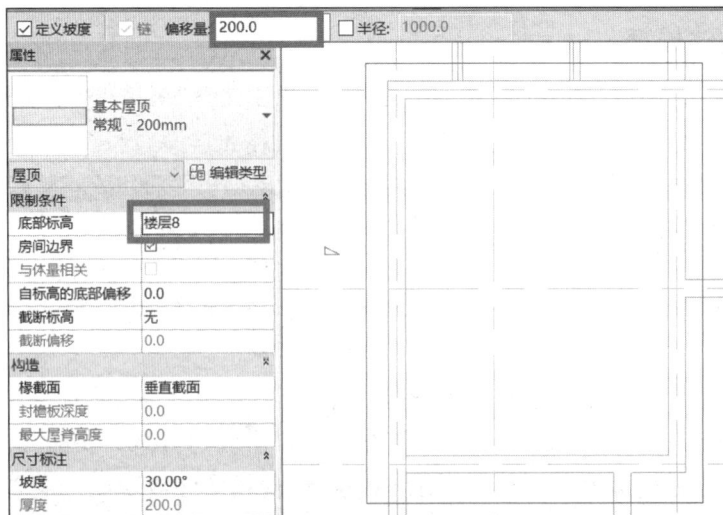

图 8.20　顶部屋顶绘制

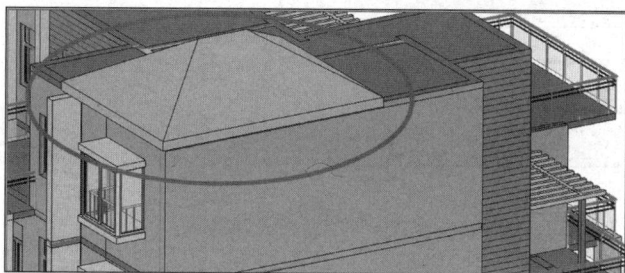

图 8.21　顶部屋顶三维图

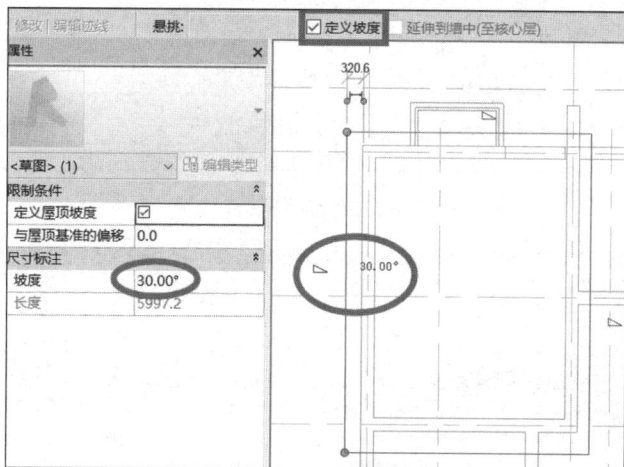

图 8.22　迹线屋顶坡度设置

8.2.2　拉伸屋顶

①单击进入"屋面"的平面视图,在"建筑"选项卡中选择"屋顶" ⬜下拉列表中"拉伸屋顶" ⬜命令,按图 8.23 选择工作平面,单击屋顶梁,选择屋顶参照标高和偏移。

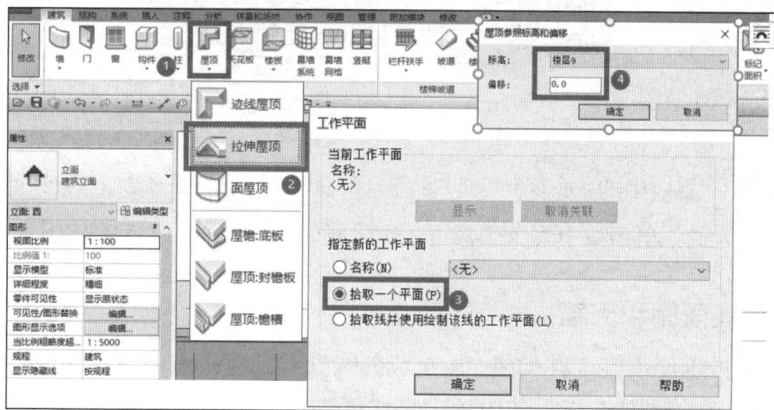

图 8.23　拉伸屋顶工作平面设置

②沿屋面梁上部绘制一条直线,如图 8.24 所示。完成后进入屋面平面视图,查看长度是否符合要求,通过拖动左右两侧的蓝色三角形,可移动拉伸到需要的位置,如图 8.25 所示。

图 8.24　拉伸屋顶轮廓绘制

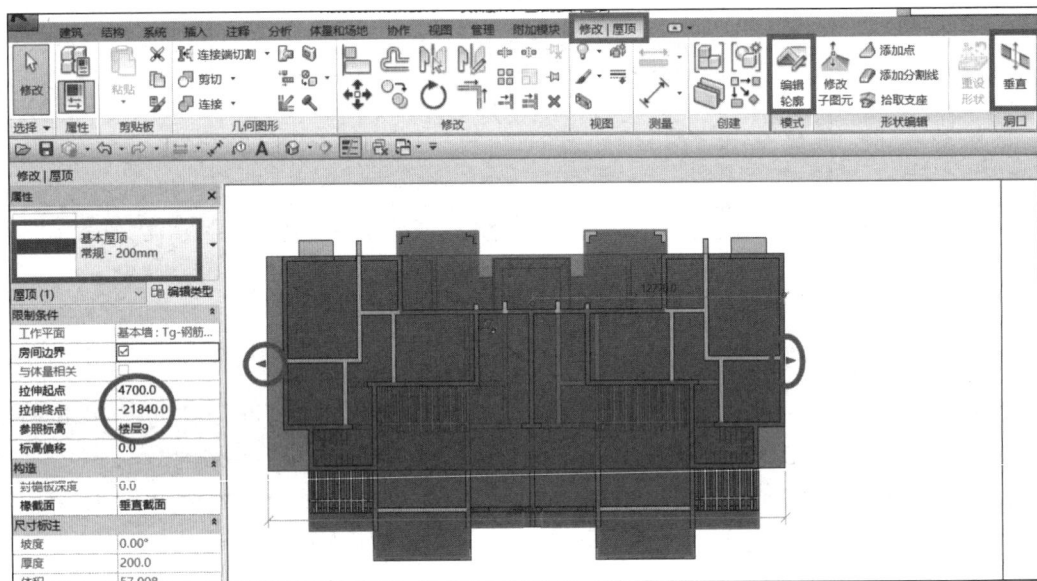

图 8.25　拉伸长度修改

③单击"洞口"面板中的"垂直"工具 ，选择"矩形"工具 将 2#楼梯和屋顶中间部位开洞,如图 8.26 所示。单击 按钮或"修改"按钮完成,完成后的三维图如图 8.27 所示。

8.2.3　创建雨棚和天窗

雨棚和天窗可以使用族工具创建,也可以在体量上创建幕墙系统。本住宅楼项目使用第二种方法创建,族的创建在以后的内容中将详细讲解。

①进入"F1"平面视图,单击"体量和场地"选项卡中的"概念体量"面板,单击"内建体量"工具 ,输入内建体量族的名称为"体量 1",然后单击"确定"按钮,如图 8.28 所示。

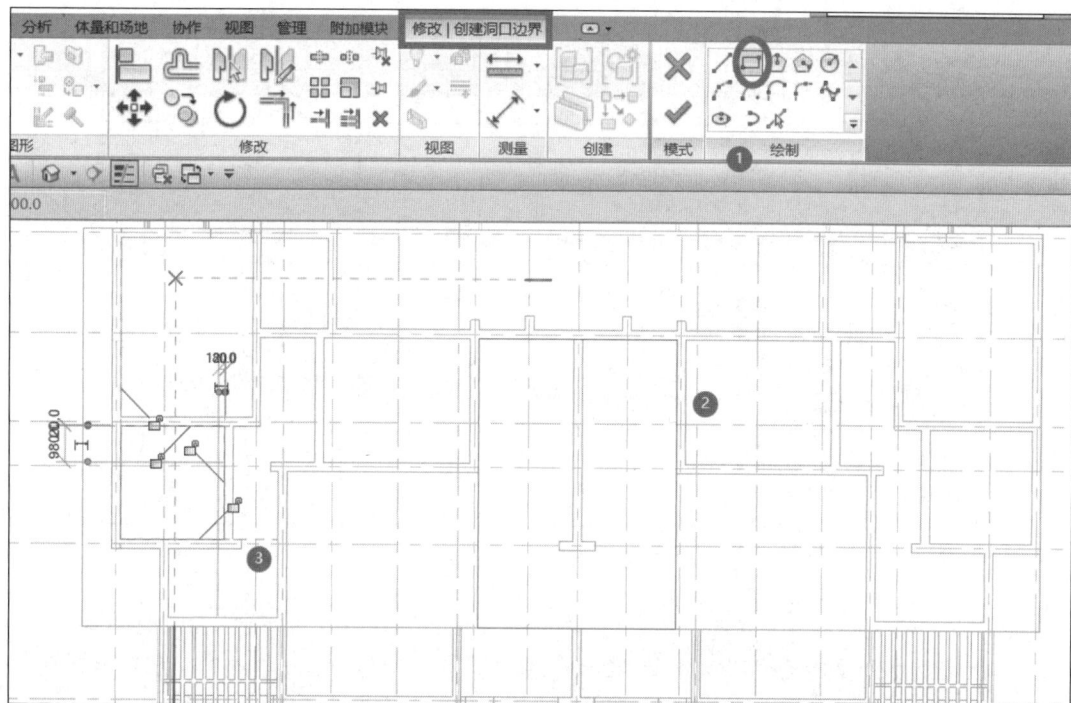

图 8.26　绘制屋顶洞口

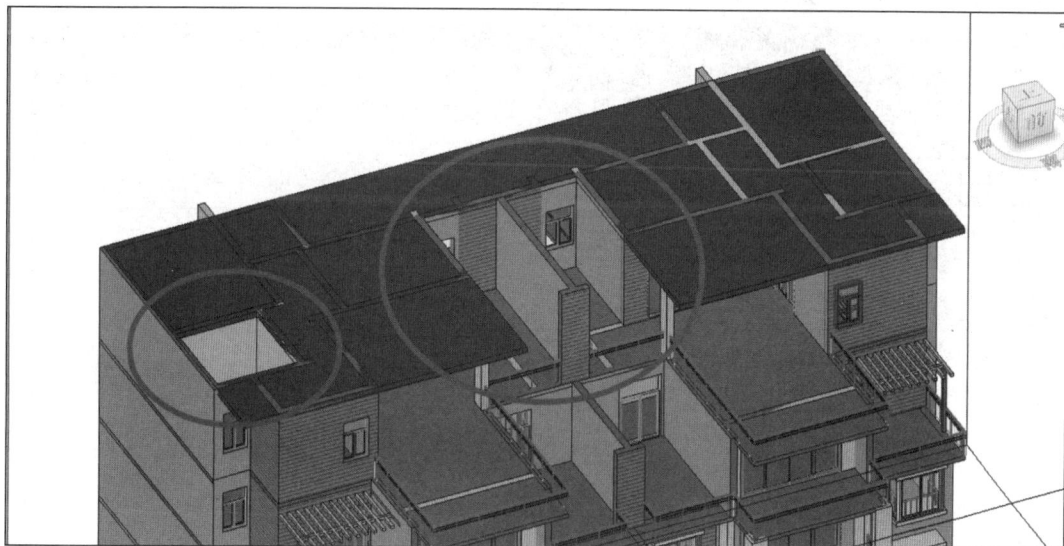

图 8.27　屋顶洞中三维图

图 8.28　内建体量

②单击"模型"几中的"矩形"工具▭,按图 8.29 所示的设置绘制体量线,完成后单击"形状"面板中"创建形状"📐中的"实心形状"⬙。

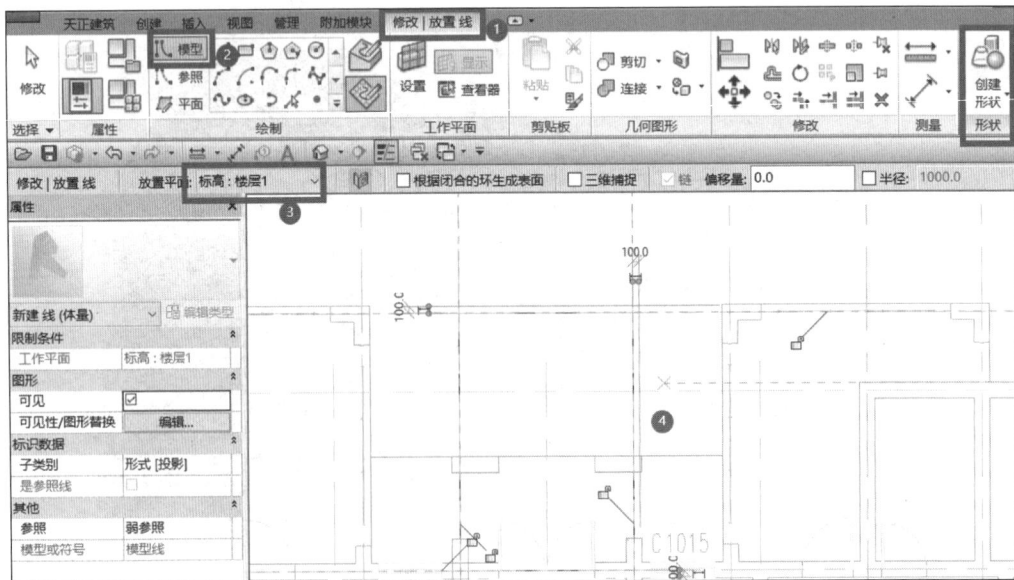

图 8.29　体量线绘制

③切换到西立面视图,按图 8.30 所示调整拉伸长度,单击✔按钮完成。

④在"建筑"选项卡的"构建"面板中单击"幕墙系统"▦,如图 8.31 所示。单击"编辑类

型"按钮,复制一个新的类型,命名为"雨棚_3000×1200",参数设置如图 8.32 所示。单击选择体量最上边的面后,"选择多个"按钮▲变为灰色,然后单击"创建系统"按钮▦,如图 8.33所示。完成后的效果如图 8.34 所示。

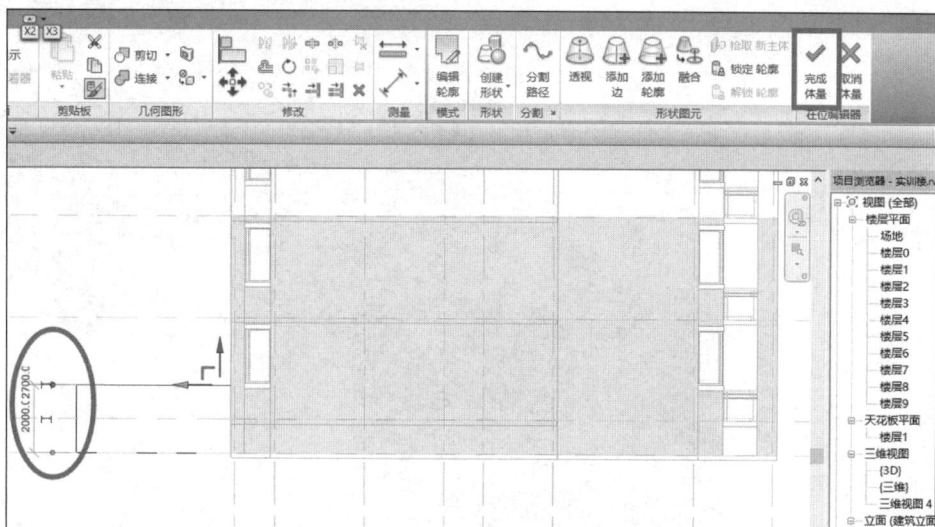

图 8.30　体量拉伸调整

图 8.31　幕墙系统

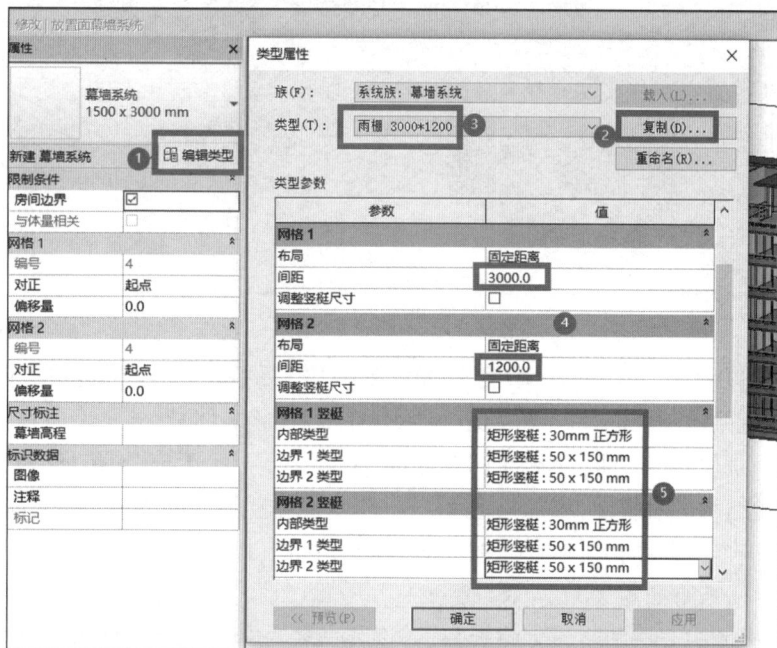

图 8.32　幕墙系统类型设置

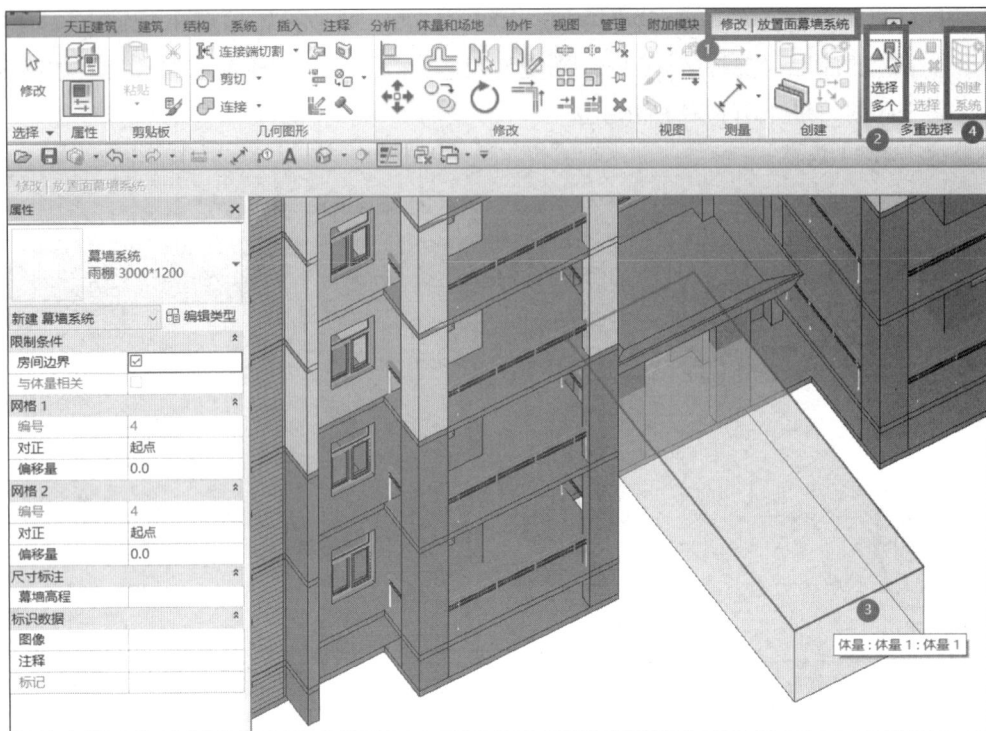

图 8.33　系统创建

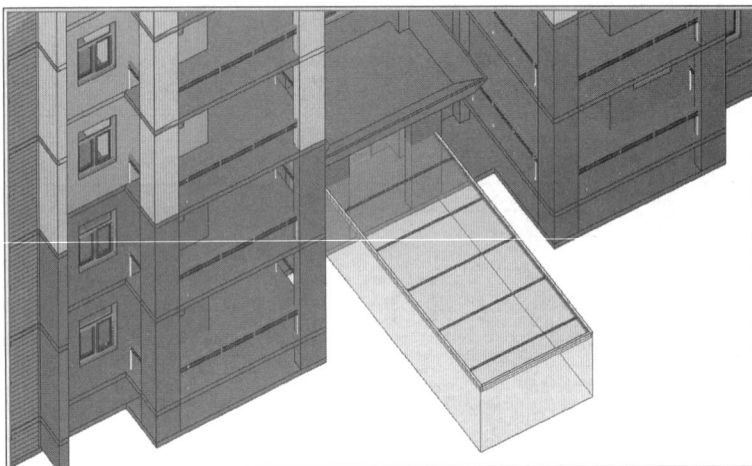

图 8.34　雨棚顶部完成

⑤按同样的方法再创建一个"雨棚 1000×1200"类型的幕墙系统,单击选择体量边的两个面,单击"创建系统"按钮▦,如图 8.35 所示。完成后,删除体量。

⑥进入"屋面"楼层平面,先创建一个墙体,命名为"屋面-天窗外墙-180",按图 8.36 所示进行设置,增加两个涂膜层,添加白色涂料材质。但材质库只有黄色涂料,需要在黄色涂料基础上复制一个白色涂料(图 8.37)并更改颜色为白色(图 8.38)。

⑦绘制墙体,结果如图 8.39 所示。

⑧按创建雨棚的方法和步骤创建天窗,并将其命名为"天窗 3000×3000",完成后的效果如图 8.40 所示。

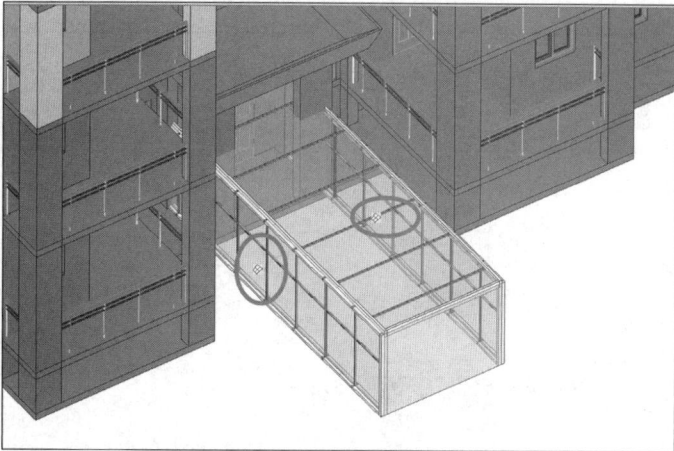

图 8.35　雨棚侧边完成

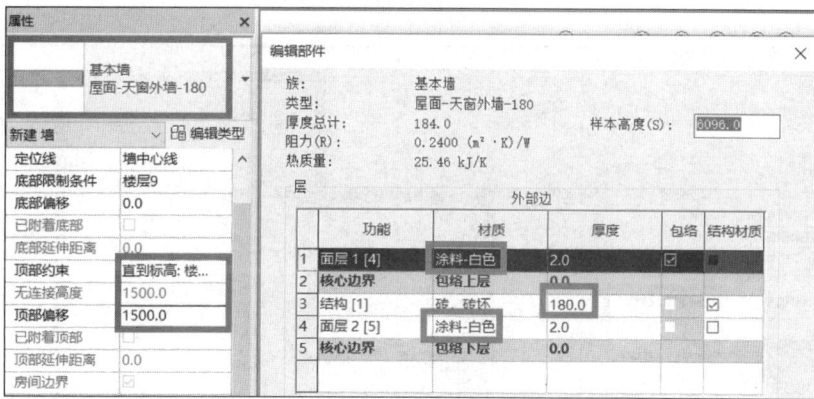

图 8.36　屋面大空设置

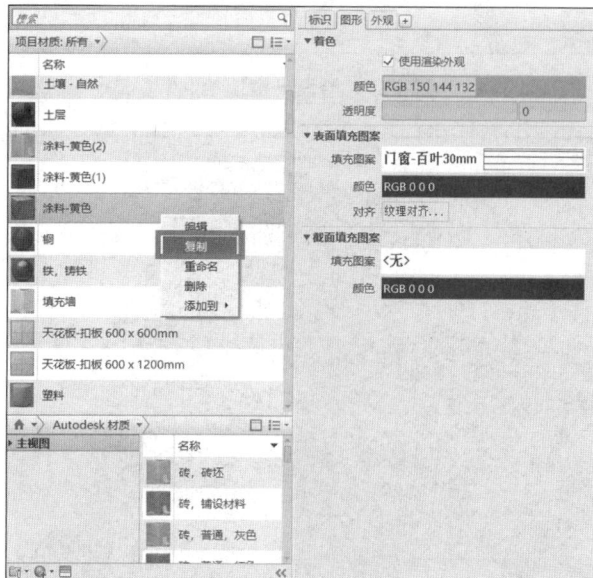

图 8.37　复制涂料

图 8.38　涂料颜色变更

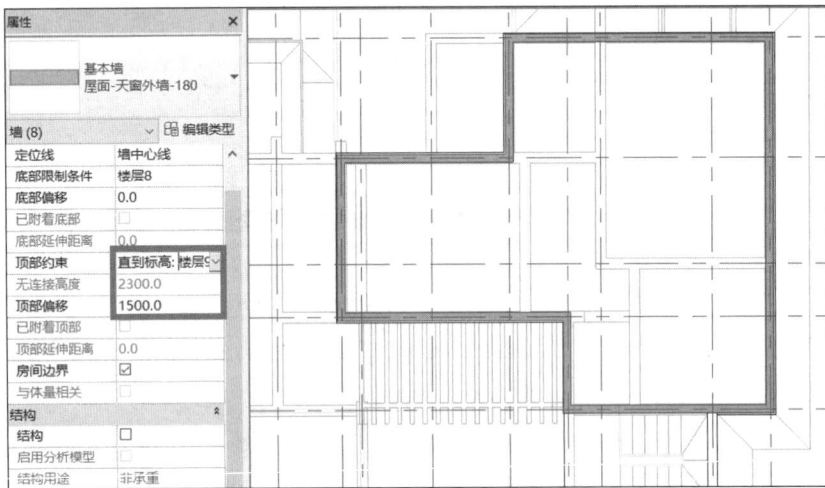

图 8.39　屋面天窗墙绘制

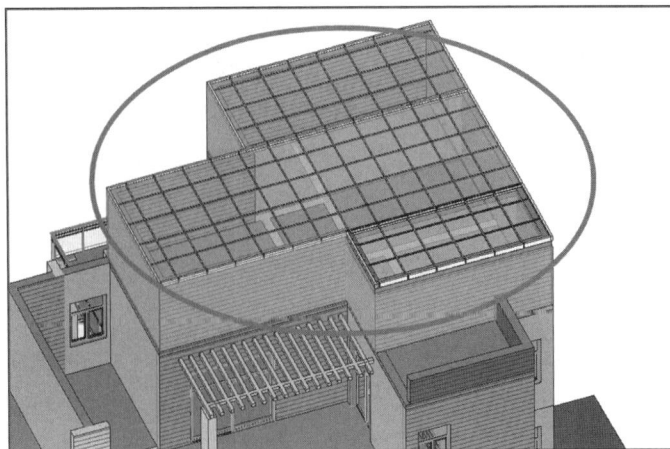

图 8.40　天窗雨棚三维图

【知识拓展】

有很多造型各异的屋顶,应该怎样进行创建? 那么以下面题目为例,讲解屋顶的创建方法。

按照图 8.41 所示平、立面图,创建屋顶模型,屋顶板厚均为 400,其他建模所需尺寸可参考平、立面图自定。

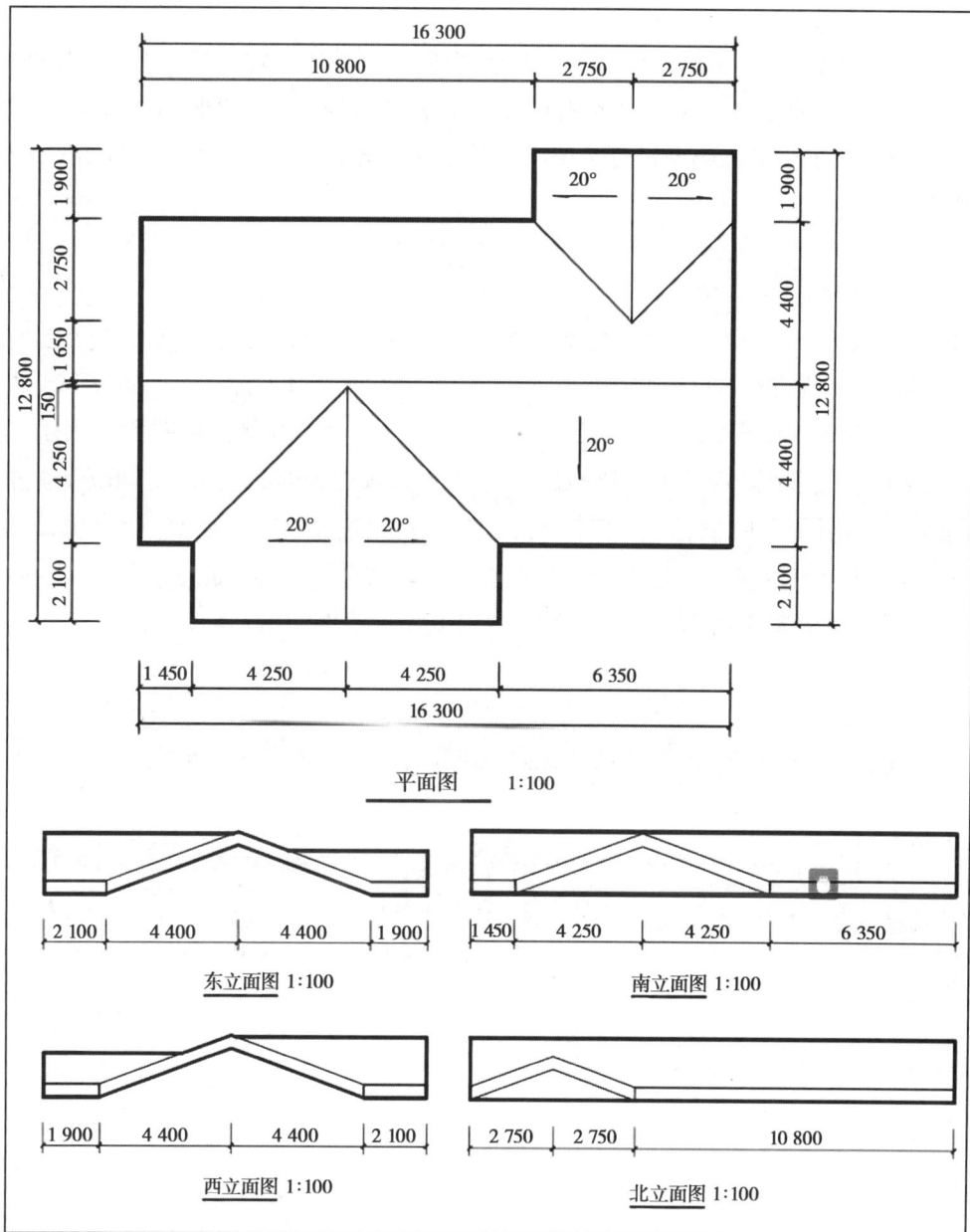

图 8.41　屋顶拓展题

任务 8.3 轮廓族的使用

Revit 轮廓族是 Revit 中比较简单的一个族,但同时也是比较重要的一个族。轮廓族相当于定义了一个截面,既可以由多边形构成,也可以由弧形等组成一个封闭的曲线。在制作族时,可以对指定的轮廓族类型进行拉伸或放样。现介绍本住宅楼项目楼板边缘和封檐带的使用方法。

8.3.1 创建楼板边缘

使用"楼板边缘"工具可以沿所选择的楼板边缘按指定的轮廓创建带状放样模型。在放样前,必须先载入所需要的轮廓形状族。下面为住宅楼项目添加车库入口处底板下部梁。

切换至基顶楼层平面视图,缩放至 2~3 号轴线间车库入口位置。如图 8.42 所示,单击"建筑"选项卡,在"构建"面板中选择"楼板" ▱下拉列表工具的黑色下拉三角形,单击"楼板:楼板边"按钮▱。在"属性"面板中单击"编辑类型"按钮,打开"类型属性"窗口,按图8.43所示的参数进行设置。鼠标光标移动到底板边缘,高亮显示入口底板水平边缘,并单击放置楼板边缘,按图 8.43 所示设置约束条件,完成后的三维图如图 8.44 所示。

> 【说明】
> 可以通过单击水平轴和竖直轴轮廓翻转按钮调整楼板边缘轮廓的方向。

图 8.42　楼板边缘工具

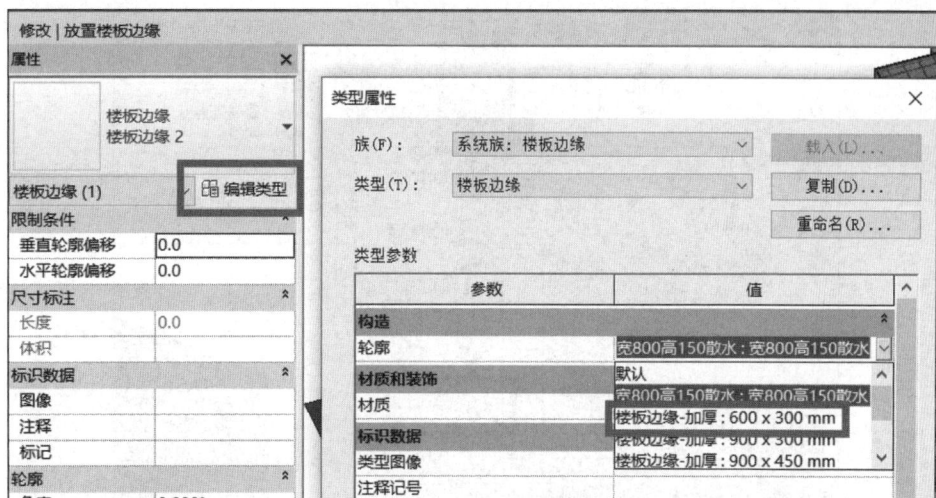

图 8.43　楼板边缘类型设置

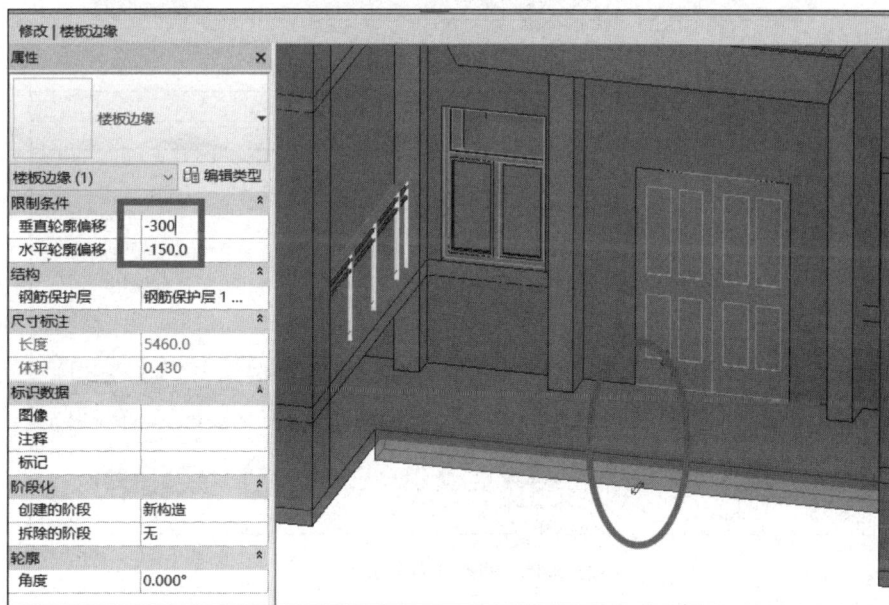

图 8.44　楼板边缘完成

8.3.2　创建封檐板

创建封檐板工具可以为屋顶、檐底板和其他封檐带边缘添加封檐板,也可以向模型线添加封檐板。可以将檐沟放置在二维视图(平面或剖面视图)中,也可以放置在三维视图中。接下来,在三维视图中为住宅楼的楼梯上部屋顶创建封檐板。

①切换至三维视图。如图 8.45 所示,在"建筑"选项卡的"构建"面板中单击"屋顶" 下拉列表中的"屋顶:封檐板"工具 ,进入"修改|放置封檐板"选项卡。

②在"属性"面板中单击"编辑类型"按钮,打开"类型属性"窗口,按图 8.46 所示参数进行设置,材质设置为"聚氯乙烯,硬质"。逐个单击屋顶下边缘,完成放置,如图 8.47 所示。

177

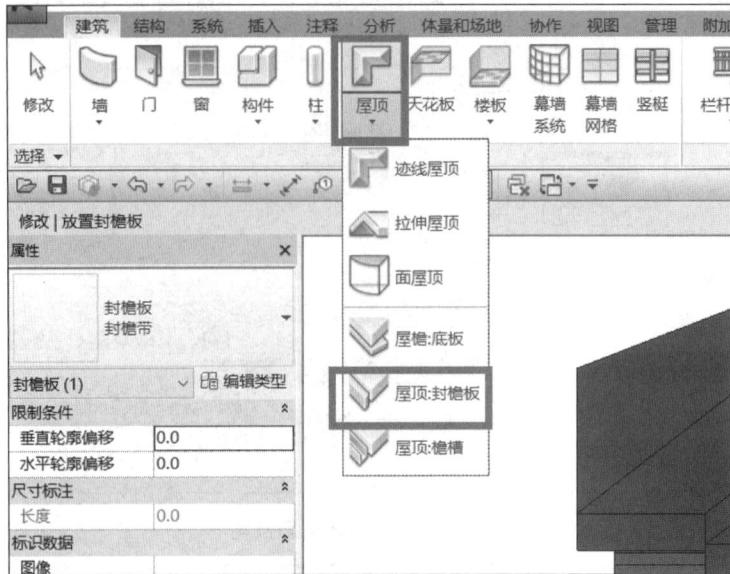

图 8.45　屋顶：封檐板

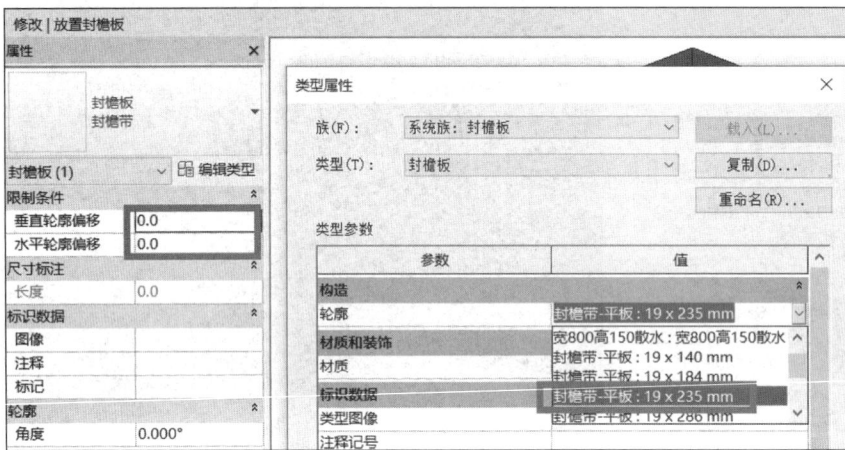

图 8.46　修改｜放置封檐板

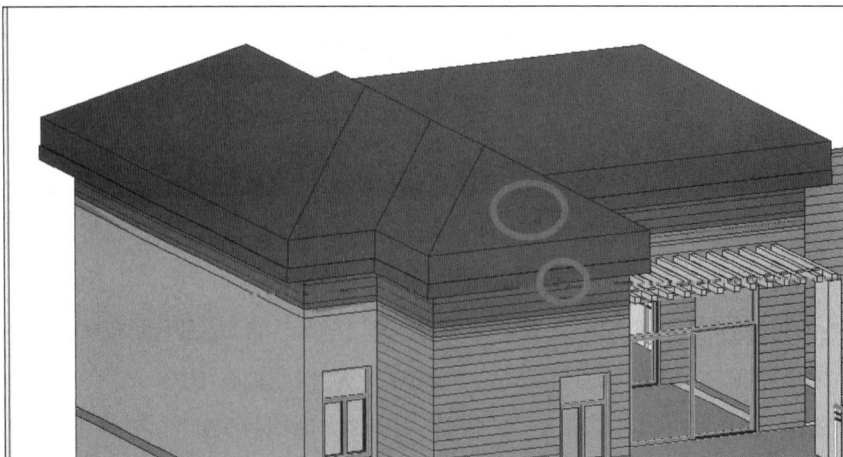

图 8.47　封檐板完成

楼板放坡和创建坡道

8.4.1　楼板放坡

楼板放坡有以下几种方法：

①在绘制或编辑楼层边界时，绘制一个坡度箭头。

②指定平行楼板绘制线的"相对基准的偏移"属性值。

③指定单条楼板绘制线的"定义坡度"和"坡度"属性值。

④对楼板的形状进行编辑。

下面分别介绍以下几种放坡的使用方法：

①切换至平面视图，单击"建筑"选项卡中的"楼板"按钮🔲，进入"创建｜楼板边界"选项卡，在"绘制"面板中选择"矩形"绘制一个楼板，完成后双击楼板，进入"修改｜编辑边界"选项卡，如图 8.48 所示。

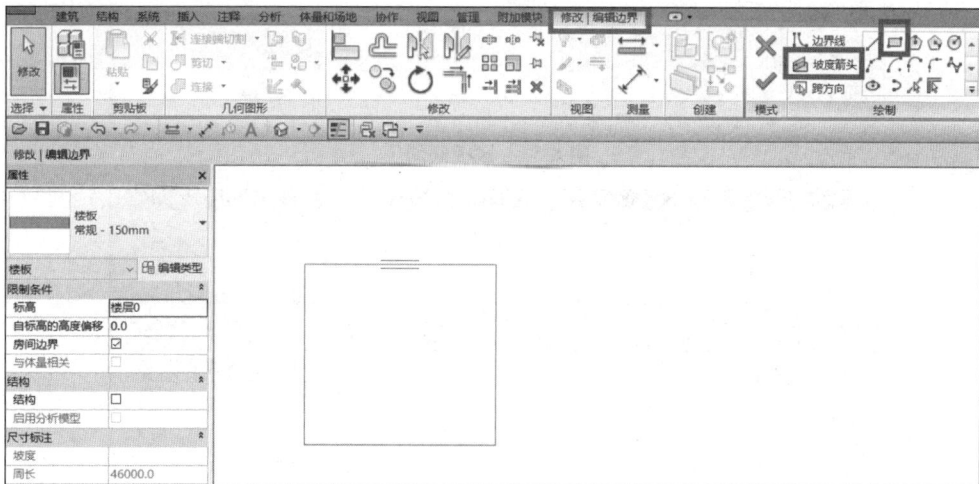

图 8.48　创建楼板

②在"绘制"面板中选择"坡度箭头"按钮🔲，从左到右绘制坡度箭头，如图 8.49 所示。完成后的楼板如图 8.50 所示。

③单击平行的两个板边线，分别按图 8.51 所示设置相对基准的偏移为"3000.0"。完成后的楼板如图 8.52 所示。

④单击板的一个边线，按图 8.53 所示进行设置。

⑤选择楼板，单击"添加分割线"按钮🔲，在楼板中间创建分割线，再单击"修改子图元"按钮🔲，分别设置为"1500"，如图 8.54 所示，完成后效果如图 8.55 所示。

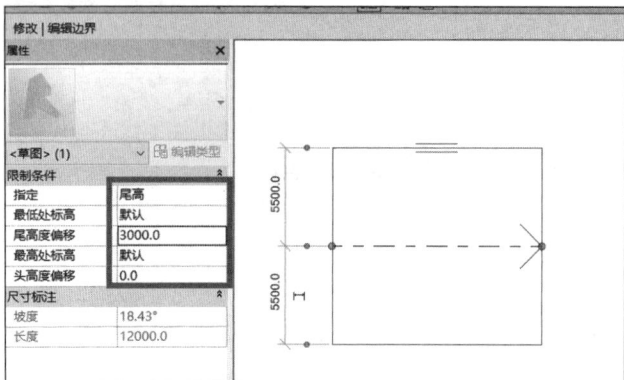

图 8.49　坡度箭头设置

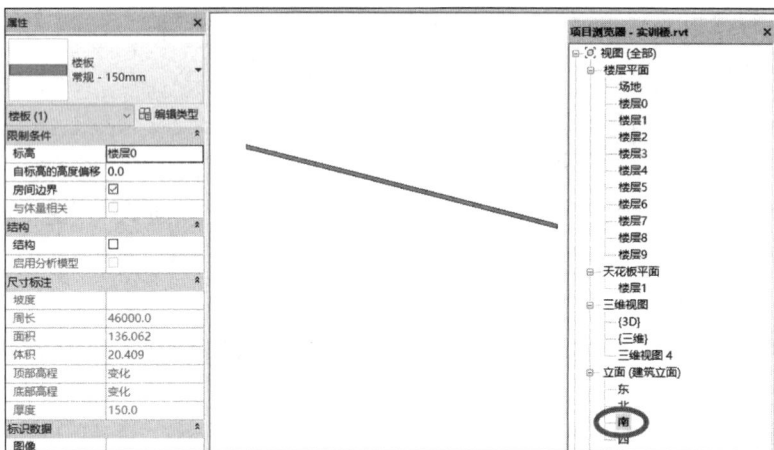

图 8.50　楼板倾斜

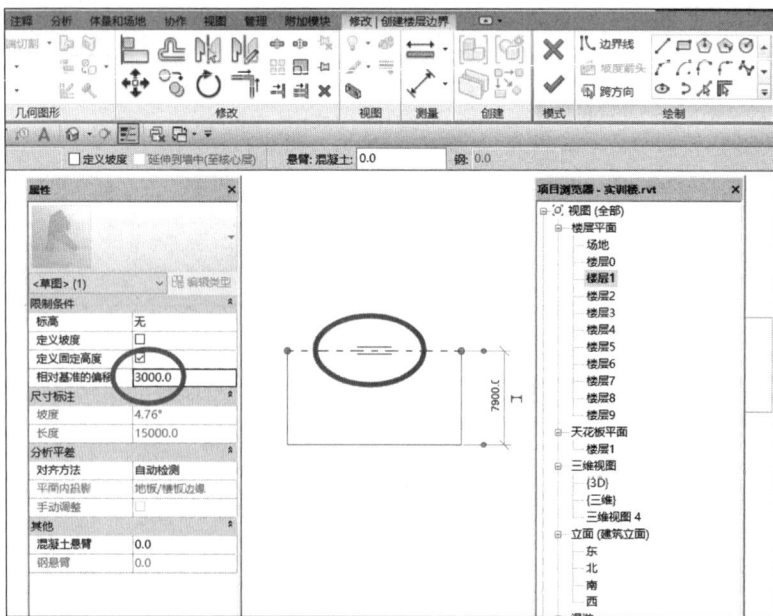

图 8.51　相对基准的偏移设置

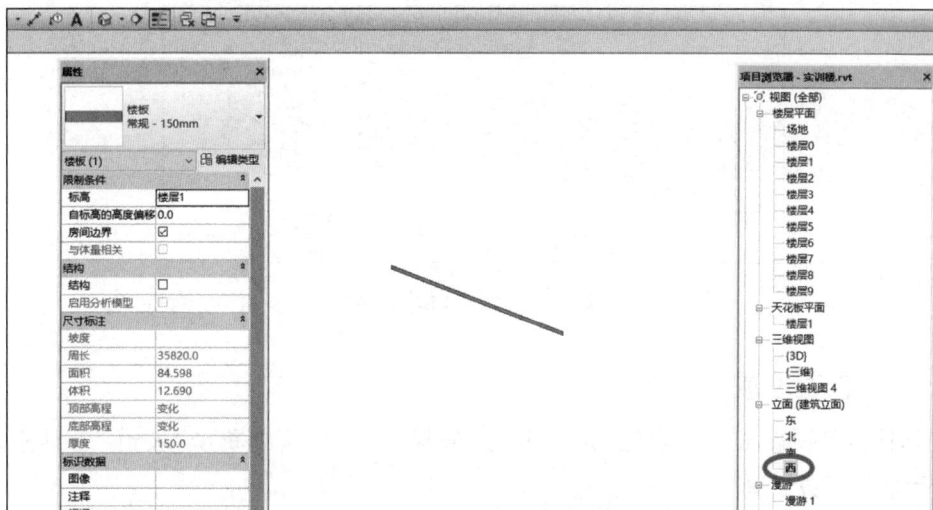

图 8.52 楼板倾斜设置完成

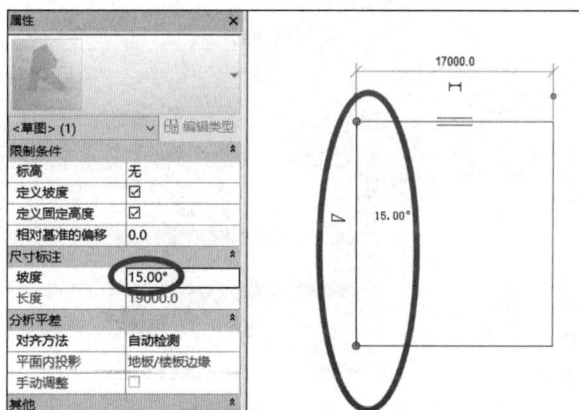

图 8.53 坡度设置

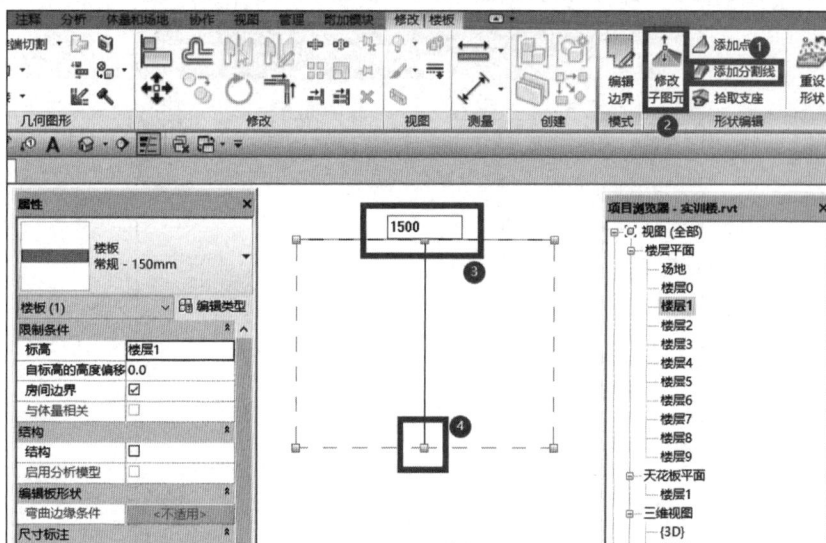

图 8.54 修改子图元设置

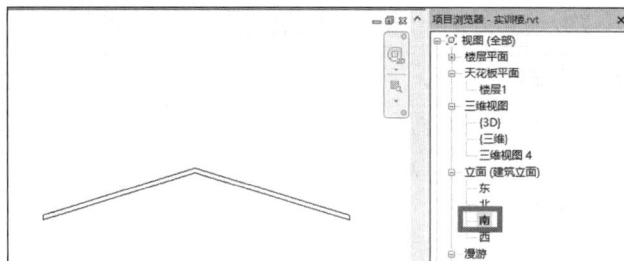

图 8.55 子图元修改完成

8.4.2 创建坡道

①切换至基顶视图,在"建筑"选项卡的"楼梯坡道"面板中单击"坡道"工具 ,按图 8.56所示进行参数设置。

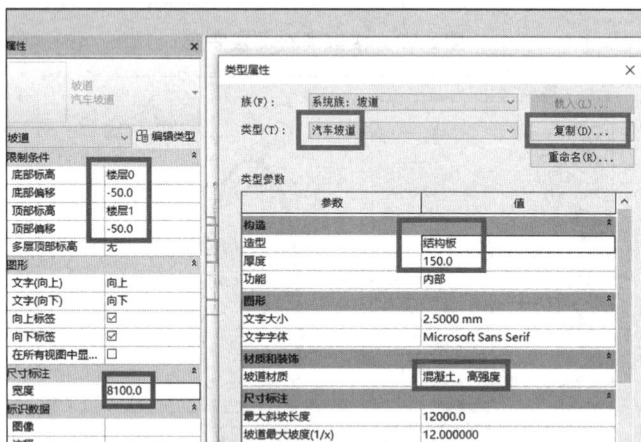

图 8.56 坡道参数设置

②按图 8.57 从上到下绘制坡道,单击"完成"按钮,完成后三维图如图 8.58 所示。

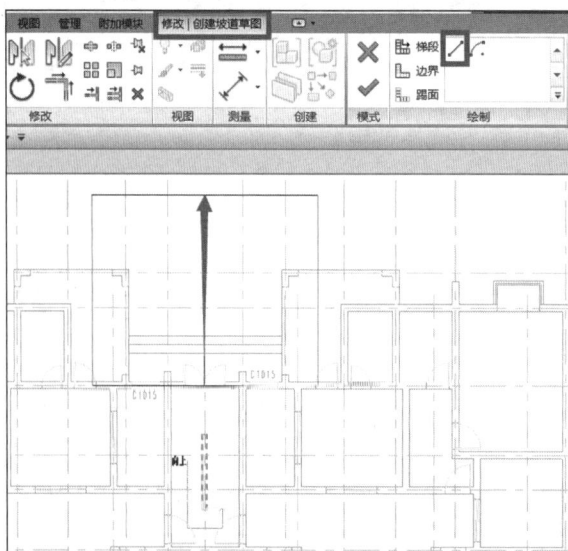

图 8.57 坡道绘制

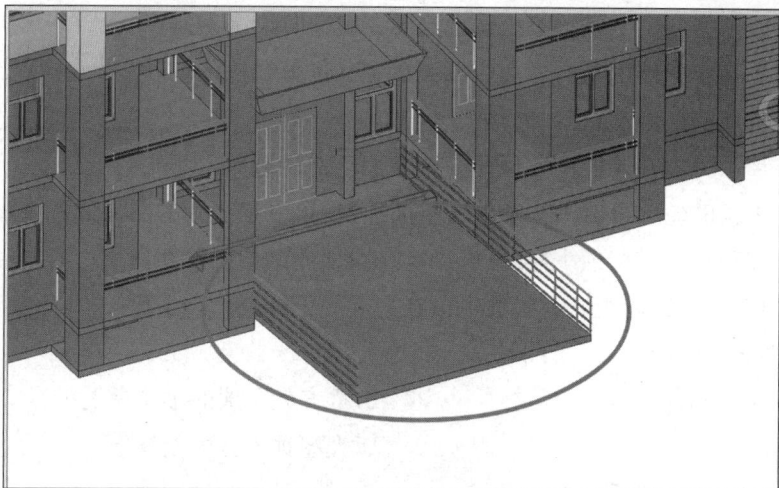

图 8.58　坡道完成

【注意】

　　坡道完成后把两侧的栏杆删除。

【学习笔记】

_____

_____

_____

_____

_____

_____

【关键词】

　　楼板　拉伸屋顶　迹线屋顶　楼板边缘　封檐板　坡道

【测试】

一、单项选择题

1.关于 Revit 中屋顶绘制的说法,正确的是(　　　)。

　　A.迹线屋顶不可以用来做平屋顶

　　B.拉伸屋顶不可以用来做平屋顶

　　C.迹线屋顶只需要绘制屋顶外边的轮廓线,不需要绘制坡度挤压线

　　D.迹线屋顶需要选择工作平面

2.迹线屋顶的绘制中,错误的说法有(　　　)。

　　A.迹线屋顶的坡度定义在跟坡面垂直的边际线上

　　B.迹线屋顶的坡度可以用角度定义,也可以直接输入 1∶1 或者 1∶2 等生成角度

C.迹线屋顶的坡度生成的挤压线也需要在定义时绘制出来

D.迹线屋顶中的坡度箭头命令可以灵活定义部分线段的坡度

3.关于拉伸屋顶的说法,错误的是(　　　)。

A.拉伸屋顶可以在东西南北任何一个立面创造轮廓

B.拉伸屋顶的轮廓可以是复杂的样条曲线,也可以是规则的圆弧或者直线

C.拉伸屋顶和迹线屋顶一样,也可以定义屋顶的结构层次和材质

D.拉伸屋顶和迹线屋顶一样,也可以在边界线上定义屋顶坡度

4.Revit 中老虎窗在(　　　)开洞。

A.小屋顶的墙体上　　　　　　　　B.垂直大屋顶的小屋顶上

C.大屋顶上　　　　　　　　　　　D.大屋顶下方的墙体上

5.老虎窗的绘制步骤不包括(　　　)。

A.绘制大屋顶　　　　　　　　　　B.绘制垂直小屋顶

C.在小屋是顶上开洞口　　　　　　D.绘制连接小屋顶和大屋顶的墙体

二、多项选择题

1.Revit 中按照绘制方式,屋顶有(　　　　)。

A.迹线屋顶　　　　B.拉伸屋顶　　　　C.曲线屋顶

D.收缩屋顶　　　　E.面屋顶

2.拉伸屋顶绘制步骤有(　　　　)。

A.设置工作平面　　B.设置屋顶坡度　　C.绘制轮廓

D.设置屋顶类型和结构材质　　　　E.拉伸

三、判断题

1.拉伸屋顶和际线屋顶绘制的屋顶都可以自由拉伸。　　　　　　　　(　　)

2.际线屋顶的坡度定义在际线上,不可以用坡度箭头单独给一小段际线定义坡度。

(　　)

3.际线屋顶的绘制步骤是:选择标高→绘制边界线→定义坡度→完成绘制。　(　　)

四、简答题

1.创建楼板后,如何为楼板开洞?

2.屋顶的创建方法有哪些?

3.如何用幕墙系统创建雨棚和天窗?

4.楼板放坡的方法有哪几种?

项目 9　场地与建筑表现

【项目引入】

前面已经将项目中各部分的创建完成,本项目将讲解场地的创建与建筑的表现,主要包括场地地形表面的创建、建筑地坪与场地道路、场地构件的放置、定义项目位置、漫游与渲染等内容。

【本项目内容结构】

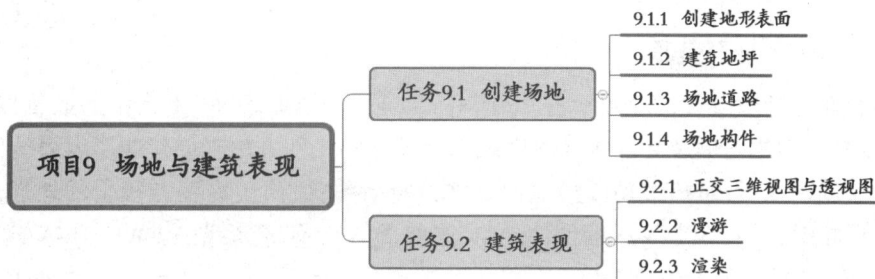

```
                                              ┌─ 9.1.1  创建地形表面
                          ┌─ 任务9.1  创建场地 ─┤─ 9.1.2  建筑地坪
                          │                    ├─ 9.1.3  场地道路
项目9  场地与建筑表现 ──────┤                    └─ 9.1.4  场地构件
                          │                    ┌─ 9.2.1  正交三维视图与透视图
                          └─ 任务9.2  建筑表现 ─┤─ 9.2.2  漫游
                                              └─ 9.2.3  渲染
```

【学习目标】

知识目标:掌握创建场地和使用建筑表现的能力。

技能目标:会根据不同的建筑模型,创建地形不同的地形表面、建筑地坪、场地道路和场地构件,用任务驱动方式进行建筑构件绘制的训练;掌握正交三维视图与透视图、漫游和渲染的生成,达到灵活、熟练运用的能力。

素质目标:制度自信,理论自信;科学思维方法,追求真理、探索未知、科技报国;积极的心理品质,自信自爱,坚韧乐观。家国情怀,热爱祖国;科学严谨细心、精益求精的职业态度;团结协作、乐于助人的职业精神;极强的敬业精神和责任心,诚信、豁达,能遵守职业道德规范的要求。

【学习重、难点】

重点:掌握创建场地和使用建筑表现的能力;掌握漫游和渲染的生成方法。

难点:掌握创建地形不同的地形表面、建筑地坪、场地道路和场地构件,用任务驱动方式进行建筑构件绘制的训练;掌握正交三维视图与透视图、漫游和渲染的生成能力。

【学习建议】

1.本项目对创建地形表面、建筑地坪、场地道路和场地构件、透视图做一般了解,着重学习漫游和渲染。

2.学习中可以学习配套资源中的视频、动画等手段,掌握建筑中建筑场地创建和建筑表现的生成方法。

3.多做施工图实例的练习,注意细节,创建场地和生成建筑表现的过程中注意多次操作,熟悉使用步骤,多次练习以达到熟练操作的目的。

4.单元后的测试训练与项目实训,应在学习中对应进度逐步练习,通过做练习加以巩固基本知识。

任务 9.1 创建场地

场地设计是建筑项目中必不可少的一部分,通过室外三维地形模型、场地构件、场地红线、场地配景的设计和置入,增加场地的丰富性,使建筑项目更加完整。

9.1.1 创建地形表面

地形表面是场地设计的基础。在 Revit 中,可通过"地形表面"工具中的放置点创建地形、指定点文件创建地形及导入等高线图纸创建地形的 3 种方法来创建地形表面模型。

放置点创建地形,是指手动添加地形点并指定高程,适用于高程点较少的地形,即比较简单的地形状况;导入等高线图纸创建地形,是指导入带有等高线的 DWG、DGN 或 DXF 格式的图纸,Revit 根据图纸信息提取信息从而生成真实的地形表面;指定点文件创建地形,是指通过导入坐标点文件(.csv 或逗号分隔文本)方法,生成项目的地形表面模型。

本教职工住宅项目地形简单,高程点无变化,故可通过放置点创建地形表面。

①打开"场地"视图,整理场地平面图。使用快捷键"VV",在"模型类别"的"场地"中去掉测量点、项目基点前的"√",在"注释类别"中去掉轴网前的"√",以隐藏图元,使场地更加干净整洁,如图 9.1 所示。

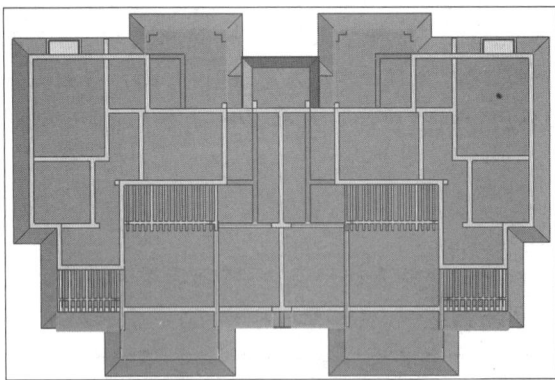

图 9.1　场地平面图

②点击"体量与场地"选项卡下的"地形表面"工具 ,如图 9.2 所示,进入"修改│编辑表面"选项卡。

③在"工具"面板中选择"放置点",将选项栏中的"高程"修改为"-1150",如图 9.3 所示。

图 9.2　地形表面工具

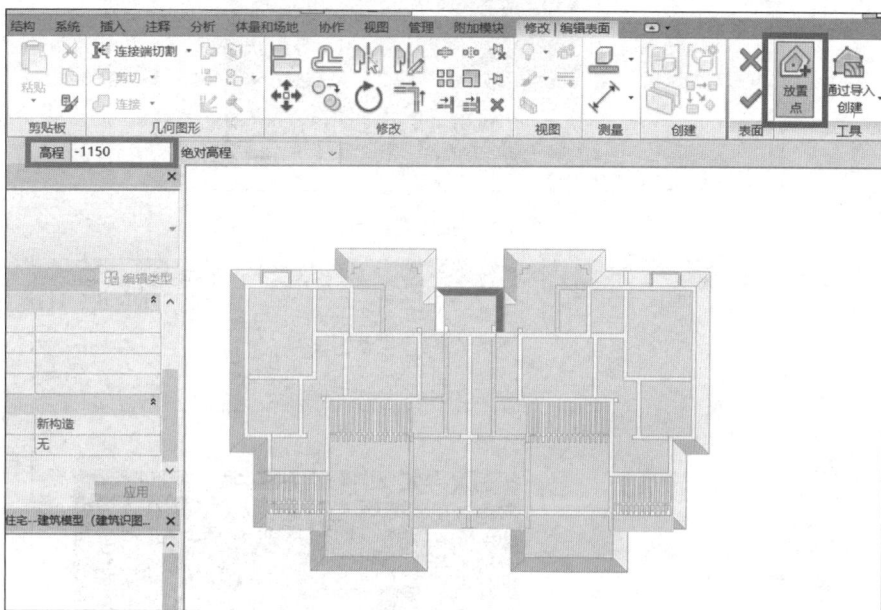

图 9.3　设置高程点

④修改"场地"视图的视图范围,如图 9.4 所示。

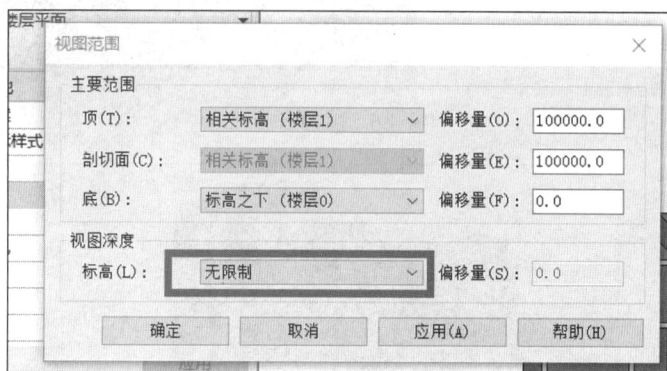

图 9.4　设置视图范围

⑤单击放置 4 个高程点,如图 9.5 所示。

⑥在"属性"面板中单击"材质-按类别"按钮,为场地表面添加材质,如图 9.6 所示。单击"完成表面"按钮,完成的"地形表面"如图 9.7 所示。

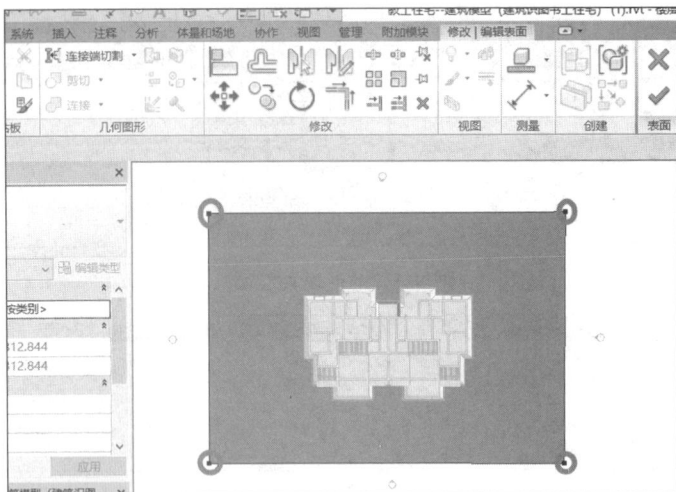

图 9.5　放置高程点

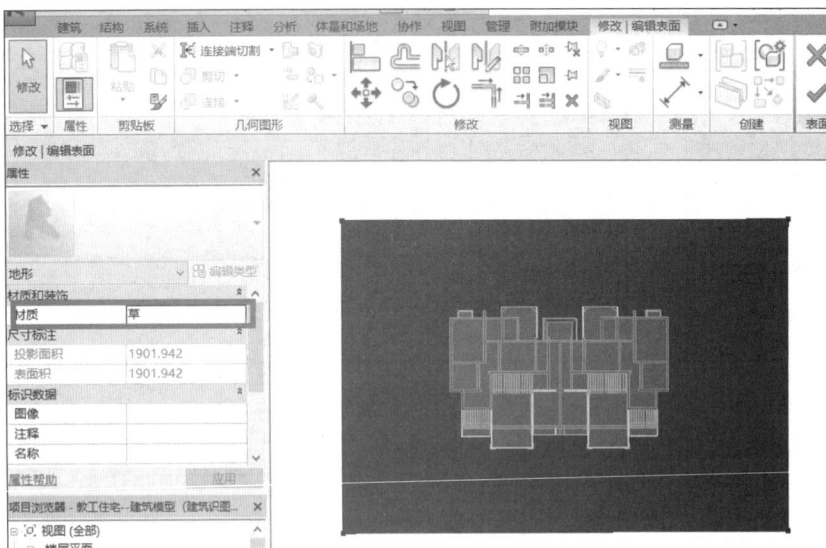

图 9.6　添加材质

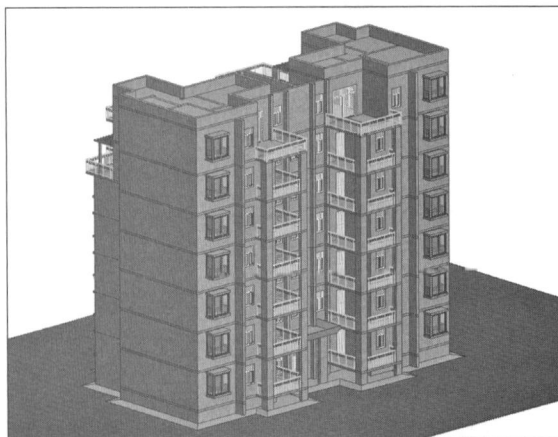

图 9.7　完成地形表面

9.1.2　建筑地坪

建筑地形表面是没有厚度的,在建立模型时,用建筑地坪来定义结构和深度。通过在地形表面绘制闭合环,可以添加建筑地坪。

①打开"场地"平面视图,调整"场地"视图范围,如图 9.8 所示,使得建筑底部的轮廓边界线清晰可见,可用来绘制建筑地坪的边界。

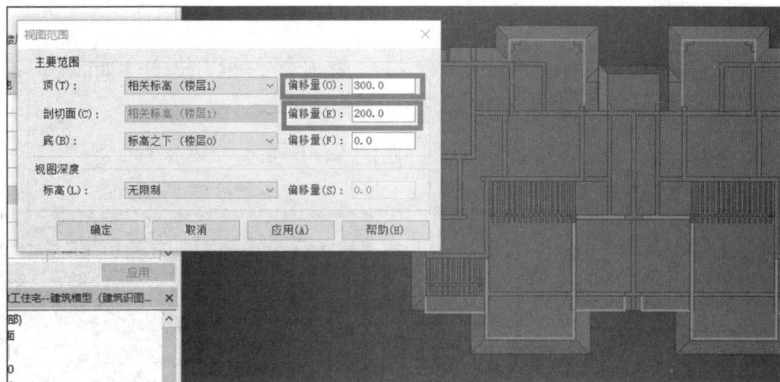

图 9.8　建筑地坪工具

②单击"体量和场地"选项卡下的"建筑地坪",如图 9.9 所示。进入"修改创建│建筑地坪边界"选项卡,在"绘制"面板中选择"拾取线" ,绘制地坪边界,如图 9.10 所示。修改建筑地坪的标高为楼层 1 向下偏移"1150 mm",完成建筑地坪的绘制。

图 9.9　建筑地坪工具

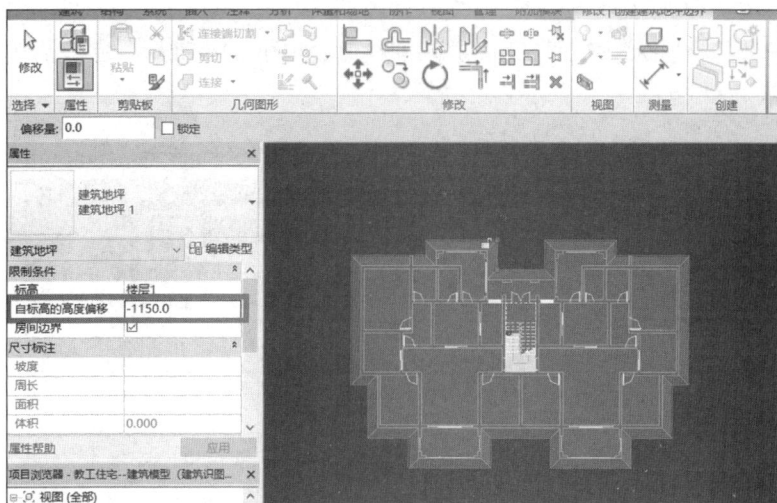

图 9.10　建筑地坪边界线绘制

【知识拓展】

这种方法只能为地形表面添加建筑地坪,建议在场地平面内创建建筑地坪。但是,在楼层平面视图中,可以将建筑地坪添加到地形表面中,如果视图范围或建筑地坪偏移都没有经过相应的调整,则楼层平面视图中的建筑地坪是不会立即可见的。

9.1.3　场地道路

Revit 创建完地形后,想要在地形中再绘制一条道路,可以使用子面域或者建筑地坪来绘制。本项目采用子面域的方式绘制场地中的道路。

①在"场地"平面视图中,调整视图范围,如图 9.11 所示。

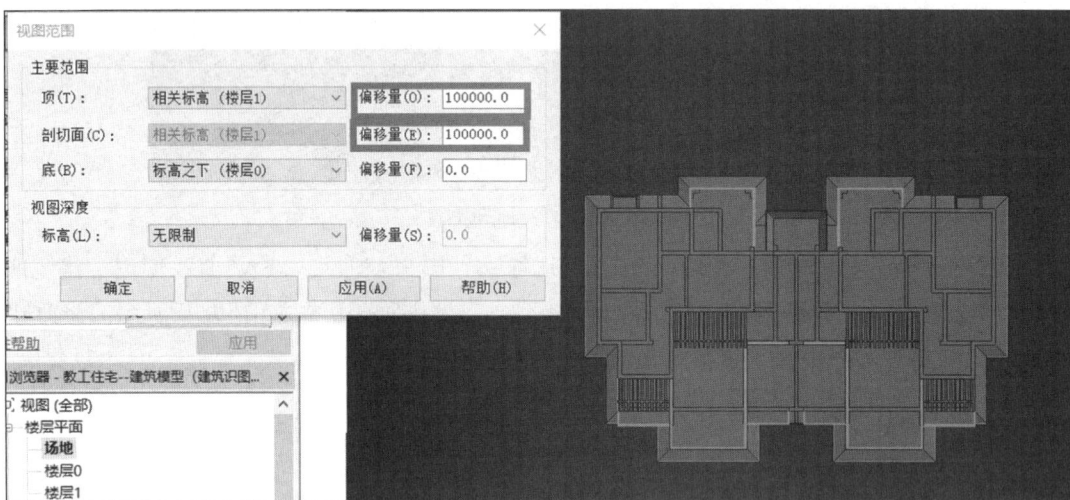

图 9.11　场地视图范围

②单击"体量和场地"选项卡,再单击"修改场地"面板中的子面域,绘制道路的轮廓线,如图 9.12、图 9.13 所示。

③修改场地的材质为"碎石",完成道路的绘制,如图 9.14 所示。完成后的道路三维图如图 9.15 所示。

图 9.12　子面域工具

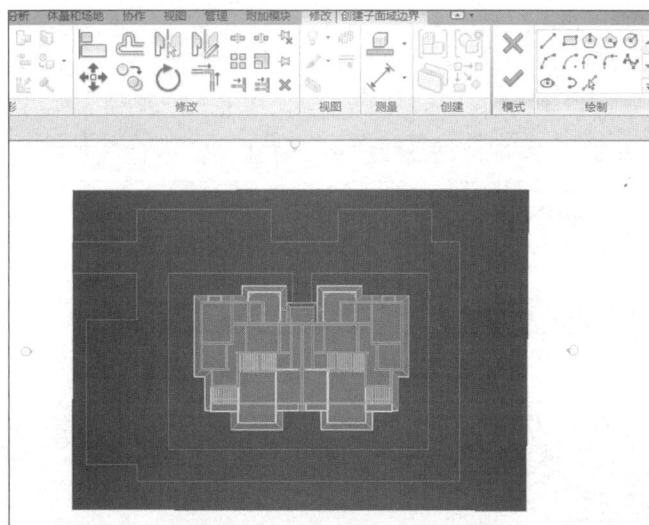

图 9.13　道路的轮廓线绘制

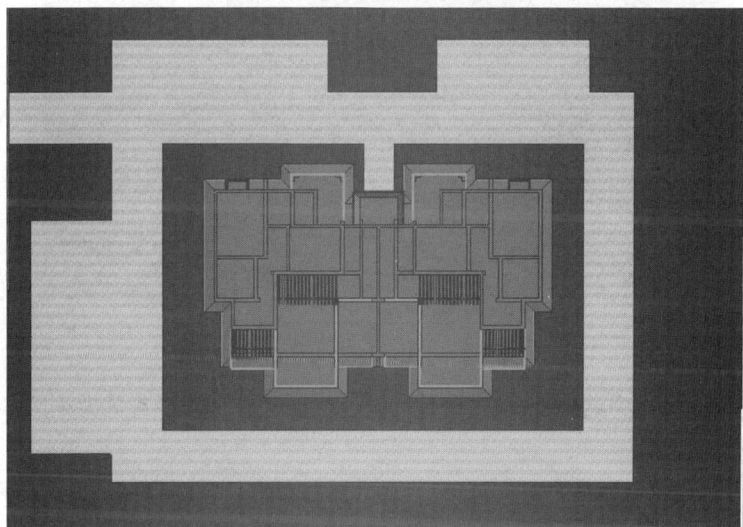

图 9.14　道路平面效果

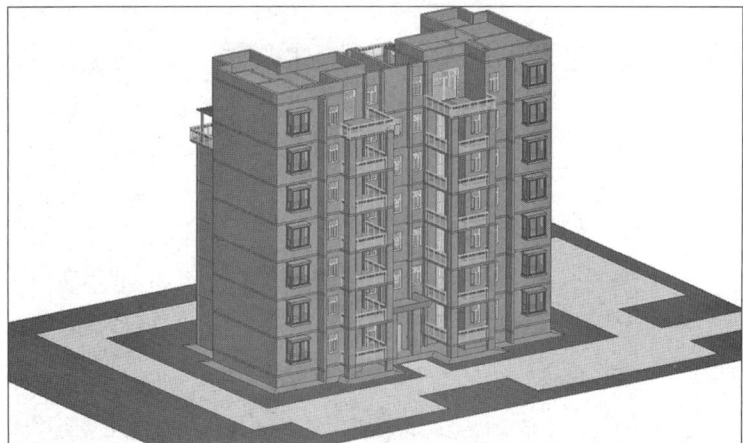

图 9.15　道路三维效果

9.1.4　场地构件

①打开"场地"平面视图,选择"体量和场地"选项卡,在"场地│建模"面板中选择"场地构件"工具,如图9.16所示,添加植物,修改"视觉样式"为"着色",如图9.17所示。

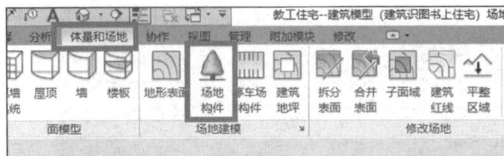

图9.16　场地构件工具

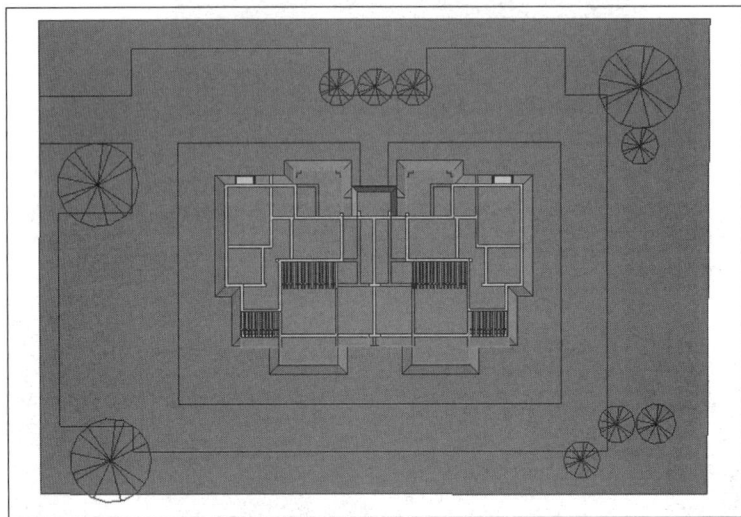

图9.17　添加树木平面效果

②选择"体量和场地"选项卡,在"场地│建模"面板中选择"停车场构件"工具,放置停车隔断,如图9.18所示。

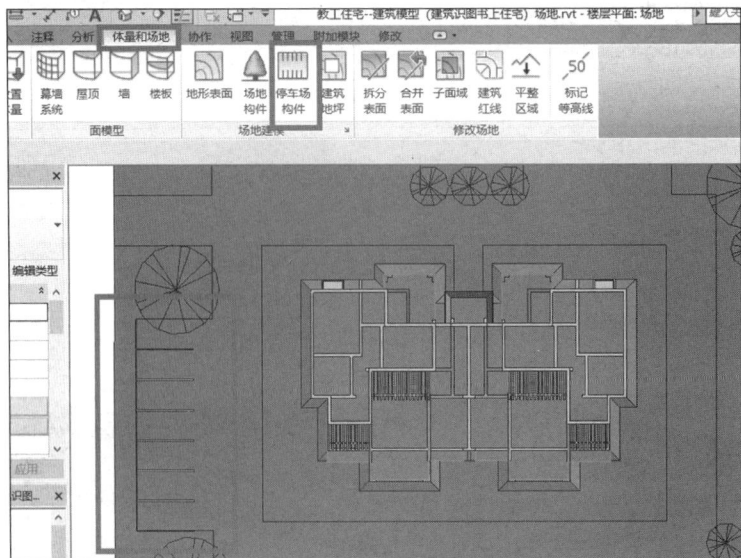

图9.18　停车场放置平面效果

③在"场地构件"工具中,选择"载入族",如图9.19所示。打开"建筑"族库,选择"配景",载入需要的"RPC甲虫""RPC男性""RPC女性",并放置在场地中合适的位置,三维效果如图9.20所示。

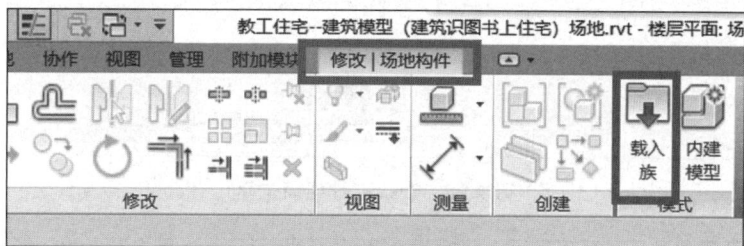

图9.19　载入场地构件

图9.20　添加场地构件后的效果

任务9.2　建筑表现

建筑表现就是建筑设计的成果表达,分为静态和动态两种。静态包括正交三维视图与透视图和立面图等,动态主要是漫游动画。

9.2.1　正交三维视图与透视图

①打开楼层1平面视图,选择"视图"选项卡的"创建"面板,单击三维视图下拉菜单中的"默认三维视图",如图9.21所示,相机将会自动放置在模型的东南角之上,同时目标定位在第一层的中心,视图直接转到正交三维视图,如图9.22所示。

②如单击三维视图下拉菜单中的"相机"工具,且在选项栏上勾选"透视图"选项。在绘图区域中单击一次以放置相机,然后再次单击放置目标点,如图9.23所示。

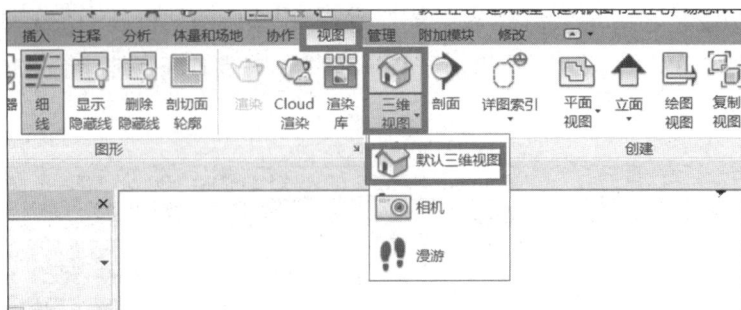

图 9.21　默认三维视图工具

图 9.22　默认东南角方向效果图

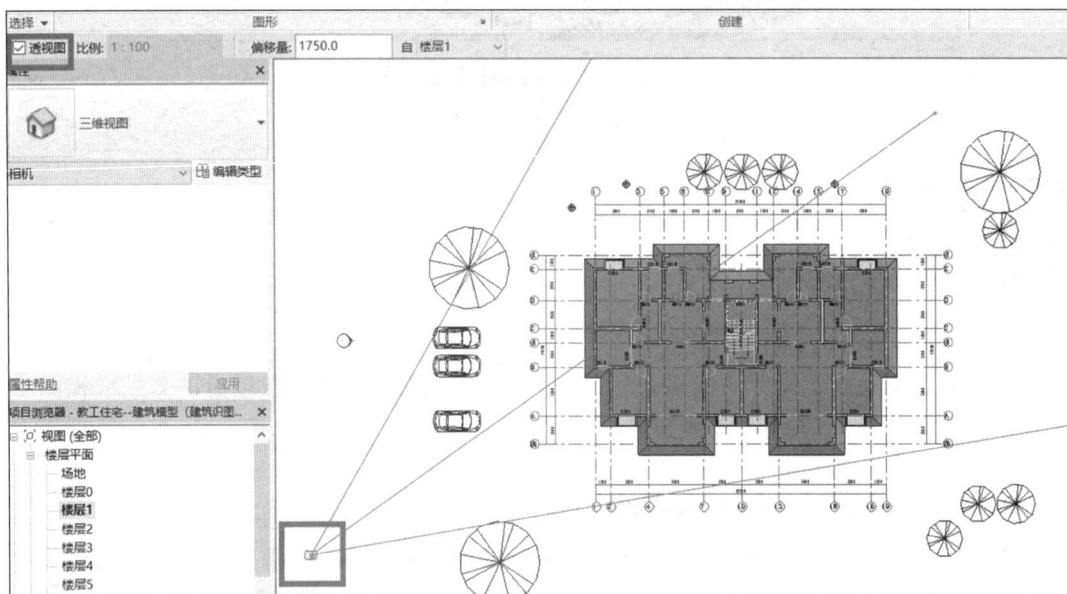

图 9.23　创建透视图

③视图自动转到三维视图,如图 9.24 所示。调整三维图的范围线,并采用"Shift+鼠标滑轮"进行角度的微调,完成任意角度透视图的绘制,如图 9.25 所示。

图 9.24　透视图隐藏线效果

图 9.25　调整后的真实透视图

9.2.2　漫游

Revit 漫游功能加强了建筑项目的直观性,它是在一条漫游路径上,创建多个活动相机,再将每个相机的视图连续播放。需要先创建一条路径,然后调节路径上每个相机的视图,Revit 漫游中会自动设置很多关键相机视图,即关键帧,可以通过调节这些关键帧视图来控制漫游动画。

①创建路径。打开楼层 1 平面视图,选择"视图"选项卡的"创建"面板,单击三维视图下拉菜单中的"漫游",如图 9.26 所示,进入漫游路径绘制状态并完成路径的绘制。

②"编辑漫游",通过调整每一关键帧的相机方向,使漫游的角度都面向建筑,如图 9.27 所示。

③编辑完所有"关键帧"后,在"属性"面板中,单击总帧数"300",打开"漫游帧"对话框,如图 9.28 所示,通过调节"总帧数"等数据来调节创建漫游的快慢,并单击"确定"按钮。

④调整完成后从"项目浏览器"中打开刚创建的"漫游 1"。用鼠标选定视图中的视图

框,在"修改"面板中选择"编辑漫游"命令,将关联选项卡中的"帧"调到"1",然后选择"漫游"面板内的"播放"命令,如图 9.29 所示,即开始漫游的播放。

⑤导出漫游。漫游创建完成后,单击"应用程序菜单" ![icon] 的下拉菜单,选择"导出"命令后选择"图像和动画",再单击"漫游"工具,导出漫游,命名并保存在合适位置,如图 9.30 所示。

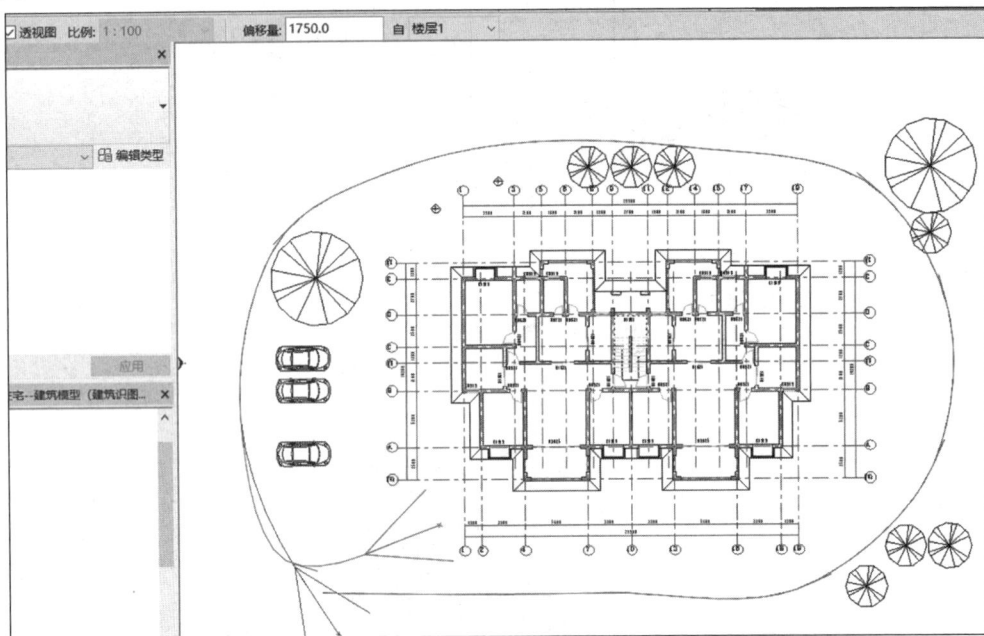

图 9.26　漫游路径绘制状态

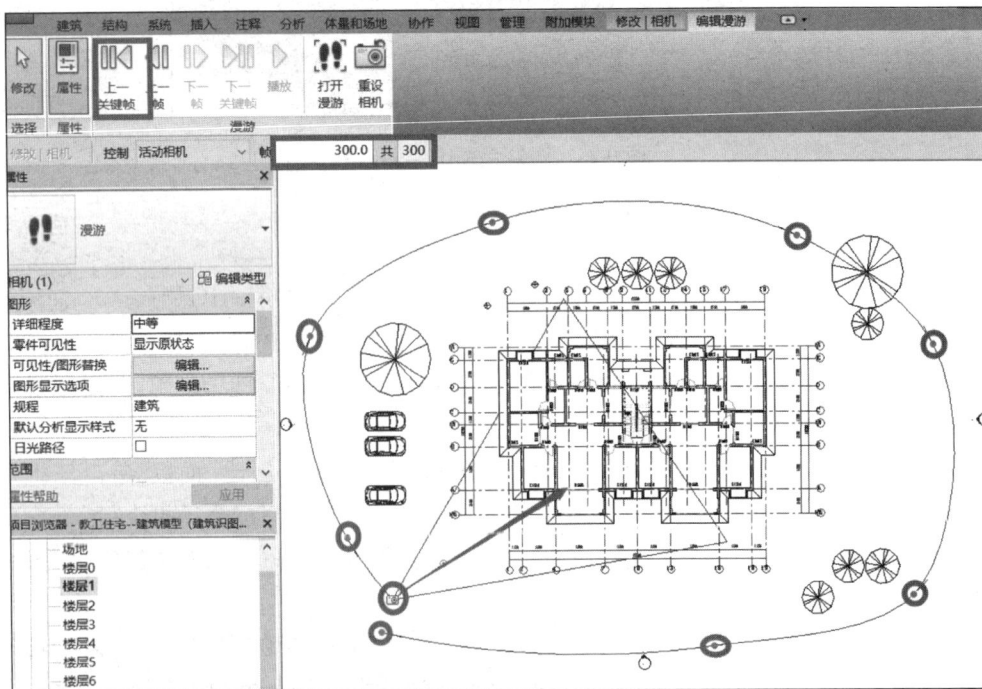

图 9.27　调整关键帧的角度

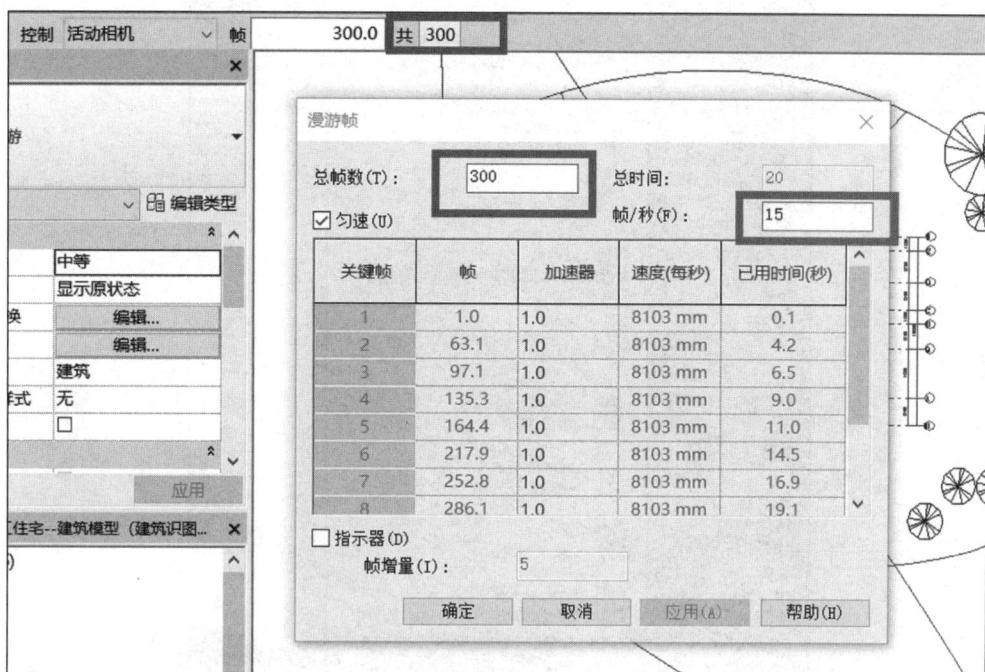

图 9.28　调整漫游速度

图 9.29　漫游播放

图 9.30　漫游导出

9.2.3　渲染

Revit 集成了简化版的 Mently Ray 渲染器,可直接对模型进行渲染,从而形成建筑的效果图。

①单击"视图"选项卡,选择"图形"面板中的"渲染" ，弹出"渲染"对话框,也可以在视图控制栏中点击茶壶,进入渲染设置对话框,如图 9.31 所示。

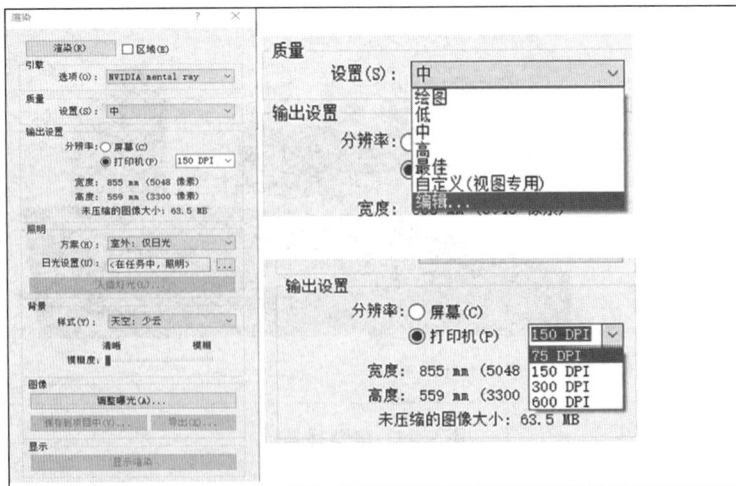

图 9.31　渲染参数的设置

【小技巧】

　　渲染的质量参数,从上到下,渲染质量会依次变高,但是对计算机的要求也越来越高;输出设置中,分辨率最好调整打印机模式,然后调高分辨率,否则渲染质量很差。

　　②其他几个参数根据渲染要求进行设置,所有参数设置好后,点击窗口上方的"渲染"命令开始渲染,如果勾选区域,就会形成区域框,系统就会只渲染区域内的模型内容,如图9.32所示。

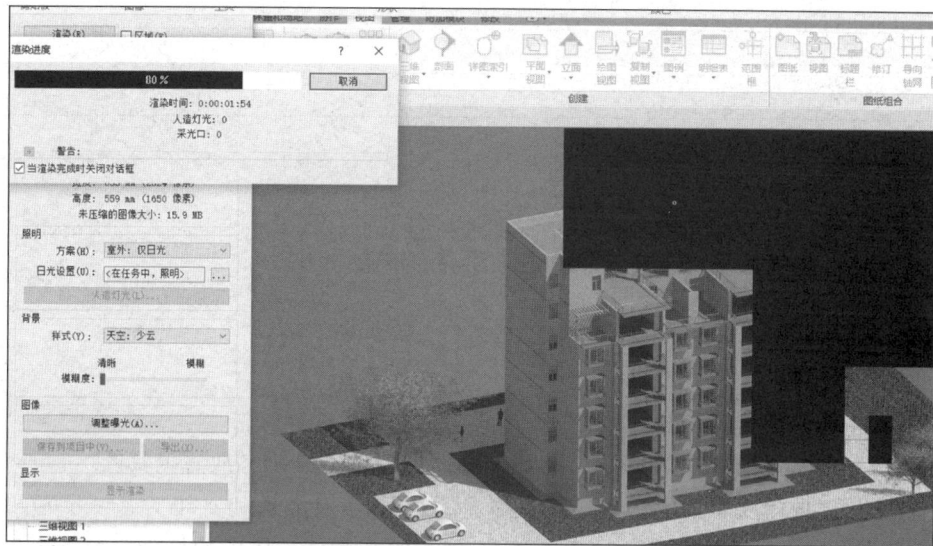

图9.32　渲染状态

　　③完成渲染后,系统会直接显示渲染成果图。用户可以在渲染窗口中点击"保存到项目中"才能够将图片保存到项目浏览器窗口中,也可以点击"导出"直接导出渲染图,如图9.33所示。渲染完成后的教职工住宅建筑效果图如图9.34所示。

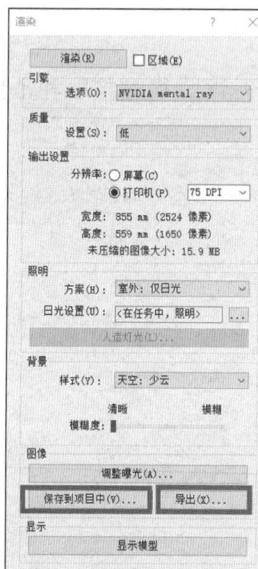

图9.33　渲染的两种保存方式

图9.34　教职工住宅渲染效果图

【想一想】

1.建筑的三维视图和渲染图都是三维图形,有什么区别呢?

2.渲染的两种保存方式之间有什么区别呢?

【学习笔记】

_____

_____

_____

_____

_____

_____

【关键词】

建筑场地　建筑地坪　正交三维视图　漫游　渲染

【测试】

一、单项选择题

1.Revit 中构件放置的说法正确的是(　　　)。

A.Revit 中不可以导入 3D 家具族,只能通过内建模型绘制和放置家具族

B.Revit 标准族库里面的植物族只有高大的乔木,没有灌木和盆栽

C.从 Revit 标准族库中导入的构件族,一般可以在构件→放置构件命令中查看和放置

D.Revit 标准族库中导入的构件,不能够进行材质设置

2.关于漫游的说法正确的是(　　　)。

A.漫游首先要在立面图中绘制漫游路径

B.打开漫游后可以调整漫游视口的大小和选择视觉样式

C.一个漫游默认由 200 帧照片构成

D.漫游路径绘制完成后需要对漫游进行编辑,必须要编辑每一帧照片的角度和范围,才能完成漫游

二、多项选择题

1.Revit 中在(　　　　)视图中可以进行渲染操作。

A.楼层平面　　　　B.相机视图　　　　　C.三维视图

D.南立面　　　　　E.结构平面

2.Revit 中三维视图选项卡下内容包括(　　　　)。

A.渲染　　　　　B.漫游　　　　　　C.默认三维视图

D.相机　　　　　E.剖面

三、简答题

1.创建地形表面的方式有哪两个? 分别适用于哪些情况?

2.设置项目的"正北"方向的方法和步骤是什么?

3.漫游的路径如何设置和修改?

项目 10 创建房间、明细表及图纸

【项目引入】

项目9讲述了创建场地的方法和步骤,介绍了正交三维视图与透视图、漫游和渲染的创建方法和步骤。本项目将就房间、门窗详图、明细表和图纸的创建方法和步骤进行介绍。

【本项目内容结构】

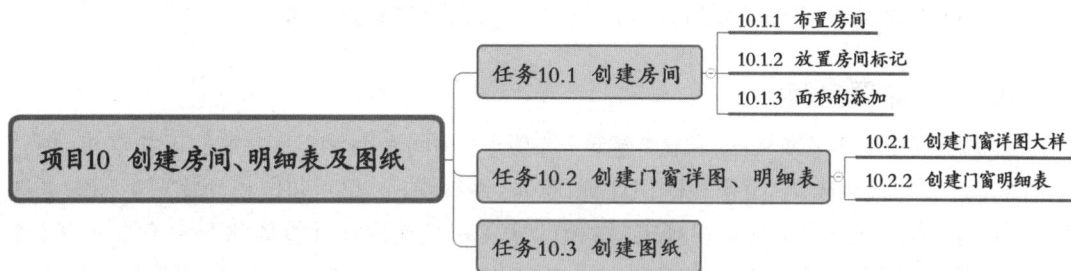

```
                                              ┌─ 10.1.1 布置房间
                            ┌─ 任务10.1 创建房间 ─┼─ 10.1.2 放置房间标记
                            │                     └─ 10.1.3 面积的添加
项目10 创建房间、明细表及图纸 ─┤                              ┌─ 10.2.1 创建门窗详图大样
                            ├─ 任务10.2 创建门窗详图、明细表 ─┴─ 10.2.2 创建门窗明细表
                            └─ 任务10.3 创建图纸
```

【学习目标】

知识目标:掌握创建房间的能力;掌握创建门窗详图和明细表的方法;熟练创建图纸。

技能目标:掌握如何布房间、放置房间标记和添加面积;学会创建门窗大样详图,并创建门窗明细表;学会创建图纸图框,并布置施工图、放置详图施工图。

素质目标:极强的敬业精神和责任心,诚信、豁达,能遵守职业道德规范的要求;家国情怀,热爱祖国;科学严谨细心、精益求精的职业态度;团结协作、乐于助人的职业精神;团结协作、乐于助人的职业精神;培养学生的道德评价和自我教育的能力,帮助学生养成良好的道德行为习惯;培养学生的民族精神,形成正确的理想和信念。

【学习重、难点】

重点:掌握布置房间和放置房间标记的能力;掌握创建门窗详图和明细表的方法。

难点:掌握各种不同图幅的图纸和图框的创建;掌握布置施工图和旋转详图施工图。

【学习建议】

1.本项目对房间面积的添加做一般了解,着重学习布置房间和放置房间标记的能力;掌握创建门窗详图和明细表的方法;掌握各种不同图幅的图纸和图框的创建。

2.学习中可以学习配套资源中的习题和视频等手段,掌握本项目中重点和难点。

3.多做实例的练习,注意细节,多次练习以达到熟练操作的目的。

4.单元后的测试训练与项目实训,应在学习中对应进度逐步练习,通过做练习加以巩固基本知识。

任务 10.1　创建房间

房间是基于图元(例如墙、楼板、屋顶和天花板)对建筑模型中的空间进行细分的部分,这些图元定义为房间边界图元,Revit 在计算房间周长、面积和体积时会参考这些房间边界图元。

可以启用/禁用很多图元的"房间边界"参数,当空间中不存在房间边界图元时,还可以使用房间分隔线进一步分割空间,当添加、移动或删除房间边界图元时,房间的尺寸将自动更新。创建早期设计时,可以先将房间添加到明细表,再将墙或其他房间边界图元放置在模型中,然后在添加房间边界图元后,便可在模型中放置预定义的房间。

10.1.1　布置房间

①切换至楼层 2 平面视图,单击"建筑"选项卡"房间和面积"面板中的下拉箭头,展开"房间和面积"面板,选择"面积和体积计算"选项,系统弹出"面积和体积计算"对话框,如图10.1 所示。选择"计算"选项卡中确定"体积计算"→"按面层面计算体积"→"仅按面积(更快)",选择"房间面积计算"→"在墙核心层中心(C)"。完成后单击"确定"按钮,退出"面积和体积计算"对话框。

图 10.1　面积和体积计算

②单击"建筑"选项卡"房间和面积"面板中的"房间"选项,自动切换至"修改 | 放置房间"上下文选项卡,进入房间添加模式。设置"属性"面板中的房间类型为"标记_房间-有面积-施工-仿宋-3 mm-0-67",如图 10.2 所示,确认激活"在放置时进行标记"选项,修改"属性"列表中的"上限"为"楼层 2","高度偏移"为"2438.4","底部偏移"为"0.0"。

③移动鼠标至任意房间位置,Revit 将高亮蓝色显示并自动搜索房间边界,单击鼠标左键放置房间。同时生成房间标记并显示房间名称和房间面积。按"Esc"键两次完成并退出放置房间模式,如图 10.3 所示。

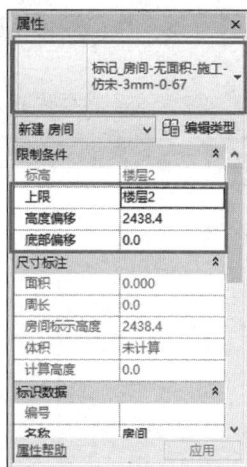

图 10.2　房间-属性

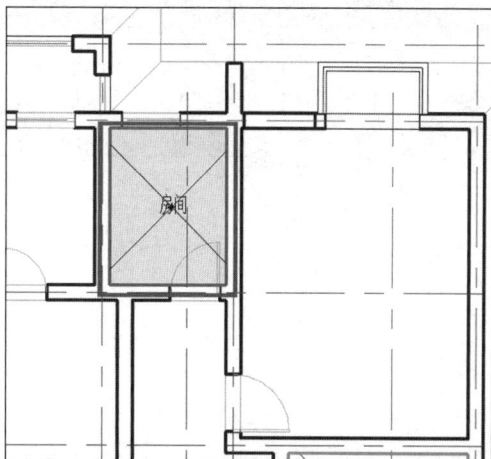

图 10.3　放置房间

④单击已创建的"房间"。自动切换至"修改｜房间标记"上下文选项卡，输入新名称"卫生间"，按"Enter"键完成并退出编辑房间模式，如图 10.4 所示。

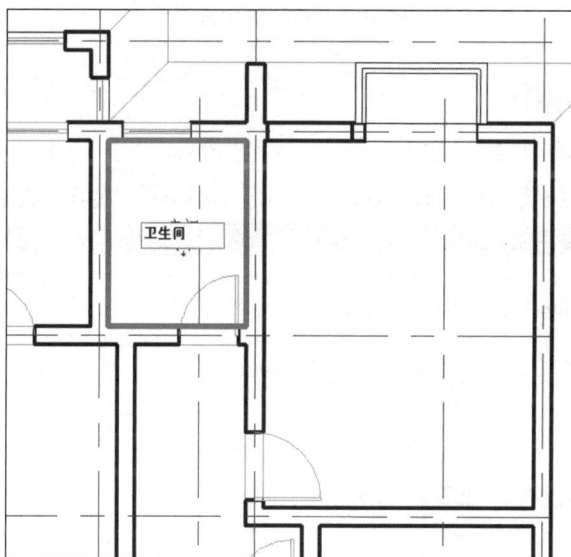

图 10.4　修改房间名称

10.1.2　放置房间标记

单击"建筑"选项卡"房间和面积"面板中的下拉箭头，展开"房间和面积"面板，选择"颜色方案"选项进行房间图例方案设置，系统自动弹出"编辑颜色方案"对话框，修改"方案定义"列表中的"标题"选项，输入"2F 卫生间图例"，确定"颜色"列表为"名称"，如图 10.5 所示，单击"确定"按钮完成颜色方案设置。

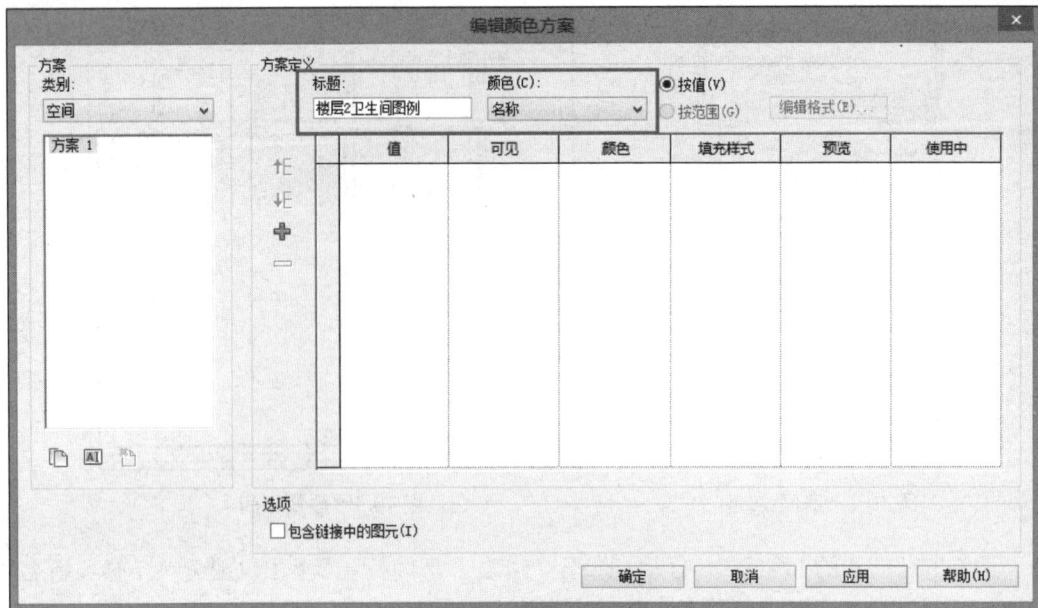

图 10.5　编辑颜色方案

10.1.3　面积的添加

①单击"建筑"选项卡"房间和面积"面板中的"面积"下拉箭头,选择"面积平面"选项,如图 10.6 所示,弹出"新建面积平面"对话框,如图 10.7 所示,选择类型为"楼层 2"。

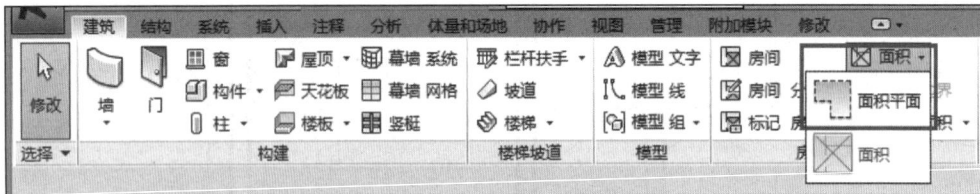

图 10.6　房间和面积-面积

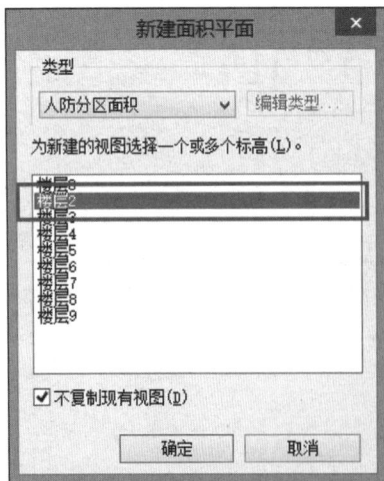

图 10.7　新建面积平面

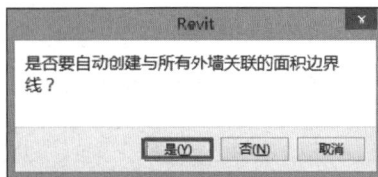

图 10.8　是否要自动创建与外墙关联的面积边界线

②Revit 将弹出如图 10.8 所示的对话框,询问用户是否要自动创建与外墙关联的面积边界线,单击"否(N)"按钮。单击"建筑"选项卡"房间和面积"面板中的"面积边界"选项,系统自动切换至"放置修改面积边界"选项卡。确认当前绘制方式为拾取线,不勾选"应用面积规则"选项,"偏移量"沿楼层 2 面积平面视图中墙外轮廓拾取,生成首尾相连的面积边界线,如图 10.9 所示。

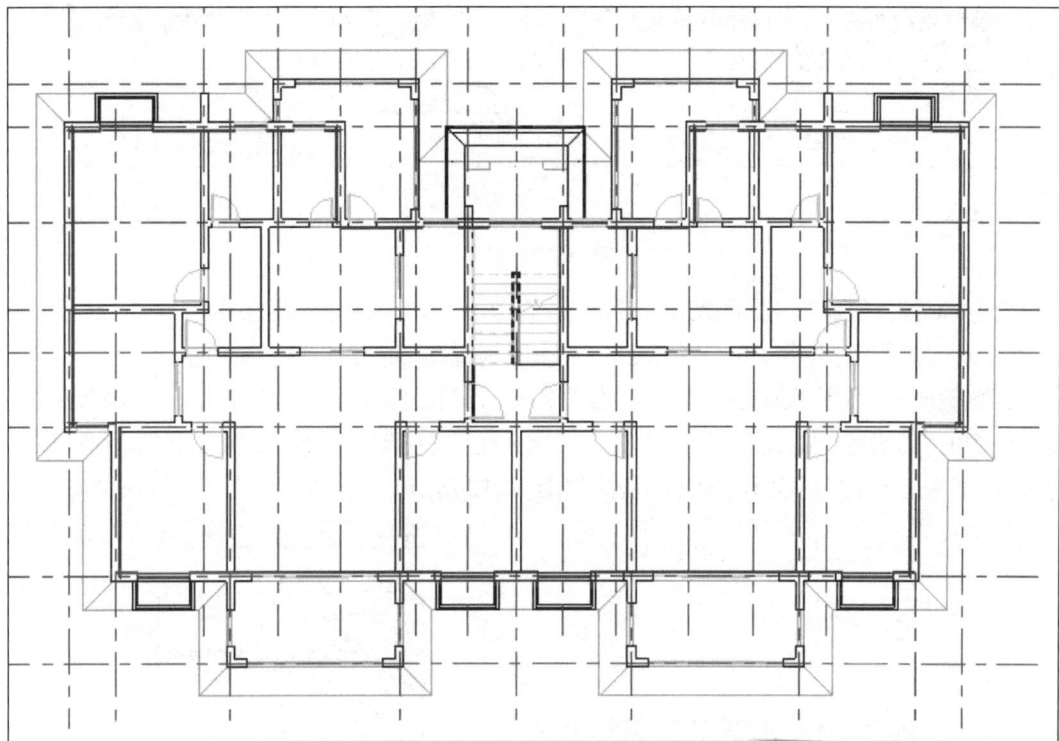

图 10.9　房间边界

③单击"建筑"选项卡"房间和面积"面板中的"面积"下拉箭头,选择"面积"选项,确认"属性"面板中"类型属性"列表中面积标记类型为"标记_面积",确认激活"在放置时进行标记"选项,不勾选"引线"选项,移动鼠标至上一步绘制的面积边界线内单击,在该面积边界线区域内生成面积,按"Esc"键退出放置面积模式。修改"属性"面板中"类型属性"列表中的"编号"为"1","名称"为"面积","面积类型"为"楼层面积"。。

任务 10.2　创建门窗详图、明细表

本任务对建样详图进行创建,利用 Revit 中的图例工具,布置门窗大样详图;Revit 可以根据项目的需要,提取项目中的建筑构件、房间、注释等属性参数,以表格形式显示信息。明细表可以列出要编制图元类型的每个实例,或根据明细表的成组标准将多个实例压缩到一行中。在本节内容中,我们将对如何创建门窗大样、如何创建门窗明细表进行详细解释。

10.2.1　创建门窗详图大样

（1）创建门详图大样

①创建门详图大样图例：点击"视图"选项卡，选择"创建"面板中的"图例"下拉列表中的"图例"，如图 10.10 所示。

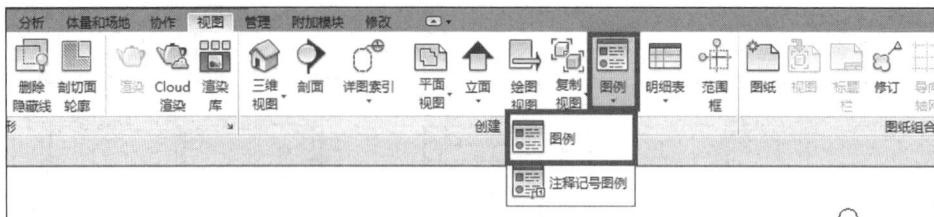

图 10.10　图例

②Revit 将会创建"新图例视图"对话框，修改名称为"门窗详图大样"，设置"比例"为"1∶50"，点击"确定"按钮，Revit 将会创建空白图例视图，如图 10.11 所示。

③图例属性：在图例属性面板中，可根据需要设置图例的视图比例、图例的详细程度、需要对图例的"可见性/图形替换"，在"图纸上的标题"进行编辑修改，如果不进行修改，Revit 将会默认"视图名称"的文本编辑框内容，如图 10.12 所示。

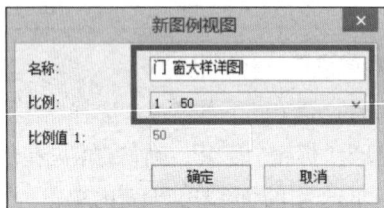

图 10.11　新建图例视图

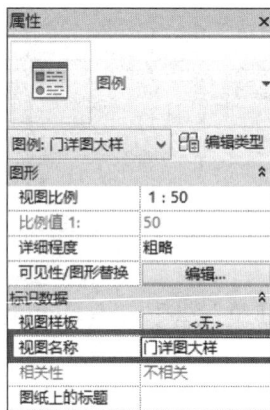

图 10.12　属性

④类型属性：点击"属性"面板中的"编辑类型"，Revit 将会自动弹出"类型属性"对话框，图例的类型属性只对标识数据进行设置修改，可在属性面板中进行设置，也可在"类型属性"中进行设置，如图 10.13 所示。

⑤导入图例图框。

a.门族在图例视图中的属性面板：可以根据项目需要，对族图形的视图方向、详图程度进行修改，也叫以进行标识数据的修改，如图 10.14 所示。

选择门族，Revit 将会在上下文选项卡项目显示"选项栏"，选择族的视图为"立面：前"，如图 10.15 所示。

b.尺寸标注：对门进行详细的尺寸标注。点击"注释"选项卡，选择"尺寸标注"面板中的"对齐"工具，选择工具完成后，修改"拾取"工具设置，选择其下拉列表中的"单个参照点"，对门进行详细的尺寸标注,采用逐点标注,标注完成,利用移动工具,调整尺寸标注位置,如图 10.16 所示。

载入符号标记族,点击修改名称和比例,如图 10.17 所示。

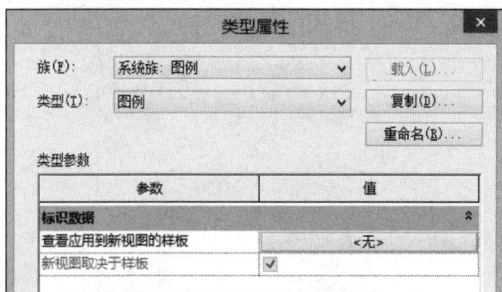

图 10.13　类型属性

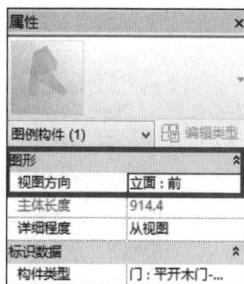

图 10.14　属性面板

图 10.15　选项栏

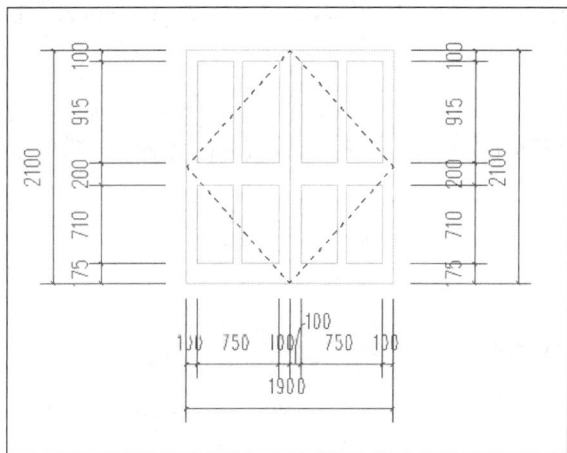

图 10.16　尺寸标注完成

图 10.17　修改名称和比例

(2)创建窗详图大样

①创建窗详图大样图例。点击"视图"选项卡,选择"创建"面板中的"图例"下拉列表中的"图例",如图 10.18 所示。

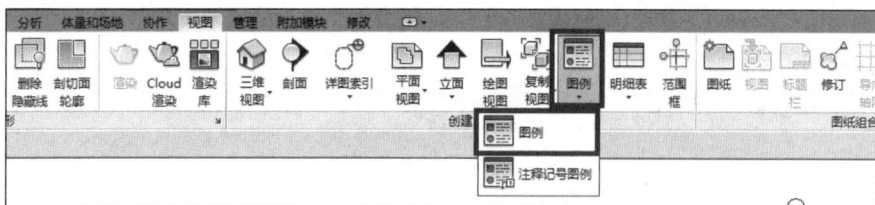

图 10.18　视图-图例

②Revit 将会创建"新图例视图"对话框,修改"名称"为"窗详图大样",设置"比例"为"1∶50",点击"确定"按钮,Revit 将会创建空白的图例视图,如图 10.19 所示。

③图例属性:在图例属性面板中,可以根据需要设置图例的视图比例、图例的详细程度、

需要对图例的"可见性/图形替换"在"图纸上的标题"进行编辑修改,如果不进行修改,Revit将会默认"视图名称"的文本编辑框内容,如图 10.20 所示。

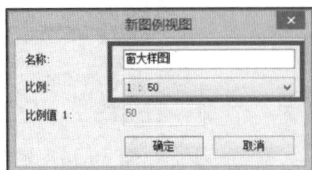

图 10.19　新建图例视图

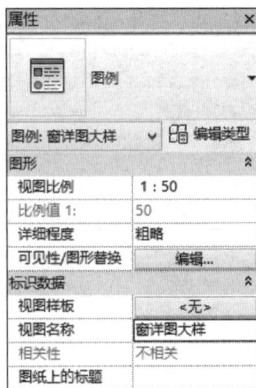

图 10.20　属性

　　④类型属性:点击"属性"面板中的"编辑类型",Revit 将会自动弹出"类型属性"对话框,图例的类型属性只对标识数据进行设置修改,既可在属性面板中进行设置,也可以在"类型属性"中进行设置,如图 10.21 所示。

　　⑤导入图例图框。

　　⑥窗族在图例视图中的属性面板:可以根据项目需要,对族图形的视图方向、详图程度进行修改,也可以进行标识数据的修改,如图 10.22 所示。

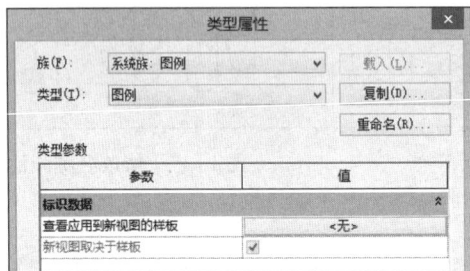

图 10.21　类型属性

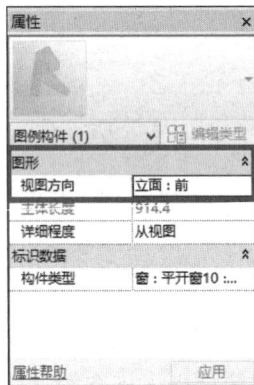

图 10.22　修改标识数据

　　⑦选择窗族,Revit 将会在上下文选项卡项目显示"选项栏",选择族的视图为"立面:前",如图 10.23 所示。

图 10.23　选择族的视图

　　⑧尺寸标注:对窗进行详细的尺寸标注。

　　⑨点击"注释"选项卡,选择"尺寸标注"面板中的"对齐"工具,选择工具完成后,修改"拾取"工具设置,选择其下拉列表中的"单个参照点",对门进行详细的尺寸标注,采用逐点标注,标注完成,利用移动工具,调整尺寸标注位置,如图 10.24 所示。

　　⑩载入符号标记族,点击修改名称和比例,如图 10.25 所示。

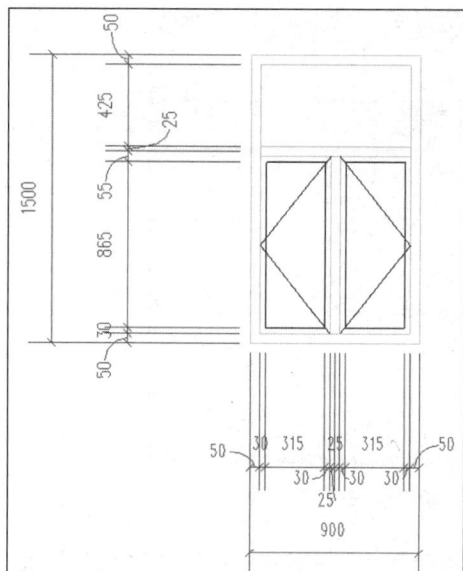

图 10.24　尺寸标注完成

图 10.25　修改名称和比例

10.2.2　创建门窗明细表

（1）创建门明细表

创建明细表、数量和材质提取，以确定并分析在项目中使用的构件和材质。明细表是模型的另一种视图，以表格形式显示信息，这些信息是从项目中的图元属性中提取的。明细表可以列出要编制明细表图元类型的每个实例，或根据明细表的成组标准将多个实例压缩到一行中。

①创建门明细表：打开项目文件，点击视图选项卡，选择"创建"面板中的"明细表"下拉列表中的"明细表/数量"，如图 10.26 所示。

图 10.26　明细表

②选择类别：点击完成后，Revit 将弹出"新建明细表"对话框，选择"过滤器列表"中的"建筑"，在"类别"下拉列表中选择"门"，对话框中的名称将会随着选择更改名称"门明细表"，确定选择"建筑构件明细表"，点击"确定"，完成类别选择，如图 10.27 所示。

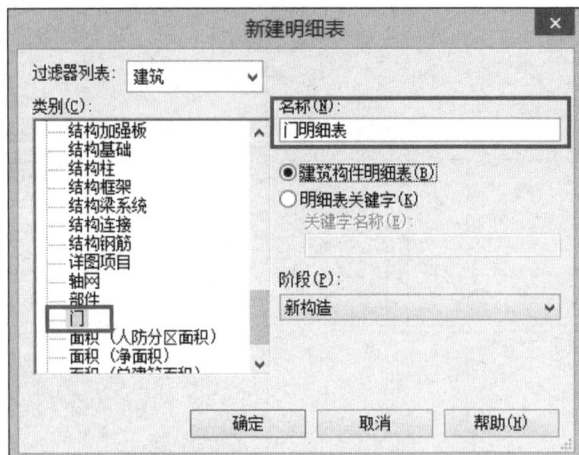

图 10.27　新建明细表

③字段设置:点击"确定"完成后,Revit 将会弹出"明细表属性"对话框,对明细表属性进行设置,点击"字段"选项栏,点击选择"可选的字段",再点击"添加"按钮,在"明细表字段(按顺序排列)(S)"选项中将会出现添加的字段,点击下面的"上移"或"下移",Revit 将会根据选择的字段对字段进行上下移动,添加明细表字段有:族与类型、类型标记、宽度、高度、合计、注释,如图 10.28 所示。

图 10.28　明细表属性

④过滤器设置:在"过滤器"选项中,可以通过选择"过滤条件"中的选项:类型标记、高度、宽度、注释,进行过滤,统计需要的构件,如果过滤添加为(无),Revit 将会统计项目中所有的门构件,如图 10.29 所示。

图 10.29　过滤器

⑤设置"排序/成组"：点击切换"排序/成组"选项，选择"排序方式"为"族与类型"（排序方式下拉列表中有：族与类别、高度、宽度、注释、均为添加的字段），点击"升序"，勾选"总计"选项，取消"逐项列举每个实例"选项，如图 10.30 所示。

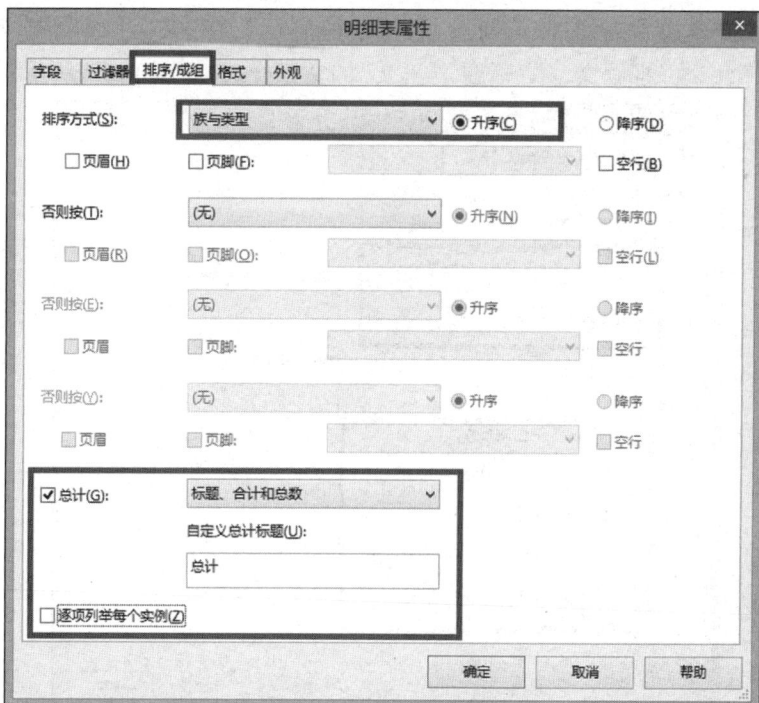

图 10.30　设置"排序/成组"

⑥设置格式:点击切换"格式"选项,点击"字段"中的"族与类型",修改其标题名称、标题方向(下拉列表中有:水平、垂直,可以根据项目需要进行选择设置)、对齐样式,可以对其设置字段格式,如图 10.31 所示。修改"合计"的标题为"樘数",对齐样式为中心线(点击对齐字段下拉列表:左、右、中心线,进行选择),修改"注释"为"参照图集"。

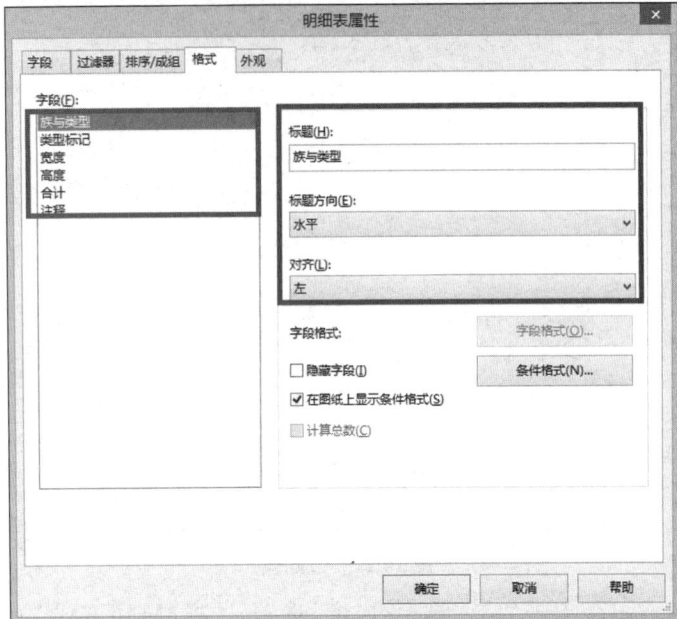

图 10.31　设置格式

⑦设置外观:点击切换"外观"选项,在"图形"选项中勾选"网格线",选择样式为细线;勾选"轮廓",选择样式为细线;取消勾选"数据前的空行",在"文字"选项中,勾选"显示标题""显示页眉",修改"标题文本""标题""正文"的文字样式,如图 10.32 所示。

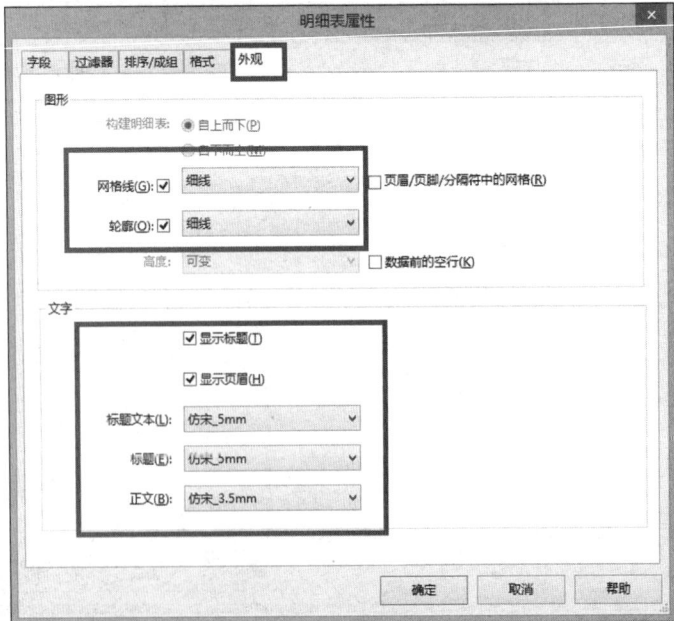

图 10.32　设置外观

⑧点击“确定”按钮，Revit 将会弹出“门明细表”视图，如图 10.33 所示。

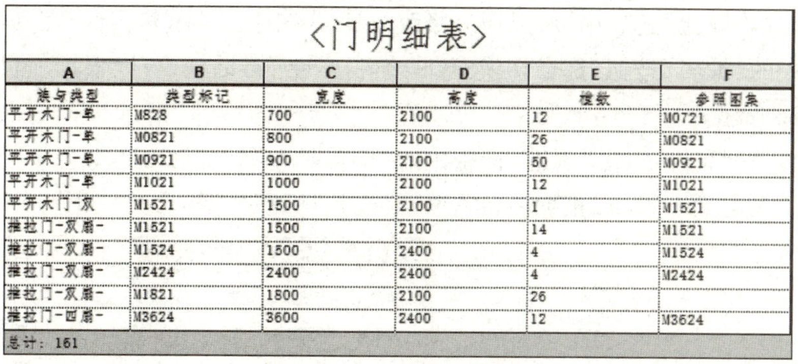

<门明细表>

A	B	C	D	E	F
族与类型	类型标记	宽度	高度	樘数	参照图集
平开木门-单	M828	700	2100	12	M0721
平开木门-单	M0821	800	2100	26	M0821
平开木门-单	M0921	900	2100	50	M0921
平开木门-单	M1021	1000	2100	12	M1021
平开木门-双	M1521	1500	2100	1	M1521
推拉门-双扇-	M1521	1500	2100	14	M1521
推拉门-双扇-	M1524	1500	2400	4	M1524
推拉门-双扇-	M2424	2400	2400	4	M2424
推拉门-双扇-	M1821	1800	2100	26	
推拉门-四扇-	M3624	3600	2400	12	M3624
总计：161					

图 10.33　“门明细表”视图

⑨成组：将明细表中的“宽度”与高度合并成组，生成新的单元格，移动鼠标至明细表中的“宽度”与“高度”，点击“宽度”，并按住鼠标左键，拖动至“高度”，如图 10.34 所示。Revit 将会切换至“修改明细表/数据”选项卡，点击选择“标题和页眉”面板中的“成组工具。”

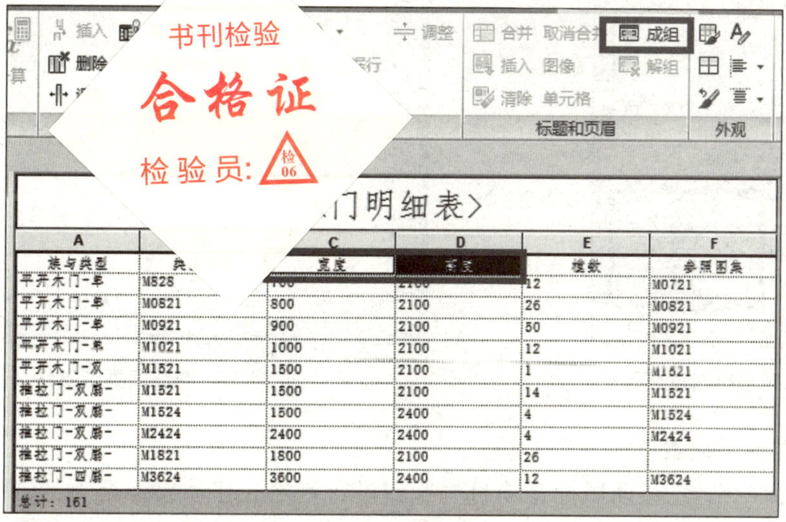

图 10.34　成组

⑩输入数据：在新创建的页眉中，在文本框中编写“尺寸”，如图 10.35 所示。

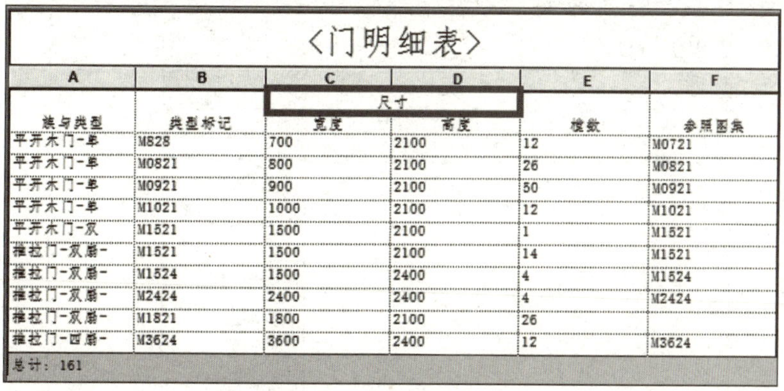

<门明细表>

A	B	C	D	E	F
		尺寸			
族与类型	类型标记	宽度	高度	樘数	参照图集
平开木门-单	M828	700	2100	12	M0721
平开木门-单	M0821	800	2100	26	M0821
平开木门-单	M0921	900	2100	50	M0921
平开木门-单	M1021	1000	2100	12	M1021
平开木门-双	M1521	1500	2100	1	M1521
推拉门-双扇-	M1521	1500	2100	14	M1521
推拉门-双扇-	M1524	1500	2400	4	M1524
推拉门-双扇-	M2424	2400	2400	4	M2424
推拉门-双扇-	M1821	1800	2100	26	
推拉门-四扇-	M3624	3600	2400	12	M3624
总计：161					

图 10.35　输入数据

⑪明细表属性:右击选择"属性"工具,在"标识数据"选项中可以对其修改:视图样板、视图名称。在"阶段化"选项中,可以通过修改过滤器、相位,显示其构件,在其选项中,点击下方工具栏中的"编辑"按钮,都会切换至"明细表属性"对话框,可以根据项目需要进行修改,如图 10.36 所示。

⑫明细表类型属性:点击"属性"面板中的"编辑类型"按钮,Revit 将会弹出"类型属性"对话框,在"类型参数"中可以根据项目需要,修改其"标识数据"参数,如图 10.37 所示。

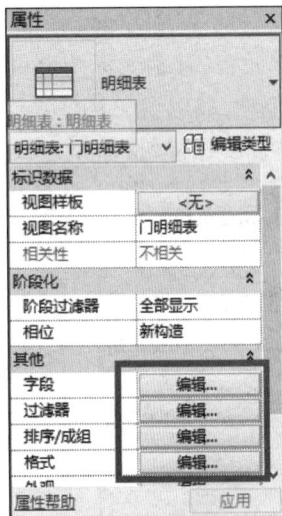

图 10.36　明细表属性

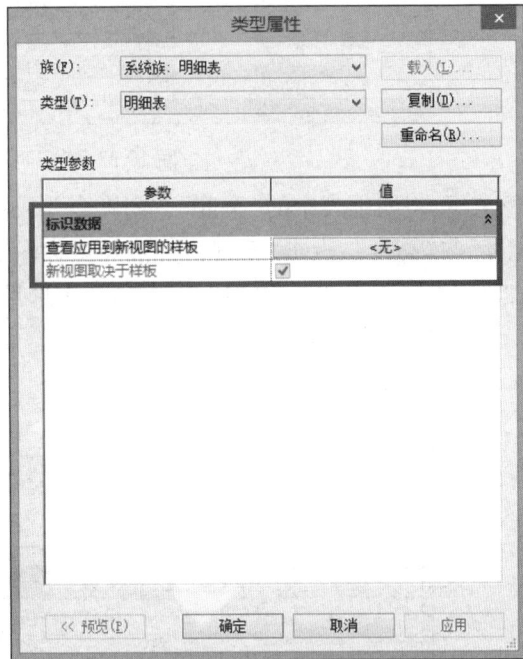

图 10.37　明细表类型属性

(2)创建窗明细表

①创建窗明细表:移动鼠标至项目浏览器进行创建。移动鼠标至项目浏览器中,选择"明细表/数量",右击选择"新建明细表/数量",点击完成后,Revit 将会弹出"新建明细表"对话框,如图 10.38 所示。

图 10.38　创建窗明细表

②选择类别:选择"过滤器列表"中的"建筑",在"类别"下拉列表中,选择"窗",对话框中的名称将会随着选择更改名称"窗明细表",确定选择"建筑构件明细表",点击"确定",完成类别选择,如图 10.39 所示。

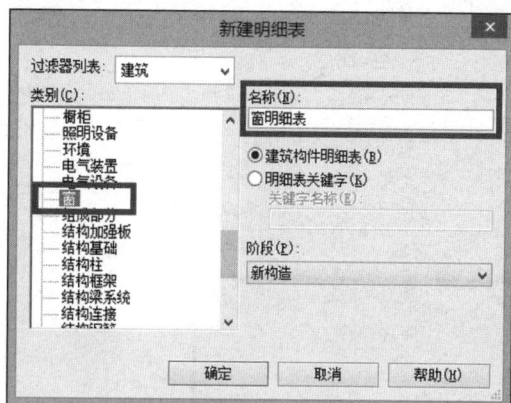

图 10.39　选择类别

③字段设置:点击"确定"完成后,Revit 将会弹出"明细表属性"对话框,对明细表属性进行设置,点击"字段"选项栏,点击选择"可选的字段",再点击"添加"按钮,在"明细表字段(按顺序排列)(S)"选项中将会出现添加的字段,点击下面的"上移"或"下移",Revit 将会根据选择的字段对字段进行上下移动,添加明细表的字段有:族与类型、类型标记、宽度、高度、合计、注释,如图 10.40 所示。

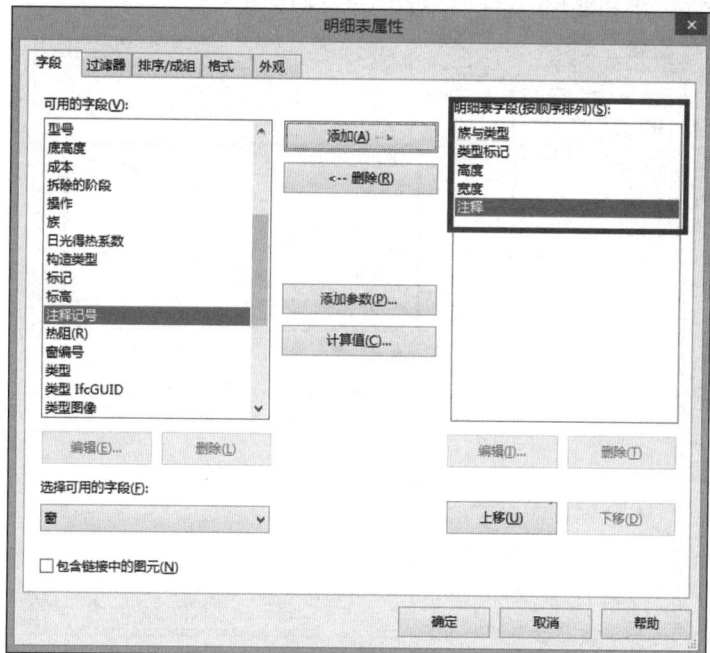

图 10.40　字段设置

④设置"排序/成组":点击切换"排序/成组"选项,选择"排序方式"为"族与类型"(排序方式下拉列表中有:族与类别、高度、宽度、注释、均为添加的字段),点击"升序",勾选"总计"选项,取消"逐项列举每个实例"选项,如图 10.41 所示。

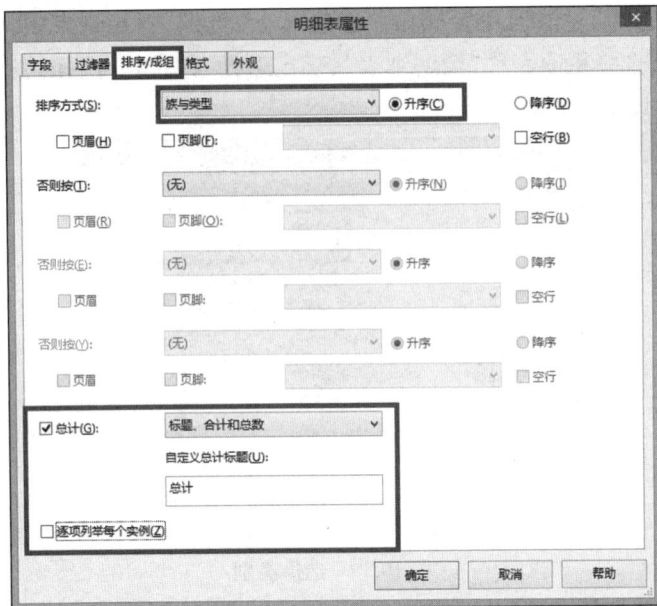

图 10.41　设置"排序/成组"

⑤设置格式:点击切换"格式"选项,点击字段中的字段,修改其标题名称、标题方向(下拉列表中有水平、垂直,可以根据项目需要进行选择设置、对齐样式,可以对其设置字段格式,如图 10.42 所示。修改"合计"的标题为"樘数",对齐样式为中心线)点击对齐字段下拉列表:左、右、中心线,进行选择,修改"注释"为"参照图集"。

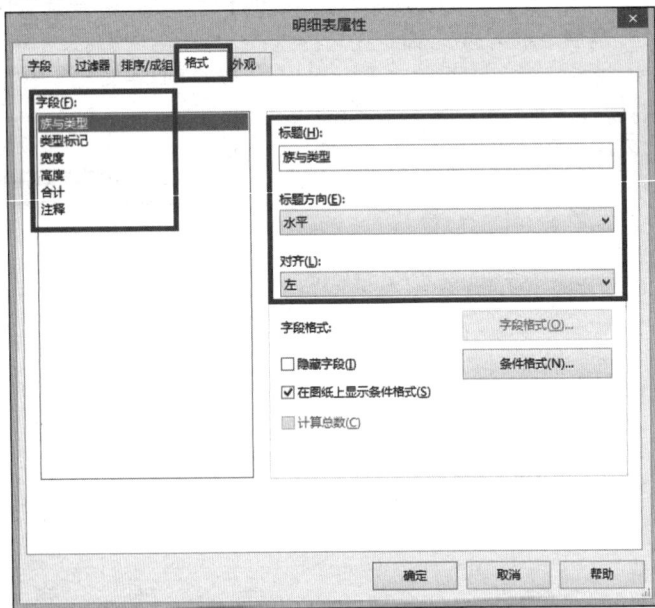

图 10.42　设置格式

⑥设置外观:点击切换"外观"选项,在"图形"选项中勾选"网格线",选择样式为细线,勾选"轮廓",选择样式为细线,取消勾选"数据前的空行",在"文字"选项中,勾选"显示标题""显示页眉",修改"标题文本""标题""正文"的文字样式,如图 10.43 所示。

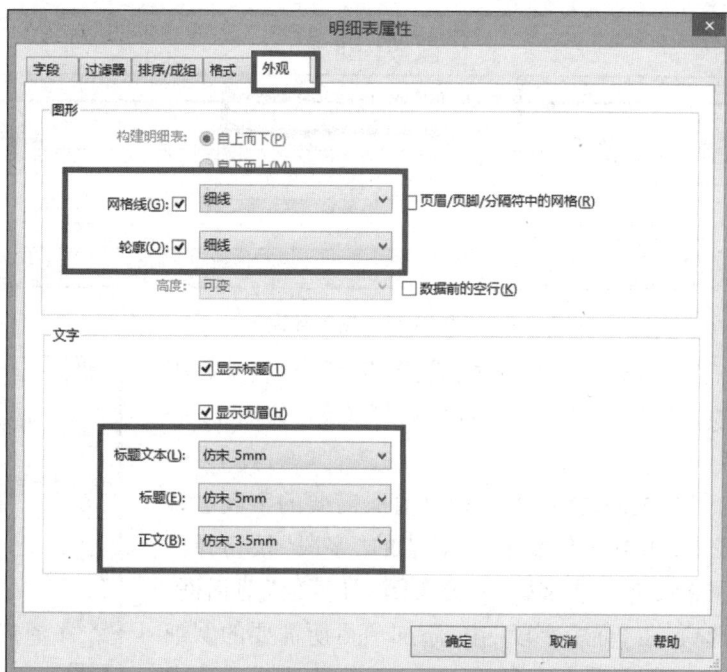

图 10.43　设置外观

⑦点击"确定"按钮,Revit 将会弹出"窗明细表"视图,如图 10.44 所示。

图 10.44　"窗明细表"视图

⑧成组:将明细表中的"宽度"与高度合并成组,生成新的单元格,移动鼠标至明细表中的"宽度"与"高度",点击"宽度",并按住鼠标左键,拖动至"高度",如图 10.45 所示。Revit将会切换至"修改明细表/数量"选项卡,点击选择"标题和页眉"面板中的"成组"工具。

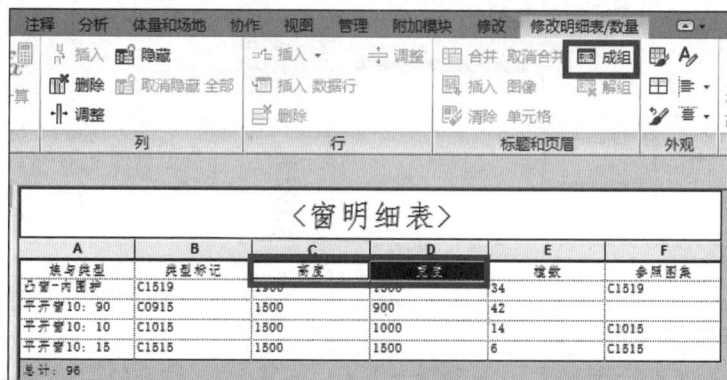

图 10.45　成组

⑨输入数据:在新创建的页眉中,在文本框中编写"尺寸",如图 10.46 所示。

〈窗明细表〉					
A	B	C	D	E	F
		尺寸			
族与类型	类型标记	高度	宽度	楼数	参照图集
凸窗-内围护	C1519	1900	1500	34	C1519
平开窗10：90	C0915	1500	900	42	C0915
平开窗10：10	C1015	1500	1000	14	C1015
平开窗10：15	C1515	1500	1500	6	C1515
总计：96					

图 10.46　输入数据

⑩添加洞口面积。选择编辑选项：选择"明细表"属性面板中的"其他"选项，点击"字段"工具的"编辑"按钮，如图 10.47 所示。

⑪在设置计算值之间，需要确保计算值所需要的字段已添加入名字表字段中，如果没有添加，计算值的"字段"按钮弹出的"字段对话框"将没有可选字段，需要关闭"计算值"对话框，切换值"字段"选项，在"可用字段"中，添加项目所需要的明细表字段，如果可选字段中没有需要的字段，点击"字段"选项中的"添加参数"，如图 10.48 所示。

⑫添加计算值：选择"编辑"完成后，Revit 将会弹出"明细表属性"对话框，如图 10.49 所示。选择"计算值"按钮，Revit 将会弹出"计算值"对话框。

图 10.47　添加洞口面积

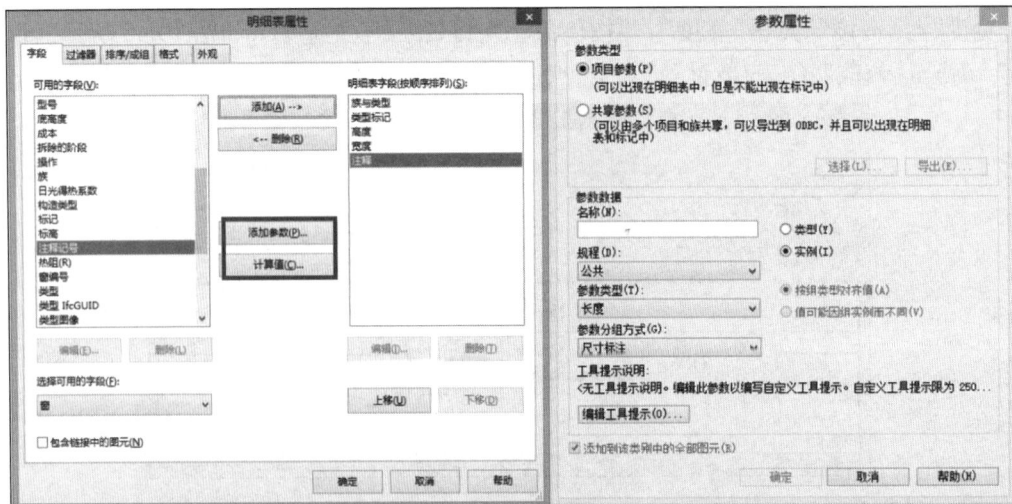

⑬设置计算值：点击名称文本编辑框，输入"洞口面积"，点击"公式"选项，点击选择"规程"为"公共"，选择"类型"工具为"面积"，输入公式为"高度＊宽度"，如图 10.50 所示。

⑭格式：修改"对齐"样式为"中心线"，如图 10.51 所示。点击"字段格式"按钮，将会弹出"格式"对话框，取消勾选"使用项目设置"，选择修改"单位"为"平方米"，修改"单位符号"为"m^2"，点击"确定"，如图 10.52 所示。完成所有操作，如图 10.53 所示。

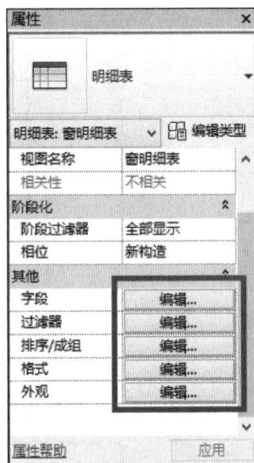

图 10.48　添加字段

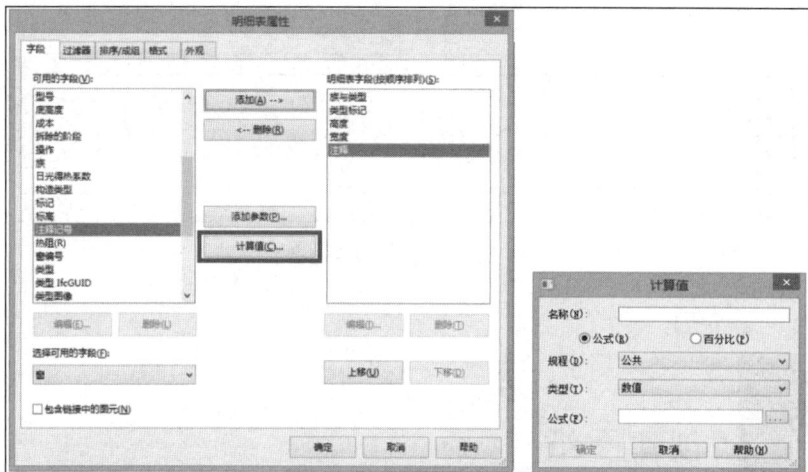

图 10.49　添加计算值

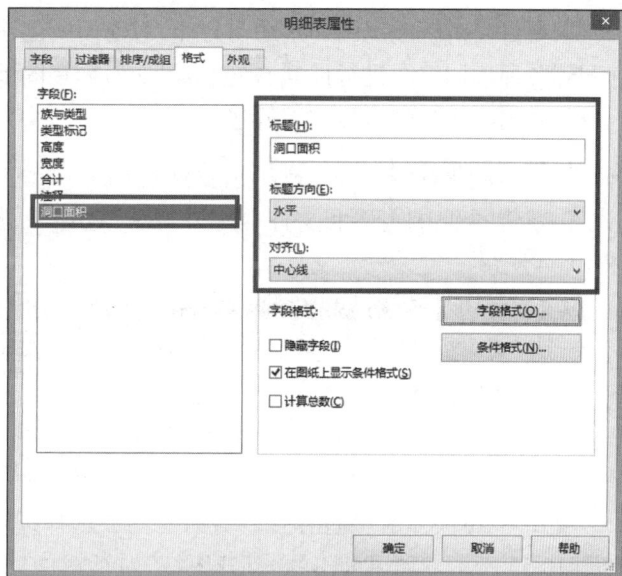

图 10.50　设置计算值

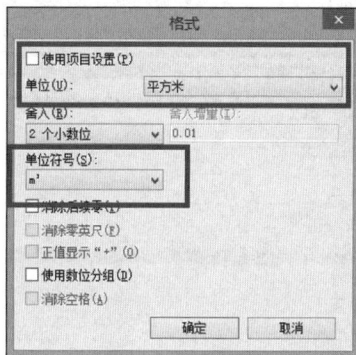

图 10.51　设置格式

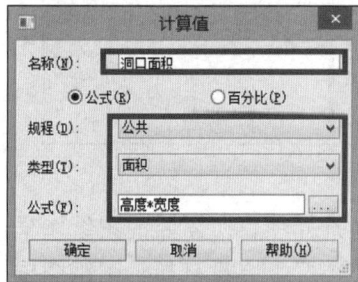

图 10.52　修改单位

图 10.53　完成设置格式

任务 10.3　创建图纸

创建图纸

本项目会讲解施工图的布图与打印,对前面所创建的施工平面图、立面图、剖面图、大样详图等各种不同识图进行设计,将会学习如何创建图纸、添加图框、布图视图等。

创建图纸图框的步骤如下所述。

1)创建图纸图框

①新建图纸:打开项目文件,点击"视图"选项卡,选择"图纸组合"面板中的"图纸",如图 10.54 所示。

图 10.54　新建图纸

②Revit 将会弹出"新建图纸"对话框,在"选择标题栏"中选择项目所需要的图纸图框,如图 10.55 所示。如果弹出的"新建图纸"对话框中"选择标题栏"下方没有显示图纸图框,需要点击"载入"按钮,载入项目所需要的图纸图框,如图 10.56 所示。

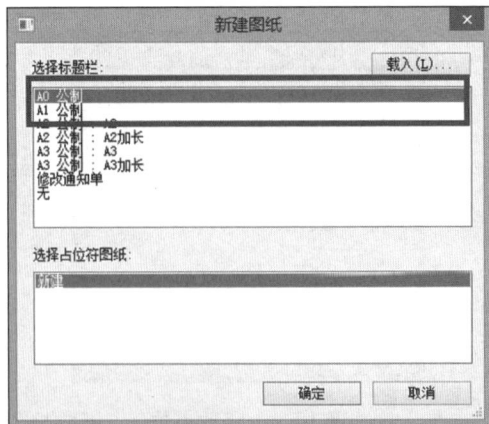

图 10.55　图纸图框

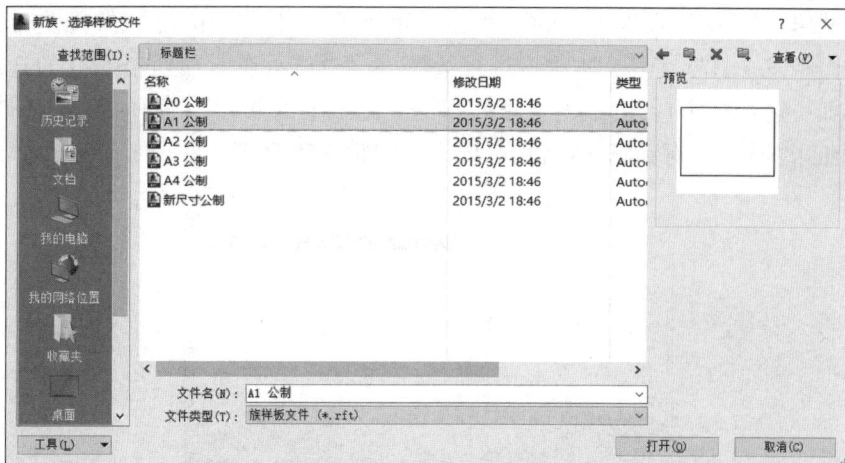

图 10.56　选择标题栏

③选择完成后,Revit 将会在视图中弹出所载入的图框,并在图纸的标题栏中输入信息。

④图纸属性。

a.图形:在创建放置完成的视图中,右键选择"属性",将"图纸"的属性显示。在"图纸"属性面板中的"图形"选项中,可以根据项目的需要,对图纸的"可见性/图形替换"进行设置,点击后面的"编辑"按钮,将会弹出"图纸—可见性/图形替换"对话框,如图 10.57所示。

图 10.57　图纸-可见性/图形替换

b.标识数据:在"标识数据"选项中,可以对审核者、设计者、审图员、绘图员、图纸编号、图纸名称、图纸发布日期在其文本框中进行编辑,是否"显示在图纸列表中"(勾选或取消勾选文本框,即可进行操作)。图纸需要修改,点击"图纸上的修订"后面的编辑按钮,Revit 将会弹出"图纸上的修订"对话框,查看修订内容,如图 10.58 所示。

图 10.58　标识数据

⑤类型属性:点击"属性"面板中的"编辑类型",Revit 将会弹出"类型属性"对话框,在图纸的类型属性中,Revit 并没有需要修改的类型参数。

2)布置施工图

①修改图纸:需要对导入的图纸进行修改,与传统的施工图图纸编号、图纸名称相符合,点击"项目浏览器"中的"图纸(全部)"选项,点击前面的"+"号展开其下拉列表,双击选择"000-图纸目录",将会打开"图纸目录"视图,移动鼠标至"属性"面板中,修改"图纸编号"为"建施-0",如图 10.59 所示。

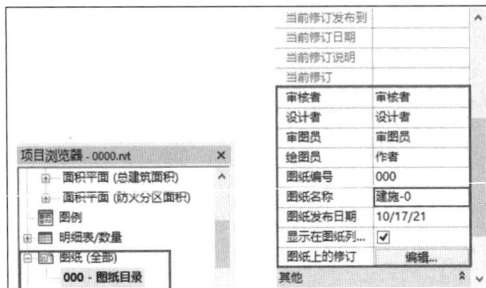

图 10.59　修改图纸

②新建图纸:在"标识数据"中修改"图纸编号"为"建施-2",修改"图纸名称"为"一层平面图",在"其他"中修改"序号"为"2",修改"折合甲 1(为图纸目录中的新旧图)"为"0",如图 10.60 所示。在"项目浏览器"中的"图纸(全部)"也将会同步更改。

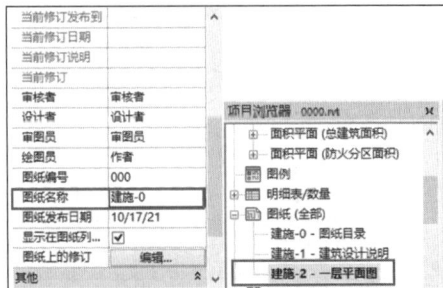

图 10.60　新建图纸

③放置图纸：点击"项目浏览器"中的"视图（全部）"，选择"楼层平面"中的"楼层 1"，点击鼠标不放将其拖至图纸空白处，图纸将会以"蓝色"方框附着在鼠标上，如图 10.61 所示。移动至图纸合适位置，点击"确定"，如图 10.62 所示。

图 10.61　放置图纸

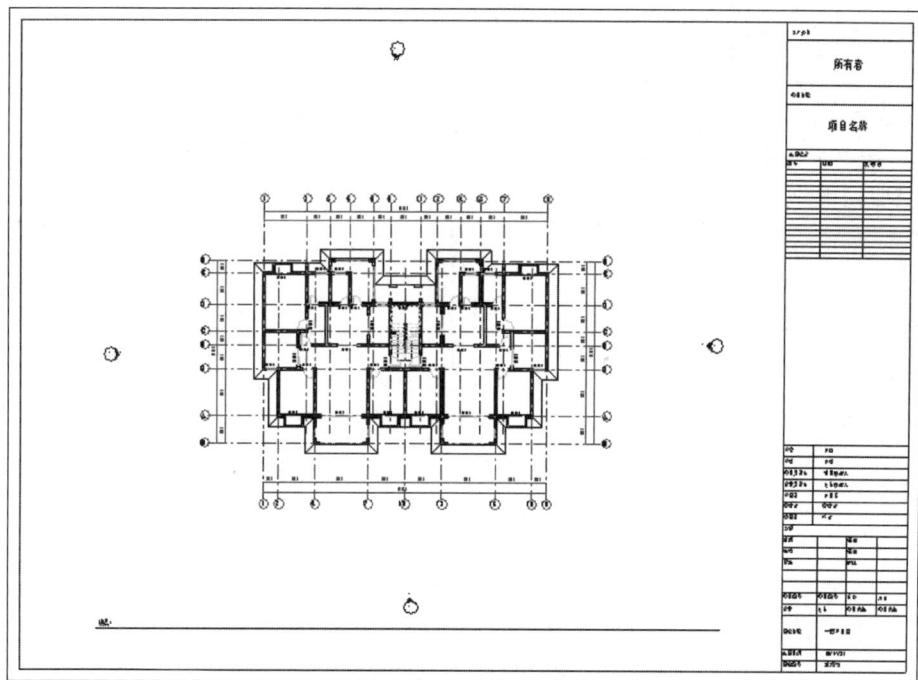

图 10.62　完成图纸放置

3)放置详图施工图

①新建图纸:详图需要 A0 图框,详图比例为 1∶50,将详图大样拖至图纸中。

②修改视图标题:点击视图标题,调整"详细程度"为"精细",如图 10.63 所示。点击"视口"属性面板中的"编辑类型"按钮,将会弹出"视口"类型属性,点击"复制"按钮,修改名称为"建筑施工图详图",修改"类型参数"中"图形"选项中的"标题"参数为"视图标题-详图-参照图纸",如图 10.64 所示。

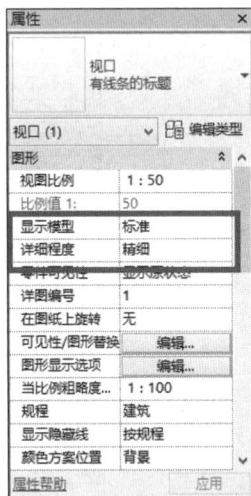

图 10.63　修改详细程度　　　　　　　图 10.64　修改视图标题

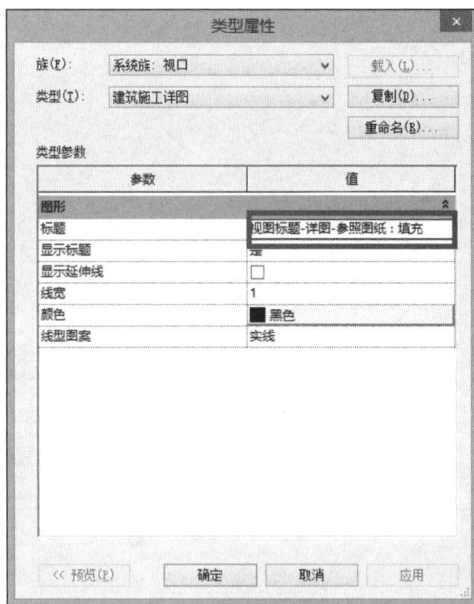

③完成修改视图标题后,视图中表示的详图符号表达的意义如图 10.65 所示。

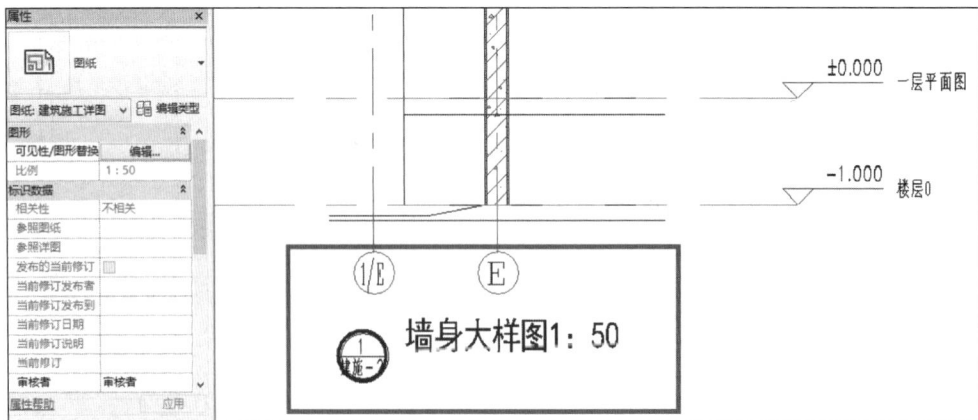

图 10.65　详图符号

④放置名称明细表:创建图纸为 A3 图纸,切换至选择"项目浏览器"中的"明细表/数量",选择"门明细表"与"窗明细表",点击拖曳至图纸中,如图 10.66 所示。

门明细表					
		尺寸			
族与类型	类型标记	宽度	高度	橙数	参照图集
平开木门-单扇1: #0721	#828	700	2100	12	#0721
平开木门-单扇1: #0821	#0821	800	2100	26	#0821
平开木门-单扇1: #0921	#0921	900	2100	50	#0921
平开木门-单扇1: #1021	#1021	1000	2100	12	#1021
平开木门-双扇4: 1500 × 2100 mm	#1521	1500	2100	1	#1521
推拉门-双扇-带亮窗-2l: 1500 × 2100 mm	#1521	1500	2100	14	#1521
推拉门-双扇-带亮窗-2l: 1500 × 2400 mm	#1524	1500	2400	4	#1524
推拉门-双扇-带亮窗-2l: 2400 × 2400 mm	#2424	2400	2400	4	#2424
推拉门-双扇-带亮窗-2l: #1821	#1821	1800	2100	26	#1821
推拉门-四扇-3: #3624	#3624	3600	2400	12	#3624
总计: 161					

图 10.66　门明细表

⑤在图纸中点击明细表,会出现控制列表宽度柄,点击拖动其控制符号,左右拉曳可以控制明细表列款在图纸中的宽度。

【知识拓展】

修改项目时,所有明细表都会自动更新。例如,如果删除一面墙,则门明细表中门的数量也会相应更新。

在项目中修改建筑构件的属性时将更新明细表。例如,可以在项目中选择一扇门并改变其制造商属性。门明细表将反应制造商属性的变化。也可以通过在明细表中选择字段并输入新值以编辑属性。该操作将改变明细表及项目中的这构件的类型。

【想一想】

在本项目中,详细讲解了如何创建门窗明细表,根据这个步骤举一反三,那么请思考一下,如何创建其他明细表,例如房间明细表、扶手栏杆明细表、楼梯明细表等。

【学习笔记】

_____

_____

_____

_____

_____

_____

_____

_____

_____

【关键词】

创建房间　门窗详图　明细表　创建图纸　放置图纸

【测试】

一、单项选择题

1.Revit 中图纸创建在(　　)选项卡中。

　A.管理　　　　　　B.修改　　　　　　C.视图　　　　　　D.分析

2.明细表的表头通过(　　)设置。

　A.过滤器　　　　　B.格式　　　　　　C.字段　　　　　　D.排序成组

3.想设置窗明细表中不逐项显示每一个窗户在(　　)中设置。

　A.字段　　　　　　B.格式　　　　　　C.排序/成组　　　　D.过滤器

4.如要设施门明细表中门的宽度单位为厘米在(　　)中设置。

　A.字段　　　　　　B.过滤器　　　　　C.格式　　　　　　D.外观

5.做好的明细表保存在(　　)位置。

　A.试图选项卡明细表命令中　　　　　B.管理选项卡中

　C.属性栏中　　　　　　　　　　　　D.项目浏览器下

6.关于明细表的说法正确的是(　　)。

　A.明细表可以导出到项目之外,成为独立表格

　B.明细表的字段不可以手动修订

　C.如果窗户的数量或者尺寸有所改变,已经做好的明细表不会自动更新

　D.结构柱明细表和柱明细表在 Revit 软件中是同一个表

二、判断题

1.明细表中窗明细表可以设置计算值为面积,用宽度和高度计算得到面积字段。

　　　　　　　　　　　　　　　　　　　　　　　　　　　　(　　　)

2.明细表做好之后便存在于项目之中,无法删除。　　　　　　(　　　)

3.可以用房间分隔命令在没有分隔的地方添加风格创造房间区域。　(　　　)

4.房间放置时必须选择房间标记,不可以不进行标记。　　　　(　　　)

5.可以通过可见性设置将所有的家具族都隐藏。　　　　　　　(　　　)

三、简答题

1.在房间图例创建中如何对颜色方案进行设置?

2.在门明细表中,如何按"族和类型"进行排序/成组?

3.在剖面视图中,如何将框架截面填充图案设置为"混凝土-钢筋混凝土"?

项目 11 模型导出与打印

【项目引入】

Revit 的动态设计功能可保证模型与图纸的一致性,一处修改,处处更新;前面已经完成了模型创建和图纸布局,本项目将基于前面创建的模型导出为其他格式的文件,最大限度地体现模型的价值。

【本项目内容结构】

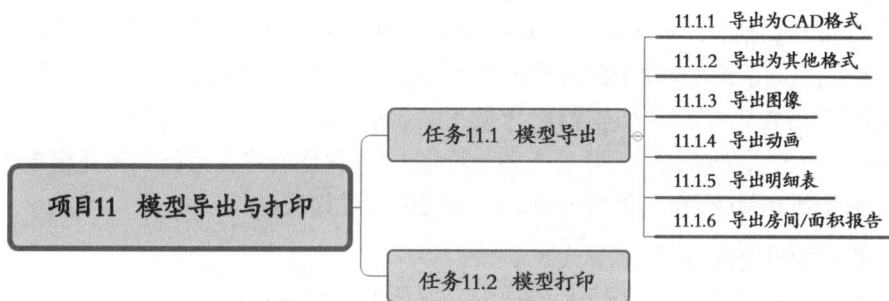

```
                                              ┌─ 11.1.1 导出为CAD格式
                                              ├─ 11.1.2 导出为其他格式
                            ┌─ 任务11.1 模型导出 ─┼─ 11.1.3 导出图像
                            │                   ├─ 11.1.4 导出动画
  项目11 模型导出与打印 ─────┤                   ├─ 11.1.5 导出明细表
                            │                   └─ 11.1.6 导出房间/面积报告
                            └─ 任务11.2 模型打印
```

【学习目标】

知识目标:掌握模型导出的能力;掌握模型的打印。

技能目标:掌握模型导出为 CAD 格式、导出为图像、导出动画和明细表的能力,熟练使用模型打印。

素质目标:团结协作、乐于助人的职业精神;科学严谨细心、精益求精的职业态度;家国情怀,热爱祖国;极强的敬业精神和责任心,诚信、豁达,能遵守职业道德规范的要求;勇于尝试,积极寻求有效的问题解决方法的能力和韧性。

【学习重、难点】

重点:掌握模型的导出和模型打印;掌握导出为 CAD 格式的图纸,掌握模型虚拟打印的能力。

难点:掌握导出 CAD 格式的图纸,并掌握导出多张图纸的能力;掌握模型导出多种格式的能力。

【学习建议】

1.本项目模型导出为 CAD 格式、导出图像、导出动画和模型的虚拟打印做重点学习,对模型导出为其它格式做一般了解。

2.学习中可以学习配套资源中的视频、动画等手段,掌握建筑模型的导出和打印。

3.多做施工图实例的练习,注意细节,多次练习以达到熟练操作的目的。

4.单元后的测试训练与项目实训,应在学习中对应进度逐步练习,通过做练习加以巩固基本知识。

任务 11.1　模型导出

11.1.1　导出为 CAD 格式

1) Revit 支持导出 CAD 为以下文件格式

①DWG(绘图)格式是 AutoCAD 和其他 CAD 应用程序所支持的格式。

②DXF(数据传输)是一种多数 CAD 应用程序都支持的开放格式。DXF 文件是描述为图形的文本文件。由于文本没有经过编码或压缩,因此 DXF 文件通常很大。如果将 DXF 用于三维图形,则需要执行某些清理操作,以便正确显示图形。

③SAT 是用于 ACIS 的格式,它是一种受许多 CAD 应用程序支持的实体建模技术。

④DGN 是受 Bentley,Inc.的 MicroStation 支持的文件格式。

2) 导出 CAD(DWG)文件

打开项目文件,点击应用程序菜单按钮,选择"导出"中的"CAD 格式"中的"DWG",如图 11.1 所示。

3) DWG 导出对话框

点击"DWG"工具,Revit 将会自动弹出"DWG 导出"对话框,如图 11.2 所示。

4) DWG 导出设置

在"选择导出设置"中,选择"修改导出设置"按钮,Revit 将会自动切换至"修改 DWG/DXF 导出设置"对话框,如图 11.3 所示。

①层:可以设置其"层"选项。

②设置"导出图层选项":"按图层"导出类别属性,并"按图元"导出替换;"按图层"导出所有属性,但不导出替换;"按图层"导出所有属性,并创建新图层用于替换。再次修改为"按图层"导出所有属性,并创建新图层用于替换,如图 11.4 所示。

③设置根据标注加载图层:映射标准载入图层设置有美国建筑师学会(AIA)、ISO 标准13567、新加坡标准83、英国标准1192,从以下文

图 11.1　导出 CAD(DWG)文件

件加载设置。如果没有合适的标准,点击选择"从以下文件加载设置",在弹出的载入对话框中选择标准并载入项目中,如图11.5所示。

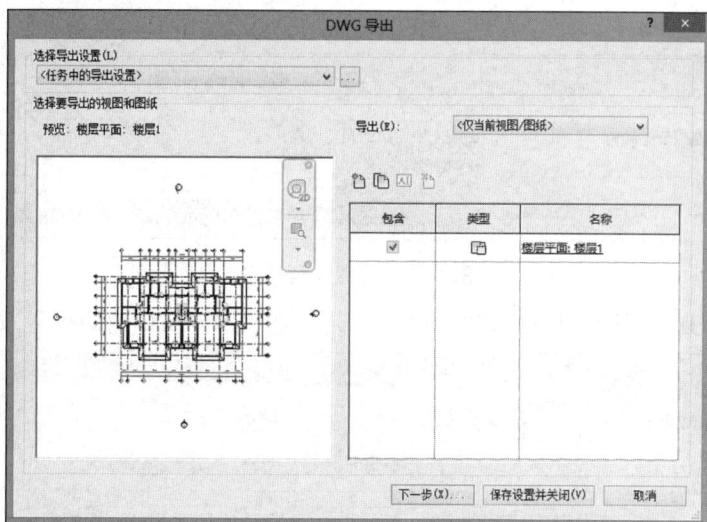

图11.2　DWG导出

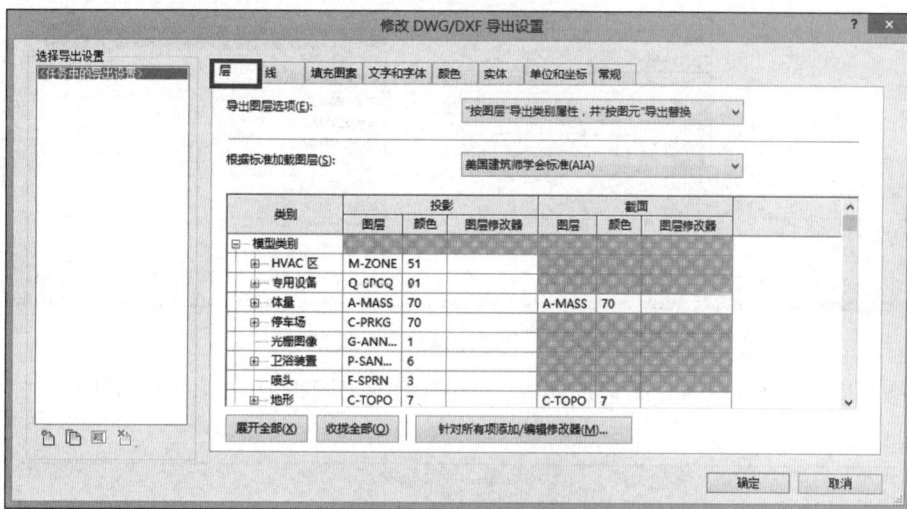

图11.3　DWG导出设置

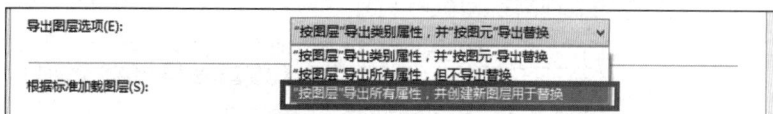

图11.4　设置"导出图层选项"

图11.5　设置根据标注加载图层

可以在层类别中设置其投影、截面。

④线:设置线型比例;其下拉列表中有比例线型定义、模型空间、图纸空间,在此选择图纸空间,如图 11.6 所示。

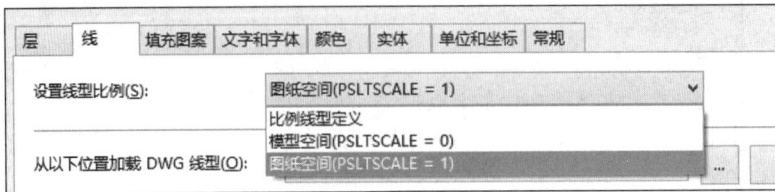

图 11.6　设置线型比例

⑤设置加载 DWG 线型:可以修改 Revit 线条图案映射到 DWG 内的线型,如图 11.7 所示。

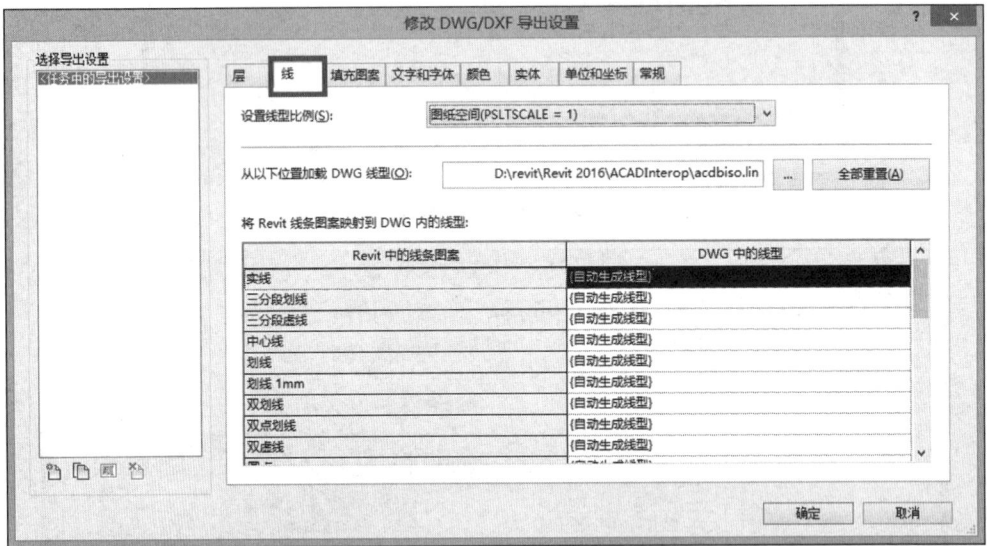

图 11.7　设置加载 DWG 线型

⑥修改填充图案:在填充图案选项中,设置模型导出图纸 DWG 中的填充图案,如图 11.8 所示。

图 11.8　修改填充图案

⑦设置文字和字体:在 Revit 中的文字,导出到 DWG 中的文字字体,在下拉列表中进行设置,如图 11.9 所示。

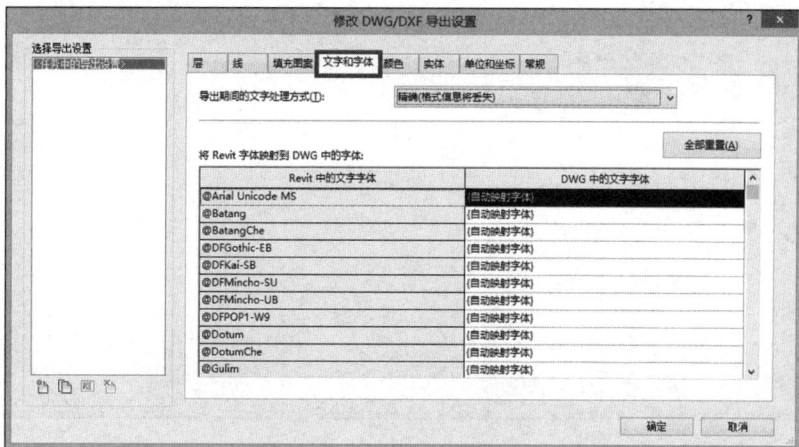

图 11.9　设置文字和字体

⑧颜色:在选项卡中有两种:索引颜色、真彩色,如图 11.10 所示。

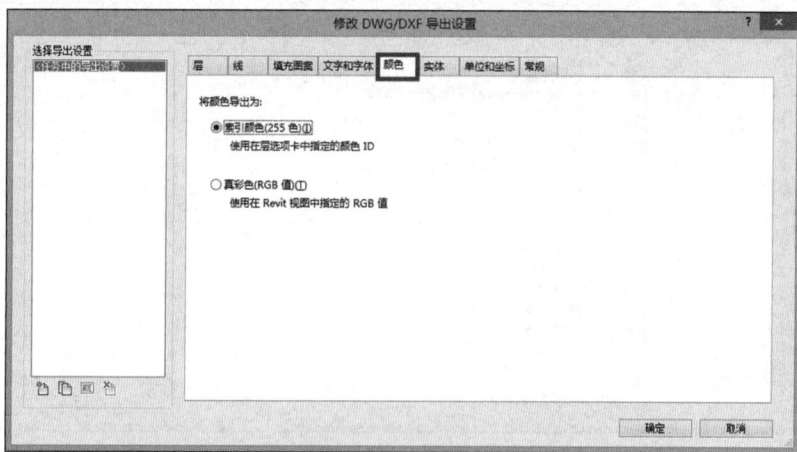

图 11.10　设置颜色

⑨实体:将实体导出(仅适用于三维视图)有两种:多边形网格和 ACIS 实体,如图 11.11 所示。

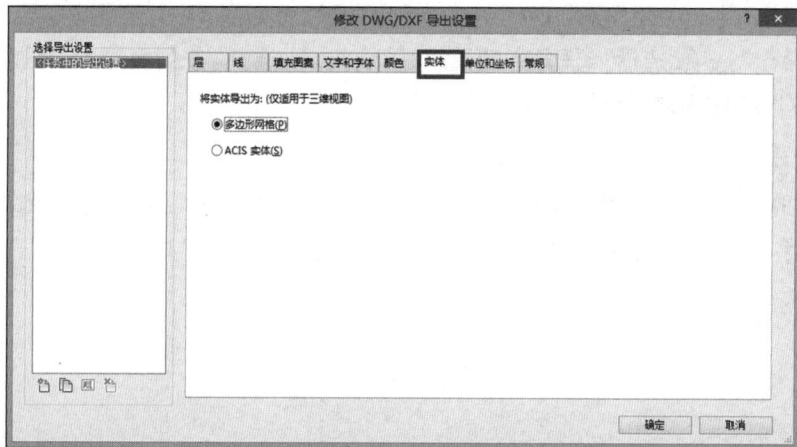

图 11.11　设置实体

⑩单位和坐标：设置"一个 DWG 单位是"和"坐标系基础"，如图 11.12 所示。

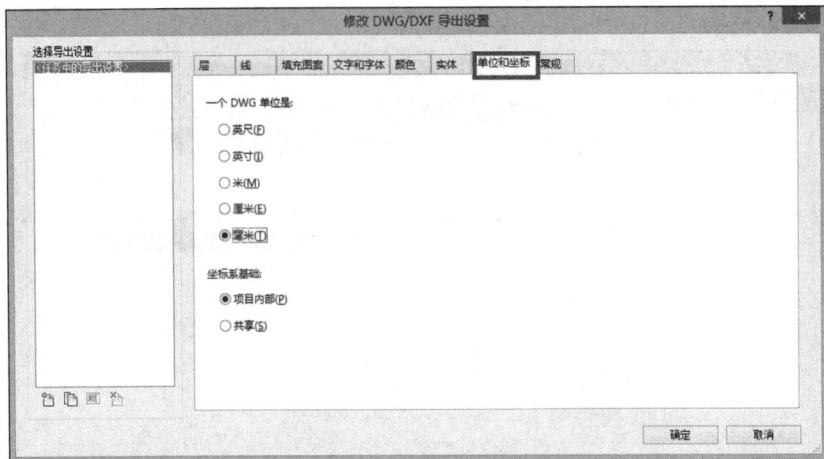

图 11.12　设置单位和坐标

⑪点击"常规"选项，设置其导出 CAD 的版本和需要隐藏的图元，如图 11.13 所示。

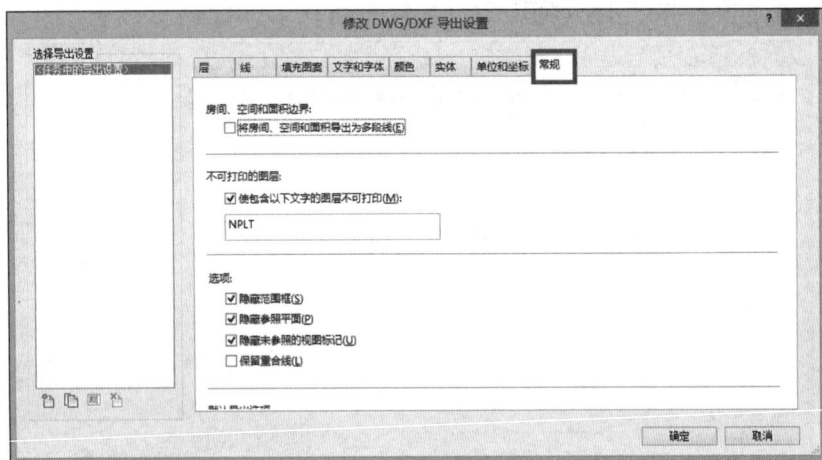

图 11.13　设置"常规"选项

5)修改设置

点击"确定"将会关闭"修改 DWG/DXF 导出设置"对话框，切换至"DWG 导出"对话框，点击选择"导出"选项，选择"<任务中的视图/图纸集>"，选择"按列表显示"中的"模型中的图纸"，点击下方的"选择全部"，如图 11.14 所示。

6)设置完成

设置完成后点击"下一步"，Revit 将会切换至"导出 CAD 格式-保存到目录文件夹"对话框，点击取消"将图纸上的视图和链接作为外部参照导出"，如图 11.15 所示。

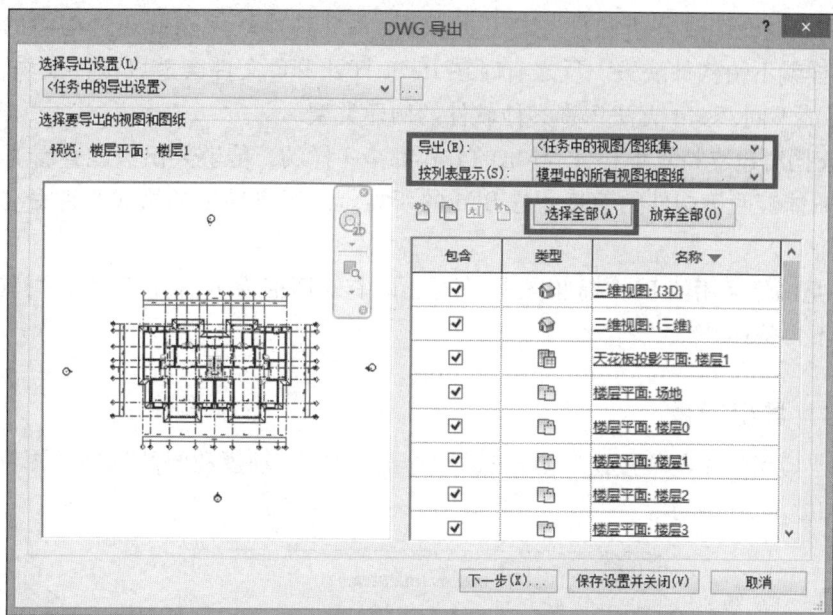

图 11.14　修改 DWG/DXF 导出设置

图 11.15　设置完成

11.1.2　导出为其他格式

导出选定的视图和图纸或整个建筑模型为其他不同格式,以在其他软件中使用。

Revit 支持其他导出为以下文件格式:

①DWF/DWF 格式是一种多数 CAD 应用程序都支持的开放格式。DXF 文件是描述为图形的文本文件。由于文本没有经过编码或压缩,因此 DXF 文件通常很大。

②FBX 或 IFC 格式的文件,可在其他软件中查看导出的相关文件或编辑;但在编辑或查看的过程中需要明确与之前的模型构件相比是否有构件的缺失。比如能够通过 Revit 导出

IFC 文件,在其他设计或分析软件中打开并编辑;并且其他软件能够通过构件的信息进行"再生",这样就不怕构件缺失。反之有时在 Revit 打开 IFC 文件会造成构件缺失,原因是软件之间族可能不同,Revit 无法识别其他软件的构建类型。

③Revit 同时也支持其他格式,导出的方式都是一样的。能够导出只能查看对 BIM 来说不是首要的;能够明确构件的信息才是 BIM 的所需。注意将导出的格式文件命名或者选择存放的位置。

④IFC 是国际通用的 BIM 标准格式,在导出时其对话框为英语,设置方式与其他的设置相似,在此不再赘述。

11.1.3　导出图像

①点击"应用程序菜单按钮",点击选择"导出",选择"动画和图像"里的"图像"按钮,如图 11.16 所示。

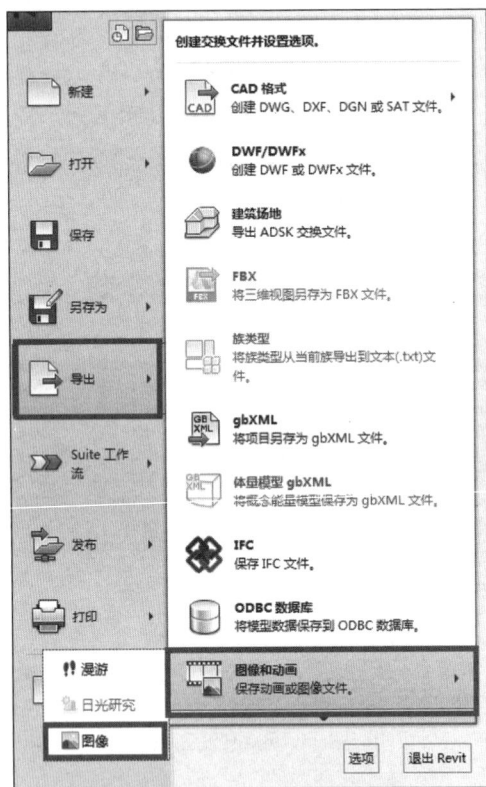

图 11.16　设置图像中"图像和动画"

②Revit 将会弹出"导出图像"对话框,点击"修改"调整输出文件位置,在"导出范围"中根据需要选择"当前窗口",在"图像尺寸"中修改像素大小,点击"确定"完成导出,如图 11.17所示。

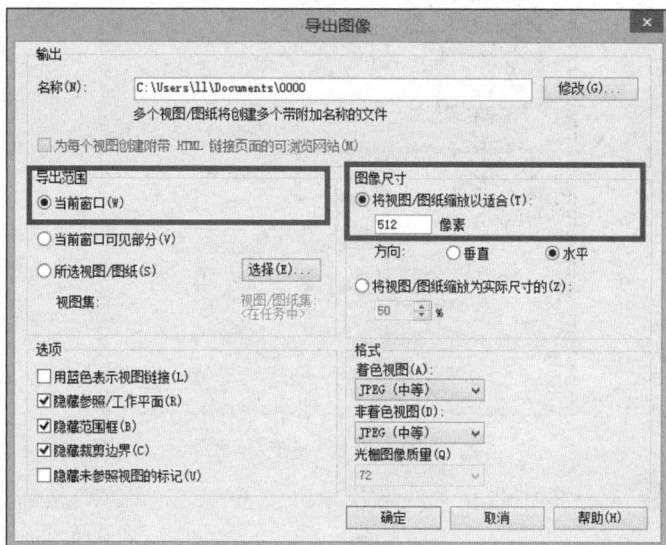

图 11.17　设置图像尺寸

11.1.4　导出动画

①点击项目浏览器中"漫游"进入漫游视图,如图 11.18 所示。

②点击"应用程序菜单"按钮,点击选择"导出",选择"动画和图像"里的"漫游"按钮,如图 11.19 所示。

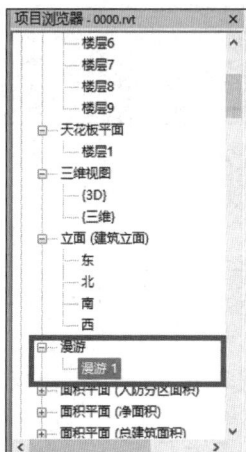

图 11.18　漫游视图

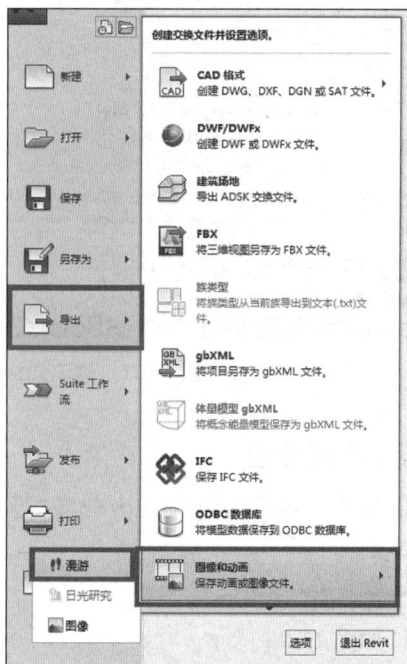

图 11.19　设置漫游中"图像和动画"

③Revit 将会弹出"长度/格式"对话框,在"输出长度"选择"全部帧",调整"帧/秒",点击"确定"按钮,如图 11.20 所示。

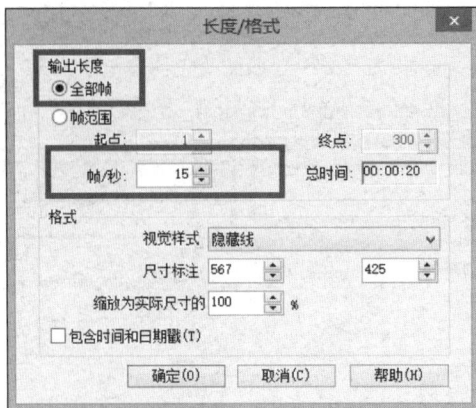

图 11.20　设置"长度/格式"

　　④在"导出漫游"对话框中修改文件名及导出位置,点击"保存"按钮完成动画导出,如图 11.21 所示。

图 11.21　修改文件名及导出位置

11.1.5　导出明细表

　　①点击"应用程序菜单按钮",点击选择"导出",选择"报告"里的"明细表"按钮,如图 11.22 所示。

　　②Revit 将会弹出"导出明细表"对话框,修改文件名及导出位置,点击"保存"按钮完成明细表的导出,如图 11.23 所示。

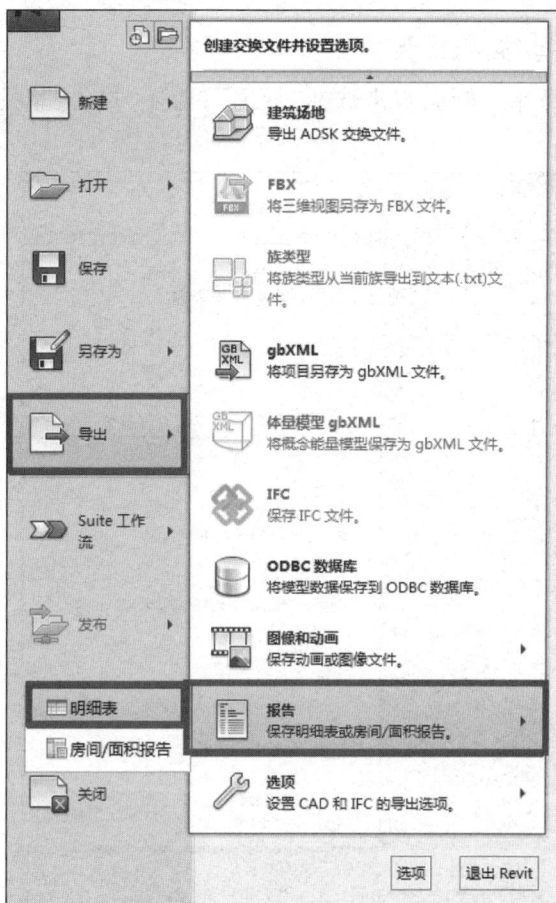

图 11.22　导出"明细表"中"报告"

图 11.23　修改"导出明细表"文件名及导出位置

11.1.6 导出房间/面积报告

①点击"应用程序菜单"按钮,点击选择"导出",选择"报告"里的"房间/面积报告"按钮,如图 11.24 所示。

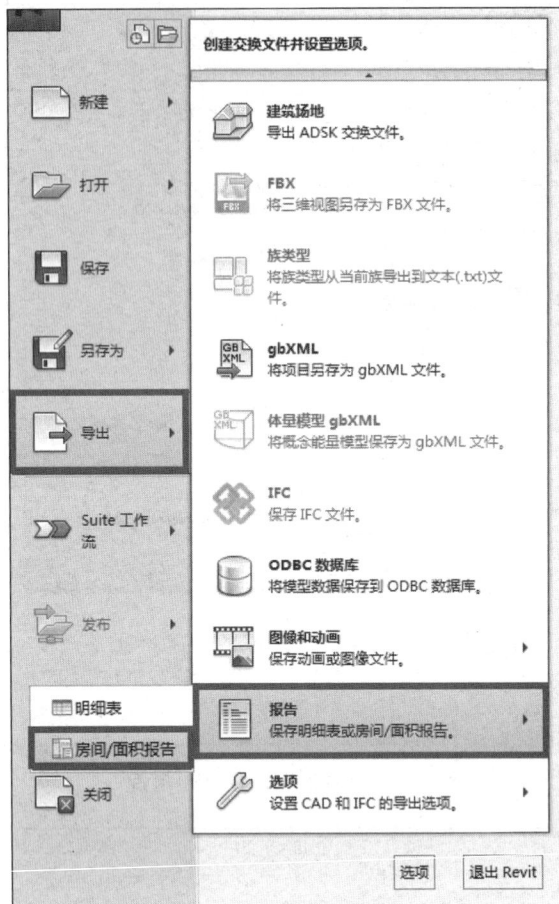

图 11.24 设置报告中的"房间/面积报告"

②Revit 将会弹出"视图"对话框,选择楼层视图,点击"确定"按钮,如图 11.25 所示。

图 11.25 设置楼层视图

③Revit 将会弹出"导出房间/面积报告"对话框,修改文件名及导出位置,点击"保存"按钮完成房间/面积报告导出,如图 11.26 所示。

图 11.26 修改"导出房间/面积报告"文件名及导出位置

任务 11.2 模型打印

图纸布置完成,可以对图纸进行打印,将项目文件中的图纸打印为 PRN 文件、PLT 文件或 PDF 文件。

"打印"工具可以打印当前窗口、当前窗口的可见部分或所选的视图和图纸,可以将所需的图形发送到打印机,打印类型为 PRN 文件、PLT 文件或 PDF 文件。

①打开项目文件,点击应用程序菜单按钮,将鼠标移动至"打印",视图框中会显示"打印""打印预览""打印设置"选项,如图 11.27所示。

②打印选项:点击"打印"选项,Revit 将自动弹出"打印"对话框,选择打印机名称为"Microsoft XPS Document Writer",如图 11.28所示。

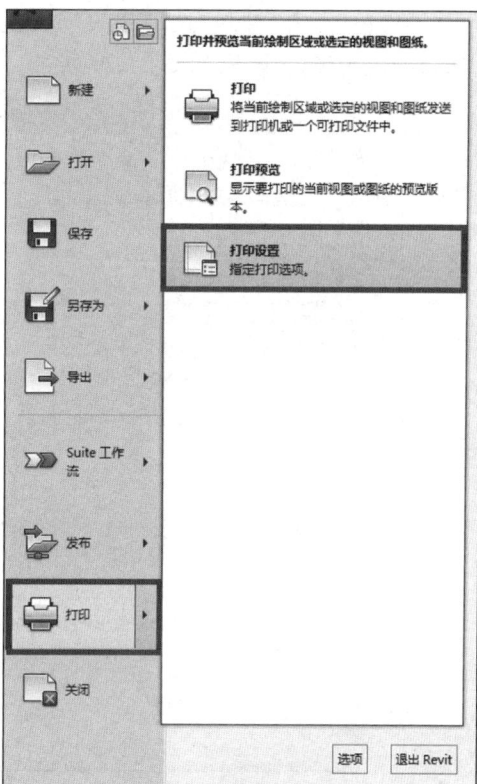

图 11.27 "打印设置"

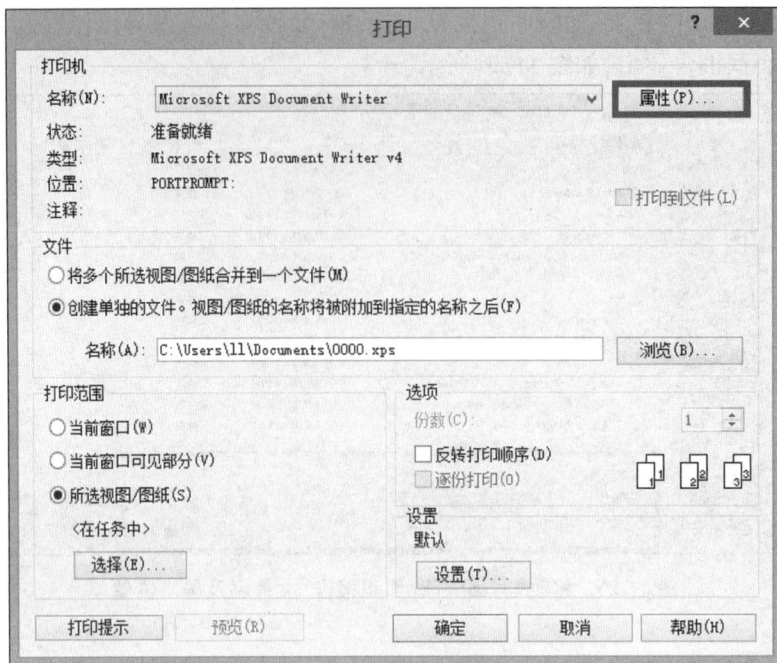

图 11.28　选择打印机

③打印设置：点击选择。打印设置"选项，Revit 将会自动弹出"打印设置"对话框。点击"另存为…"，将会弹出"新建"对话框，修改名称为"A0 图纸打印"，修改尺寸为"A0"。如果打印为黑白色，点击"外观"选项中的"光栅质量"，选择为"高"，通常情况下，打印颜色为黑白，选择颜色为黑白线条，如图 11.29 所示。

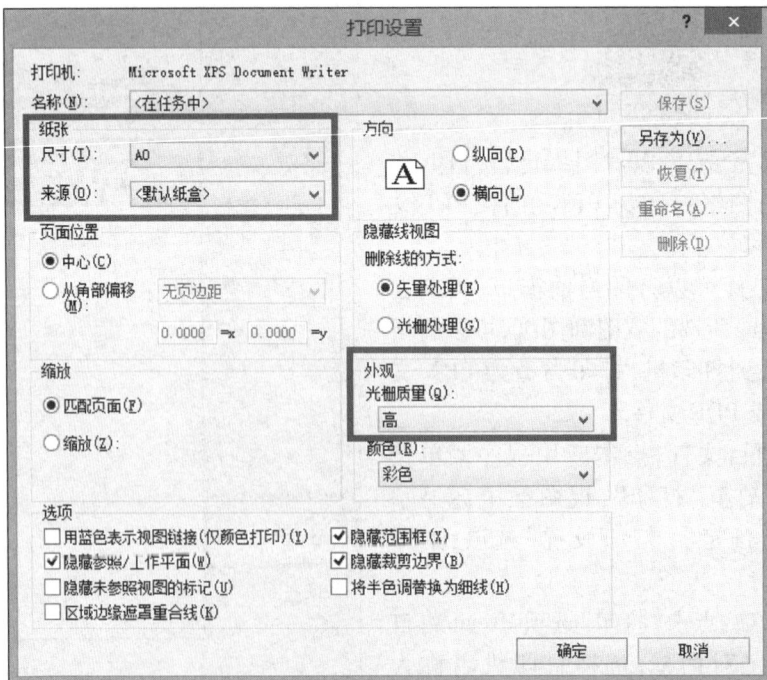

图 11.29　打印设置

④文件：如果打印需要全部文件合并在一起，则选择"将多个所选视图/图纸合并到一个文件"。如果创建单独的文件，则选择"创建单独的文件。视图/图纸的名称将被附加到指定的名称之后"选项，色彩打印则可以单独设置，如图 11.30 所示。

图 11.30　文件合并打印设置

⑤打印范围：打印图纸，可以在"打印范围"选项中选择"当前窗口""当前窗口可见部分""所选视图/图纸"，当选择"所选视图/图纸"时，下方的<在任务中>的"选择"按钮将会高亮显示。在本工程中，由于图纸图框不相同，选择"所选视图/图纸"，点击"选择"按钮，Revit 将会自动弹出"视图/图纸集"对话框，取消勾选"视图"选项，选择将要打印的图纸，对其进行勾选，并对图纸大小进行勾选，再返回"设置"面板进行设置，如图 11.31 所示。

⑥选项：在"选项"选项栏中，可设置"份数"，"反转打印顺序"或是"逐份打印"，如图11.32 所示。

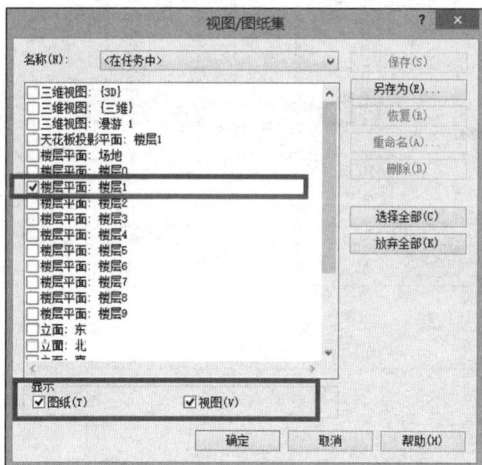

图 11.31　设置打印范围

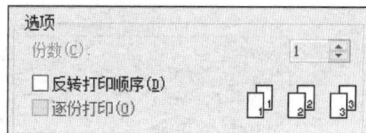

图 11.32　设置打印"份数"

⑦预览：在打印之前，可以对其进行预览，查看打印是否正确，点击预览，Revit 将会自动弹出"预览"框，可以进行查看。

⑧点击"确定"，Revit 将会打印需要打印的图纸。

【知识拓展】

使用 Revit 批量导出 CAD 图纸。

步骤一：操作如图 11.33 所示。

步骤二：选择"任务中的视图/图纸集"，操作如图 11.34 所示。

步骤三：选择"模型中的所有视图的和图纸"，操作如图 11.35 所示。

步骤四：选择需要导出的视图，操作如图 11.36 所示。

接下来单击"下一步"，确定导出图纸就可以了。

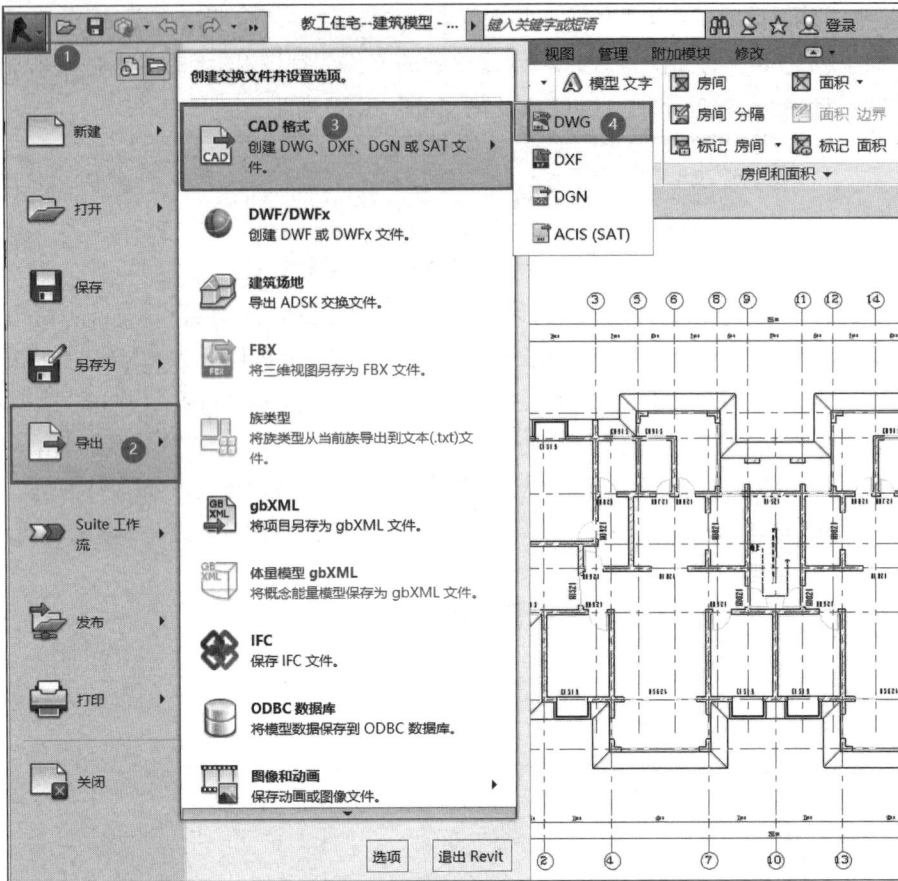

图 11.33

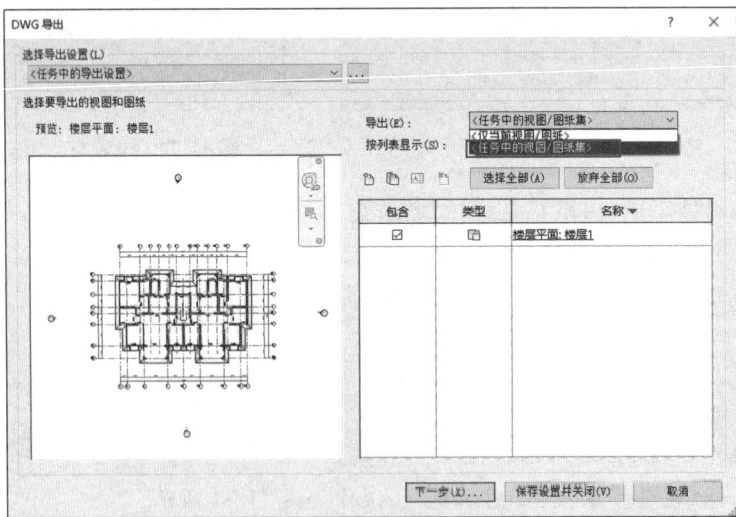

图 11.34

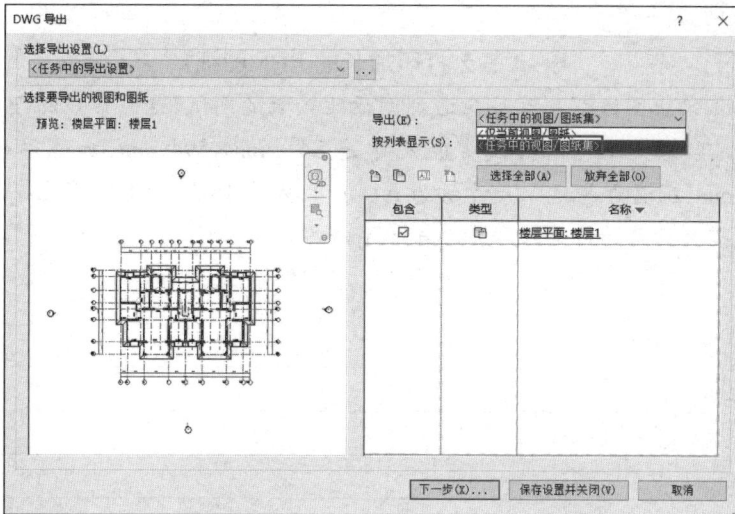

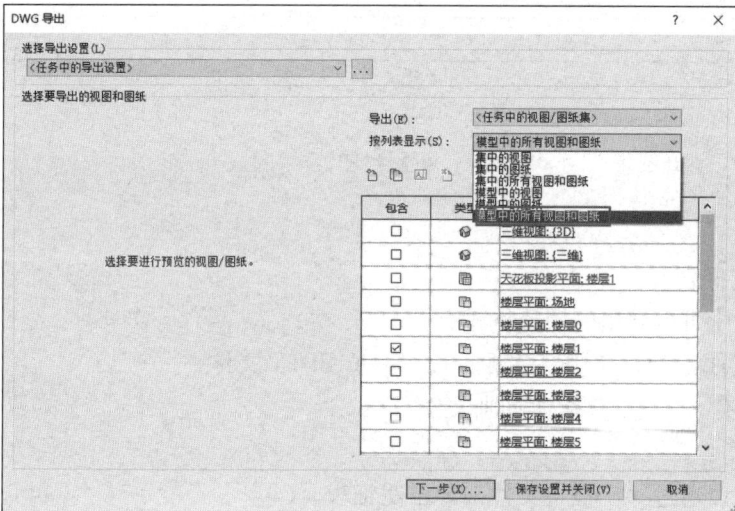

图 11.35

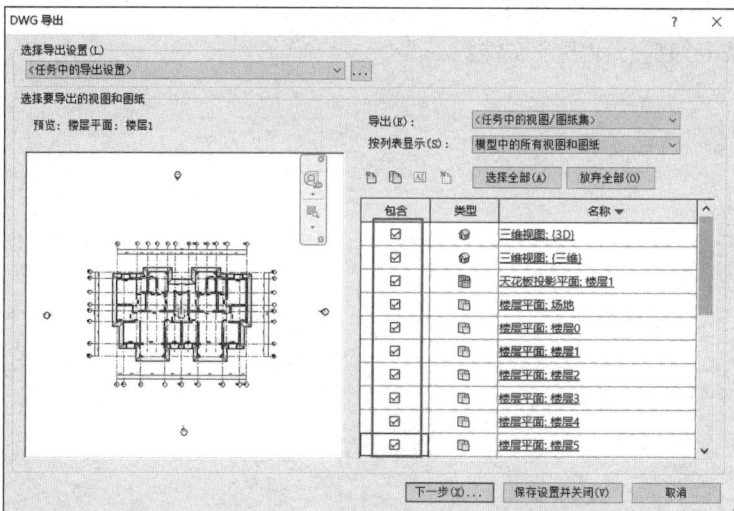

图 11.36

【想一想】

Revit 怎么打印加长的 PDF 图纸?

人们在 Revit 的出图过程中往往会遇到图面比较长的图纸,这时常规的图纸尺寸已经不能满足出图要求了。以 A1 为例,正常的尺寸是 841 mm×594 mm,加长第一档的尺寸为 1 051 mm×594 mm,通常也把这个尺寸称为 A1+1/4,因为 1 051 比 841 多出来了 841 的 1/4,那么在 Revit 中怎样才能打印出来 A1+1/4 的图纸呢?

【学习笔记】

_____

_____

_____

_____

_____

_____

【关键词】

模型导出　导出图像　导出动画　模型打印

【测试】

一、多项选择题

Revit 软件中可以导出的项目格式有(　　　　　)。

A.DWG 文件　　　　　B.IFC 文件　　　　　　C.PPTX 文件

D.DWF 文件　　　　　E.漫游动画文件

二、判断题

Revit 中可以通过导出报告文件来导出明细表。　　　　　　　　　　　　(　　)

三、简答题

1.Revit 模型可以导出哪几种格式?

2.同一图纸上如何打印多个文件?

项目 12 参数化族

【项目引入】

Revit 中的所有图元都需基于族创建。在进行族设计时，可以赋予不同类型的参数，便于在设计时使用。软件自带丰富的族库，同时也提供了新建族的功能，可根据实际需要自定义参数化图元，为设计师提供了更灵活的解决方案。本项目将基于可载入族来讲解族创建的基本方法。

【本项目内容结构】

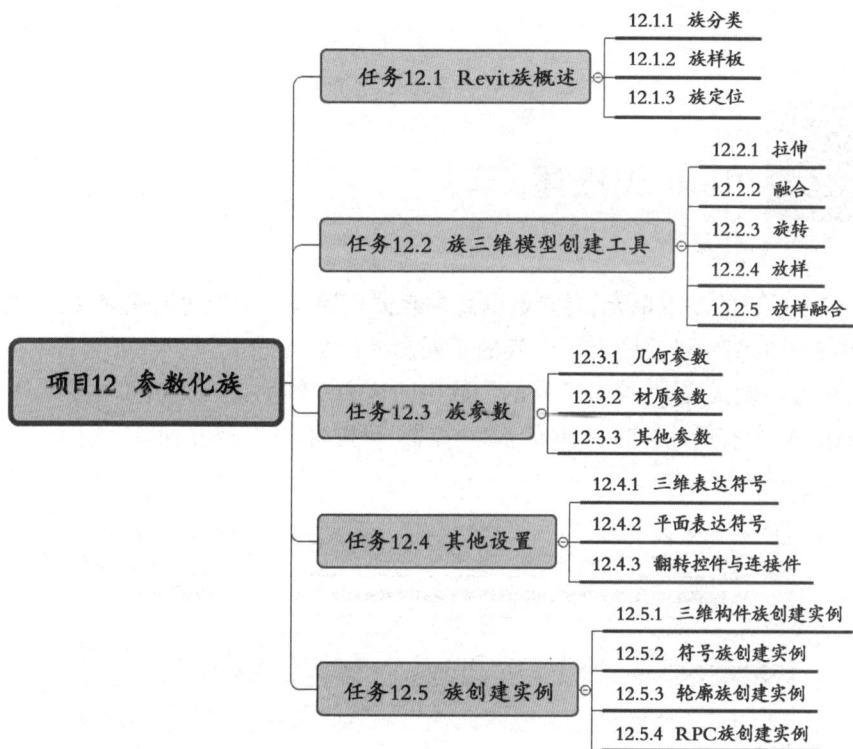

```
                              ┌─ 任务12.1 Revit族概述 ─┬─ 12.1.1 族分类
                              │                        ├─ 12.1.2 族样板
                              │                        └─ 12.1.3 族定位
                              │
                              │                        ┌─ 12.2.1 拉伸
                              │                        ├─ 12.2.2 融合
                              ├─ 任务12.2 族三维模型创建工具 ─┼─ 12.2.3 旋转
                              │                        ├─ 12.2.4 放样
                              │                        └─ 12.2.5 放样融合
                              │
    项目12 参数化族 ───────────┤                        ┌─ 12.3.1 几何参数
                              ├─ 任务12.3 族参数 ───────┼─ 12.3.2 材质参数
                              │                        └─ 12.3.3 其他参数
                              │
                              │                        ┌─ 12.4.1 三维表达符号
                              ├─ 任务12.4 其他设置 ─────┼─ 12.4.2 平面表达符号
                              │                        └─ 12.4.3 翻转控件与连接件
                              │
                              │                        ┌─ 12.5.1 三维构件族创建实例
                              │                        ├─ 12.5.2 符号族创建实例
                              └─ 任务12.5 族创建实例 ───┼─ 12.5.3 轮廓族创建实例
                                                       └─ 12.5.4 RPC族创建实例
```

【学习目标】

知识目标：了解族的分类，了解各个族样板的使用方式；掌握族三维模型创建工具的使用方法；掌握族参数的创建和使用。

技能目标：根据不同的模型，熟练使用模型创建工具，并灵活组合使用；掌握族参数的创建步骤并将其载入项目测试；掌握族的实例创建，如门族、轮廓族、RPC族等。

素质目标：科学严谨细心、精益求精的职业态度；爱岗敬业，奉献精神，职业道德，团队意识和互助精神；主动作为，履职尽责，明辨是非，规则意识，法制意识。团结协作、乐于助入的职业精神；极强的敬业精神和责任心，诚信、豁达，能遵守职业道德规范的要求。

【学习重、难点】

　　重点:掌握族三维模型创建工具的使用方法;掌握族参数的创建和使用。

　　难点:根据不同的模型,使用不同的三维模型创建工具,有时需要组合使用;学会设置族参数的步骤。

【学习建议】

　　1.本项目族的分类、族样板文件做一般了解,着重学习族三维模型创建工具的使用方法;掌握族参数的创建和使用。学会创建族实例并载入项目中测试。

　　2.学习中可以借助教材中配套学习资源中的视频、动画等手段辅助学习,帮助理解。

　　3.多做施工图实例的练习,注意细节,根据不同的模型,使用不同的三维模型创建工具,有时需要组合使用;学会设置族参数的步骤。

　　4.单元后的测试训练与项目实训,应在学习中对应进度逐步练习,通过做练习加以巩固基本知识。

任务 12.1　Revit 族概述

　　族,是组成项目的基本单元,是参数信息的载体。族是一个包含通用属性(称为参数)集和相关图形表示的图元组。属于一个族的不同图元的部分或全部参数可能有不同的值,但是参数(其名称与含义)的集合是相同的。族中的这些变体称为族类型或类型。如图12.1中的单扇平开窗族,含有尺寸标注和材质等多个参数,可按窗户宽度和高度定义不同的族类型。

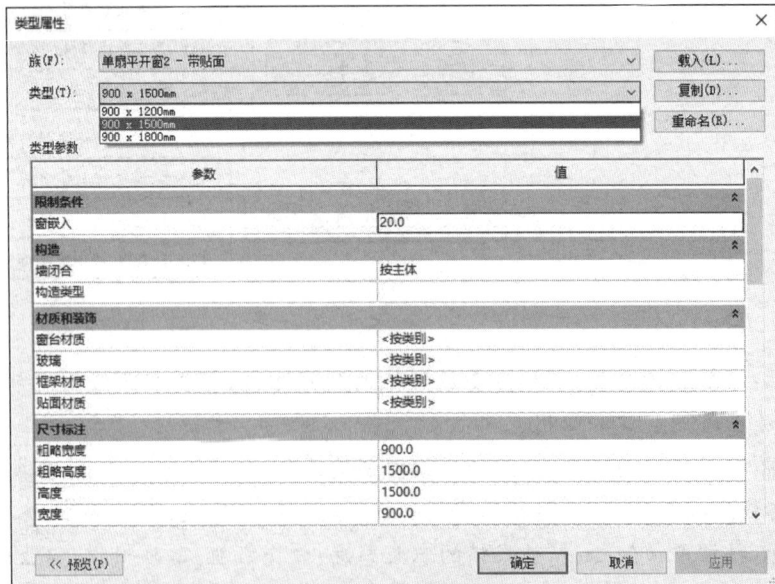

图 12.1　族的类型与参数

12.1.1 族分类

Revit 中的族有 3 种形式:系统族、可载入族(标准构件族)和内建族。

1) 系统族

系统族已在 Revit 中预定义且保存在样板和项目中,用于创建项目的基本图元,如墙、楼板、天花板、楼梯以及其他要在施工场地装配的图元等,如图 12.2 所示。

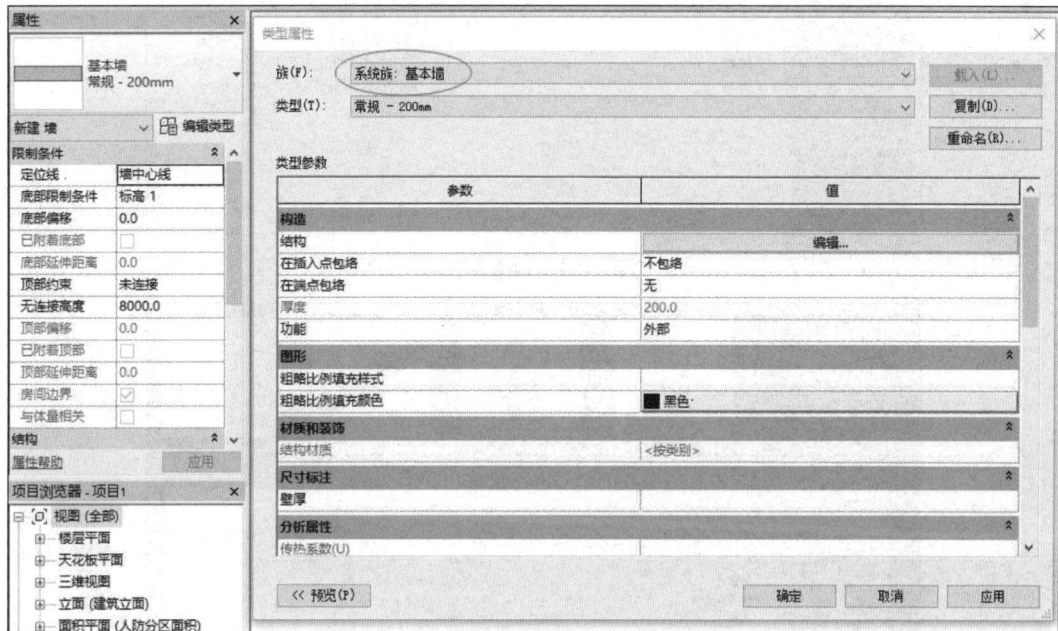

图 12.2 系统族应用-墙体建模

系统族还包含项目和系统设置,这些设置会影响项目环境,如标高、轴网、图纸和视图等。Revit 不允许用户创建、复制、修改或删除系统族,但可以复制和修改系统族中的类型,以便创建自定义系统族类型。

由于系统族是预定义的,因此它是 3 种族中自定义内容最少的,但与其他标准构件族和内建族相比,却包含更多的智能行为。在项目中创建的墙会自动调整大小,来容纳放置在其中的窗和门。在放置窗和门之前,无须为它们在墙上剪切洞口。

2) 可载入族

可载入族是由用户自行定义创建的独立保存为.rfa 格式的族文件。例如,当需要为墙体插入门窗族时,可通过单击"载入族"按钮,到 Revit 自带的族库中载入可用的门窗族,如果族库中不具备相关门窗族,还可以通过族编辑器创建设计所需要的族样式,保存后可应用到任何项目中,如图 12.3、图 12.4 所示。

由于可载入族高度灵活的自定义特性,因此在使用 Revit 进行设计时最常创建和修改的族为可载入族。Revit 提供了族编辑器,允许用户自定义任何类别、任何形式的可载入族。

可载入族分为 3 种类别:体量族、模型类别族和注释类别族。

①体量族用于建筑概念设计阶段。

图 12.3　中文族库

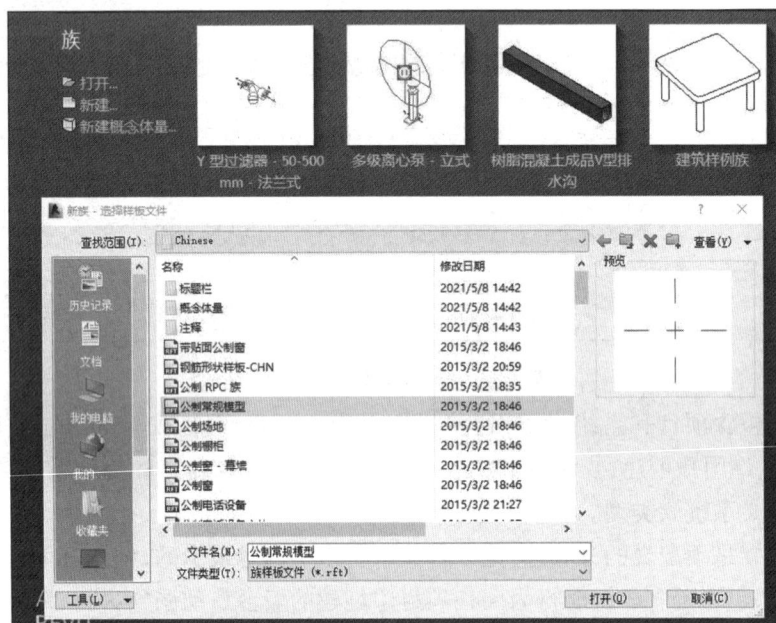

图 12.4　新建可载入族

②模型类别族用于生成项目的模型图元、详图构件等。

③注释类别族用于提取模型图元的参数信息,例如,在综合楼项目中使用"门标记"族提取门"族类型"参数。

Revit 的模型类别族分为独立个体和基于主体的族。独立个体族是指不依赖于任何主体的构件,例如家具、结构柱等。

基于主体的族是指不能独立存在而必须依赖于主体的构件,例如门、窗等图元必须以墙体为主体而存在。基于主体的族可以依附的主体有墙、天花板、楼板、屋顶、线、面,Revit 分别提供了基于这些主体图元的族样板文件。

3)内建族

内建族是当前项目专有的独特构件时所创建的独特图元。内建族只能储存在当前的项目文件里,不能单独存成 RFA 文件,也不能用在别的项目文件中。通过内建族的应用,用户可以在项目中实现各种异型造型的创建以及导入其他三维软件创建的三维实体模型。同时在通过设置内建族的族类别,还可以使内建族具备相应族类别的特殊属性以及明细表的分类统计。比如,在创建内建族时设定内建族的族类别为屋顶,则该内建族就具有了使墙和柱构件附着的特性;可以在该内建族上插入天窗等(基于屋顶的族样板制作的天窗族)。

内建族的示例包括:

①斜面墙或锥形墙。

②特殊或不常见的几何图形,例如非标准屋顶。

③不打算重用的自定义构件。

④必须参照项目中的其他几何图形的几何图形。

⑤不需要多个族类型的族。

12.1.2　族样板

族样板即模板,在创建族之前,为族的建立而设定的样板文件。样板文件的后缀名均为.rft。Revit 自带的样板文件包含"注释""标题栏"和"概念体量"3 个子文件,用于创建相应的族;其他族样板用于创建构件如门、窗、幕墙、栏杆等。

Revit 附带大量的族样板。在新建族时,从选择族样板开始,可以在 Revit 欢迎界面的"族"选项组单击"新建"按钮,打开"新族-选择样板文件"对话框。从系统默认的族样板文件存储路径下找到族样板文件,单击"打开"按钮即可,如图 12.5 所示。

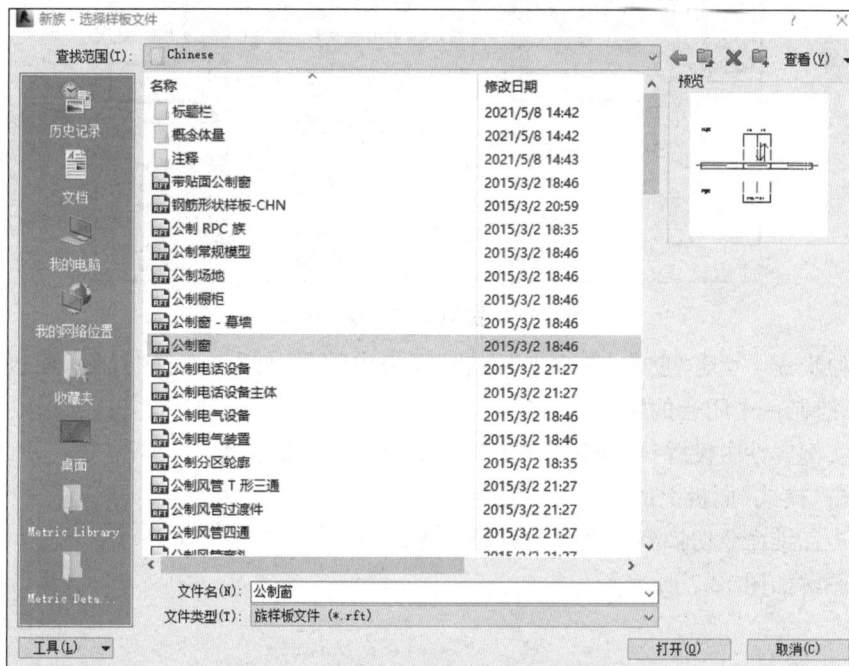

图 12.5　选择族样板文件

如果已经进入建筑设计环境,可以在菜单栏执行"文件"→"新建"→"族"命令,同样可以打开"新族-选择样板文件"对话框。

12.1.3 族定位

在族的创建过程中,"参照平面"和"参照线"用途较为广泛,是族定位的重要工具。其中,在"参照平面"上并锁住,由"参照平面"驱动实体,该操作方法应严格贯穿整个建模的过程。"参照线"则主要用在控制角度参变上。

任务 12.2 族三维模型创建工具

族三维模型的创建最常用的是创建实体模型和空心模型,且任何实体模型和空心模型都可以将其锁定在参照平面上,可通过参照平面上的标注尺寸驱动实体的形状改变。下面分别介绍建模命令的使用方法。

12.2.1 拉伸

①拉伸是通过绘制一个封闭的轮廓作为拉伸的端面,然后设定拉伸的长度来实现建模。拉伸有"拉伸"(即实体拉伸)和空心拉伸两种,空心拉伸步骤与拉伸命令步骤一致,如图12.6所示。

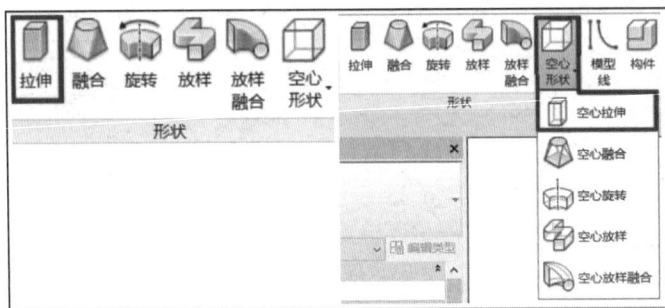

图 12.6 拉伸及空心拉伸命令

②拉伸步骤。点击"创建"选项卡"形状"面板中的"拉伸"。选择"绘制"面板中的任意一个工具,绘制一个闭合的轮廓。

③在实例属性中设置拉伸起点和拉伸端点,确定拉伸的长度。

④单击"模式"面板上的"√",完成绘制。

⑤点击三维命令切换到三维视图观看模型。

步骤图解如图 12.7 所示。

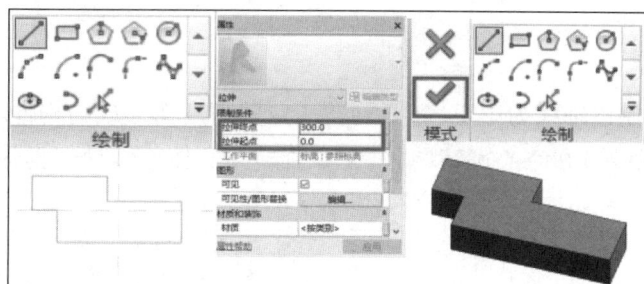

图 12.7　拉伸命令步骤

12.2.2　融合

①融合命令用于将两个位于不同平面上不同形状的断面进行融合来绘制的图形。融合有"融合"（即实体融合）和空心融合两种，空心融合命令操作步骤与融合命令一致，如图12.8所示。

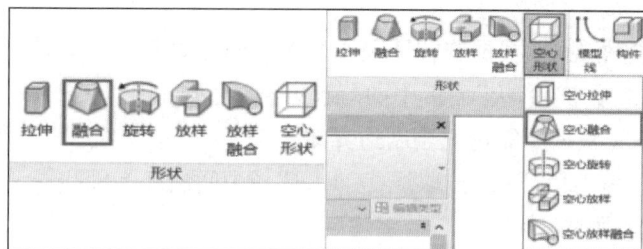

图 12.8　融合及空心融合命令

②操作步骤。

a.点击"创建"选项卡"形状"面板中的"融合"。

b.选择"绘制"面板中"外接多边形"工具，编辑底部轮廓。

c.点击"编辑顶部"，在"绘制"面板中选择"圆形"工具，绘制圆形。

d.单击"模式"面板上的"√"，完成绘制。

e.点击三维命令切换到三维视图观看模型。

步骤图解如图 12.9 所示。

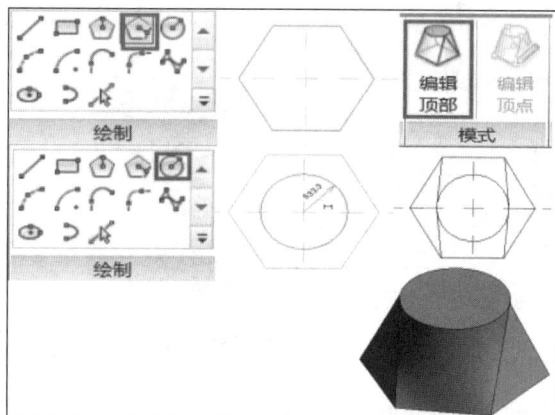

图 12.9　融合命令步骤

12.2.3 旋转

①旋转用于绘制以轴线为中心、需要旋转一定的角度而形成的构件。旋转有"旋转"（即实体旋转）和空心旋转两种，空心旋转与实体旋转操作步骤一致，如图 12.10 所示。

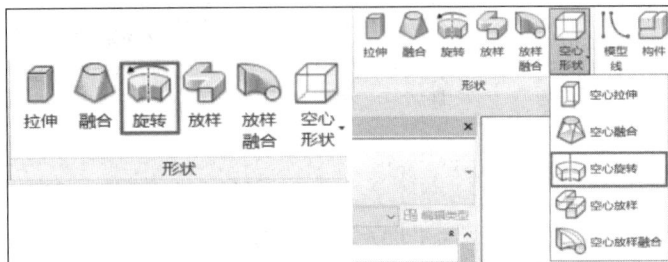

图 12.10 旋转及空心旋转命令

②操作步骤。

a.切换到任意立面视图（根据旋转情况选择东西南北立面）。

b.点击"创建"选项卡"形状"面板中的"旋转"。

c.绘制"边界线"，根据所需情况绘制边界线。

d.点击"轴线"，用"直线"或"拾取线"工具，选择中间法线为轴线。

e.修改属性栏立面的起始角度与结束角度。

f.单击"模式"面板上的"√"，完成绘制。

g.点击三维命令切换到三维视图观看模型。

步骤图解如图 12.11 所示。

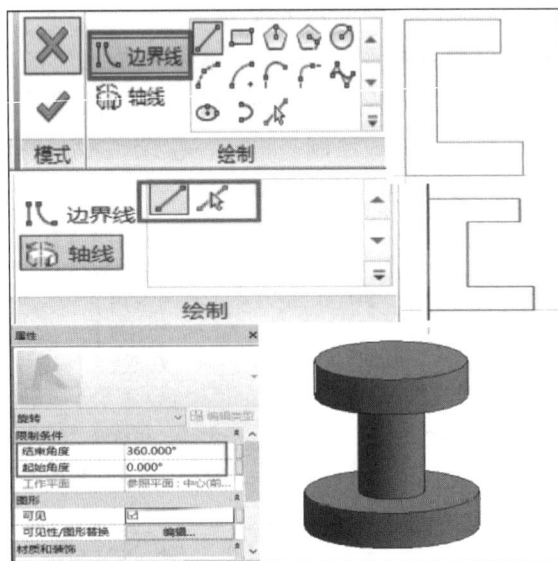

图 12.11 旋转命令步骤

12.2.4 放样

1) 概念

通过沿路径放样二维轮廓来绘制三维形状。放样有"放样"(即实体放样)和空心放样两种,空心放样与实体放样操作步骤一致,如图 12.12 所示。

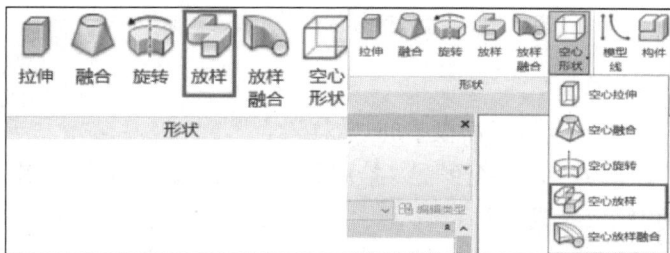

图 12.12 放样及空心放样命令

2) 操作步骤

①点击"创建"选项卡"形状"面板中的"放样"。

②选择"放样"面板中"绘制路径"或"拾取路径"工具,进行路径绘制。绘制完成后,单击"模式"面板上的"√",完成绘制。

③点击"放样"面板上的"选择轮廓"命令,再单击"编辑轮廓",选择要绘制的视图,单击"打开视图",进行轮廓的绘制。

④单击"模式"面板上的"√",完成轮廓的绘制。

⑤单击"模式"面板上的"√",完成放样的绘制。

步骤图解如图 12.13 所示。

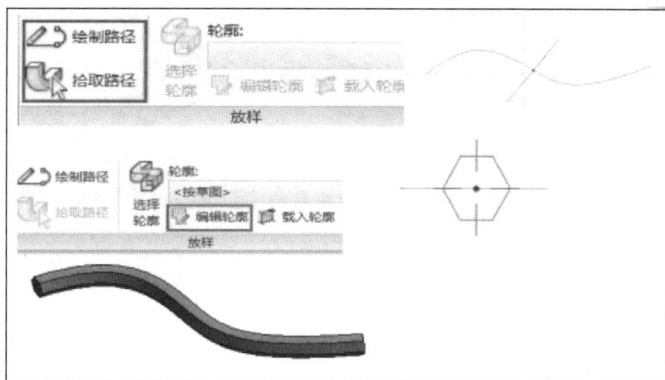

图 12.13 放样命令步骤

12.2.5 放样融合

1) 概念

结合"放样"和"融合"两个命令。通过用于融合两个不同平面上的不同形状,且需要在规定的路径上进行融合。放样融合有"放样融合"(即实体放样融合)和空心放样融合两种。空心放样融合与实体放样融合操作步骤一致,如图 12.14 所示。

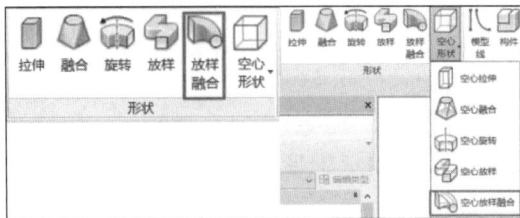

图 12.14　放样融合及空心放样融合命令

2)操作步骤

①点击"创建"选项卡"形状"面板中的"放样融合"。

②选择"放样"面板中"绘制路径"或"拾取路径"工具,进行路径绘制。绘制完成后,单击"模式"面板上的"√",完成绘制。

③单击"选择轮廓 1",再单击"编辑轮廓",弹出对话框,选择一视图并打开,绘制轮廓 1。绘制完成后,单击"模式"面板上的"√",完成绘制。

④单击"选择轮廓 2",再单击"编辑轮廓",绘制轮廓 2。绘制完成后,单击"模式"面板上的"√",完成绘制。

⑤两个轮廓绘制完成后,单击"模式"面板上的"√",完成放样融合命令绘制。

步骤图解如图 12.15 所示。

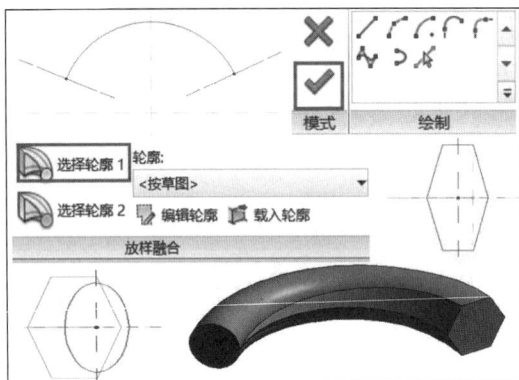

图 12.15　放样融合命令步骤

任务 12.3　族参数

12.3.1　几何参数

几何参数主要用于控制构件的几何尺寸,一般包含长度、半径、角度等,几何参数可通过尺寸标签添加或函数公式计算。

首先基于公制常规模型新建一个族,并添加如图 12.16 所示的参照平面,通过"注释"选项卡中的尺寸标注工具进行标注。

然后在"创建"选项卡的"形状"面板中选择"拉伸"命令,创建如图 12.17 所示的拉伸轮廓,并将拉伸轮廓通过对齐锁定方式与参照平面锁定。在属性栏的"限制条件"面板中单击"拉伸终点"后方的"关联族参数"按钮,进入"关联族参数"对话框,新建一个族参数,如图 12.18 所示。

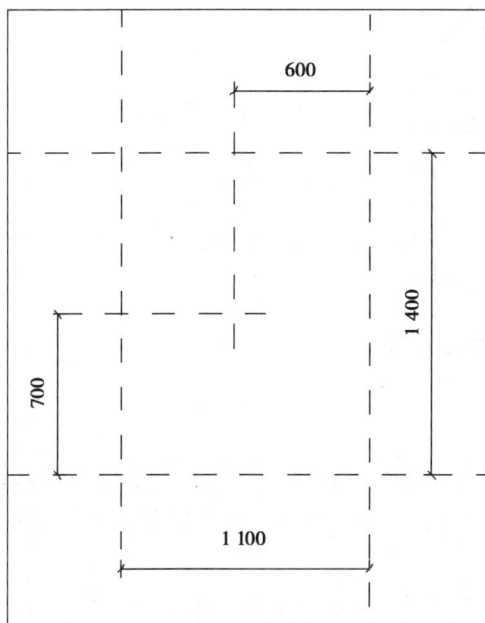

图 12.16　参照平面

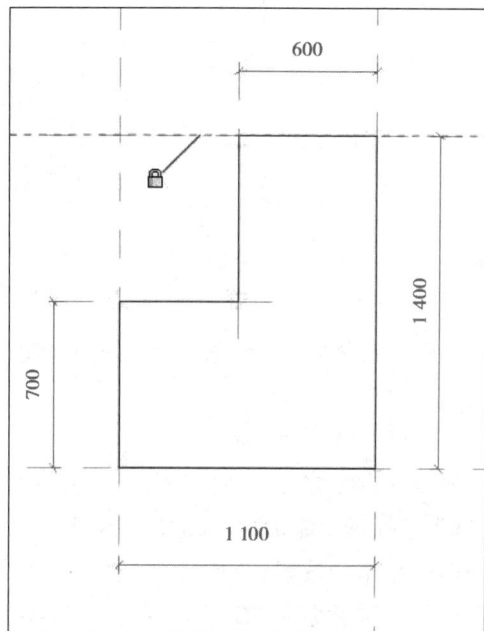

图 12.17　拉伸及锁定

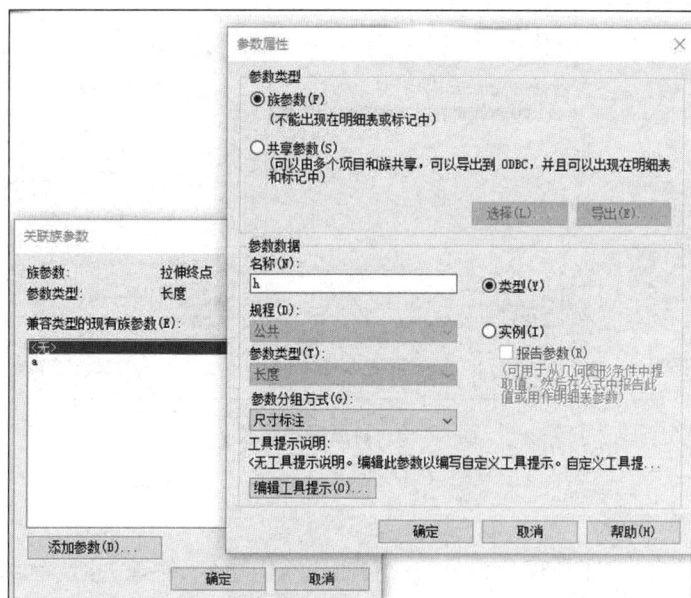

图 12.18　新建尺寸参数

选定平面图上的尺寸,通过标签按钮也可以添加尺寸参数,如图 12.19 所示。

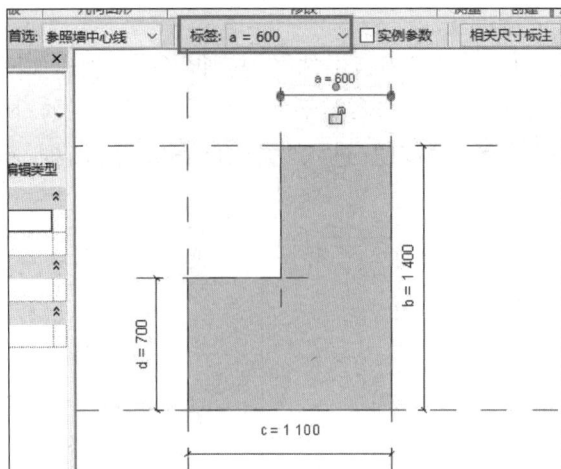

图 12.19　平面尺寸参数

关联参数之后,可以通过参数修改来驱动模型尺寸修改。

12.3.2　材质参数

添加材质参数后,可对族赋予不同的材质,材质参数的添加方式与尺寸参数添加方式相同,首先选择需要添加材质的几何模型,在"属性"栏的"材质和装饰"选项后单击"关联族参数"按钮,单击凸按钮,新建材质参数。

设置材质名称为"模型材质",参数类型为"类型",参数分组为"材质和装饰",如图12.20所示,单击"确定"按钮完成材质参数的添加。

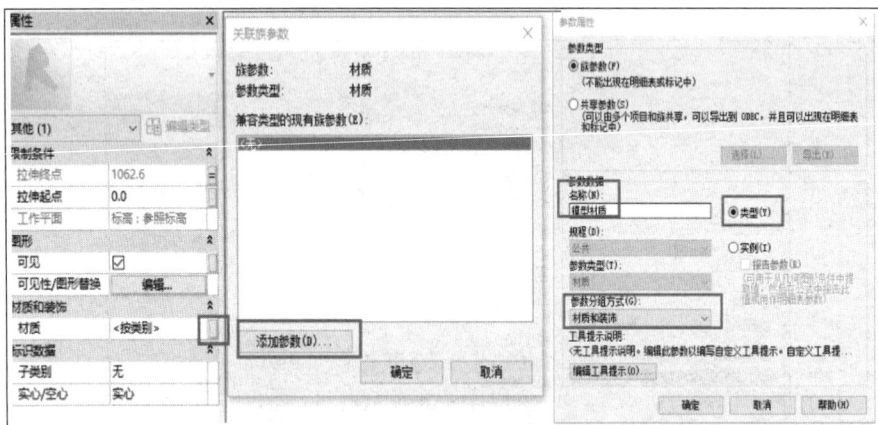

图 12.20　材质参数设置

12.3.3　其他参数

其他参数种类多,按照规程分为公共、结构、HAVC、电气、管道、能量等,不同的规程下又包含多种参数类型。参数的添加方法与前面讲解的步骤一致,在这里需要注意,前面主要讲解的是类型参数的添加,同样也可以对实例参数进行添加,在使用时根据实际情况进行选择即可。

任务 12.4　其他设置

12.4.1　三维表达符号

三维符号可以创建模型表面上的一些数据标识,可用"创建"选项卡中的"模型线"和"模型文字"工具来创建,如图 12.21 所示。三堆表达符号与几何模型一样,可在平面、立面以及三维视图中显示。

12.4.2　平面表达符号

平面表达符号主要用于构件平面显示的表达,可用"注释"选项卡中的"符号线"工具来创建,如图 12.22 所示,例如门窗平面表达符号、门窗开启符号等。

图 12.21　三维表达符号设置

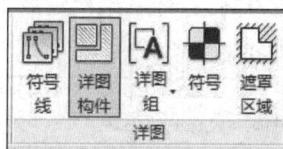

图 12.22　平面表达符号设置

平面表达符号一般只在当前视图可见,常常需要对原有模型的可见性进行编辑,如图 12.23 所示。

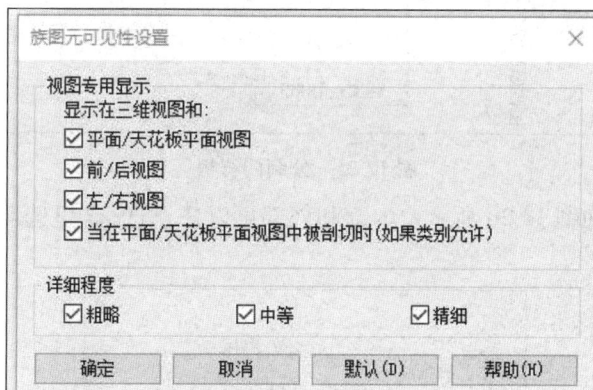

图 12.23　模型可见性编辑

12.4.3　翻转控件与连接件

控件用于对族方向进行翻转,在"创建"选项卡的"控件"面板中的"控件"按钮,进入"修改、放置控制点"选项卡,在"控制点类型"面板中提供了"单向垂直""双向垂直""单向水平""双向水平"4 种类型,单击适当位置放置控件,如图 12.24 所示。

图 12.24　控件及连接件

连接件是机电族的连接基准点,包括管道电气、风管等连接件,是机电机械设备及管件组成部分。

任务 12.5　族创建实例

12.5.1　三维构件族创建实例

本节以门族为例,进行三维构建族的创建讲解。新建族,选择"公制门"族样板,打开样板,如图 12.25 所示。

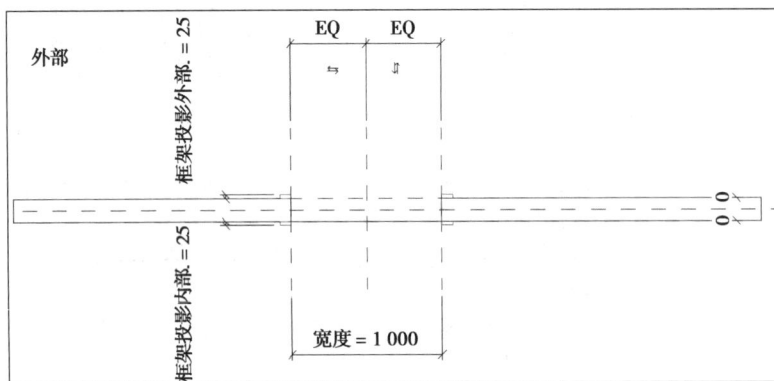

图 12.25　公制门样板

设定工作平面,如图 12.26 所示。内部和外部可以任意选,这里选墙的中心线是拉伸的基准面。

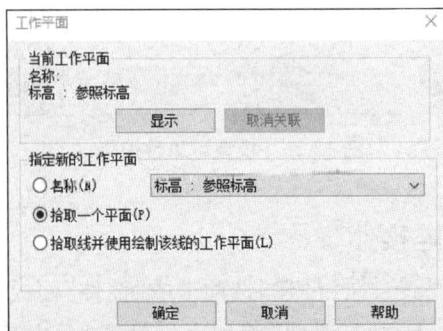

图 12.26　工作平面设定

1) 创建门框

绘制门框,在"创建"面板下选择"拉伸",绘制完成后,将小锁锁上使之与参照平面关联,在"属性"面板框里设置拉伸起点和拉伸终点分别为"-60"和"60",并为其添加材质参数,如图 12.27 所示。

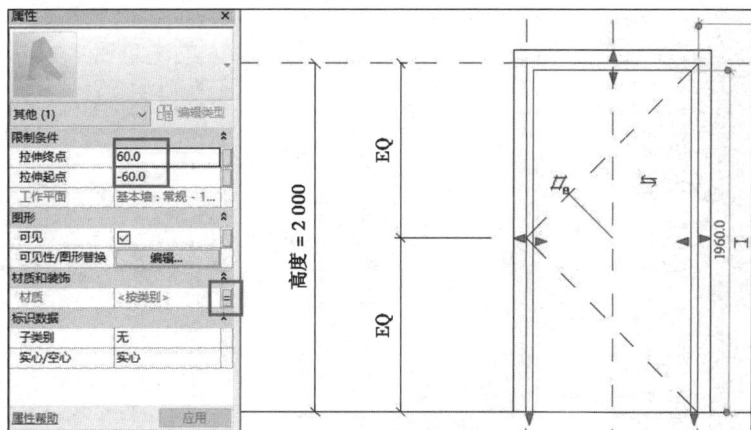

图 12.27　门框拉伸

为门框厚度设置参数,在参照标高平面内为门板厚度添加注释。之后用对齐尺寸标注命令对其进行尺寸注释,长度为"120",在"修改尺寸标注"选项卡的标签栏为门板厚度添加参数,并命名为"门框厚度",如图 12.28 所示。

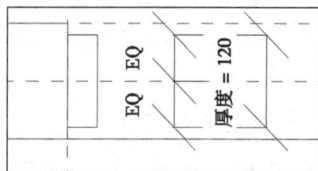

图 12.28　门框厚度参数设置

2) 创建门板

设定工作平面,内部和外部可以任选,这里选墙的中心线是拉伸的基准面。绘制门板,在"创建"面板下选择"拉伸",选择绘制矩形,绘制结束后,将小锁锁上。在"属性"面板框里设置拉伸起点和拉伸终点分别为"-20"和"20",并为其添加材质参数,如图 12.29 所示。

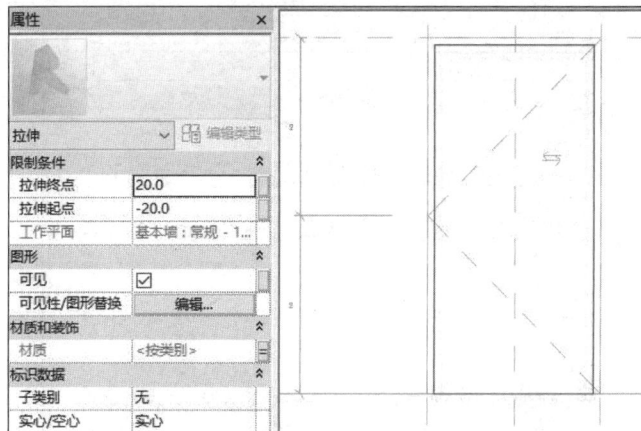

图 12.29　门扇拉伸

为了使门板中心线与墙的中心线对齐,添加注释,等分,在"修改尺寸标注"选项卡的标签栏为门板厚度添加参数,并命名为"门板厚度"。

3) 添加把手

添加把手,在插入选项卡中点击载入族。这里载入了 2 个拉手,如图 12.30 所示。

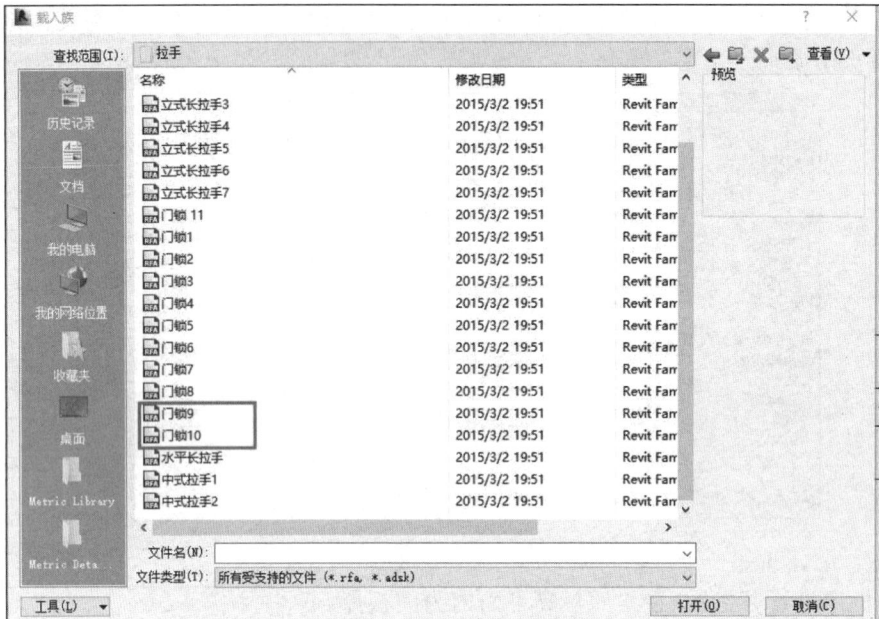

图 12.30　载入族

然后到放置构件中去放置,并与墙中心线对齐,单击把手,使其高亮显示,使把手与门厚度关联,这里不能用注释添加参数的命令,因为把手是载入的族,需要修改其内置参数。在"属性"面板框中单击"编辑类型",单击尺寸标注的面板厚度的小方块,使之板厚度相关联,如图 12.31 所示。

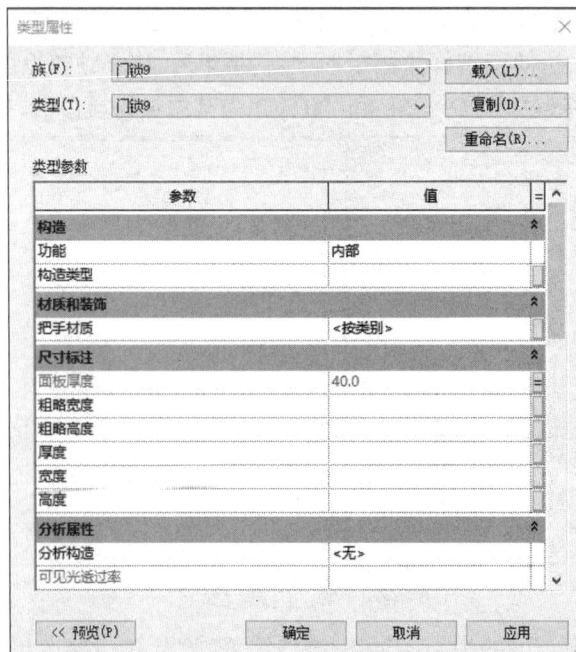

图 12.31　参数关联

添加把手距门底部高度的类型参数,添加把手到门板边的距离参数,如图 12.32 所示。

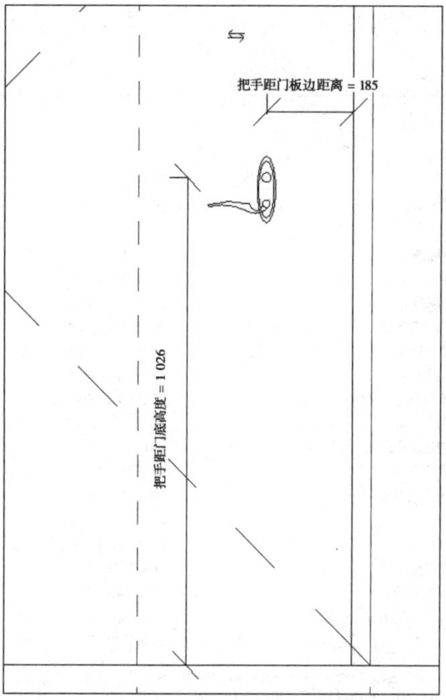

图 12.32　把手位置参数

4) 修改可见性

修改门板和把手的可见性使之在平面视图中不可见。绘制门在施工图中的表现形式,锁产生关联,使之与圆弧对齐,并使之与门宽产生关联,用注释,最后切换修改每个门把手类型的参数,如图 12.33 所示。

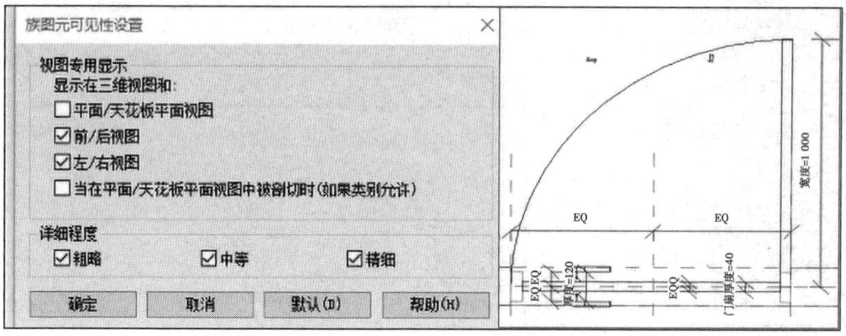

图 12.33　门可见性设置

12.5.2　符号族创建实例

本节以轴网标头为例讲解符号族的创建。轴网标头的创建步骤如下:

①选择样板文件。单击软件界面左上角的(应用序)按钮,单击"新建",选择"族"类型。

②在"新族选择样板文件"对话框中,打开"注释"文件夹,选择"公制轴网标头",单击"打开",如图 12.34 所示。

③绘制轴网标头。按照制图标准,轴号圆应用细实线绘制,直径为 8 mm,定位轴线或圆心应在定位轴线的延长线上。

④单击"建筑"选项卡下"详图"面板中的"直线"命令按钮,线的子类别选择"轴网头",删除族样板中的引线和注意事项,绘制一个直径为 8 mm 的圆,圆心在参照平面交叉点处,如图 12.35 所示。

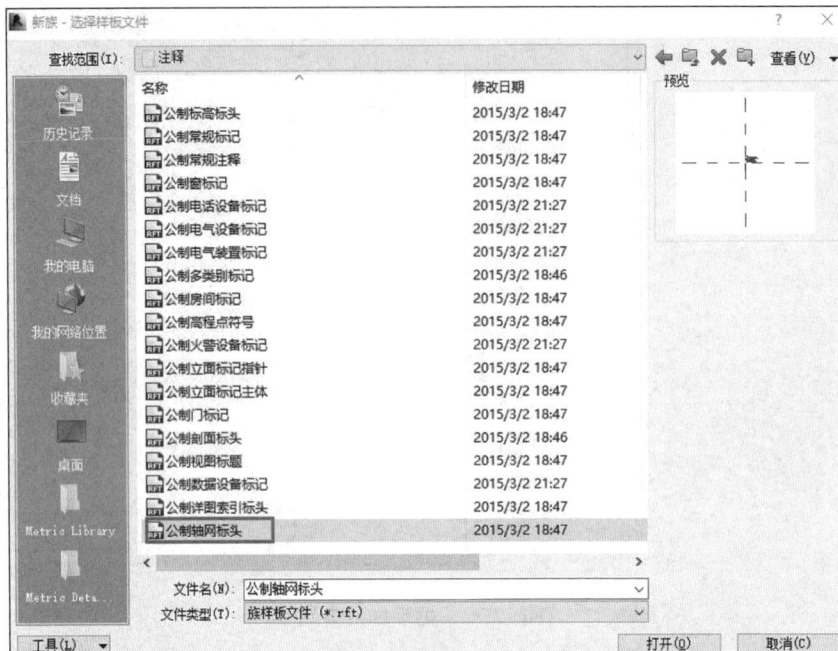

图 12.34　样板选择

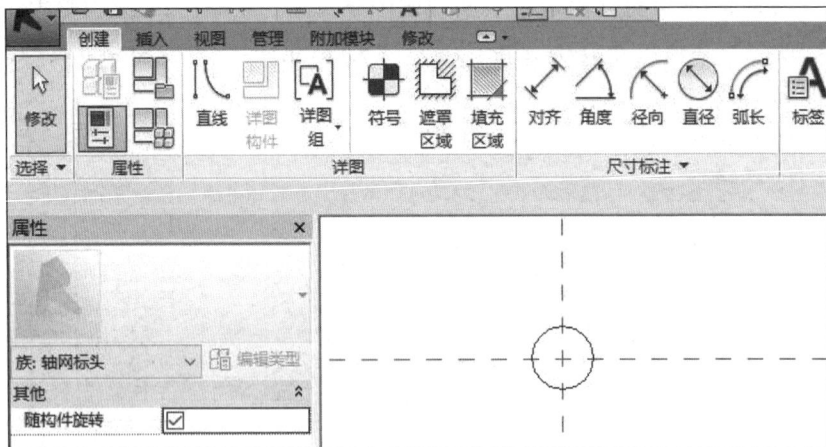

图 12.35　轴网头绘制

⑤添加标签到轴网标头,编辑标签。单击"创建"选项卡中"文字"面板中的"标签"命令,单击参照平面的交点,以此来确定标签的位置,弹出"编辑标签"对话框,在"类别参数"下选择"名称",将"名称"添加到标签,样例值上随便写一个数字或字母,单击"确定",如图 12.36 所示。

⑥选中标签,单击"属性"对话框中的"编辑类型",打开"类型属性"对话框,可以调整文字大小、文字字体,复制新类型 4.5 mm,按照制图标准,将文字大小改成 3 mm 或 3.5 mm,宽度系数改为 0.7,单击"确定"。

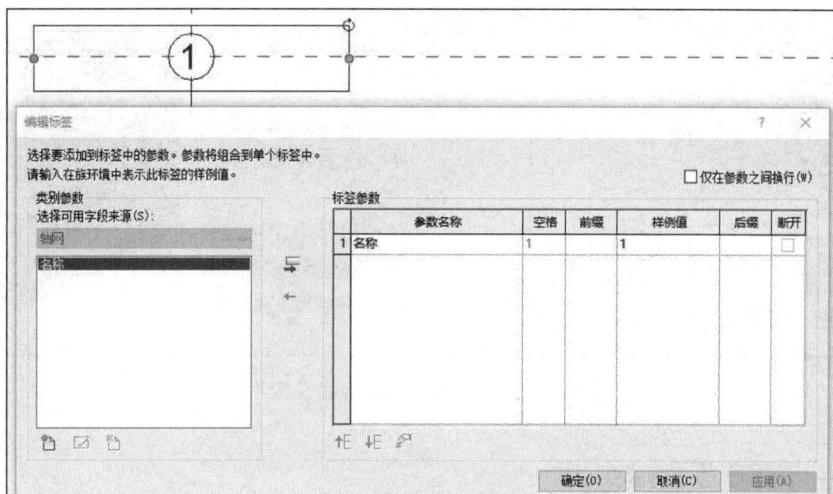

图 12.36 标签设置

⑦载入项目中测试。将创建好的族另存为"轴网标头",单击"族编辑器"面板载入项目中命令。进入项目中的 F1 视图,单击"建筑选项卡"中"基准"面板中的"轴网"命令,单击"属性"面板中的"类型属性",弹出"类型属性"对话框,调整类型参数,在符号栏里使用刚载进去的符号,单击"确定"。

12.5.3 轮廓族创建实例

本节以墙饰条轮廓族为例进行轮廓族讲解。新族,选择"公制轮廓"族样板,如图 12.37 所示。

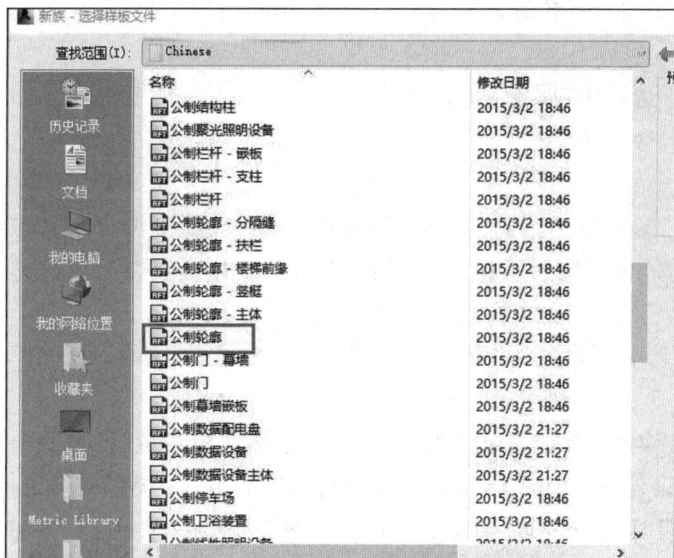

图 12.37 公制轮廓族

绘制墙饰条轮廓,选择直线命令进行绘制,在"属性"对话框,将轮廓用途设置为"墙饰条",载入项目,选择"建筑"选项卡下的"墙"命令,打开下拉菜单,选择"墙饰条",打开"类型属性"对话框,在构造栏中将轮廓设置为之前载入的族,放置墙饰条,如图 12.38 所示。

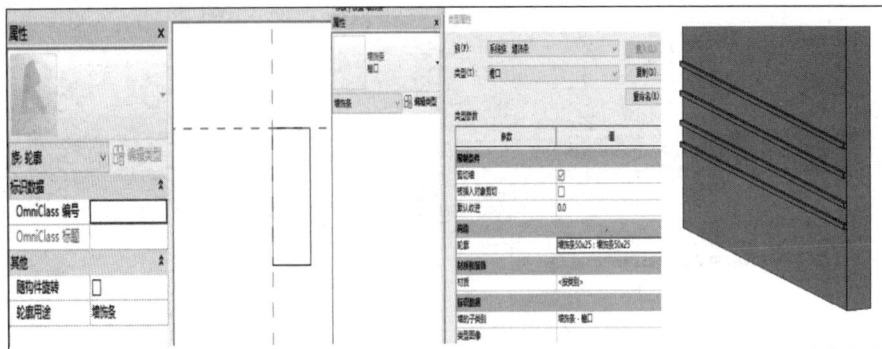

图 12.38　墙饰条轮廓创建及应用

12.5.4　RPC 族创建实例

RPC 族是一类比较特殊的族类别,其显示状况与视图的着色模式有关,常用于人物、植物、家具等配景构件,在 RPC 族中,可以指定一个 ArchVision RPC 文件以用于渲染外观。

①单击"文件"选项卡新建族,在"新族-选择样板文件"对话框中,选择"RPC 族.rft"或"公制 RPC 族.rft",然后单击"打开"。默认情况下,一个人的占位符显示在绘图区域中。但是,可以将此环境族修改为任何类型的对象,如树、椅或汽车。为环境选择渲染外观时(已在步骤 4 描述),绘图区域会为它显示一个相应的占位符。

②创建族类型,并指定其参数。例如,假定用户要在项目中包含各种洋白蜡树,因此用户创建一个名称为"洋白蜡树"的 RPC 族。定义 3 个名称分别为"高""矮"和"成熟期"的族类型。在类型参数中,可以为每种树类型指定一个不同的高度。

例如,若要为 Red Ash 树族创建"高"族类型,请执行以下操作(重复这些步骤创建"矮"和"秋天"族类型)。

a.单击"创建"选项卡"属性"面板(族类型)。

b.在"族类型"对话框中单击"新建"。在"名称"对话框中,输入"高",然后单击"确定"。

c.在"族类型"对话框中,"高"显示在"名称"字段中(随着用户定义的族类型的增多,它们将显示在"名称"的下拉列表中。从列表中选择所需的族类型名称并定义或修改其参数)。

d.在"族类型"对话框中,为"高度"请指定 50′(15.24 m)。

e.单击"Apply"。

③对于每种族类型,指定渲染外观。例如,对于洋白蜡树族,指定"洋白蜡树"作为"高"和"矮"类型的渲染外观,而将"洋白蜡树［秋天］"作为"秋天"类型的渲染外观。

指定渲染外观时,绘图区域会为二维和三维视图中的对象显示一个占位符。详细的渲染外观仅显示在渲染图像中。

在"族类型"对话框中,从"名称"列表中选择一个族类型。如有需要,单击"标识数据"页眉以显示其参数。

对于"渲染外观",请单击"值"列中的按钮。在"渲染外观库"对话框中,对于"类别",选择"<全部>"。选择所需渲染外观,并单击"确定"。

单击"Apply"。

④为环境占位符指定可见性设置,如下所示:

a.在绘图区域中,选择占位符。

b.单击"修改｜<图元>"选项卡"可见性"面板(可见性设置)。

c.在"族图元可见性设置"对话框中,选择所需的设置。

d.单击"OK"。

⑤保存族,将该族载入项目中。

【知识拓展】

1.完成双窗推拉窗族练习。参数要求:窗户高度 1 800,宽度 1 500,外窗框 60,内框 30。尺寸参考图 12.39。

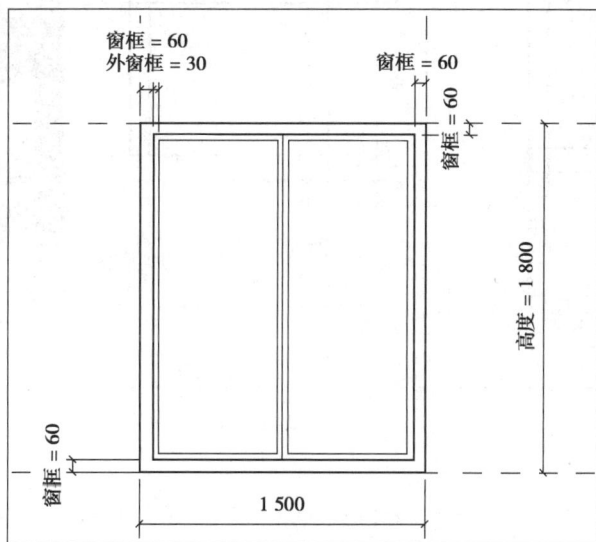

图 12.39

2.如图 12.40 所示,创建一个公制家具参数化模型,参数化模型名称为"玻璃圆桌";给模型添加 2 个材质参数"桌面材质"和"桌柱材质",设置材质类型分别为"不锈钢"和"玻璃";添加名为"桌面半径"尺寸参数,设置参数值为 600,其他尺寸不作参数要求。玻璃圆桌尺寸如下:

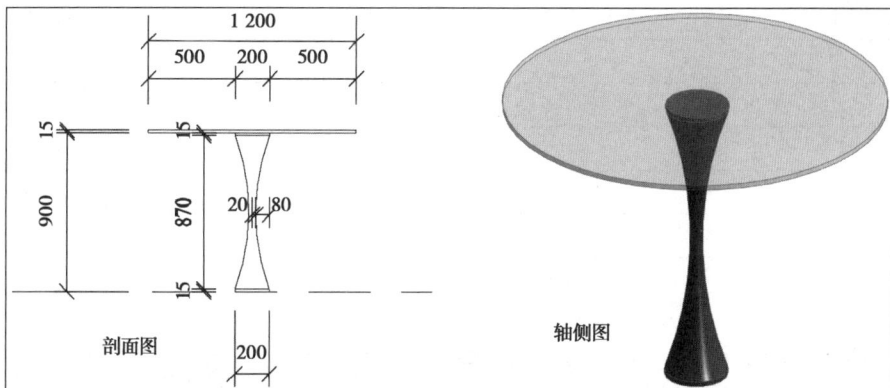

图 12.40

3.如图 12.41 所示,创建椅子并设置参数。要求设置椅子总高度(900)、座椅高度(450),椅子宽度(400)和长度(400)为可调尺寸参数。

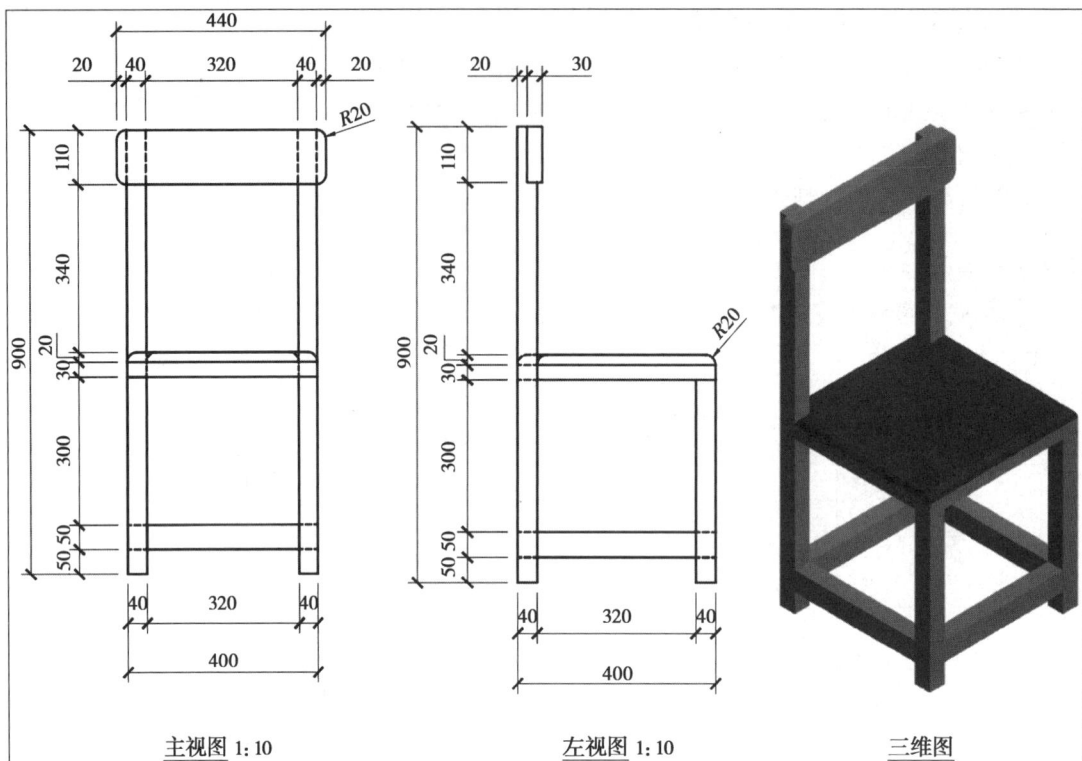

主视图 1:10　　　　　　　左视图 1:10　　　　　　　三维图

图 12.41

【想一想】

各种带参数的族创建完成以后,如何载入到项目中呢? 载入项目后,如何调整其参数,以达到适用项目要求呢?

【学习笔记】

_____

_____

_____

_____

_____

_____

_____

_____

【关键词】

整体楼梯　梯段宽度　踏步深度　楼梯平台　扶手栏杆

【测试】

一、单项选择题

1.(　　)不属于 Revit 软件中族的类别。

　　A.系统族　　　　　　B.可载入族　　　　　　C.内置族　　　　　　D.内建族

2.族样板的后缀是(　　)。

　　A..rvt　　　　　　　B..rte　　　　　　　C..rfa　　　　　　　D..rft

3.关于族的说法正确的是(　　)。

　　A.可以不用族样板创建族

　　B.不同的族样板有不同的基础设置,比如公制窗样板在墙体上已经开好了洞口

　　C.族样板也需要用户性自行创建

　　D.公制常规模型族样板只能用来创建简单形体模型,不可以用来创建分类别构件

4.以下步骤描述的是哪种形状创建方式:选择命令→编辑底部→编辑顶部→调整位置(　　)。

　　A.放样　　　　　　　B.融合　　　　　　　C.放样融合　　　　　D.旋转

5.图 12.42 所示的形体可以用(　　)形状创建工具创建出来。

　　A.旋转　　　　　　　B.放样　　　　　　　C.拉伸　　　　　　　D.融合

6.图 12.43 所示的形体可以用(　　)形状创建工具创建出来。

　　A.拉伸　　　　　　　　　　　　　B.融合

　　C.放样　　　　　　　　　　　　　D.空心旋转

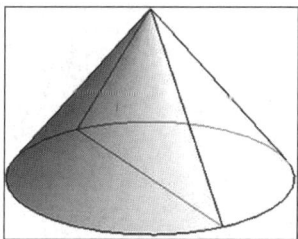

图 12.42　习题图　　　　　　　　　　　　　图 12.43　习题图

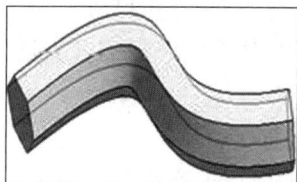

7.放样命令的操作步骤正确的是(　　)。

　　A.选择放样命令→绘制轮廓→完成轮廓编辑→选择或绘制路径→完成路径绘制→再打钩完成放样

　　B.选择放样命令→选择或绘制路径→选择或编辑轮廓→打钩完成放样

　　C.选择放样命令→选择或绘制路径→打钩完成路径→选择或编辑轮廓→直接打钩完成放样

　　D.选择放样命令→选择或绘制路径→打钩完成路径→选择或编辑轮廓→完成编辑轮廓→再打钩完成放样

8.关于放样绘制的说法正确的是(　　)。

　　A.已经完成的放样不可以再进行编辑　　B.放样命令先编辑轮廓,再绘制路径

　　C.放样路径只能是直线　　　　　　　　D.完成一个放样绘制需要打 3 次"√"

9.关于放样和放样融合的说法正确的是(　　　　)。

A.放样融合只能绘制路径,不可以拾取路径,而放样既可以绘制也可以拾取路径

B.放样融合有两个轮廓需要编辑或选择,而放样只需要选择或者编辑一个轮廓

C.放样融合和放样一样,需要打3个"√"才能完成绘制

D.用放样可以绘制两端截面不一样的构件

10.关于放样融合的说法,正确的是(　　　　)。

A.放样融合中轮廓和路径之间可以是平行关系

B.放样融合就是结合了放样和融合的特点的构件创建方式

C.不可以做空心的放样融合

D.放样融合需要创建两个路径以及两个轮廓

11.关于族样板的选择说法正确的是(　　　　)。

A.窗族创建时只能选择公制窗样板,不可以选择基于墙的公制常规模型

B.用公制常规模型创建的构件只能是没有类别的构件,不可以给构件添加族类别

C.族样板也需要用户自己创建

D.不同的族样板有不同的预设,但是预设也可以由用户自己在族编辑器中自己修改编订

12.尺寸(长度)参数设置的时候,需要预先做(　　　　)。

A.绘制参照平面 　　　　　　　　B.完成拉伸命令

C.进行尺寸标注 　　　　　　　　D.设定族类别

13.族参数类型不包括(　　　　)。

A.长度 　　　　B.材质 　　　　C.高度 　　　　D.体积

14.窗族必须基于(　　　)构件创建。

A.楼板 　　　　B.屋顶 　　　　C.天花板 　　　　D.墙体

二、多项选择题

1.关于族的说法正确的是(　　　　　　)。

A.族创建模块与项目创建模块界面完全相同

B.族形状编辑中可以创建空心拉伸,但是不可以创建空心放样

C.旋转命令需要创建边界线和旋转轴

D.融合命令不需要绘制两个不同高度的面

E.拉伸命令只需要绘制一个面或者一段线就可以进行拉伸

2.图12.44所示在两图中的构件,从下到上的3个小构件,分别应该用什么形状创建命令组合完成(　　　　)。

A.拉伸 　　　　B.融合 　　　　C.放样

D.空心拉伸 　　　　E.旋转

3.族参数的类别包括(　　　　)。

A.长度 　　　　B.宽度 　　　　C.高度

D.文字 　　　　E.材质

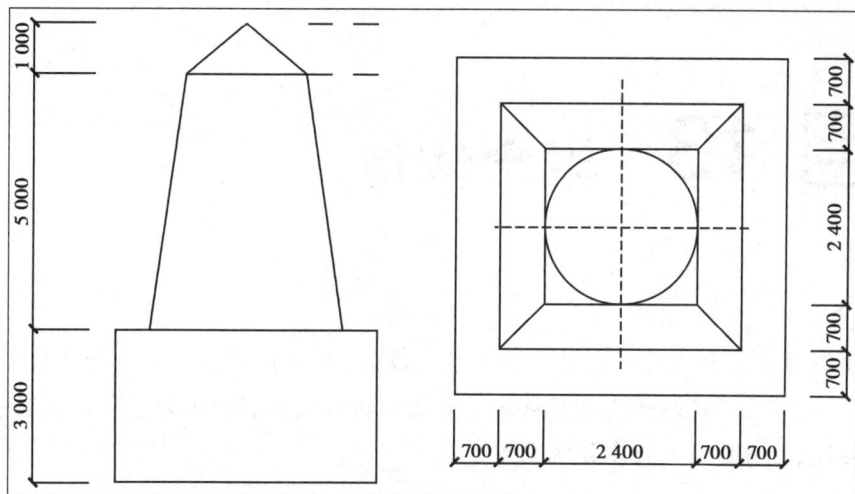

图 12.44　习题图

4.关于族参数的说法,正确的是(　　　　　)。

　　A.族参数包含了长度参数、材质参数等

　　B.设置了族参数的族导入项目中后,可以通过参数的修改来修改族构件的属性

　　C.族参数一旦设置好并将族导入项目后,便不可以再进行修改

　　D.族编辑完成后可以保存在电脑任何地方,成为可载入族,可载入任何项目中

　　E.族长度参数编辑时,不需要进行尺寸标注,也可以编辑参数

三、判断题

1.所有可以创建的实心形状都可以用相应的空心命令创建空心。　　　　　　　(　　)

2.旋转命令中,轮廓可以与旋转轴相交。　　　　　　　　　　　　　　　　(　　)

3.融合命令中,融合绘制完后,顶部和底部位置不可以再修改。　　　　　　　(　　)

4.放样融合和放样都只需要绘制或者选择一条路径,但是放样融合不可以选择户型路径。

　　　　　　　　　　　　　　　　　　　　　　　　　　　　　　　　　　(　　)

5.族创建时,可以根据需要选择不同的样板,其中公制窗样板通常用来创建窗族。

　　　　　　　　　　　　　　　　　　　　　　　　　　　　　　　　　　(　　)

项目 13 概念体量

【项目引入】

前面讲解的族主要是对一些构件的参数化设计,本项目将引入一个新的概念—体量。在项目的设计初期,建筑师通过草图来表达自己的设计意图,Revit 的体量提供了一个更灵活的设计环境,具有更强大的参数化造型功能。

【本项目内容结构】

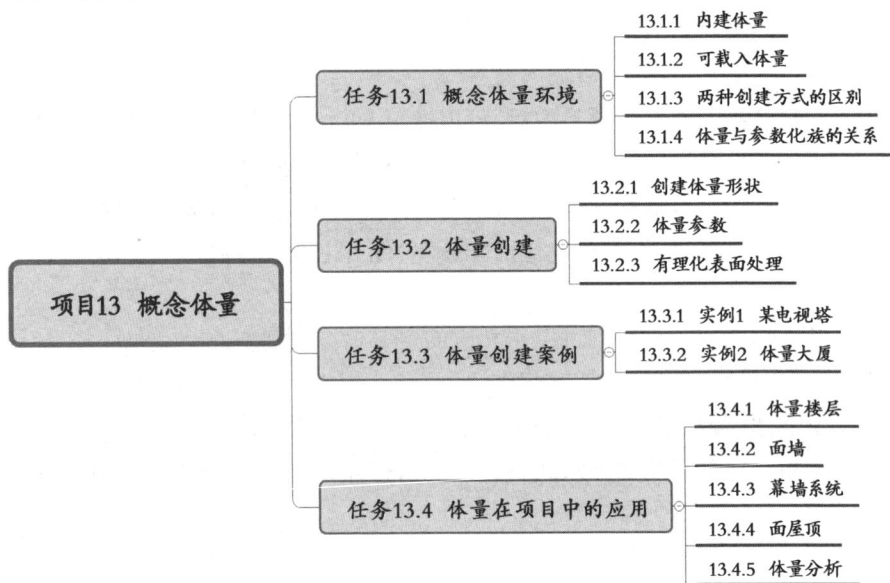

- 项目13 概念体量
  - 任务13.1 概念体量环境
    - 13.1.1 内建体量
    - 13.1.2 可载入体量
    - 13.1.3 两种创建方式的区别
    - 13.1.4 体量与参数化族的关系
  - 任务13.2 体量创建
    - 13.2.1 创建体量形状
    - 13.2.2 体量参数
    - 13.2.3 有理化表面处理
  - 任务13.3 体量创建案例
    - 13.3.1 实例1 某电视塔
    - 13.3.2 实例2 体量大厦
  - 任务13.4 体量在项目中的应用
    - 13.4.1 体量楼层
    - 13.4.2 面墙
    - 13.4.3 幕墙系统
    - 13.4.4 面屋顶
    - 13.4.5 体量分析

【学习目标】

知识目标:了解概念体量的环境;掌握体量创建的方法;熟悉体量在项目中的应用。

技能目标:了解内建体量和可载入体量的区别,知道体量和族参数化的关系;掌握体量创建的方法,会创建体量实例。

素质目标:诚信、豁达,能遵守职业道德规范的要求,提高学生认识问题、分析问题和解决问题的能力,培养学生的大国工匠精神。家国情怀,热爱祖国;科学严谨细心、精益求精的职业态度;团结协作、乐于助人的职业精神,科学严谨细心的职业态度。

【学习重、难点】

重点:掌握体量创建的方法,学会创建体量实例。

难点:掌握各种不同形式体量的创建;具有创建各种体量模型的能力。

【学习建议】

1.本项目对内建体量和可载入体量的区别,知道体量和族参数化的关系做一般了解,着重学习体量创建、体量实例的应用。

2.学习中可以学习配套资源中的视频、动画等手段,掌握建筑中各体量创建。

3.多做施工图实例的练习,注意细节,学习体量创建、体量实例的应用,多次练习以达到熟练操作的目的。

4.单元后的测试训练与项目实训,应在学习中对应进度逐步练习,通过做练习加以巩固基本知识。

任务 13.1　概念体量环境

Revit 创建概念体量的方式有两种:内建体量和可载入体量。

13.1.1　内建体量

内建体量是在项目中进行创建的,单击"体量和场地"选项卡,在"概念体量"面板中单击"内建体量"工具,如图 13.1 所示,弹出"体量-显示体量以启用"窗口,单击"关闭"按钮弹出体量名称对话框,如图 13.2 所示。

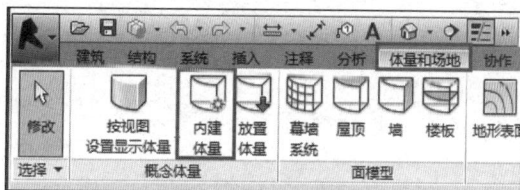

图 13.1　内建体量

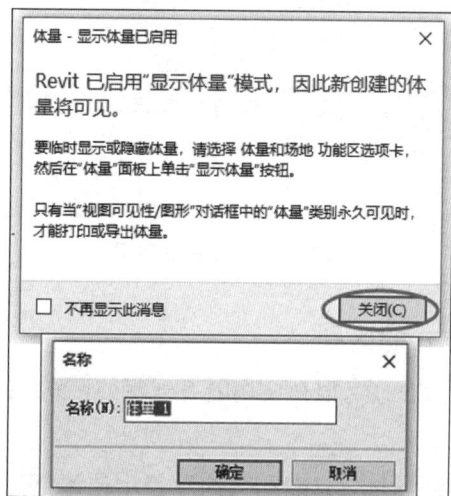

图 13.2　内建体量已启用

输入名称后,单击"确定"按钮进入内建体量的界面,可以创建体量。

13.1.2 可载入体量

可载入体量与可载入族的创建方法类似,需基于概念体量样板来创建。单击"文件"按钮,在弹出的应用程序菜单中选择"新建"命令,单击"概念体量"按钮,如图13.3所示。

图 13.3 新建体量

在弹出的"新建概念体量-选择样板文件"对话框中选择"公制体量"样板,体量样板的格式为".rft",单击"打开"按钮进入体量编排器界面,如图13.4所示,界面与内建体量界面相似。

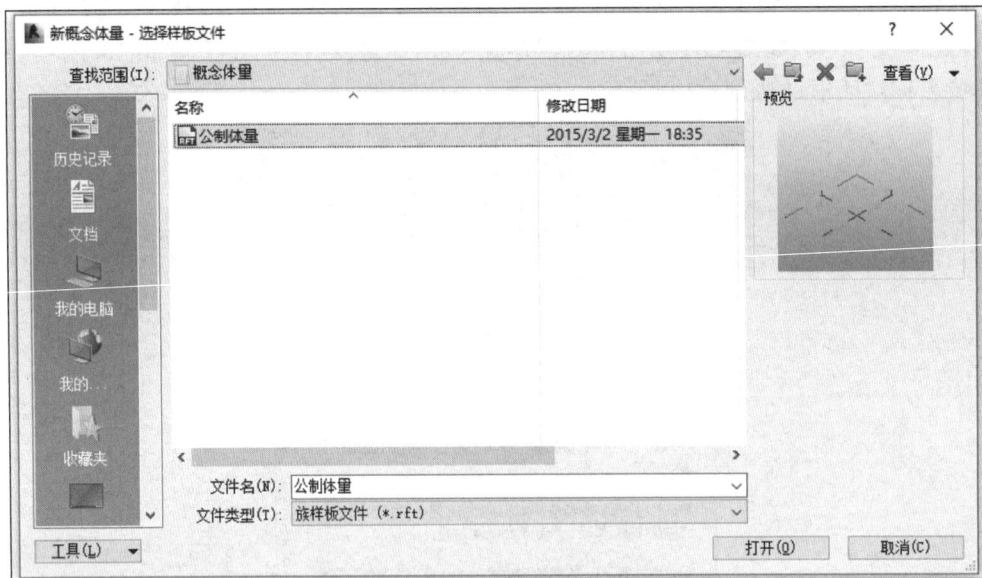

图 13.4 新建概念体量

13.1.3 两种创建方式的区别

两种创建体量形状的方式一致,但在使用时有一定的区别,主要体现在以下两个方面。

1) 使用方式不同

内建体量是直接在项目中创建,只能在当前项目中使用;可载入体量为单独创建,通过"载入族"插入项目中,然后通过"放置体量"来放置体量。

2）操作的便捷性

内建体量可基于项目的标高轴网或拟建建筑的相对位置关系来进行定位；可载入体量需在体量编辑器中新建标高、参照平面、参照线来进行定位。

13.1.4　体量与参数化族的关系

1）相同点

体量与族的创建方式相同，均为内建和外建两种方法；均需要基于族样板进行创建，样板的格式均为".rft"；同时体量与族的文件格式也相同，均为".rfa"；二者添加参数的方式也基本相似。

2）不同点

（1）编辑环境不同

体量编辑环境与族编辑环境明显的区别在于一个在三维标高平面中创建，一个是在平面标高创建。

（2）建模工具不同

族主要借助拉伸、融合、旋转、放样、放样融合这几个工具创建形状，体量就只有模型线、参照线来创建形体。

（3）建模方式不同

族的创建是通过特定的工具绘制出形体，体量则是通过绘制几何图形生成实体，相对而言体量的建模方式更简单。

（4）形体控制方式不同

通过族绘制的形体，若是使用拉伸工具创建的形体只能利用拉伸命令编辑形体，其他命令绘制的形体也一样，体量绘制的形体可以不受拘束，可以编辑整体形状、某一个面、或者一条线段、甚至一个点，体量中可以通过参照点来约束控制形体，是族环境中没有的功能。

任务 13.2　体量创建

13.2.1　创建体量形状

1）参照

参照线和参照点是体量中的基本图元，在体量编辑器界面的"绘制"面板中选择"参照"选项可创建参照线，如图 13.5 所示。

选用不同绘制工具绘制的参照线有不同个数的参照平面，参照点分为自由点、基于主体的点、驱动点 3 种类型。自由点可在工作平面中自由放置；基于主体的点通过移动光标到参照主体（三维模型的边、模型线、参照线）；驱动点具有 3 个方向的驱动手柄，通过拖曳手柄可改变主体的形状。

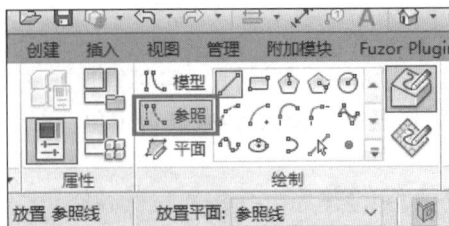

图 13.5　创建参照线

2) 模型线与实心形状

在"工作平面"面板中将"显示"切换为打开状态,在"绘制"面板中单击"模型"按钮,选择在工作平面上绘制,或者在面上绘制。单击"设置"按钮设置需要绘制模型线的参照平面,如图 13.6 所示。

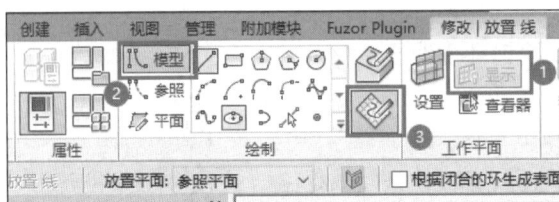

图 13.6　创建模型线

选择适当的绘制工具在不同的平面上创建不同形式的模型线,同时选中创建的模型线,在"修改│线"选项卡中会出现创建形状工具,如图 13.7 所示。单击"创建形状"按钮即可创建一个简单的体量模型,如图 13.8 所示。

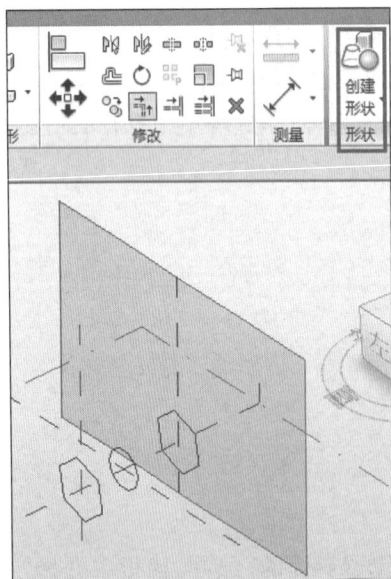

图 13.7　创建体量形状

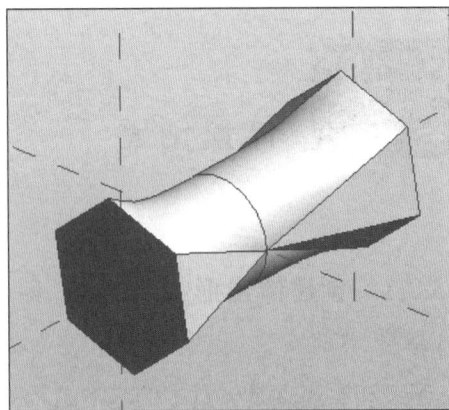

图 13.8　实心体量

在创建的几何模型边界添加点,并在点确定的参照平面上绘制模型线,然后选中模型线与几何模型的边界轮廓,单击"创建形状"按钮,可完成如图 13.9 所示的体量形状。

3）空心形状

在模型表面创建模型线，选中该模型线，在"创建形状"下拉列表中单击"空心形状。"选择第一种，单击空白位置，创建空心形状对实心形状进行剪切，如图 13.10 所示。

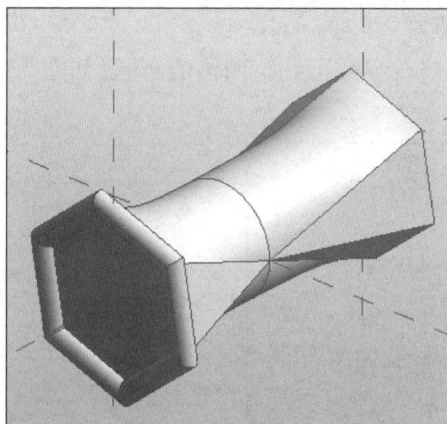

图 13.9　轮廓与路径生成体量

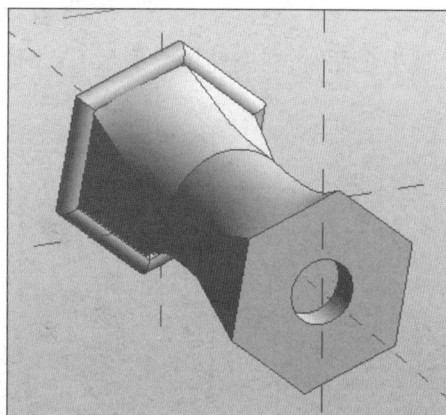

图 13.10　空心形状

13.2.2　体量参数

与族参数的添加方式相似，可以为体量赋予材质、尺寸以及其他数据参数，方便对体量模型进行参数化控制。具体方法参照族参数的添加方法。

13.2.3　有理化表面处理

有理化表面处理是指对模型的表面按照一定规则进行分割，然后填充适当的图案。常用的表面处理方法有 UV 网格分割和相交分割表面两种。

1）UV 网格分割

（1）创建与编辑网格

首先新建一个体量，切换至楼层平面，在"绘制"面板中绘制半径为"10000"的内接六边形模型线，选中模型线，创建实心形状；切换至三维视图，按"Tab"键选择立方体上表面，修改高度为"10000"，创建的体量模型如图 13.11 所示。

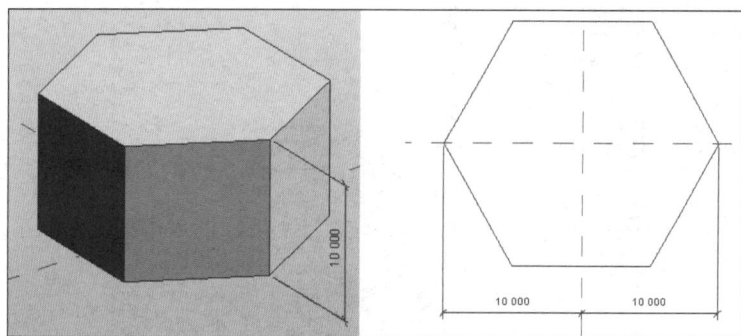

图 13.11　创建体量模型

选中立方体，单击表面分割，如图 13.12 所示。

图 13.12　分割表面

选中表面时,在属性栏会显示 UV 网格的属性,修改参数可调整网格的形状,如图 13.13 所示。

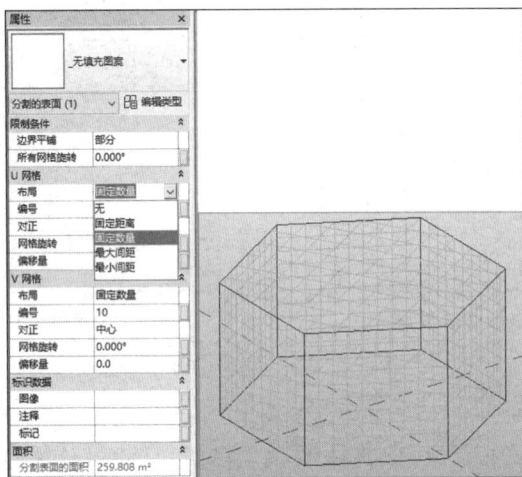

图 13.13　网格属性设置

网格的布局方式包括"固定距离""固定数量""最大间距""最小间距"4 种,对正方式有"起点""中心""终点"3 种,角度可在-89°～+89°内任意设置。

(2)添加表面填充图案

在体量编辑器中默认提供了六边形、错缝、菱形、Z 字形、八边形等 14 种填充样式,选择"矩形棋盘"应用到分割表面,切换到"着色"模式查看,如图 13.14 所示。

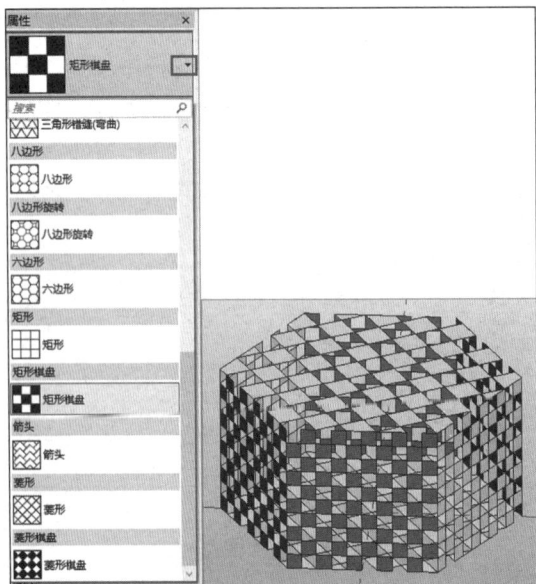

图 13.14　填充图案

填充图案的编辑与 UV 网格的编辑方式相同,除了对约束条件、布局方式、网格旋转、偏移的设置外,还可以对图案进行缩进、旋转、镜像、翻转。以上操作均可在属性栏进行设置,如图 13.15 所示。

2) 相交分割表面

相交分割表面可通过标高、参照平面以及平面上的线生成分割形式。首先新建一个体量,在体量中创建标高及参照平面,并对参照平面命名。

切换至南立面视图,创建如图 13.16 所示的模型线。选择直线和闭合轮廓,单击"创建形状"按钮,创建如图 13.17 所示的体量模型。

选择体量表面,单击"分割表面"按钮,选择分割完成的表面,在"UV 网格和交点"面板禁用 UV 网格,并展开"交点"下方

图 13.15　编辑分割表面

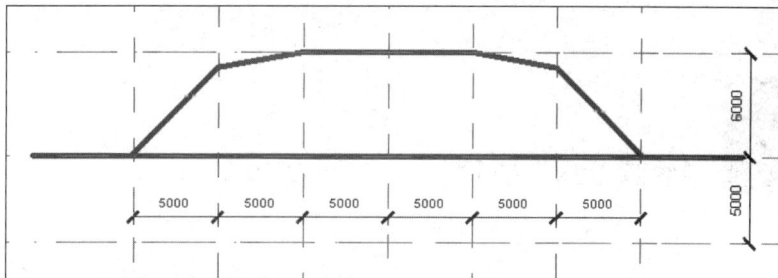

的下拉列表,单击"交点列表"按钮,在弹出的"相交命名的参照"对话框中勾选全部标高及参照平面。单击"确定"按钮,忽略弹出的"警告",完成表面分割,可用同样的方法对其他表面进行分制,如图 13.18 所示。将表面填充图案设置为矩形,创建完成的形状如图 13.19 所示。

表面分割越细致,填充的图案越美观,通过体量的表面分割可创建出许多异形的模型,为设计师提供更具艺术效果的设计方案。

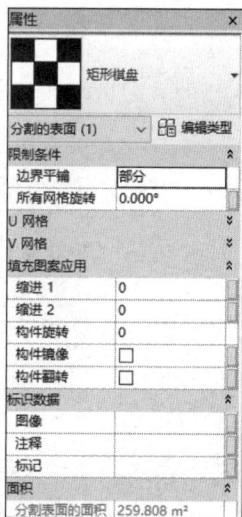

图 13.16　参照平面与模型线

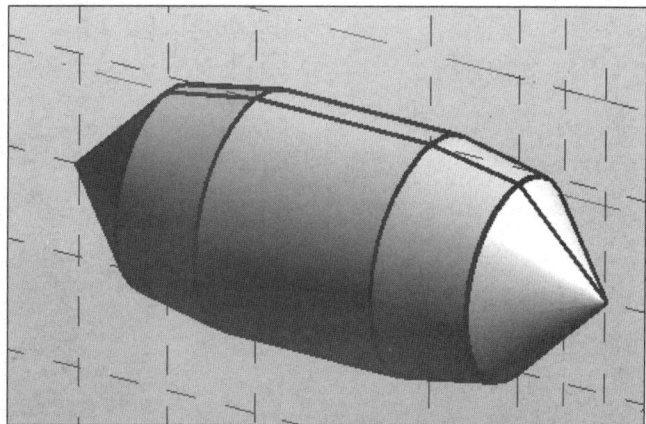

图 13.17　体量形状

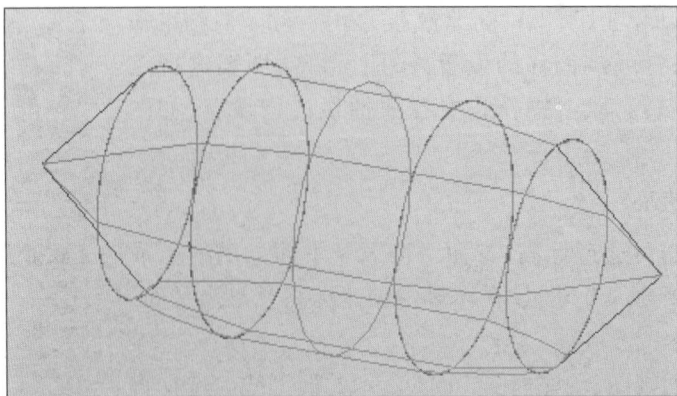

图 13.18 生成表面分割

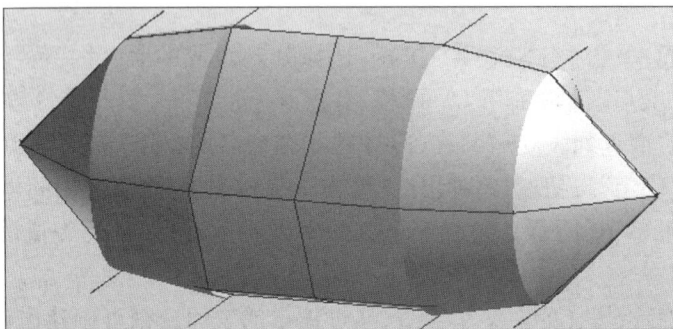

图 13.19 表面填充

任务 13.3 体量创建案例

前面讲解了体量的基本创建方法,接下来通过实例来加深对体量创建工具的理解。

13.3.1 实例 1 某电视塔

①新建一个体量,切换至"南立面"视图,并创建 20、30、70、75、100 m 五个标高。切换至楼层平面"标高 1",绘制半径为 10 m 的内接六边形模型线,切换至楼层平面"标高 2",绘制半径为"5 m"的内接六边形模型线,选择两个模型线,单击"创建形状"按钮。切换至楼层平面"标高 3",绘制半径为 12 m 的圆形模型线,单击"创建形状"按钮,如图 13.20 所示。

②切换至楼层平面"标高 4",绘制长和宽均为 10 m 的矩形模型线,单击"创建形状"按钮。切换至楼层平面"标

某电视塔模型创建

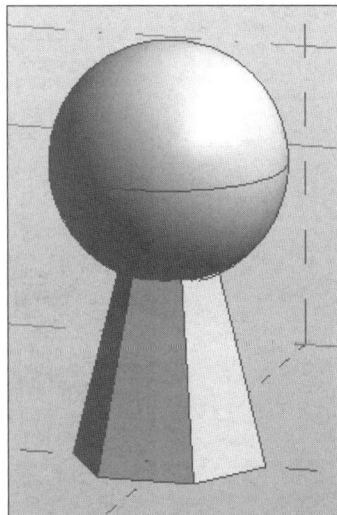

图 13.20 创建底座与球体

高 5",绘制半径为 8 m 的圆形模型线,单击"创建形状"按钮。切换到南立面,创建如图13.21 所示的模型线,选择模型线创建实心形状,创建完成,如图 13.22 所示。

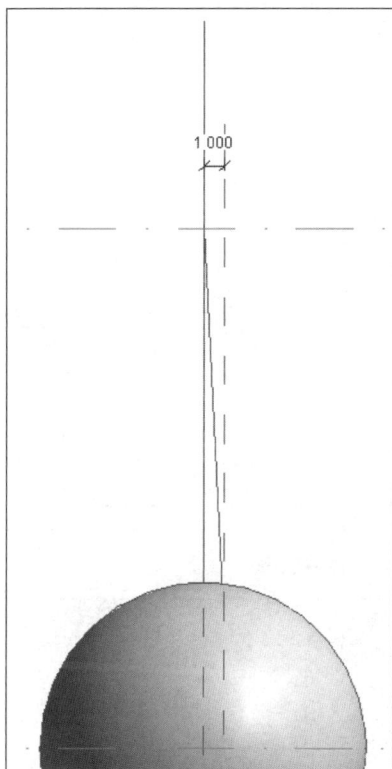

图 13.21 创建模型线及旋转轴

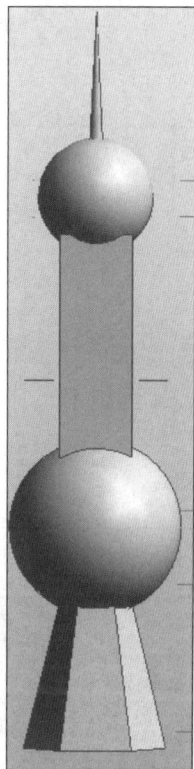

图 13.22 体量模型完成

体量模型创建完成后,可通过"修改"选项卡的"几何图形"面板中的"连接"工具将模型连接为一个整体,并为模型添加材质参数,如图 13.23 所示。

图 13.23 连接模型

13.3.2 实例 2 体量大厦

首先新建一个体量。在"标高 1"绘制长度 40 m、宽度 30 m 的长方形模型线,选择该模型线,创建实心形状,切换到三维,将顶部标高调整为 30 m;在"标高 1"绘制半径为 25 m 的圆形模型线,选择该模型线,创建实心形状,切换到三维,将顶部标高调整为 50 m,如图 13.24 和图 13.25 所示。创建完成后保存体量,名称命名为"体量大厦"。

279

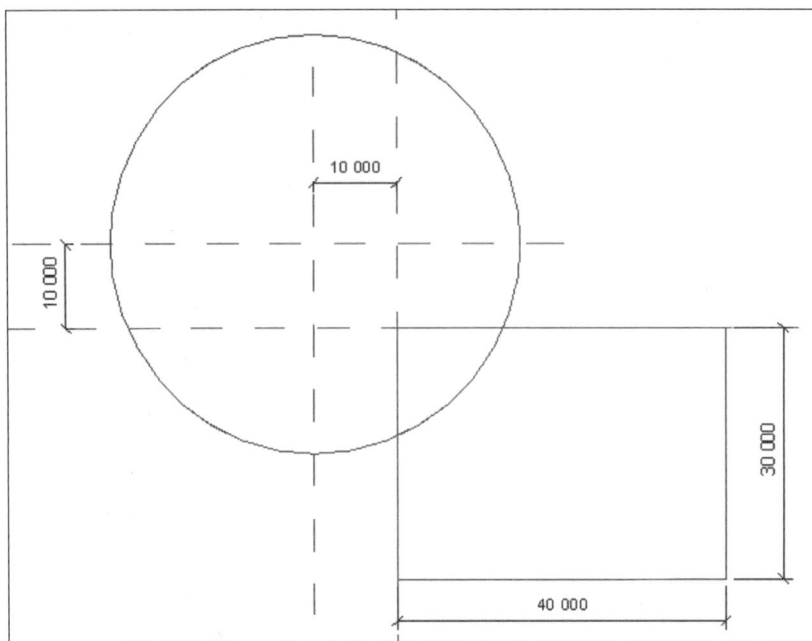

图 13.24　创建体量轮廓

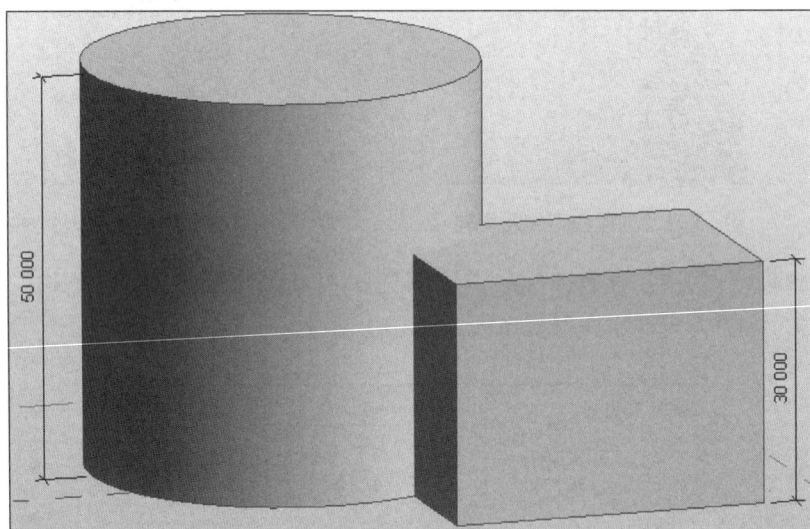

图 13.25　创建体量

任务 13.4　体量在项目中的应用

　　除了创建体量模型,还可以基于体量快速创建建筑模型,包括楼板、墙体、屋顶等。

13.4.1　体量楼层

在项目中,可以基于标高将体量模型拆分为若干楼层,并基于楼层创建楼板。

首先新建一个建筑项目,将上一节创建的"体量大厦"载入项目中,在"体量和场地"选项卡的"概念体量"面板中选择"放置体量"工具,如图 13.26 所示,在项目任意位置放置"体量大厦"。

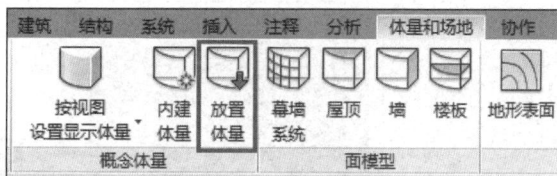

图 13.26　放置体量

切换至任意立面视图,从地面开始创建 10 个间距为 5m 的标高,选择"体量大厦",在"修改 | 体量"选项卡的"模型"面板中单击"体量楼层"按钮,如图 13.27 所示。

在弹出的"体量楼层"对话框中选择全部标高,单击"确定"按钮完成楼层创建,结果如图 13.28 所示。

图 13.27　体量楼层

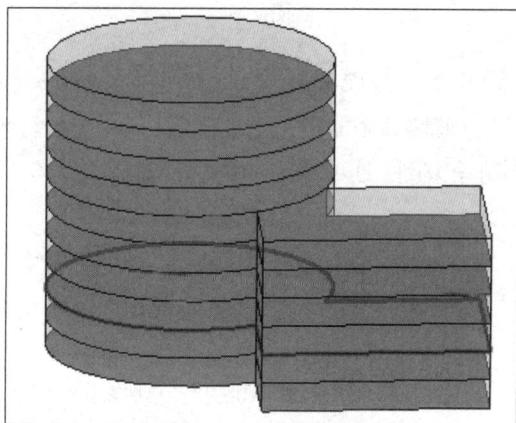

图 13.28　生成楼层

在"体量和场地"选项卡的"面模型"面板中选择"楼板"工具,如图 13.29 所示。在弹出的"修改 | 放置面楼板"选项卡的"多重选择"面板中单击"选择多个"按钮,如图 13.30 所示。选中所有楼层,在属性栏的"类型选择器"中设置适当的楼板类型,在"多重选择"面板中单击"创建楼板"按钮完成楼板的生成。

图 13.29　楼板工具

图 13.30　选择多个

13.4.2 面墙

首先在"体量和场地"选项卡的"面模型"面板中选择"楼板"工具,如图 13.31 所示。

然后选择需要创建墙体的类型,拾取到体量表面并单击。完成墙体创建,如图 13.32 所示。

除了在体量和场地选项卡生成面墙外,也可以在"建筑"选项卡的"墙体"工具中通过"面墙"命令来创建。

图 13.31　面墙

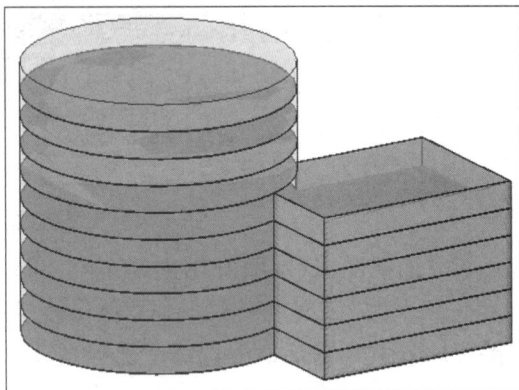

图 13.32　生成面墙

13.4.3 幕墙系统

通过幕墙系统能快速生成幕墙布局,包括幕墙网格、嵌板、竖梃,创建方法与面楼板相似。在"体量和场地"选项卡的"面模型"面板中单击"幕墙系统"按钮,如图 13.33 和图13.34所示。

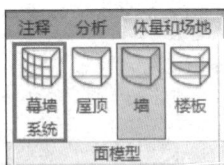

图 13.33　幕墙系统

图 13.34　选择多个

在"类型选择器"中设置幕墙类型为"1500 mm×3000 mm",边界竖梃设置为"矩形竖梃:50 mm×150 mm"。拾取到需要创建幕墙系统的表面,单击"创建系统"按钮完成幕墙系统的创建,如图 13.35 所示。

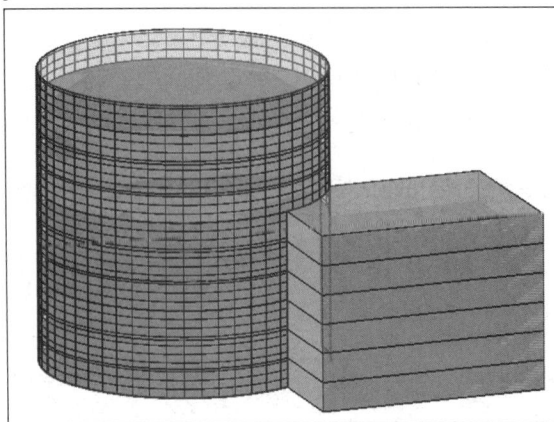

图 13.35　幕墙系统完成

13.4.4　面屋顶

在"体量和场地"选项卡的"面模型"中选择"屋顶"工具,如图 13.36 所示。

选择适当的屋顶类型,拾取到体量顶部,完成屋顶的创建,如图 13.37 所示。

面模型创建

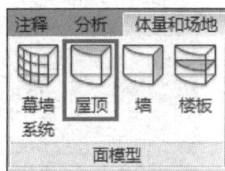

图 13.36　屋顶工具

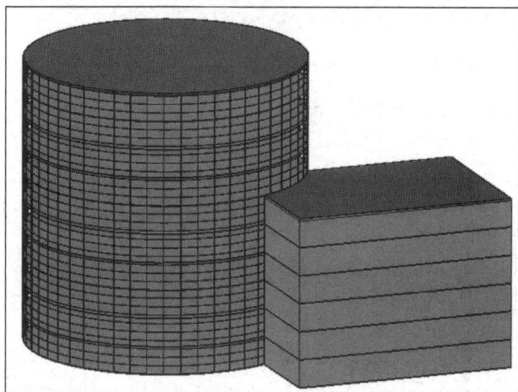

图 13.37　面模型完成

13.4.5　体量分析

载入项目中的体量会自动计算体积面积等参数,选中体量,在属性栏中可以看到体量的总表面积、总体积、总楼层面积,如图 13.38 所示。单击"编辑"按钮可对体量楼层进行重新定义。

Revit 中提供体量的明细表工具,可对体量楼层、墙体、分区、洞口、天窗等构件创建明细清单。在"视图"选项卡的"创建"面板中选择"明细表",弹出"新建明细表"对话框.在体量选项中展开并选择"体量楼层",添加适当的明细表字段,生成如图 13.39 所示的明细表。

图 13.38　体量参数

<体量楼层明细表>

A	B	C	D	E
标高	楼层周长	楼层面积	外表面积	楼层体积
标高 1	252560	3058.97	1262.80	15294.74
标高 2	252560	3058.97	1262.80	15294.74
标高 3	252560	3058.97	1262.80	15294.74
标高 4	252560	3058.97	1262.80	15294.74
标高 5	252560	3058.97	1262.80	15294.74
标高 6	252560	3058.97	2358.25	15294.74
标高 7	157080	1963.51	785.40	9817.48
标高 8	157080	1963.51	785.40	9817.48
标高 9	157080	1963.51	785.40	9817.48
标高 10	157080	1963.51	2748.91	9817.48

图 13.39　体量楼层明细表

【知识拓展】

如图 13.40 所示,创建如图体量,要求:

1.南立面和西立面添加面墙,面墙厚度为 200 mm,定位线为面层面外部。

2.东立面和北立面添加幕墙,纵向网格间距为 1 500 mm,横向网格间距为 2 000 mm,网格上均设置竖梃,竖梃为圆形竖梃 50 mm 半径。

3.添加楼板厚度 150 mm。

4.添加屋顶厚度 400 mm。

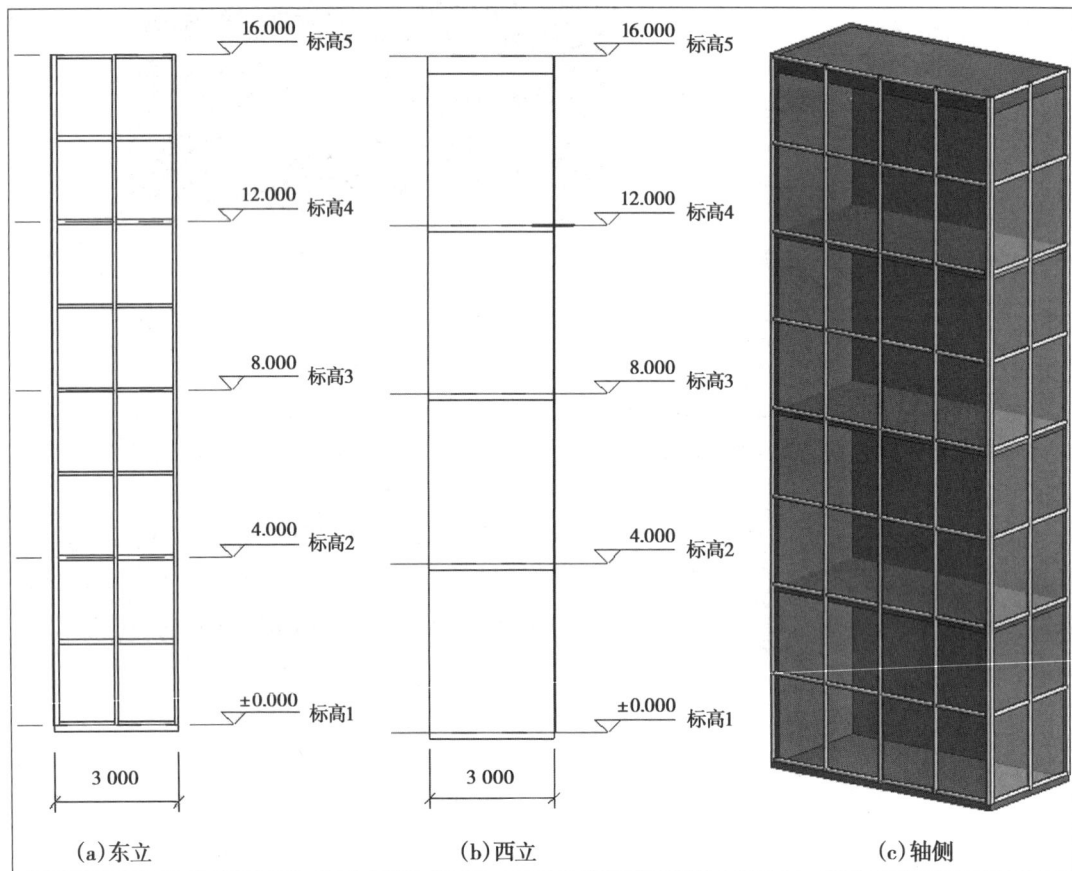

图 13.40

【想一想】

哪些模型用概念体量创建更方便?哪些模型用参数化族创建更方便?

内建体量和外建体量的创建方法有什么区别?

【学习笔记】

_____

_____

_____

_____

_____

_____

_____

_____

【关键词】

内建体量　可载入体量　体量创建

【测试】

一、单项选择题

1.体量分为体量族和内建体量,创建体量族用的样板文件称为(　　)。

A.公制常规模型　　B.公制体量　　　　C.公制体量面墙　　D.内建体量

2.如图 13.41 所示,关于外部体量创建的说法,正确的是(　　)。

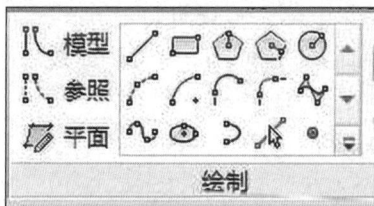

图 13.41

A.可以用体量面板创建拉伸和旋转,但是无法创建融合和放样效果的构件

B.图 13.41 是体量的构件创建面板,应该用模型线来创建模型

C.体量界面中的创建面板和外部载入族完全一致

D.体量面板中,不可以设置族类别和族参数

3.体量拉伸创建的步骤描述正确的是(　　)。

A.创建面板→择模型线→制一个形状→选择形状→创建空心或实心→调整标高

B.创建面板→择参照线→绘制一个形状→创建空心或实心→调整标高

C.创建面板→选择模型线→绘制一个形状→完成→调整标高

D.创建面板→绘制参照平面→绘制一个形状→选择形状→创建空心或实心→调整标高

4.关于外建体量和可载入族的创建,说法正确的是(　　)。

A.外建体量不可以保存为体量族,而在载入族可以保存为族,随时导入各个项目中

B.外建体量用的样板后缀不是.rft,而普通族样板的后缀为.rft

C.外建体量中创建形体的步骤和可载入族中创建形体步骤不完全相同

D.需要用到放样融合的形体,只能用可载入族创建,不可以用外建体量创建

5.创建体量楼层的前提是（　　　　）。

    A.必须给体量定义材质参数

    B.必须给体量定义高度参数

    C.必须绘制体量楼层所在位置的标高线

    D.必须给体量定义屋顶

6.面（　　　　）模型只需要点击一下就可以布置。

    A.幕墙系统　　　　B.面墙　　　　　　　　C.面屋顶　　　　　　　D.面楼板

7.关于体量与面模型的说法正确的是（　　　　）。

    A.幕墙系统不可以自定义

    B.用面墙创建的墙体厚度不可修改

    C.做面楼板之前必须先设置虚拟的体量楼层

    D.面屋顶不可以设置不同结构层次

8.面楼板的绘制步骤正确的是（　　　　）。

    A.选中体量→创建体量楼层→选面楼板→依次选择楼板位置的面→创建楼板

    B.选中体量→选面楼板→依次选择楼板位置的面→创建楼板

    C.选中体量→依次选择楼板位置的面→创建体量楼层→选面楼板→创建楼板

    D.选中体量→依次选择楼板位置的面→创建楼板

9.放置外部导入体量在 Revit 中（　　　　）中进行。

    A.建筑面板　　　　B.体量与场地面板　　C.管理面板　　　　　D.分析面板

二、多项选择题

1.关于在体量面板中创建构件的说法正确的是（　　　　　　　）。

    A.做拉伸只需要创建一个形状

    B.做融合只能创建两个形状，不可以创建多个形状进行融合

    C.不可以用体量面板创建旋转

    D.用体量面板放样需要保证放样的轮廓面和路径相互垂直

    E.空心构件和实心构件做法基本一致，只需要将操作步骤中的创建实心形状改为创建空心形状即可

2.Revit 中可以用体量面模型创建的构件包括（　　　　　　　）。

    A.面楼板　　　　　B.面墙　　　　　　　　C.面屋顶

    D.面楼梯　　　　　E.幕墙系统

3.幕墙系统的设置内容包括（　　　　　　　）。

    A.网格设置　　　　B.竖梃设置　　　　　　C.幕墙高度设置

    D.幕墙宽度设置　　E.幕墙厚度设置

三、判断题

1.外部体量和可载入族的编辑界面完全相同。　　　　　　　　　　　　　　　（　　　）

2.体量模块中的融合需要提前设置融合面的立面绘制位置，保证每个面在不同标高。

                                                        （　　　）

3.外建体量中有一个可载入族构件编辑中没有的关键步骤，称为创建形状。　　（　　　）

4.从内建体量进入的体量编辑界面和公制体量样板进入的体量编辑界面有所不同。

( )

5.面模型的意思是用体量的面来创建模型,这个面可以是垂直面,也可以是异型曲面。

( )

6.创建好面模型之后,如果删除体量,则面模型也会跟着删除。 ( )

四、简答题

1.创建体量的两种方式是什么?

2.参照线与模型线有什么区别?

3.体量和参数化的区别和联系是什么?

主要参考文献

［1］中华人民共和国住房和城乡建设部.建筑信息模型施工应用标准［M］.北京:中国建筑工业出版社,2017.

［2］中华人民共和国住房和城乡建设部.建筑信息模型分类和编码标准［M］.北京:中国建筑工业出版社,2018.

［3］李云贵.建筑工程施工 BIM 应用指南［M］.2 版.北京:中国建筑工业出版社,2017.

［4］何凤,梁瑛.Revit 2016 中文版建筑设计从入门到精通［M］.北京:人民邮电出版社,2017.

［5］李清清,夏培,刘帆,等.基于 BIM 的 Revit 建筑与结构设计案例实战［M］.北京:清华大学出版社,2017.

［6］王言磊,张祎男,陈炜.BIM 结构:Autodesk Revit Structure 在土本工程中的应用［M］.北京:化学工业出版社,2016.

［7］余雷,张建忠,蒋凤昌,等.BIM 在医院建筑全生命周期中的应用［M］.上海:同济大学出版社,2017.

［8］刘占省,赵雪锋.BIM 技术与施工项目管理［M］.北京:中国电力出版社,2015.

［9］李一叶.BIM 设计软件与制图——基于 Revit 的制图实践［M］.2 版.重庆:重庆大学出版社,2017.

［10］朱溢镕,焦明明.BIM 建模基础与应用［M］.北京:化学工业出版社,2017.

［11］吴文勇,杨文生,焦柯.结构 BIM 应用教程［M］.北京:化学工业出版社,2016.